锕系核素固化材料的固溶机制及化学稳定性

吴　浪　王军霞　赵骁锋　滕元成　王　进　著

科 学 出 版 社

北　京

内 容 简 介

本书围绕高放废物中毒性大、半衰期长的锕系核素，利用自然类比原理，基于“源于自然，归于自然”的理念，选择地球化学稳定的放射性元素宿主矿物，实现锕系核素的晶格固溶，主要内容包括榍石、钙钛锆石-榍石、磷酸锆钠-独居石、钆锆烧绿石陶瓷及钙钛锆石-硼硅酸盐玻璃陶瓷固化材料的制备工艺、固溶机制及化学稳定性等。

本书可供材料科学与工程、核科学与技术、环境科学与工程、矿物学等专业的本科生和研究生学习使用，也可作为相关专业的科研工作者和教师的参考书。

图书在版编目（CIP）数据

锕系核素固化材料的固溶机制及化学稳定性 / 吴浪等著. —北京：科学出版社，2024.5（2024.12 重印）

ISBN 978-7-03-078499-5

Ⅰ. ①锕… Ⅱ. ①吴… Ⅲ. ①锕系元素－放射性同位素－固溶 ②锕系元素－放射性同位素－化学稳定性 Ⅳ. ①TG146.8

中国国家版本馆 CIP 数据核字（2024）第 093891 号

责任编辑：武雯雯 / 责任校对：彭 映
责任印制：罗 科 / 封面设计：墨创文化

科学出版社 出版
北京东黄城根北街 16 号
邮政编码：100717
http://www.sciencep.com
四川青于蓝文化传播有限责任公司印刷
科学出版社发行 各地新华书店经销

*

2024 年 5 月第 一 版 开本：787×1092 1/16
2024 年 12 月第二次印刷 印张：13
字数：306 000

定价：139.00 元

（如有印装质量问题，我社负责调换）

前　言

积极有序发展核电已成为我国优化能源结构的重要手段。但在核能开发利用过程中不可避免会产生放射性废物，高水平放射性废物（高放废物）中含有毒性大、半衰期长的锕系核素（如 U、Pu、Np、Am、Cm 等），其安全处理与处置已成为制约核能可持续发展的关键因素之一。当前，国际上针对高放废物提出的处理方法主要包括固化和分离-嬗变（partitioning-transmutation），其中分离-嬗变技术能最大限度地减小废物体积及降低废物毒性，实现废物最少化，但技术难度较大。玻璃固化是目前国际上唯一工业应用的高放废液处理方法，但锕系核素在硼硅酸盐玻璃中溶解度较低，且玻璃属于介稳相，其长期安全性有待进一步研究。此外，陶瓷固化体稳定性优异，锕系核素包容量高，但工艺技术尚不成熟。

本书在综述锕系核素特点及其固化材料研究现状的基础上，针对作者近年来在榍石、钙钛锆石-榍石、磷酸锆钠-独居石、钆锆烧绿石陶瓷及钙钛锆石-硼硅酸盐玻璃陶瓷固化材料的制备工艺、固溶机制及化学稳定性等方面的研究成果进行深入浅出的介绍，为优化制备锕系核素陶瓷及玻璃陶瓷固化体提供理论依据，对推动材料科学与工程、核科学与技术、环境科学与工程、矿物学等学科领域的交叉融合发展具有重要的学术意义，对保护生态环境安全和促进核能可持续发展具有重大社会效益。

本书共 6 章，第 1 章和第 6 章由吴浪撰写，第 2 章由赵骁锋撰写，第 3 章由滕元成撰写，第 4 章由王军霞撰写，第 5 章由王进撰写。感谢王山林在实验数据、图片制作等方面提供的帮助和指导。本书撰写受到了国家自然科学基金项目（11305135、10775113、11705153、12375316）以及四川省科技计划项目（2023NSFC1313）资助。

本书相关研究涉及的实验步骤描述细致，实验过程系统完整，图文并茂、数据详尽，具有较强的指导性和可操作性，及时、准确地反映了国内外在该领域的研究成果。作者在锕系核素及其固化材料方面的研究水平有限，归纳相关研究成果时若有不足与疏漏之处，敬请读者批评指正。

作　者

2023 年 9 月

目　　录

第 1 章　锕系核素固化材料概述

1.1　锕系核素的来源及危害

1.1.1　锕系核素的来源

能源是攸关国家安全和发展的重点领域。核能具有安全、高效、经济等特征，在解决人类面临的能源问题中的作用日益明显。发展核电是优化我国能源结构、实现“双碳”目标的重要手段。2021 年，国家能源局和科学技术部印发的《“十四五”能源领域科技创新规划》明确提出了“在确保安全的前提下积极有序发展核电”。

在核能的开发和利用过程中，如核燃料循环过程，反应堆运行，核设施退役，核武器研制、试验和生产等，均不可避免会产生放射性废物，其中以核燃料循环过程产生的放射性废物数量最多。核燃料循环过程以反应堆为中心，分为“前段”和“后段”，前段主要包括铀矿开采、水冶及精炼、铀转化、铀浓缩和铀燃料元件制造等过程，后段主要包括从反应堆卸出的乏燃料暂存、乏燃料后处理和放射性废物处理与处置等过程[1]。

从放射性活度上讲，放射性废物主要集中在核燃料循环后段。在核燃料裂变过程中，99%以上的放射性物质包容在核燃料元件包壳中。在核反应堆中辐照过的核燃料即乏燃料，动力堆乏燃料中含有约 95%的 U、1%的 Pu 和次锕系元素（如 Np、Am、Cm 等），以及 4%的裂变产物[2]。其中，Pu 和次锕系元素是中子俘获产物。在核反应堆中，^{235}U、^{238}U 等核素除了发生核裂变反应，还会通过一次或多次中子俘获反应，生成质量数更高的锕系核素（如 ^{239}Pu、^{237}Np、^{241}Am、^{247}Cm 等）。如热中子反应堆中，^{238}U 经过一次中子俘获反应和一次 β 衰变产生次锕系核素 ^{239}Np，再经一次 β 衰变产生 ^{239}Pu，而 ^{239}Pu 经过两次中子俘获反应和一次 β 衰变产生次锕系核素 ^{241}Am；在轻水反应堆中，^{235}U 经过两次中子俘获反应和一次 β 衰变产生次锕系核素 ^{237}Np[2]。以一座百万千瓦的轻水反应堆为例进行估算，其每年卸出的乏燃料中包括可循环利用的 ^{235}U 和 ^{238}U 约 23.75t、钚约 200kg、中短寿命的裂变产物约 1t、次锕系元素（如 Np、Am、Cm 等）约 20kg、长寿命裂变产物约 30kg[3]。

目前俄罗斯、法国、印度、日本、英国等主要核电大国均采用闭式核燃料循环路线，均有运行的乏燃料后处理设施。我国现已建成乏燃料后处理中试厂并已实现热运行，商用乏燃料后处理大厂正在筹建中。通过对乏燃料进行后处理，回收易裂变材料和可转换材料，从而实现 U、Pu 再循环，充分利用铀资源。目前国内外使用的乏燃料后处理技术均是由较成熟的生产堆乏燃料后处理技术发展而来的，即普雷克斯（PUREX，plutonium and uranium recovery by extraction process）水法后处理流程。其主要工艺过程包括：乏燃料剪切和溶解，磷酸三丁酯（tributyl phosphate，TBP）溶剂萃取，铀钚共萃取（共去污），裂片元素和次锕系元素进入萃余相成为高放废液，U、Pu 实现分离和纯化，回收后供循环使用。近年来，各国正在积极开发水法全分离回收铀、钚和次锕系元素，以及所需厂房小、设备与废物量少、更经济的干法分离技术[4]。通过分离回收铀、钚和次锕系元素，不仅可以充分利用铀资源，而且可以显著缩小需要地质处置的高放废物体积并降低高放废物的放射毒性。

1.1.2 锕系核素的危害

乏燃料后处理产生的高放废液（high level liquid waste）尽管体积小，仅占放射性废物总量的 3%，但它集中了乏燃料中 95%以上的放射性，包含残存的 U 和 Pu（0.5%～0.25%），次锕系元素 Np、Am、Cm，以及长寿命裂变核素[5]。高放废液中的锕系核素（U、Pu、Np、Am、Cm）具有放射性强、毒性大、半衰期长等特点，必须把高放废液与人类生存环境长期、可靠地隔离。锕系核素的毒性主要指放射毒性，即某种放射性物质进入人（或动物）体内，放射性对人（或动物）体产生的毒害特性，它主要取决于放射性活度和辐射种类[1]。表 1-1 给出了动力堆高放废液中主要锕系核素的半衰期及放射毒性[2]。

表 1-1　高放废液中主要锕系核素的半衰期及放射毒性[2]

项目	^{233}U	^{234}U	^{235}U	^{238}U	^{239}Pu	^{240}Pu	^{241}Pu	^{237}Np	^{241}Am	^{243}Am	^{242}Cm
半衰期	1.60×10^5a	2.46×10^5a	7.04×10^8a	4.47×10^9a	2.40×10^4a	6.56×10^3a	14.29a	2.14×10^6a	4.33×10^2a	7.37×10^3a	162.8d
放射毒性	极毒	极毒	低毒	低毒	极毒	极毒	高毒	高毒	极毒	极毒	极毒

由表 1-1 可以看出，大多数锕系核素具有很长的半衰期和很强的放射毒性。时至今日，尚不能用普通的物理、化学或生物方法使其降解或消除，其只能按固有的衰变规律衰变至无害水平。大约经过 10 个半衰期，核素的放射毒性水平可降至原有的千分之一，经过 20 个半衰期后降至原有的百万分之一，而高放废液中的长寿命锕系核素如 ^{239}Pu、^{237}Np 等，需隔离几十万年甚至数百万年才可降至安全水平。此外，放射性衰变产生的物质进入人体时，会引发电离，造成辐射损伤，增大人体患癌概率。因此，一旦含有锕系核素的高放废物处理处置不好，产生的泄漏对环境的影响和危害是严重而深远的。

1.2　锕系核素的处理

核能的长期可持续发展必须解决核燃料的稳定供应和核废料（尤其是高放废物）的安全处理处置这两个重大问题。其中高放废物的安全处理处置是尚未解决的世界性难题，已成为制约我国核电可持续发展的问题之一。目前，国际上针对高放废物提出的处理方法主要包括固化（玻璃固化、陶瓷固化等）和分离-嬗变，其中分离-嬗变技术能最大限度地缩小废物体积并降低废物毒性，实现废物最少化，但其技术难度大，尚处于研究阶段[6]。玻璃固化是目前国际上唯一工业应用的高放废液处理方法[7]。我国引进德国玻璃固化技术，建立了首个玻璃固化工程设施，该工程已于 2021 年 9 月正式投入运行[8]。总而言之，将高放废液玻璃固化后进行深地质处置，是当前国际上普遍接受的可行方案。然而，玻璃本质上属于亚稳态，其长期（$>10^4$a）稳定性有待进一步研究。此外，陶瓷固化体虽然稳定性优异，放射性核素包容量高，可弥补玻璃固化体低化学耐久性和亚稳态性能的缺陷，但陶瓷固化对废物源项及其成分波动的适应性较差，工艺技术尚不成熟[9]。

1.2.1　分离-嬗变

20 世纪 90 年代，意大利物理学家卡洛・鲁比亚（Carlo Rubbia）提出了"能量放大器"的概念[3]。他设想用粒子加速器产生的中能粒子注入一个次临界反应堆装置中，反应堆中的 ^{238}U、^{232}Th 等多种核素都可以产生嬗变，嬗变后的产物 ^{239}Pu 和 ^{233}U 又会产生裂变，只要装置设计合适，使"附加的能量"放大到有实用价值，就可以构成一个新型的核能系统。

随后研究人员提出采用分离-嬗变技术来处理核废料，其核心是在核燃料闭式循环后处理分离的基础上，进一步利用核嬗变反应将长寿命、高放射性核素转化为中短寿命、低放射性的核素。长寿命高放废物的放射性水平经过嬗变处理后，可在大约 700 年内降低到普通铀矿的放射性水平，可减少至"一次通过"模式的 1/50 左右[10]。因此，分离-嬗变技术可大幅降低核废料的放射性危害，实现核废料的最少化处置，被国际公认为核废料处理最有效的手段。

加速器驱动次临界系统（accelerator-driven subcritical system，ADS）以加速器产生的高能强流质子束轰击靶核（如铅等）产生散裂中子作为外源中子驱动和维持次临界堆运行，具有固有安全性和强大的嬗变能力等特点，被认为是目前最具潜力的嬗变核废料和有效利用核资源的技术途径。ADS 原理示意图如图 1-1 所示[11]。

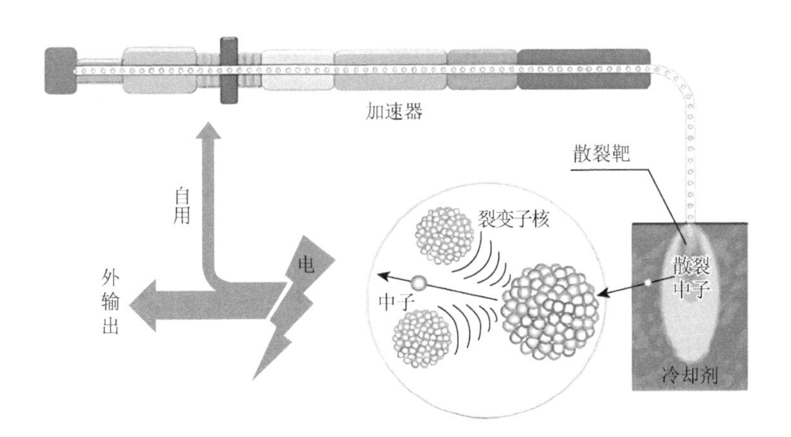

图 1-1　ADS 原理示意图[11]

ADS 嬗变长寿命核素的前景诱人，但技术难度很大，目前世界上尚无建成 ADS 集成系统的先例。欧盟、美、日、俄等核能科技发达国家和地区均制定了 ADS 中长期发展路线图，正处在从关键技术攻关逐步转入建设集成系统的 ADS 原理研究装置阶段，预计在 2030 年左右建成原型装置。我国从 20 世纪 90 年代起开展 ADS 概念研究，1999 年开始实施“973”项目“加速器驱动的洁净核能系统的物理和技术基础研究”，中国原子能科学研究院和中国科学院高能物理研究所共同建成了快-热耦合的 ADS 次临界实验平台，在 ADS 专用中子和质子微观数据评价库、加速器物理和技术、次临界反应堆物理和技术等方面的探索性研究取得了一系列成果。

2005 年 7 月，中国原子能科学研究院建立了我国首座快-热耦合 ADS 次临界反应堆——启明星Ⅰ号；2016 年 12 月，启明星Ⅱ号双堆芯零功率装置实现临界；以启明星Ⅰ号和Ⅱ号为基础，针对铅铋堆技术研发目标，中国原子能科学研究院历时近两年建成了启明星Ⅲ号，并于 2019 年 10 月实现临界，正式启动我国铅铋堆芯核特性物理实验，这标志着我国在铅铋快堆领域的研发跨出了实质性一步，进入工程化阶段[12]。2021 年 2 月，中国科学院近代物理研究所独立自主研制的 ADS 超导直线加速器样机在国际上首次实现束流强度 10mA 连续波质子束 176kW 运行指标，这次重大突破首次实现了全超导直线加速器可以稳定加速 5～10mA 连续波质子束这一国际加速器领域长期追求的目标，为国际上同类强流高功率加速器装置建设及其一系列重大应用提供了成功先例[13]。

1.2.2 玻璃固化

高放废液的玻璃固化是在高温（约 1150℃）下将玻璃原料（或玻璃珠）和高放废液混合熔融，再退火处理为固化体。玻璃固化有着近 60 年的研究与应用历史，其化学性质稳定，包容性强，是目前国际上唯一工业应用的高放废液处理方法。

1978 年法国马库尔玻璃固化设施正式开始运行，使得法国成为首个将玻璃固化工业化应用的国家。迄今，玻璃固化高放废液的工艺经历了四代变迁：①采用一步法熔制工艺，使高放废液的蒸发、干燥、煅烧以及熔融在感应加热金属炉中进行，该工艺的缺点为生产效率低、熔炉寿命短，最后被淘汰；②高放废液的蒸发、干燥、煅烧在回转煅烧炉中进行，该技术克服了生产效率低的缺点，但仍存在熔炉寿命短的问题；③炉体由耐火陶瓷材料构成，并使用电极加热，克服了前两代工艺生产效率低、熔炉寿命短的缺点，但生产过程中贵金属沉在底部影响出料，且固化体体积大，给后处理带来了困难，还需要进一步改进；④使用带有搅拌系统的冷坩埚固化工艺，克服了前三代的缺点。中国原子能科学研究院从“十一五”开始开展冷坩埚玻璃固化技术研究，经过 10 年的研究建立起了我国第一套冷坩埚玻璃固化原理实验装置，并在 2015 年 8 月进行了 24h 的连续运行实验[14]。

不同种类的玻璃的性质，如熔点、包容性、热稳定性以及抗辐照性能等存在差异。目前，主要使用磷酸盐和硼硅酸盐玻璃固化高放废液。磷酸盐玻璃是最早用于研究高放废液固化的玻璃，其玻璃网络结构由正磷酸根四面体相互连接形成。由于硼硅酸盐玻璃对 P、S、Cr、Mo、Fe、Cl、F 等元素的溶解度有限，为了提高这些元素在玻璃固化体中的包容量，国内外学者对采用铁磷酸盐玻璃固化含 Fe、Cr、Mo、S、F 等元素的废液做了系统研究[7]。但磷酸盐玻璃容易析晶，且在高温下对熔炉壁具有很强的腐蚀性，是阻止其在核废物固化领域获得工业应用的难题。

硼硅酸盐玻璃具有优异的抗辐照性能、化学稳定性等，包括我国在内的许多国家将其作为高放废液的首选固化基材。我国目前投入运行的玻璃固化工厂即采用硼硅酸盐玻璃作为固化基材。值得注意的是，硼硅酸盐玻璃对锕系核素溶解度较低，如 Np、Pu 和 Am 的氧化物包容量约 2%[15]，将极大地限制其废物包容量。此外，玻璃属于介稳相，其热力学稳定性较差，容易出现反玻璃化或析晶，玻璃固化体的长期（1 万年以上）稳定性还有待进一步研究。

1.2.3　陶瓷固化

1953 年，Hatch[16]从能长期赋存铀的矿物中得到启示，首次提出矿物岩石（材料学家称之为陶瓷）固化放射性核素，并使人造放射性核素能像天然核素一样安全而长期稳定地回归大自然。1979 年，澳大利亚地质学家 Ringwood 等[17]在 *Nature* 杂志上发表了一篇题为“Immobilisation of high level nuclear reactor wastes in SYNROC”的文章，基于“源于自然，归于自然”的理念，根据地球化学、矿物学上的类质同象原理，用人造岩石晶格固化放射性核素，这一报道引起了国内外学者的广泛关注。

陶瓷固化是将高放废物与基体原料按照一定的配方比例混合均匀，经过一定的温度煅烧使得原料中的碳酸盐分解，之后在高温/高压下进行固相反应，形成具有稳定特性的晶体，待炉温缓慢冷却至室温即可获得含有稳定晶相的固化体。放射性核素进入固溶体的晶格位置中，由于晶格结构具有一定的束缚力，占据晶格位置的放射性核素难以逃逸，从而可达到有效固化高放废物的目的。陶瓷固化体相对玻璃固化体而言具有相对较高的致密度，固化体的体积较小，对废物包容能力较强，具有优良的化学稳定性和辐射稳定性。地质处置过程中，长期在辐射和潮湿的环境下，陶瓷固化体的性质和结构基本不会变化，其浸出率相对变化较小，有利于高放废物在固化体中的长期地质处置，从而减少高放废物对人类及整个生物圈的危害。

陶瓷固化体固然有许多优点，但也存在一些不足之处：通常情况下，放射性废物中往往包含多种具有不同离子半径、化学性质及价态的元素，因此，单一晶相的陶瓷固化体难以固化成分复杂的放射性废物，就难以在这方面起到良好的固化作用。为了提高陶瓷固化体对废物源项及成分波动的适应性，不少专家学者开始研究利用陶瓷固化体中多种矿相结合的方法固化高放废物。但是放射性核素被包容在陶瓷晶相中，必须满足一定的条件才能固化到晶格中，比如核素离子和晶体中拟取代离子具有相似的离子半径、电价等。也正是这个原因，选择性地固化高放废物限制了采用陶瓷固化高放废物的应用。

1.2.4　玻璃陶瓷固化

玻璃陶瓷又称微晶玻璃，于 1959 年被美国科学家 Stookey[18]发现。玻璃陶瓷固化体是利用熔融态玻璃的退火析晶制得的由玻璃相和结晶相复合的固化体，其机械强度、热稳定性和化学稳定性等均优于玻璃固化体，更重要的是核素进入稳定晶相后可提高废物包容量。相对于陶瓷固化工艺，玻璃陶瓷固化体的制备工艺较简单，可利用玻璃固化设备生产，特别是对高放废液成分波动的适应性较强。因此，玻璃陶瓷固化是玻璃固化高放废液的重要发展方向。

玻璃陶瓷固化放射性元素具有不同的固核机理，通常可分为三类：①放射性核素固化、晶体的形成都在玻璃中；②晶体的形成、部分核素固化在玻璃中，另一部分核素固化在晶相中，玻璃对晶相中的核素形成二次保护；③大多数或全部放射性核素都被固化在一种或多种晶相中，玻璃相将这些晶相包裹起来并对晶相中的核素形成双重屏障（double barrier）（图 1-2）。

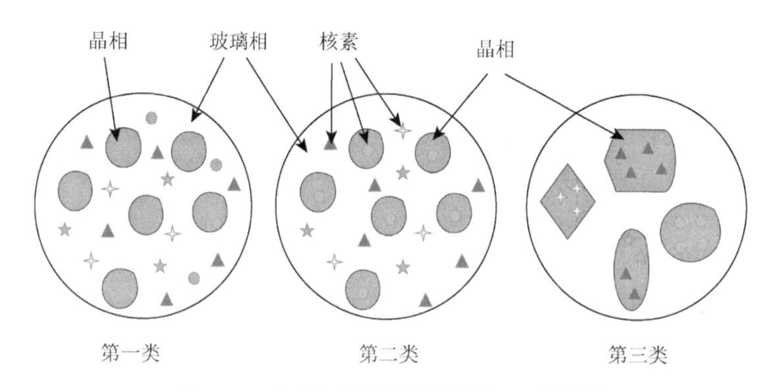

图 1-2　玻璃陶瓷固化体固核机理示意图

1.3　锕系核素固化材料研究概况

1.3.1　锕系核素陶瓷固化材料研究概况

在锕系核素陶瓷固化材料方面，自澳大利亚地质学家 Ringwood 等报道人造岩石晶格固化高放废物以来，国内外学者对赋存天然放射性元素的天然铀矿或铀钍矿进行类比，迄今研制出了 70 多种人工矿物（陶瓷单相）及其组合人造岩石[19]。针对不同废物研发了多种人造岩石（陶瓷）固化体，如 SYNROC-A（B/C/D/E/F 等），其中研究较为深入的是固化模拟动力堆乏燃料后处理所产生的高放废液的 SYNROC-C，其主要组成矿相为钙钛锆石、碱硬锰矿、钙钛矿和金红石，并含有少量的合金相；还研制了陶瓷固化体来包容某些特定废物，如分离出的锕系核素、典型裂片元素和武器级 Pu 等。

根据固化材料的不同，陶瓷固化体可分为钛酸盐、硅酸盐、磷酸盐、铝酸盐、锆酸盐五大类。长期以来，国内外学者对钙钛锆石、榍石、碱硬锰矿、烧绿石等钛酸盐和锆酸盐陶瓷固化体的工艺流程、晶相种类、结构类型、化学稳定性及各种稳定矿物对锕系核素的固溶机制等方面进行了系统深入研究[20-23]，有关硅酸盐、磷酸盐、铝酸盐、锆酸盐等陶瓷固化体的研究相对较少。Tu 等[24]从合成、固溶量、微观结构、化学稳定性等方面对锆石陶瓷模拟固化 Nd 和 Ce 进行了深入研究，发现 $ZrSiO_4$ 陶瓷对四价锕系核素的固溶量约为 4%（原子百分数）。在 $ZrSiO_4$ 陶瓷固化单一三价锕系核素时，$ZrSiO_4$ 陶瓷对三价锕系核素的固溶量也约为 4%（原子百分数）[25]，并且固化体的致密度随着 Nd^{3+} 和 Ce^{4+}

掺量的增加而不断提高。王军霞等[26]设计了固溶模拟裂变核素 Sr、Cs 和锕系核素 Ce、Nd 的磷酸锆钠[$NaZr_2(PO_4)_3$，简称 NZP]型陶瓷固化体，系统研究了模拟核素的种类（单一或多元）及掺量对 NZP 型陶瓷固化体的晶相组成、晶体化学特征、微观结构、物理性能等的影响，探讨了多元核素在固化体中的赋存状态、占位机制和固溶规律（第 4 章）。

滕元成等[27]针对富钙钛锆石固化体目标矿相纯度低、制备温度高或工艺复杂等问题，受乳浊釉乳浊机理和榍石颜料显色机理的启发，利用氧化物对硅酸锆分解的促进作用，采用合成-烧结一体化工艺制备了高纯钙钛锆石-榍石组合矿物陶瓷固化体，对模拟锕系核素具有较高的包容量，并且固化体具有优良的化学稳定性（第 2 章和第 3 章）。此外，Zhao 等[28]针对次锕系核素（Np、Am、Cm）的安全固化处理，分别用稀土元素 Pr、Eu、Gd 来模拟 Np、Am、Cm，通过固相反应和热压烧结制备独居石 $Ce_{1-x}Ln_xPO_4$（Ln = Pr, Eu, Gd）固溶体及其陶瓷固化体，优化集成了单相、连续独居石 $Ce_{1-x}Ln_xPO_4$（$x = 0～1$）固溶体及其陶瓷固化体的制备技术，揭示了模拟次锕系核素（Pr、Eu、Gd）在铈独居石陶瓷固化体中的赋存状态及固化机制。

Wang 等[29]针对利用氧化物制备 $Gd_2Zr_2O_7$ 烧绿石陶瓷固化体所需烧结时间长的问题，利用 $A_2B_2O_7$ 烧绿石开放的晶体结构，从 $Gd_2Zr_2O_7$ 烧绿石陶瓷固化体的组成设计和制备工艺入手，以 Nd^{3+}和 Ce^{4+}作为 An^{3+}和 An^{4+}的模拟替代核素，以硝酸盐作为原材料，设计了$(Gd, Nd)_2(Zr, Ce)_2O_7$烧绿石固溶体，同时对 + 3 价和 + 4 价的模拟双核素进行固化处理，并研究固化体的制备工艺、微观结构和化学稳定性（第 5 章）。

1.3.2　锕系核素玻璃陶瓷固化材料研究概况

钙钛锆石（$CaZrTi_2O_7$）是地球上最稳定的矿相之一，也是锕系核素的主要寄生相，是固化锕系高放废物理想的介质材料。近年来，国内外在含钙钛锆石相的人造岩石和玻璃陶瓷固化体的相组成、显微结构、制备工艺和稳定性等方面进行了较广泛的研究。目前，针对钙钛锆石基玻璃陶瓷的研究主要集中在钙铝硅酸盐体系（SiO_2-Al_2O_3-CaO-ZrO_2-TiO_2）[30-33]。该体系玻璃陶瓷的熔制温度（＞1450℃）和热处理温度（1050～1200℃）较高，模拟锕系核素分布在钙钛锆石相中的含量较低，如分布在钙钛锆石相中的 Nd 和 Th 元素的摩尔分数分别仅为 23%和 19%[32]，这可能与玻璃陶瓷中钙钛锆石晶相的含量较低（体积分数为 9%～11%）有关。

Mahmoudysepehr 和 Marghussian[34]对含钙钛锆石相的铅硅酸盐体系玻璃陶瓷 SiO_2-PbO-CaO-ZrO_2-TiO_2-(B_2O_3-K_2O)的析晶行为和显微结构进行了研究，结果表明，PbO、B_2O_3 和 K_2O 的引入使玻璃熔制温度有所降低（1420～1470℃），并且有利于 ZrO_2 在玻璃中的溶解，通过在 770℃保温 4h 进行热处理，获得了钙钛锆石晶相含量达 34%的玻璃陶瓷。但该体系玻璃陶瓷的熔制温度仍然较高，其中的 Pb 等元素很容易挥发。

榍石（$CaTiSiO_5$）能与锕系核素及很多裂变产物形成稳定的固溶体，常作为副矿物存在于不同成因类型的花岗岩中，具有优良的地质稳定性和化学稳定性[35]。Lutze 和 Ewing[36]开展了榍石玻璃陶瓷（SiO_2-Al_2O_3-CaO-Na_2O-TiO_2）固化重水铀反应堆放射性废物的研究，其玻璃熔制温度为 1250～1450℃，热处理温度为 950～1050℃，制得的玻璃陶瓷固化体中的榍石晶相能吸纳高放废物中50%的U，而另外50%的U分散在玻璃相中。目前，有关榍石基玻璃陶瓷固化体的研究报道较少。

Wu等[37]近年来针对含钙钛锆石、榍石等稳定晶相的硼硅酸盐玻璃陶瓷固化体进行了深入研究，优化集成了玻璃陶瓷固化体的制备工艺技术，阐明了钙钛锆石、榍石等晶相的析晶机理，以及模拟锕系核素在玻璃陶瓷固化体中的固溶机制，并评价了玻璃陶瓷固化体的化学稳定性（第6章）。

参考文献

[1] 刘坤贤，王邵，韩建平，等. 放射性废物处理与处置[M]. 北京：中国原子能出版社，2012.

[2] 罗上庚. 放射性废物处理与处置[M]. 北京：中国环境科学出版社，2007.

[3] 骆鹏，王思成，胡正国，等. 加速器驱动次临界系统：先进核燃料循环的选择[J]. 物理，2016，45（9）：569-577.

[4] 叶国安，郑卫芳，何辉，等. 我国核燃料后处理技术现状和发展[J]. 原子能科学技术，2020，54（S1）：75-83.

[5] 陈靖，王建晨. 从高放废液中去除锕系元素的TRPO流程发展三十年[J]. 化学进展，2011，23（7）：1366-1371.

[6] 韦悦周. 国外核燃料后处理化学分离技术的研究进展及考察[J]. 化学进展，2011，23（7）：1272-1288.

[7] 徐凯. 核废料玻璃固化国际研究进展[J]. 中国材料进展，2016，35（7）：481-488，517.

[8] 谢佼，胡喆. 我国首座高水平放射性废液玻璃固化设施正式投运[EB/OL]. [2021-9-12]. http://www.gov.cn/xinwen/2021-09/12/content_5636913.htm.

[9] 何涌. 高放废液玻璃固化体和矿物固化体性质的比较[J]. 辐射防护，2001，21（1）：43-47.

[10] 詹文龙，徐瑚珊. 未来先进核裂变能：ADS嬗变系统[J]. 中国科学院院刊，2012，27（3）：375-381.

[11] 中国科学院"未来先进核裂变能：ADS嬗变系统"战略性先导科技专项研究团队，直面挑战追梦核裂变能可持续发展："未来先进核裂变能：ADS嬗变系统"战略性先导科技专项及进展[J]. 中国科学院院刊，2015，30（4）：527-534，571.

[12] 徐雅晨，亢方亮，盛选禹. 加速器驱动次临界系统（ADS）及其散裂靶的研究现状[J]. 核科学与技术，2016，4（3）：88-97.

[13] 李满福. 我国强流高功率质子加速器研制再创世界纪录[N]. 甘肃日报，2021-2-15（01版）.

[14] 刘丽君，郄东生，李扬，等. 冷坩埚玻璃固化模拟高放废液的24h连续运行实验研究[J]. 原子能科学技术，2018，52（12）：2214-2221.

[15] Eller P G，Jarvinen G D，Purson J D，et al. Actinide valences in borosilicate glass[J]. Radiochim Acta，1985，39（1）：17-22.

[16] Hatch L. Ultimate disposal of radioactive wastes[J]. American Scientist，1953，41（3）：410-421.

[17] Ringwood A E，Kesson S E，Ware N G，et al. Immobilisation of high level nuclear reactor wastes in SYNROC[J]. Nature，1979，278（5701）：219-223.

[18] Stookey S D. Catalyzed crystallization of glass in theory and practice[J]. Industrial and Engineering Chemistry，1959，51（7）：805-808.

[19] 段涛，丁艺，罗世淋，等. 回归自然：人造岩石固化核素的思考与进展[J]. 无机材料学报，2021，36（1）：25-35.

[20] Strachan D M，Scheele R D，Buck E C，et al. Radiation damage effects in candidate titanates for Pu disposition：zirconolite[J]. Journal of Nuclear Materials，2008，372（1）：16-31.

[21] Zhang Y，Stewart M W A，Li H，et al. Zirconolite-rich titanate ceramics for immobilisation of actinides-waste form/HIP can interactions and chemical durability[J]. Journal of Nuclear Materials，2009，395（1-3）：69-74.

[22] 杨建文. 富烧绿石人造岩石和锆英石固化模拟锕系废物研究[D]. 北京：中国原子能科学研究院，2000.

[23] 朱鑫璋，罗上庚，汤宝龙，等. 富钙钛锆石型人造岩石固化模拟锕系废物研究（I）[J]. 核科学与工程，1999，6（19）：182-186.

[24] Tu H，Duan T，Ding Y，et al. Phase and microstructural evolutions of the CeO_2-ZrO_2-SiO_2 system synthesized by the sol-gel process[J]. Ceramics International，2015，41（6）：8046-8050.

[25] Ding Y，Lu X R，Dan H，et al. Phase evolution and chemical durability of Nd-doped zircon ceramics designed to immobilize trivalent actinides[J]. Ceramics International，2015，41（8）：10044-10050.

[26] 王军霞，王进，冯硕，等. 新型磷酸盐复合陶瓷固化体材料的制备方法：CN110734283B[P]. 2022-05-13.

[27] 滕元成，周时光，车春霞. 一种高放射性废物固化处理基材的制备方法：CN1767077A[P]. 2006-05-03.

[28] Zhao X F，Li Y X，Teng Y C，et al. The structure properties，defect stability and excess properties in Am-doped $LnPO_4$（Ln = La, Ce, Nd, Sm, Eu, Gd）monazites[J]. Journal of Alloys and Compounds，2019，806：113-119.

[29] Wang J，Wang J X，Zhang Y B，et al. Flux synthesis and chemical stability of Nd and Ce co-doped $(Gd_{1-x}Nd_x)_2(Zr_{1-x}Ce_x)_2O_7$（$0 \leqslant x \leqslant 1$）pyrochlore ceramics for nuclear waste forms[J]. Ceramics International，2017，43（18）：17064-17070.

[30] Caurant D，Majerus O，Loiseau P，et al. Crystallization of neodymium-rich phases in silicate glasses developed for nuclear waste immobilization[J]. Journal of Nuclear Materials，2006，354（1-3）：143-162.

[31] Loiseau P，Caurant D. Glass-ceramic nuclear waste forms obtained by crystallization of SiO_2-Al_2O_3-CaO-ZrO_2-TiO_2 glasses containing lanthanides（Ce, Nd, Eu, Gd, Yb）and actinides（Th）：study of the crystallization from the surface[J]. Journal of Nuclear Materials，2010，402（1）：38-54.

[32] Loiseau P，Caurant D，Majerus O，et al. Crystallization study of (TiO_2, ZrO_2)-rich SiO_2-Al_2O_3-CaO glasses. Part I. Preparation and characterization of zirconolite-based glass-ceramics[J]. Journal of Materials Science，2003，38（4）：843-852.

[33] 李鹏，丁新更，杨辉，等. 钙钛锆石玻璃陶瓷体的晶化和抗浸出性能[J]. 硅酸盐学报，2012，40（2）：324-328.

[34] Mahmoudysepehr M，Marghussian V K. SiO_2-PbO-CaO-ZrO_2-TiO_2-(B_2O_3-K_2O)，A new zirconolite glass-ceramic system：Crystallization behavior and microstructure evaluation[J]. Journal of the American Ceramic Society，2009，92（7）：1540-1546.

[35] 崔春龙，卢喜瑞，张东，等. 含放射性核素天然榍石的稳定性研究[J]. 矿物岩石，2008，28（4）：7-12.

[36] Lutze W，Ewing R C. Radioactive waste forms for the future[M]. Amsterdam：North-Holland，1988.

[37] Wu L，Li H D，Wang X，et al. Effects of Nd content on structure and chemical durability of zirconolite-barium borosilicate glass-ceramics[J]. Journal of the American Ceramic Society，2016，99（12）：4093-4099.

第 2 章　榍石陶瓷固化材料

2.1　概　　述

2.1.1　榍石的组成与结构

榍石（sphene/titanite）主要由 CaO、TiO_2、SiO_2 三种基本氧化物成分组成，通常表示为 $CaTiSiO_5$，是一种钛硅酸盐陶瓷，属于岛状硅酸盐体系。天然榍石多以单晶体出现，晶形呈扁平的楔形，横断面为菱形，底面特别发育时，呈板状。榍石有蜜黄色、褐色、绿色、黑色、玫瑰色等。金刚光泽，柱面解理清楚，莫氏硬度为 5。榍石广泛分布于火成岩，常为副矿物。

$CaTiSiO_5$ 属于单斜晶系，其空间群为 $P2_1/a$，晶格常数：$a_0 = 0.655$nm，$b_0 = 0.870$nm，$c_0 = 0.743$nm，$\beta = 109°43'$，$Z = 4$。结构中[CaO_7]多面体以共棱的形式正反相间排列成链沿[101]方向延伸。[TiO_6]八面体平行 a 轴方向以共顶的形式连接成链，链间以[SiO_4]四面体连接，形成 $TiOSiO_4$ 架构，Ca 呈 7 配位填充在框架中，在其他矿物中很少见。$CaTiSiO_5$ 的晶体结构如图 2-1 所示，晶格位性质见表 2-1。

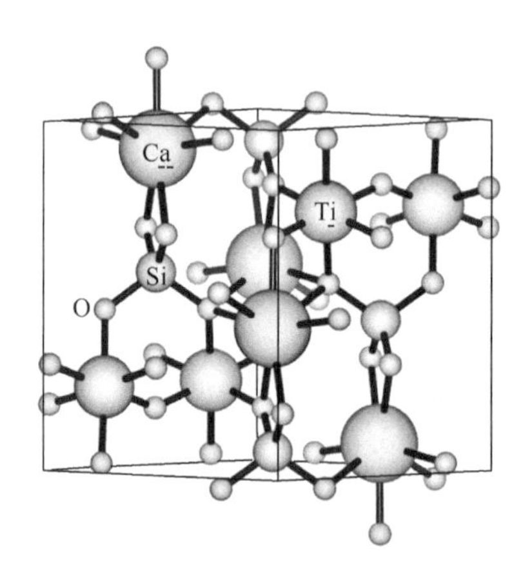

图 2-1　$CaTiSiO_5$ 的晶体结构

表 2-1　$CaTiSiO_5$ 晶体中晶格位性质

晶格位	配位数	多面体	离子半径/Å
Ca	7	立方体	1.15
Si	4	四面体	0.34
Ti(3)	6	八面体	0.69

2.1.2　榍石的基本性能

$CaTiSiO_5$ 在花岗岩地下水中具有良好的机械稳定性和化学稳定性，它能够与很多放射性裂变产物及锕系核素形成稳定的固溶体。天然 $CaTiSiO_5$ 的稳定性好，不同世代、成因的 $CaTiSiO_5$ 可作为划分和判别花岗岩成因类型的重要标志。$CaTiSiO_5$ 是钛硅酸盐玻璃陶瓷固化的主要晶相，也是固化核电站放射性废物的候选矿物之一。在加拿大，只有富含 $CaTiSiO_5$ 晶相的玻璃陶瓷固化体获得了实际的应用，其固化体中的 $CaTiSiO_5$ 晶相能够吸纳掺入高放废物中 50%的铀。根据类质同象原理，天然 $CaTiSiO_5$ 晶体中的 Ca 可被 Na、RE、An、Mn、Sr、Ba 置换，Ti 可被 Al、Fe、Nb、Ta、Th、Sn、Cr 代替，O 可被（OH）、F、Cl 代替。$CaTiSiO_5$ 的组成和基本结构决定了其对多种核素具有较强的包容能力，其 Ca 位和 Ti 位均可以被一定量的锕系元素所取代，并形成化学稳定性良好的固溶体。

崔春龙等[1]的研究表明，凤凰山天然 $CaTiSiO_5$ 包容有 K、Na、Nd、U、Sr、Cs、Co、Mg、Fe、Al 等元素。$CaTiSiO_5$ 是安康双龙桥碱性辉长石杂岩中 RE、An、Sr、Ba、Zr 等元素的重要载体，富集了岩石中 60%～90%的 RE、全部的 U 元素和 55%～71%的 Th 元素。根据自然类比原理，$CaTiSiO_5$ 是人造岩石固化锕系核素及 Sr、Co 等裂变核素的理想固化材料。

在人造岩石固化高放废物的研究中，国内外对钙钛锆石的相关研究居多，对榍石的研究很少。滕元成等[2]以 H_2SiO_3、$CaCO_3$、TiO_2 为原料，通过固相反应在 1270℃合成了高纯度的 $CaTiSiO_5$。将合成的 $CaTiSiO_5$ 粉体细磨至 100～200 目，粉体的表面积/体积（SA/V）为 $1000m^{-1}$。采用浸泡法，利用乙酸和氨水调节 pH，研究不同 pH 和浸泡温度下合成 $CaTiSiO_5$ 的浸出性能。实验样品见表 2-2，浸出实验结果如图 2-2～图 2-5 所示。实验结果表明，合成 $CaTiSiO_5$ 在 pH 为 5～11 的水溶液中具有良好的化学稳定性，pH 为 3 时合成 $CaTiSiO_5$ 的化学稳定性较差。与 25℃相比，90℃浸泡时，Ca^{2+}前期的浸出率（leaching rate，LR）高 1 个数量级，而 Ti^{4+}的浸出率变化不是很明显；随着浸泡时间延长，Ca^{2+}在不同温度下浸出率的差异减小，90℃浸泡时 Ca^{2+}和 Ti^{4+}在 42d 的浸出率与 25℃时的浸出率趋于一致。在 pH 为 5、7 和 9 浸泡时，随着浸泡时间的延长，Ca^{2+}和 Ti^{4+}的浸出率逐渐减小，在 42d 的浸出率分别趋于稳定并保持在较低水平。Ca^{2+}的浸出率比 Ti^{4+}的浸出率高约 2 个数量级。在 pH 为 7 的浸泡条件下，90℃时合成 $CaTiSiO_5$ 的 Ca^{2+}和 Ti^{4+}的 42d 归一化浸出率分别为 $3.33\times10^{-3}g/(m^2\cdot d)$、$1.33\times10^{-5}g/(m^2\cdot d)$；25℃时合成 $CaTiSiO_5$ 的 Ca^{2+}和 Ti^{4+}的 42d 归一化浸出率分别为 $1.52\times10^{-3}g/(m^2\cdot d)$、$3.05\times10^{-5}g/(m^2\cdot d)$。

表 2-2　实验样品

样品编号	浸泡液的 pH	浸泡温度/℃
JAM	3	25
JBM	5	25
JCM	7	25

续表

样品编号	浸泡液的 pH	浸泡温度/℃
JDM	9	25
JEM	11	25
LBM	5	90
LCM	7	90
LDM	9	90

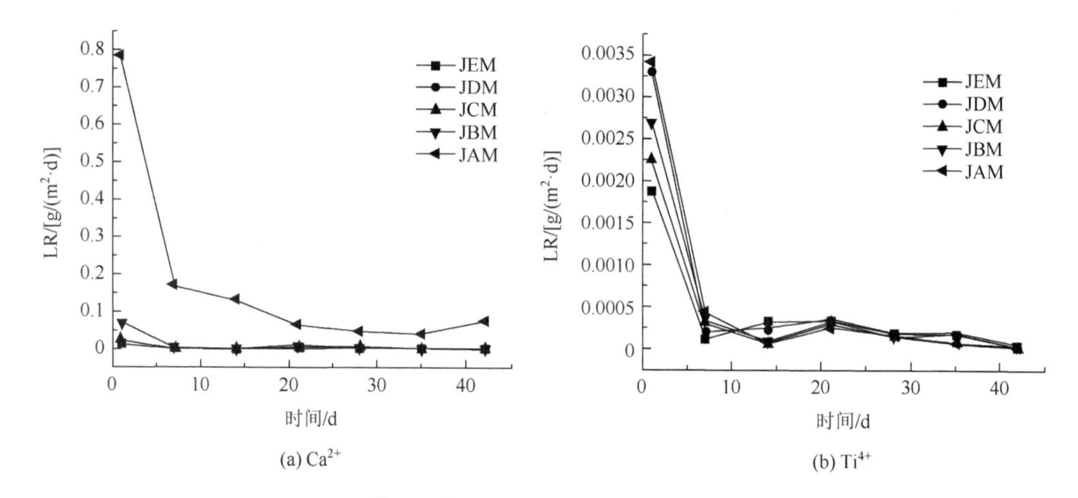

图 2-2　Ca^{2+}和 Ti^{4+}在 25℃不同 pH 下的归一化浸出率

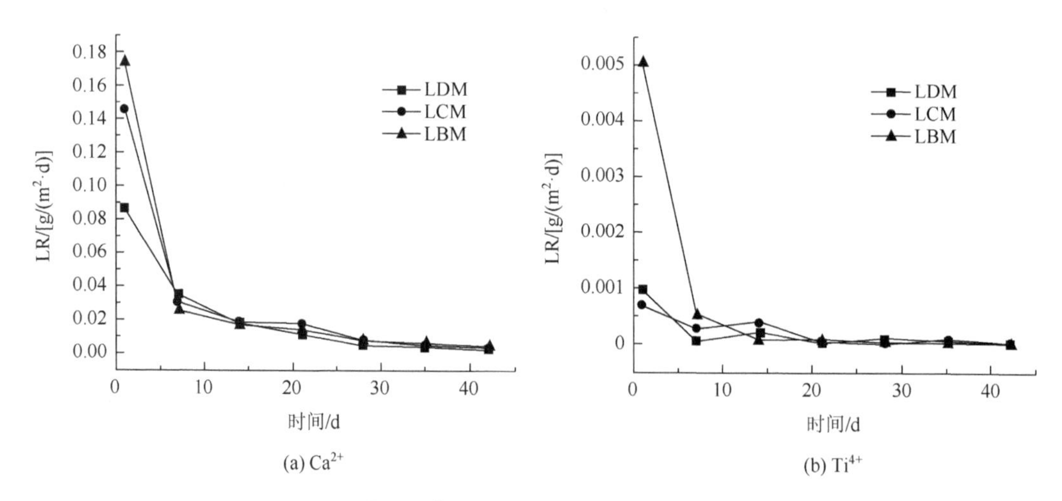

图 2-3　Ca^{2+}和 Ti^{4+}在 90℃不同 pH 下的归一化浸出率

样品的 X 射线衍射（X-ray diffraction，XRD）分析表明，相较于浸泡前，在 pH 为 3 的水溶液中浸泡后 $CaTiSiO_5$ 在 17.92°的衍射峰强度有所降低，表明在 pH 为 3 的酸性环境中浸泡，$CaTiSiO_5$ 晶体存在一定程度的侵蚀破坏，导致其归一化浸出率偏高。在 pH 为 5～11 下浸泡时，浸泡前后 $CaTiSiO_5$ 的衍射峰强度未发生变化，说明 $CaTiSiO_5$ 晶体未

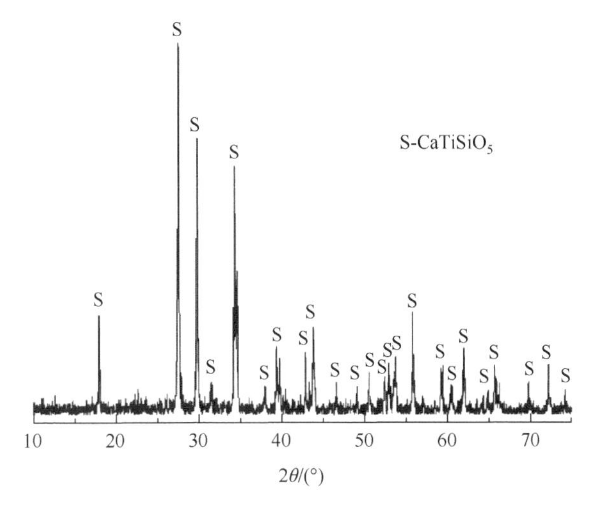

图 2-4　合成 $CaTiSiO_5$ 的 XRD 图

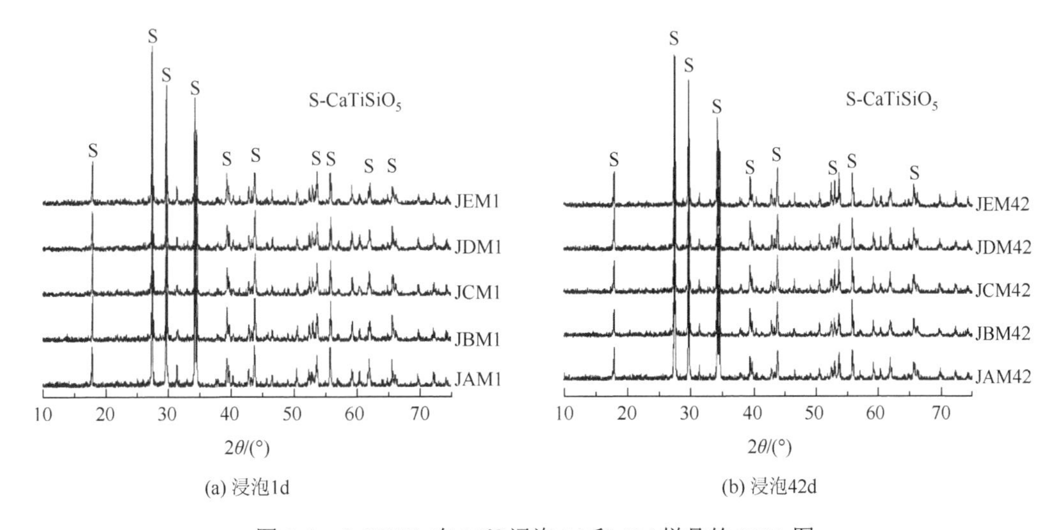

图 2-5　$CaTiSiO_5$ 在 25℃浸泡 1d 和 42d 样品的 XRD 图

发生变化，稳定性良好。综上所述，合成的 $CaTiSiO_5$ 在 pH 为 5～9 的水溶液中具有良好的化学稳定性。

窦天军等[3]采用固相反应合成 $CaTiSiO_5$，通过热处理和 ^{60}Co 源辐照试验，研究了合成 $CaTiSiO_5$ 的抗辐照稳定性和热稳定性。采用卡普斯京斯基方程[$U = 1277(m+n)Z_+Z_-(r-0.434)/r^2$]对 $CaTiSiO_5$ 晶格能进行近似计算，得到 $CaTiSiO_5$ 晶格中 Ca—O 键能、Ti—O 键能和 Si—O 键能分别为 5.65×10^{-18}J、1.99×10^{-17}J 和 8.00×10^{-18}J。使用 ^{60}Co 源在空气中辐照合成的 $CaTiSiO_5$ 粉末样，其射线能量是 2.13×10^{-13}J 和 1.87×10^{-13}J，其能量大于 $CaTiSiO_5$ 中各化学键的键能。剂量测试系统为重铬酸银化学剂量测试系统，辐射源排列方式为单板源。

样品的辐照条件见表 2-3。在较短时间内使用大剂量的 ^{60}Co 源对 $CaTiSiO_5$ 样品进行辐照，$CaTiSiO_5$ 样品受到的模拟辐照强度远远高于真实的高放废物固化体，以达到强化试验的目的。由图 2-6 可知，辐照前后 $CaTiSiO_5$ 样品的晶相及其衍射峰强度未发生变化，说明在辐照过程中 $CaTiSiO_5$ 晶体没有明显的辐照损伤，未发生晶相向非晶相转变，物相组成没有变化，晶体结构稳定。根据 $CaTiSiO_5$ 的标准拉曼光谱（卡号：749）可知，图 2-7 中在 $255cm^{-1}$ 处的峰为 Ca—O 伸缩振动，$424cm^{-1}$ 处的峰为 Si—O—Si 反对称伸缩振动，$606cm^{-1}$ 处的峰为[TiO_6]八面体中 Ti—O 键的伸缩振动，$870cm^{-1}$ 处为 Si—O 反对称伸缩振动。辐照前后 $CaTiSiO_5$ 的特征峰没有变化，说明辐照前后 $CaTiSiO_5$ 的晶体结构及化学键没有发生变化。

表 2-3 实验样品的辐照条件

样品编号	辐射源活度/Bq	辐照时间/min	辐照点累计剂量/Gy
a（辐照前）	0	0	0
b（辐照后）	5.555×10^{15}	5286	5.76×10^{5}

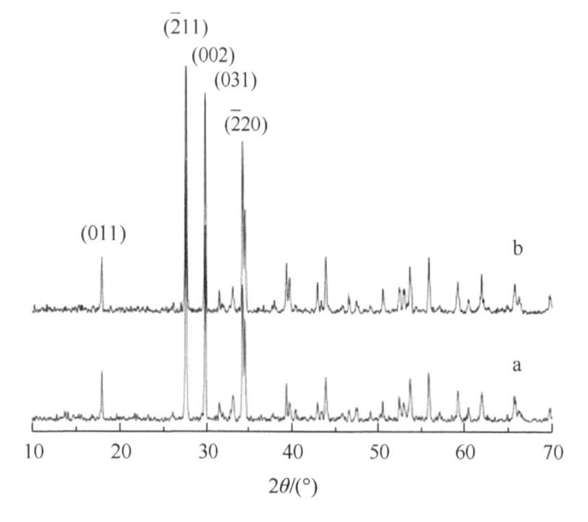

图 2-6 辐照前后 $CaTiSiO_5$ 样品的 XRD 图

a-辐照前；b-辐照后

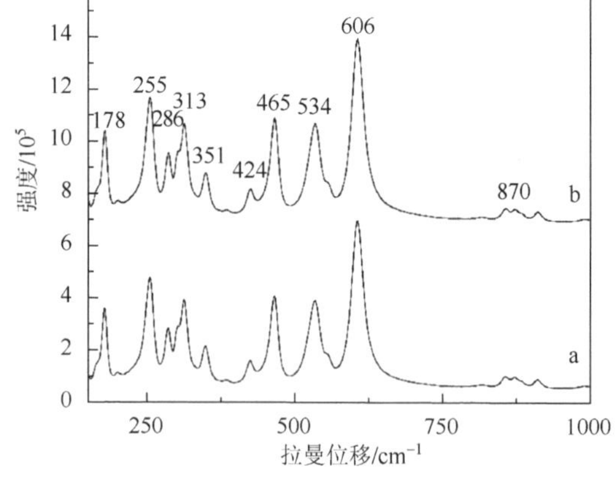

图 2-7 辐照前后 $CaTiSiO_5$ 样品的拉曼光谱图

a-辐照前；b-辐照后

由图 2-8 可知，$430cm^{-1}$ 处的峰为[TiO_6]八面体振动谱带，$555cm^{-1}$ 处的吸收峰是 SiO_4^{4-} 的弯曲振动谱带，$CaTiSiO_5$ 因电偶极矩变化所产生的振动谱带在辐照前后位置和吸光度没有太大变化，说明辐照前后 $CaTiSiO_5$ 的晶体结构及化学键没有发生变化。^{60}Co 源的辐照没有造成 $CaTiSiO_5$ 晶格的辐射损伤，辐照前后 $CaTiSiO_5$ 的晶体结构及化学键没有发生变化。因此，人工合成的 $CaTiSiO_5$ 具有良好的抗 γ 射线辐照的稳定性。

合成的 $CaTiSiO_5$ 样品分别在 200℃、400℃、600℃和 800℃热处理 24h，样品编号见表 2-4。图 2-9、图 2-10 分别为在不同温度下进行热处理的 XRD 图、扫描电子显微镜（scanning electron microscope，SEM）图。合成的 $CaTiSiO_5$ 经过热处理，其衍射峰没有变化，表明在热处理过程中 $CaTiSiO_5$ 样品的物相组成没有变化。经过不同温度热处理后的 $CaTiSiO_5$ 样品，晶粒形貌和大小相同，晶界清晰，晶粒尺寸在 5μm 左右，表明在热处理

过程中 $CaTiSiO_5$ 样品没有发生明显的物理化学变化。综上所述，在常温至 800℃的温度范围，$CaTiSiO_5$ 晶体具有良好的热稳定性。

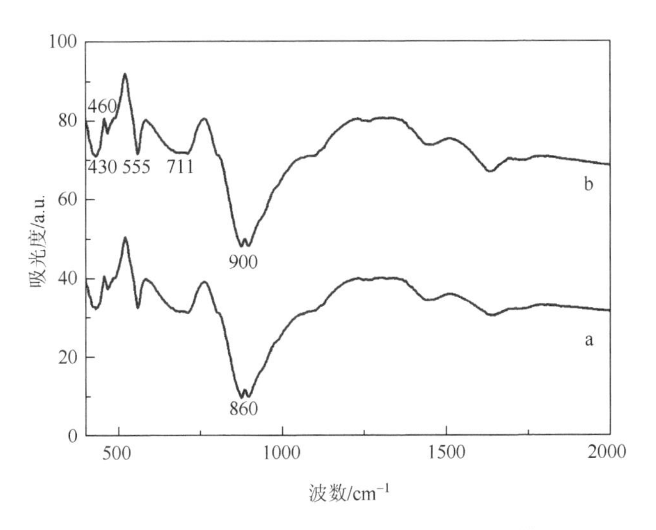

图 2-8　辐照前后 $CaTiSiO_5$ 样品的红外光谱图

a-辐照前；b-辐照后

表 2-4　热处理样品编号

样品编号	热处理温度/℃	热处理时间/h
A	200	24
B	400	24
C	600	24
D	800	24

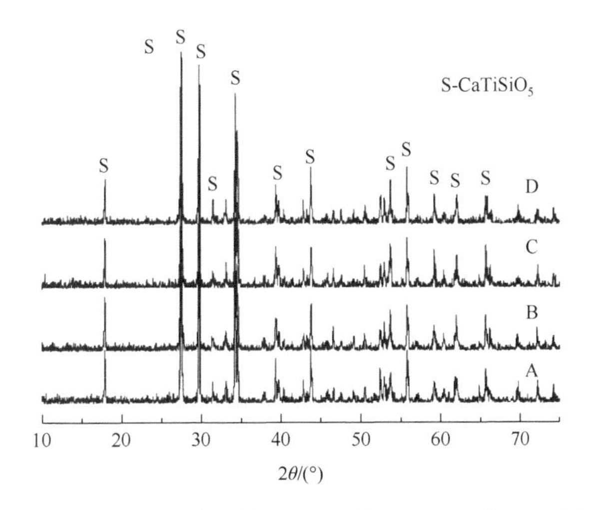

图 2-9　在不同温度下热处理 24h 的 $CaTiSiO_5$ 的 XRD 图

图 2-10　在不同温度下热处理 24h 的 $CaTiSiO_5$ 的 SEM 图

2.2　榍石陶瓷固化体的制备

在现有的研究报道中，对天然 $CaTiSiO_5$ 的研究较多，对人工合成 $CaTiSiO_5$ 的研究较少，已有的研究表明 $CaTiSiO_5$ 晶体具有较好的热力学稳定性、化学稳定性、辐射稳定性和机械稳定性，是人造岩石固化处理高放废物理想的候选矿物之一。$CaTiSiO_5$ 基人造岩石的制备有固相法和液相法两种。其中，液相法制备 $CaTiSiO_5$ 主要有共沉淀法、溶胶-凝胶法和液相燃烧法三种。

2.2.1　固相法

曾冲盛等[4]以 $CaCO_3$、TiO_2、偏硅酸（H_2SiO_3）和 SiO_2 为原料，采用高温固相反应合成了高纯度的 $CaTiSiO_5$。实验条件及样品编号见表 2-5。

表 2-5　实验条件及样品编号

配方（物质的量比）	样品	煅烧温度/℃	保温时间/min
$CaCO_3$ ∶ TiO_2 ∶ H_2SiO_3 = 1 ∶ 1 ∶ 1（A1～A9）	A1	1060	30
	A2	1090	30
	A3	1120	30
	A4	1150	30
	A5	1180	30
	A6	1210	30
	A7	1240	30
	A7-0	1240	20
	A7-1	1240	40
	A7-2	1240	60
	A8	1270	30
	A9	1300	30
$CaCO_3$ ∶ TiO_2 ∶ SiO_2 = 1 ∶ 1 ∶ 1（B0～B5）	B0	1170	30
	B1	1200	30
	B2	1230	30

续表

配方（物质的量比）	样品	煅烧温度/℃	保温时间/min
$CaCO_3:TiO_2:SiO_2=1:1:1$（B0～B5）	B3	1260	30
	B4	1290	30
	B4-0	1290	20
	B4-1	1290	40
	B4-2	1290	60
	B5	1320	30

对 A 配方的热重-差热（thermogravimetry-differential scanning calorimetry，TG-DSC）分析发现（图 2-11），在 98.38℃左右形成一个吸热峰，对应的 TG 曲线上失重为 2.0490%。通过分析、计算可知，该吸热峰是 H_2SiO_3 分解成 SiO_2 和 H_2O 所致。DSC 曲线在 761.53℃左右有一个吸热峰，对应的热重曲线上失重为 18.5574%，该吸热峰是 $CaCO_3$ 分解生成 CaO 和 CO_2 的热效应。在 900～1100℃，DSC 曲线上有一个低强度的放热峰，该放热峰是新物相生成的综合热效应。

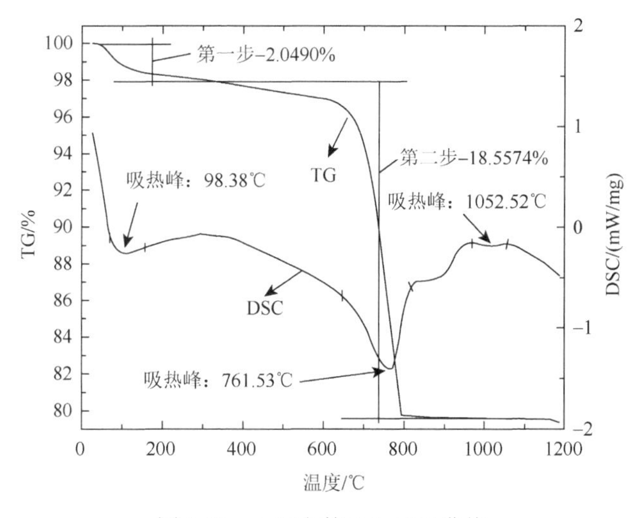

图 2-11　A 配方的 TG-DSC 曲线

1. A 系列样品 XRD 分析

分析图 2-12 可知，A1 样品的物相为 $CaTiO_3$、$CaSiO_3$、SiO_2 和 TiO_2，表明 H_2SiO_3 和 $CaCO_3$ 的部分分解产物在 1060℃已反应生成了 $CaSiO_3$ 和 $CaTiO_3$。1090～1150℃煅烧获得的 A2～A4 样品，其物相组成均为 $CaTiSiO_5$、$CaTiO_3$、$CaSiO_3$、TiO_2 和 SiO_2，说明在 1090℃已有 $CaTiSiO_5$ 生成。仔细分析 A2～A4 样品的衍射峰强度发现，随着煅烧温度的提高，样品的 $CaTiO_3$、$CaSiO_3$ 和 TiO_2 的相对含量在逐渐减少，而 $CaTiSiO_5$ 和 SiO_2 的相对含量在逐渐增加。因此，在 1090～1150℃煅烧，随着煅烧温度的提高，$CaTiO_3$ 和 $CaSiO_3$ 逐渐分解，反应生成 $CaTiSiO_5$ 和 SiO_2。

由图 2-13 可知，A5 样品的物相为 $CaTiSiO_5$、$CaTiO_3$ 和 SiO_2，没有 $CaSiO_3$ 晶相，表明在 1180℃煅烧，$CaSiO_3$ 已完全分解。A6～A8 样品的主要物相是 $CaTiSiO_5$，同时有少量未反应的 $CaTiO_3$ 和 SiO_2，A9 样品只有 $CaTiSiO_5$ 的衍射峰。仔细分析 A5～A9 样品的衍射峰强度发现，在 1180～1300℃煅烧时，随着煅烧温度的提高，$CaTiSiO_5$ 的相对含量逐渐提高，在 1270℃煅烧的 A7 样品，其 $CaTiSiO_5$ 含量最高，A9 样品 $CaTiSiO_5$ 的相对含量有一定下降，下降原因是 A9 样品的煅烧温度较高，部分 $CaTiSiO_5$ 熔融，形成了玻璃相。

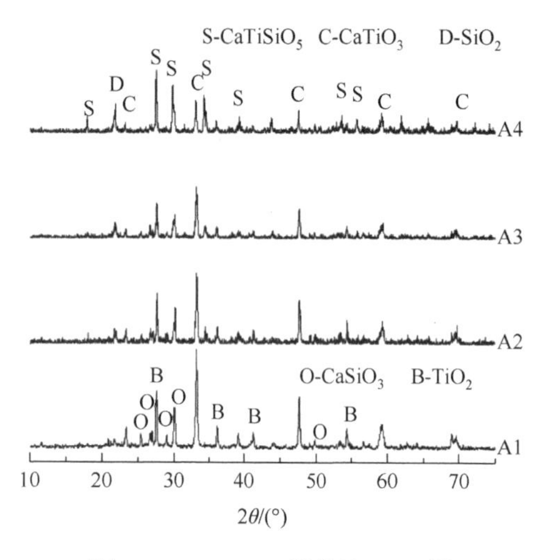

图 2-12　A1～A4 样品的 XRD 图

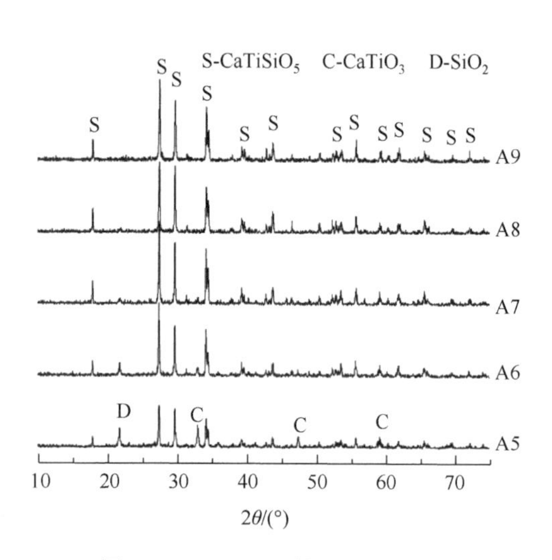

图 2-13　A5～A9 样品的 XRD 图

分析图 2-14 各样品中 $CaTiSiO_5$ 衍射峰的相对强度可知，A7 样品中 $CaTiSiO_5$ 的相对含量最高，保温时间分别为 20min、40min 的 A7-0 和 A7-1 样品，其 $CaTiSiO_5$ 的相对含量均较低，而保温时间为 60min 的 A7-2 样品，其 $CaTiSiO_5$ 的相对含量最低。分析结果表明，保温时间为 20～30min，随着保温时间的延长，有利于合成 $CaTiSiO_5$ 的反应进行

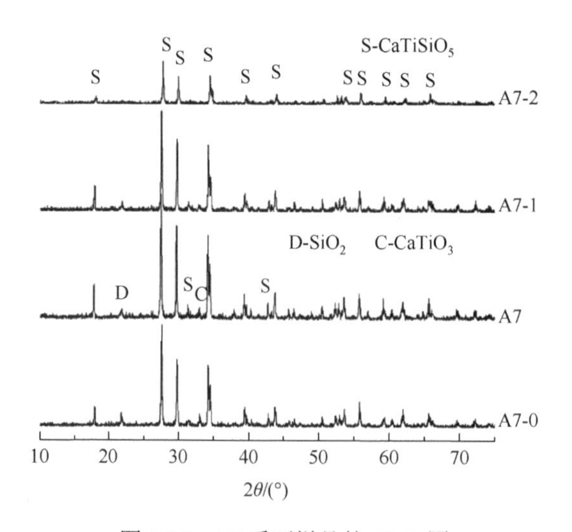

图 2-14　A7 系列样品的 XRD 图

得更完全；保温时间为 30～60min，由于保温 30min 时合成 $CaTiSiO_5$ 的反应已经进行得比较彻底，继续延长保温时间，少量未反应的 $CaTiO_3$、SiO_2 会与部分 $CaTiSiO_5$ 反应转化为玻璃相，随着保温时间的延长，样品中 $CaTiSiO_5$ 的相对含量逐渐降低。因此，保温 30min 的 A7 样品 $CaTiSiO_5$ 的相对含量最高，30min 是最佳的保温时间。

以 $CaCO_3$、TiO_2 和 H_2SiO_3 为原料合成 $CaTiSiO_5$，在 1060℃以下反应生成了 $CaSiO_3$ 和 $CaTiO_3$，1090℃开始有 $CaTiSiO_5$ 生成；1090～1150℃，随着煅烧温度的提高，$CaTiO_3$ 和 $CaSiO_3$ 逐渐分解，反应生成 $CaTiSiO_5$ 和 SiO_2；$CaSiO_3$ 在 1180℃完全分解；1180～1300℃，随着煅烧温度的提高，$CaTiSiO_5$ 的相对含量逐渐增大，在 1270℃，合成 $CaTiSiO_5$ 的反应进行得较完全，1270℃时有部分 $CaTiSiO_5$ 形成了玻璃相。

2. B 系列样品 XRD 分析

分析图 2-15 可知，当煅烧温度升到 1200℃时，开始出现目标矿物相 $CaTiSiO_5$。随着煅烧温度升高，$CaTiSiO_5$ 的相对含量逐渐增加，1320℃得到的样品只有 $CaTiSiO_5$ 晶相的衍射峰，且 $CaTiSiO_5$ 的相对含量最高。在 1200～1290℃，随着煅烧温度的升高，一部分石英（PDF 33-1161）和 $CaTiO_3$ 反应生成 $CaTiSiO_5$，另一部分石英向方石英（PDF 11-0695）转变。

分析图 2-16 可知，保温 30min 的 B4 样品，其 $CaTiSiO_5$ 的相对含量最高，保温 20min 的 B4-0 样品和保温 40min 的 B4-1 样品，其 $CaTiSiO_5$ 的相对含量均较低，保温 60min 的 B4-2 样品 $CaTiSiO_5$ 的相对含量最低，这一结果与 A7 系列样品的情况相似。B4 系列样品的 XRD 分析结果表明，保温时间太短（少于 30min），合成 $CaTiSiO_5$ 的反应不完全，获得样品的 $CaTiSiO_5$ 含量较低；保温时间太长（多于 30min），部分 $CaTiSiO_5$ 会与少量的其他晶相反应形成玻璃相，因此，B 配方合成 $CaTiSiO_5$ 的最佳保温时间是 30min。另外，保温时间还影响了未反应 SiO_2 晶体的晶型及晶型转变。保温 20min 时，SiO_2 以石英晶体（PDF 33-1161）存在于样品中，保温 30～60min 时，SiO_2 主要以方石英晶体（PDF 11-0695）存在于样品中。

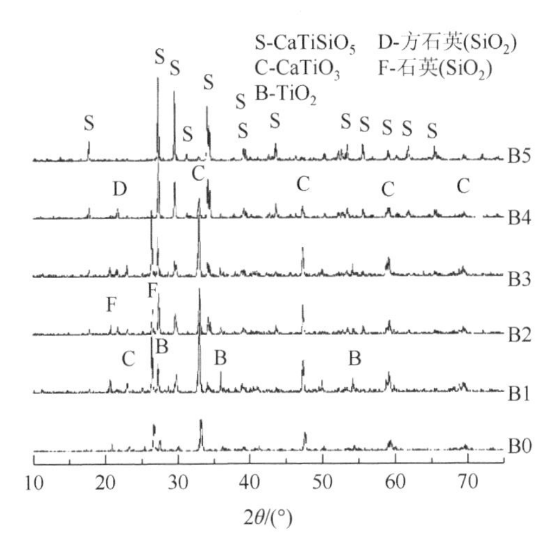

图 2-15　B0～B5 样品的 XRD 图

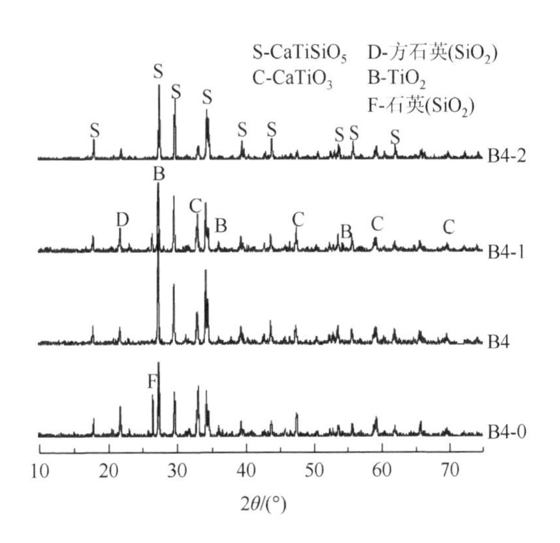

图 2-16　B4 系列样品的 XRD 图

以 $CaCO_3$、TiO_2 和 SiO_2 为原料合成 $CaTiSiO_5$，研究表明在 1050℃以下主要是 $CaCO_3$ 的分解产物 CaO 和 TiO_2 反应生成 $CaTiO_3$；1170～1200℃，$CaTiO_3$ 和 SiO_2 反应生成 $CaTiSiO_5$；1200～1320℃，随着煅烧温度升高，$CaTiSiO_5$ 的相对含量逐渐增加，合成 $CaTiSiO_5$ 的反应进行得更完全。

综上所述，以 H_2SiO_3、$CaCO_3$、TiO_2 为原料，通过高温固相反应可以合成高纯度的 $CaTiSiO_5$，较佳合成温度是 1270℃，较佳保温时间为 30min，最低合成温度为 1090℃；以 SiO_2、$CaCO_3$、TiO_2 为原料，通过高温固相反应合成高纯度的 $CaTiSiO_5$ 的较佳条件是 1320℃保温 30min，最低合成温度为 1200℃。

赵伟等[5]以 $CaCO_3$、SiO_2、TiO_2、$Ce_2C_8O_{12}\cdot 10H_2O$、$Al_2O_3$ 等为原料，采用固相反应，在 1260℃煅烧得到了 $Ca_{(1-x)}Ce_xTi_{(1-2x)}Al_{2x}SiO_5$ 和 $Ca_{(1-2x)}Ce_xTiSiO_5$ 的固溶体。以 $CaCO_3$、TiO_2、Al_2O_3、SiO_2 和 $UO_2(NO_3)_2\cdot 6H_2O$ 为原料，使用 Ti 粉作为还原剂{Ti 粉的用量为 $n(Ti):n[UO_2(NO_3)_2\cdot 6H_2O] = 2.5:1$（物质的量比）}，无水乙醇为分散介质，湿法细磨、粉料造粒、20MPa 模压成型、200MPa 冷等静压机成型，在氮气气氛中 1260℃烧结，获得了烧结良好的 $Ca_{0.95}U_{0.05}Ti_{0.90}Al_{0.10}SiO_5$ 人造岩石固化体。滕元成等[6]以 $CaCO_3$、H_2SiO_3、TiO_2、Nd_2O_3 和 Al_2O_3 为原料，通过高温固相反应，在 1270℃合成了 $Ca_{(1-y)}Nd_yTi_{(1-y)}Al_ySiO_5$ 和 $Ca_{(1-1.5y)}Nd_yTiSiO_5$ 的固溶体。

2.2.2 液相法

Muthuraman 和 Patil[7]以硝酸钙、氧氯化钛、硝酸钛氧、n-丁基钛酸盐[$Ti(OBu)_4$]、无水硅酸、六氟环氧丙烷硅酸、正硅酸乙酯[TEOS、$Si(OC_2H_5)_4$]、碳酰肼（$H_3N_2CON_2H_3$）等为原料，采用共沉淀法（Sphene-Ⅰ）、溶胶-凝胶法（Sphene-Ⅱ）和液相燃烧法（Sphene-Ⅲ）等方法，对 $CaTiSiO_5$ 的合成进行了研究。Sphene-Ⅰ、Sphene-Ⅱ、Sphene-Ⅲ法合成粉体的相变过程见表 2-6。

表 2-6 Sphene-Ⅰ、Sphene-Ⅱ、Sphene-Ⅲ法制备粉体的相变过程

制备方法	煅烧温度/℃	物相组成
Sphene-I	干燥（100）	无定形
	700	$a\text{-}TiO_2 + SiO^{\alpha}$
	850	$CaTiSiO_5 + a\text{-}TiO_2 + SiO^{\alpha}$
	1000	$CaTiSiO_5$
Sphene-II	干燥（100）	—
	700	$a\text{-}TiO_2 + CaTiO_5$
	900	$CaTiSiO_5 + a\text{-}TiO_2 + CaTiO_3$
	1200	$CaTiSiO_5$ + 微量的 $CaTiO_3$ 和方石英（SiO_2）
Sphene-III	干燥（100）	无定形粉体 + CaO + $r\text{-}TiO_2$
	600	$CaTiO_3 + CaO + r\text{-}TiO_2$
	800	$CaTiSiO_5 + CaTiO_3 + r\text{-}TiO_2$
	875	$CaTiSiO_5 + CaTiO_3$ + 方石英（SiO_2）
	1200	$CaTiSiO_5$

注：SiO^{α} 为氧化硅，其 JCPDS 卡片号为 30-1127。

采用 Sphene-Ⅰ法在 850℃开始生成 $CaTiSiO_5$，1000℃获得单相的 $CaTiSiO_5$。Sphene-Ⅱ法在 900℃生成 $CaTiSiO_5$，1200℃得到高纯度的 $CaTiSiO_5$。Sphene-Ⅲ法在 800℃生成 $CaTiSiO_5$，1200℃得到高纯度的 $CaTiSiO_5$。Sphene-Ⅰ法合成的 $CaTiSiO_5$ 在 1200℃烧结 2h，烧结体密度达到理论密度的 88%；烧结温度增加到 1300℃，烧结体密度为理论密度的 96%，晶粒尺寸均匀（1μm）。Sphene-Ⅱ法合成的 $CaTiSiO_5$ 在 1200℃烧结 2h，烧结体密度达到理论密度的 85%；烧结温度为 1300℃，烧结体密度为理论密度的 93%，晶粒尺寸均匀（2～4μm）。Sphene-Ⅲ法合成的 $CaTiSiO_5$ 在 1250℃烧结，烧结体致密程度较差，仅为理论密度的 83%；烧结温度为 1300℃，烧结体密度为理论密度的 92%，晶粒尺寸分布在 5～10μm；烧结温度升高到 1325℃以上，样品逐渐熔融而导致烧结体密度降低。

与共沉淀法、溶胶-凝胶法、液相燃烧法相比，采用固相反应法合成 $CaTiSiO_5$ 的原料来源广泛，价格相对低廉，工艺简便、容易控制，可以实现固化材料及固化体的制备工艺合二为一，这为 $CaTiSiO_5$ 基人造岩石固化高放废物的工业化应用创造了极为有利的条件。液相法制备 $CaTiSiO_5$ 的烧结温度为 1300℃，与固相反应法合成 $CaTiSiO_5$ 的烧结温度相当。

2.3　榍石陶瓷固溶模拟核素及其浸出性能

2.3.1　榍石陶瓷固溶模拟核素锶

以 $CaCO_3$、TiO_2、SiO_2 和 $SrCO_3$ 为原料，通过固相反应制备掺锶 $CaTiSiO_5$ 固溶体 $Ca_{1-x}Sr_xTiSiO_5$。实验配方及样品分别见表 2-7、表 2-8，样品的 XRD 图如图 2-17 所示。A1～A5 样品的主要晶相均为 $CaTiSiO_5$，杂相为 $Ca_4Ti_3O_{10}$，没有出现含锶的晶相，表明锶能很好地固溶于 $CaTiSiO_5$ 中，形成 $Ca_{1-x}Sr_xTiSiO_5$ 固溶体。固相反应为非均相反应，局部化学成分的不均，造成了杂相 $Ca_4Ti_3O_{10}$ 形成。A1～A5 样品 $CaTiSiO_5$ 的相对含量没有明显不同，$Ca_4Ti_3O_{10}$ 的相对含量有一定差异。A1、A2 样品中 $Ca_4Ti_3O_{10}$ 的相对含量较低，A3、A4、A5 样品中 $Ca_4Ti_3O_{10}$ 的相对含量较高。较多 $Ca_4Ti_3O_{10}$ 的生成，会降低固化材料的稳定性和 Sr 在其中的固溶量。当 Sr 的掺量在 0.2mol 以下时，Sr 能很好地固溶在 $CaTiSiO_5$ 中，形成以 $Ca_{1-x}Sr_xTiSiO_5$ 固溶体为主要晶相的固化材料，并保证固化材料具有良好的稳定性。因此，Sr 在 $Ca_{1-x}Sr_xTiSiO_5$ 固溶体中的较佳固溶量为≤0.2（物质的量比）。

表 2-7　实验配方

配方	目标矿物	x 取值	质量分数/%			
			$CaCO_3$	TiO_2	SiO_2	$SrCO_3$
1	$Ca_{0.86}Sr_{0.14}TiSiO_5$	0.14	35.21	32.22	24.24	8.33
2	$Ca_{0.8}Sr_{0.2}TiSiO_5$	0.20	32.24	31.93	24.03	11.80
3	$Ca_{0.75}Sr_{0.25}TiSiO_5$	0.25	29.95	31.64	23.79	14.62
4	$Ca_{0.7}Sr_{0.3}TiSiO_5$	0.30	27.70	31.34	23.58	17.38
5	$Ca_{0.6}Sr_{0.4}TiSiO_5$	0.40	23.31	30.78	23.16	22.75

表 2-8　实验样品

样品	目标矿物	煅烧温度/℃	保温时间/min
A1	$Ca_{0.86}Sr_{0.14}TiSiO_5$	1240	30
A2	$Ca_{0.8}Sr_{0.2}TiSiO_5$	1240	30
A3	$Ca_{0.75}Sr_{0.25}TiSiO_5$	1210	30
A4	$Ca_{0.7}Sr_{0.3}TiSiO_5$	1210	30
A5	$Ca_{0.6}Sr_{0.4}TiSiO_5$	1180	30

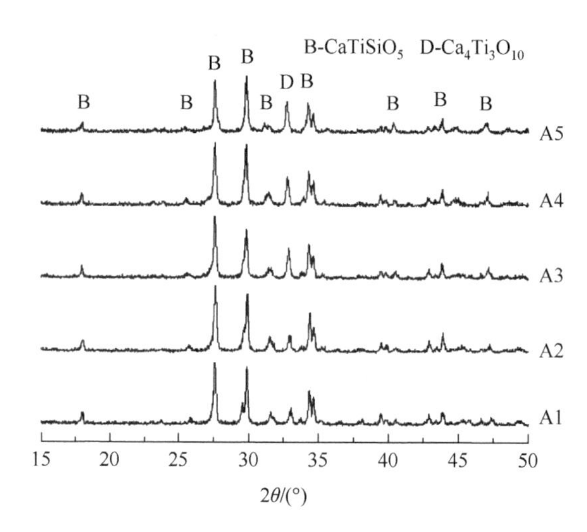

图 2-17　A1～A5 样品的 XRD 图

从图 2-18 中可以明显发现，晶粒之间的孔隙较小，而且晶粒尺寸为 1～3μm，致密度较高。观察图 2-19 可以发现，晶粒分布也比较均匀，但是生成了一定的玻璃相和杂相，导致有一些大孔隙的出现。通过对烧结体的物相分析，显微结构分析，可以初步确定在掺入 Sr、物质的量比为 0.2 的最佳固溶量的条件下，按照实验方案中的烧成制度，在 1180℃的温度下能够得到固溶性能好，同时致密度比较高、孔隙较少、烧结性能较好的烧结体。

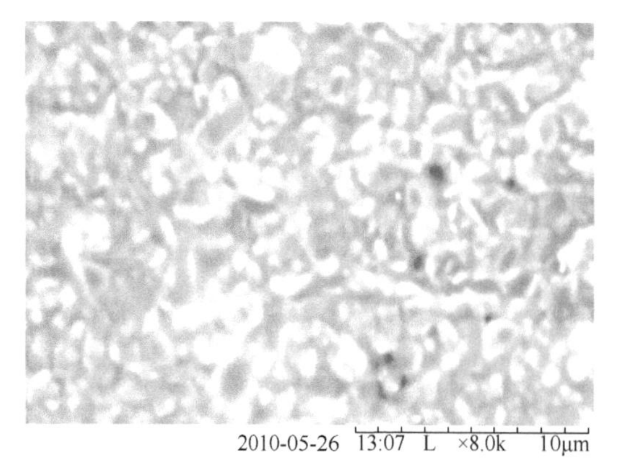

图 2-18　$Ca_{0.8}Sr_{0.2}TiSiO_5$-1180℃SEM 图

注：10μm 指整个标尺，后同。

图 2-19　$Ca_{0.8}Sr_{0.2}TiSiO_5$-1210℃SEM 图

2.3.2　榍石陶瓷固溶模拟核素钕

以 $CaCO_3$、H_2SiO_3、TiO_2、Nd_2O_3、Al_2O_3 为原料，采用固相法制备 $CaTiSiO_5$ 固溶体，研究 Nd 在 $CaTiSiO_5$ 中的固溶情况。在配方设计时，考虑以下两种固溶机制。

（1）电价补偿机制。合成 1mol 的 $CaTiSiO_5$ 固溶体，用 y mol Nd 和 y mol Al 分别置换 $CaTiSiO_5$ 的 Ca 位和 Ti 位，形成置换型固溶体 $Ca_{1-y}Nd_yTi_{1-y}Al_ySiO_5$，实验配方和样品见表 2-9。

（2）非电价补偿机制。$CaTiSiO_5$ 固溶 Nd 时，Nd^{3+}取代 Ca^{2+}，即 Nd^{3+}占据 Ca^{2+}位，形成缺位型固溶体 $Ca_{1-1.5y}Nd_yTiSiO_5$，实验配方和样品见表 2-10。

表 2-9　引入电价补偿的实验配方和样品

配方/化学式	样品	煅烧温度/℃	保温时间/min
C0/$CaTiSiO_5$	C0-1	1240	30
	C0-2	1270	30
C1/$Ca_{0.82}Nd_{0.18}Ti_{0.82}Al_{0.18}SiO_5$	C1-1	1240	30
	C1-2	1270	30
C2/$Ca_{0.8}Nd_{0.2}Ti_{0.8}Al_{0.2}SiO_5$	C2-1	1240	30
	C2-2	1270	30
C3/$Ca_{0.75}Nd_{0.25}Ti_{0.75}Al_{0.25}SiO_5$	C3-1	1240	30
	C3-2	1270	30
C4/$Ca_{0.7}Nd_{0.3}Ti_{0.7}Al_{0.3}SiO_5$	C4-1	1240	30
	C4-2	1270	30

表 2-10　不引入电价补偿的实验配方和样品

配方/化学式	样品	煅烧温度/℃	保温时间/min
D1/$Ca_{0.97}Nd_{0.02}TiSiO_5$	D1-2	1270	30
D2/$Ca_{0.94}Nd_{0.04}TiSiO_5$	D2-2	1270	30
D3/$Ca_{0.82}Nd_{0.12}TiSiO_5$	D3-2	1270	30
D4/$Ca_{0.79}Nd_{0.14}TiSiO_5$	D4-2	1270	30
D5/$Ca_{0.76}Nd_{0.16}TiSiO_5$	D5-2	1270	30
D6/$Ca_{0.73}Nd_{0.18}TiSiO_5$	D6-2	1270	30

从图 2-20 和图 2-21 可知，煅烧温度为 1240℃的 C0-1～C4-1 样品，其主要晶相均为 $CaTiSiO_5$ 或 $CaTiSiO_5$ 固溶体，未掺 Nd 的 C0-1 样品有少量未完全反应生成 $CaTiSiO_5$ 的 $CaTiO_3$ 和 SiO_2 中间相存在，而 C1-1、C2-1、C3-1 和 C4-1 样品有少量含 Nd 的 $Ca_2Nd_8(SiO_4)_6O_2$ 生成，说明 1240℃的煅烧温度偏低，合成 $CaTiSiO_5$ 及掺钕 $CaTiSiO_5$ 固溶体的反应进行得不完全。1270℃煅烧的 C0-2 样品为高纯度的 $CaTiSiO_5$，没有出现其他晶相的衍射峰。Nd 掺入量分别为 12.3%、13.56%的 C1-2 和 C2-2 样品为 $CaTiSiO_5$ 固溶体，

Nd 固溶在 $CaTiSiO_5$ 固溶体中。Nd 掺入量分别为 16.63%、19.58%的 C3-2 和 C4-2 样品，主晶相是 $CaTiSiO_5$ 固溶体，但有少量 $Ca_2Nd_8(SiO_4)_6O_2$ 出现，这表明 Nd 的掺入量超过 $CaTiSiO_5$ 对 Nd 的固溶量，大部分 Nd 被固溶在 $CaTiSiO_5$ 中，少量 Nd 以 $Ca_2Nd_8(SiO_4)_6O_2$ 形式存在，尤其是 C4-2 样品最为明显。与 C3-2 样品相比，C3-1 样品中 $Ca_2Nd_8(SiO_4)_6O_2$ 的相对含量较高，表明 C3-2 样品中 $CaTiSiO_5$ 固溶体对 Nd 固溶较好，C4-1、C4-2 样品也有类似的规律。

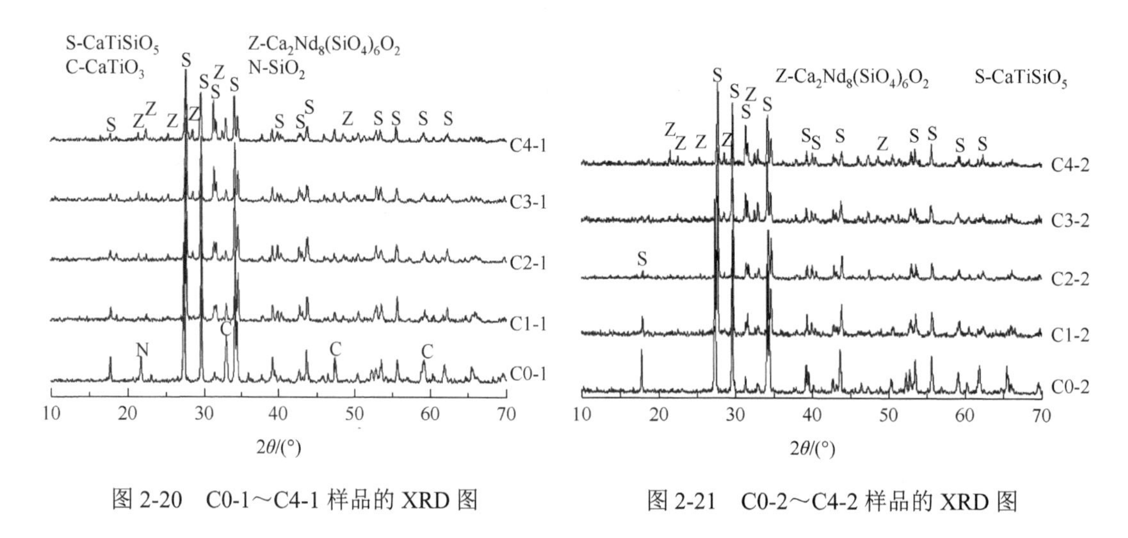

图 2-20　C0-1～C4-1 样品的 XRD 图

图 2-21　C0-2～C4-2 样品的 XRD 图

引入电价补偿时，Nd 被固溶到 $CaTiSiO_5$ 中形成有限置换型固溶体 $Ca_{(1-y)}Nd_yTi_{(1-y)}Al_ySiO_5$，合成 $CaTiSiO_5$ 固溶体的较佳温度为 1270℃，Nd 在 $CaTiSiO_5$ 固溶体中的固溶量约为 13.56%。

由图 2-22 可知，Nd 掺入量分别为 1.44%、2.85%的 D1-2 和 D2-2 样品，晶相为 $CaTiSiO_5$ 固溶体，Nd 固溶在 $CaTiSiO_5$ 晶格中形成缺位固溶体 $Ca_{1-1.5y}Nd_yTiSiO_5$。掺 Nd 量分别为 8.28%、9.58%、10.86%、12.13%的 D3-2、D4-2、D5-2、D6-2 样品，主晶相为 $CaTiSiO_5$

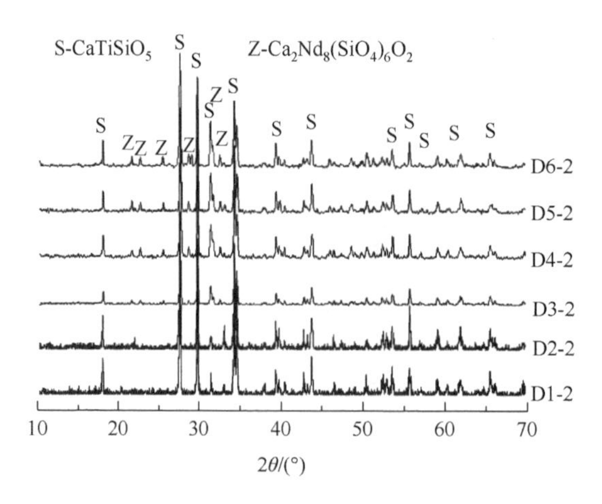

图 2-22　D1-2～D6-2 样品的 XRD 图

固溶体，同时存在少量的 $Ca_2Nd_8(SiO_4)_6O_2$，Nd 的掺量超过了 $CaTiSiO_5$ 固溶 Nd 的量，表明在未引入电价补偿的情况下，Nd 较难进入 $CaTiSiO_5$ 晶体的 Ca 位形成缺位固溶体，其固溶量较低。因此，没有电价补偿时，Nd 在 $CaTiSiO_5$ 固溶体中的固溶量约为 2.85%。

综上所述，引入电价补偿时，Nd 较容易被固溶在 $Ca_{1-y}Nd_yTi_{1-y}Al_ySiO_5$ 固溶体中，其固溶量约为 13.56%；没有电价补偿时，Nd 较难进入 $CaTiSiO_5$ 的 Ca 位形成 $Ca_{1-1.5y}Nd_yTiSiO_5$ 固溶体，其固溶量相对较低。

分析 C1-2、C2-2 样品的背散射电子（backscatter electron，BSE）像（图 2-23、图 2-24）可知，C1-2、C2-2 样品由明暗两种衬度的物相组成，以暗相为主。根据 XRD 的分析结果及背散射电子像的特点判断，暗相是 $CaTiSiO_5$ 固溶体，明相是 $Ca_2Nd_8(SiO_4)_6O_2$。C1-2、C2-2 样品的能量色散 X 射线谱仪（energy dispersive spectrometer，EDS）分析结果表明，C1-2、C2-2 样品中 $CaTiSiO_5$ 固溶体的成分与配方基本一致（表 2-11），说明 Nd、Al 分别进入了 $CaTiSiO_5$ 固溶体晶格的 Ca 位和 Ti 位，形成了置换型固溶体 $Ca_{1-y}Nd_yTi_{1-y}Al_ySiO_5$，这与 XRD 的分析结果是一致的。C1-2、C2-2 样品的 $CaTiSiO_5$ 固溶体中 Nd 的含量介于 C1 和 C2 配方的 Nd 含量之间。因此，引入电价补偿时，Nd 在 $CaTiSiO_5$ 固溶体中的固溶量为 12.3%～13.56%。

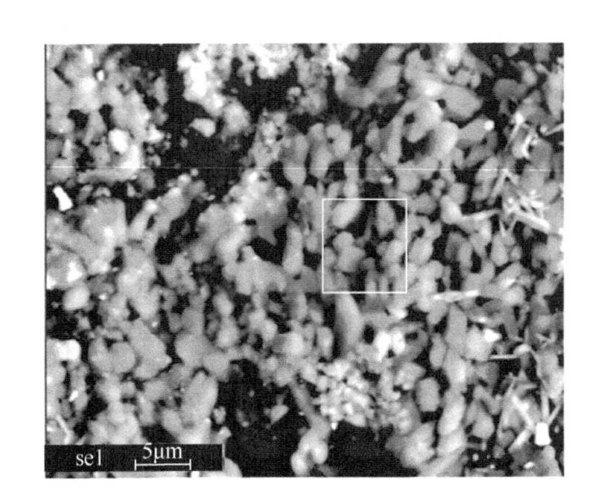

图 2-23　C1-2 样品背散射电子像

图 2-24　C2-2 样品背散射电子像

表 2-11　C1-2、C2-2 样品组分（%）

样品	NdL	AlK	SiK	CaK	TiK	OK
C1-2	12.94	3.07	15.40	14.37	17.22	37.00
C2-2	13.24	2.98	15.69	16.76	19.73	31.60

注：表中 L、K 的含义为一般电子从高能量向低能量要发生电子跃迁，会产生 L、K 等不同特征 X 射线的线系。

掺入 2.85% Nd 的 D2-2 样品，其背散射电子像为暗相衬度的单相 $CaTiSiO_5$ 固溶体，晶粒为圆粒状（图 2-25），与 XRD 分析结果一致。EDS 分析表明，D2-2 样品单个 $CaTiSiO_5$ 固溶体晶粒的成分与 D2 配方接近（表 2-12）。掺入 9.58% Nd 的 D4-2 样品，其背散射电子像由明暗两种衬度的物相组成，暗相是 $CaTiSiO_5$ 固溶体，明相是 $Ca_2Nd_8(SiO_4)_6O_2$。D4-2

样品 A 晶粒为 $CaTiSiO_5$ 固溶体，Nd 含量为 3.50%；B 晶粒为 $Ca_2Nd_8(SiO_4)_6O_2$，Nd 含量为 36.17%（图 2-26、图 2-27）。这说明一部分 Nd 固溶在 $CaTiSiO_5$ 固溶体，剩余的 Nd 生成了 $Ca_2Nd_8(SiO_4)_6O_2$。因此，没有电价补偿时，Nd 在 $CaTiSiO_5$ 固溶体中的固溶量较低，约为 3.50%。

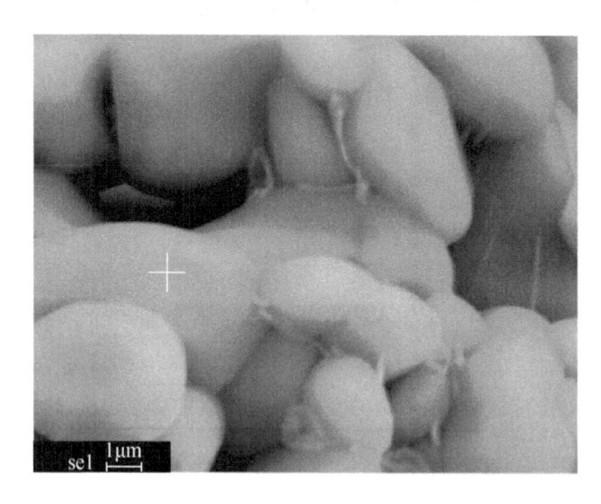

图 2-25　D2-2 背散射电子像

表 2-12　D2-2、D4-2 样品成分（%）

样品	NdL	SiK	CaK	TiK	OK
D2-2	2.17	13.53	14.61	19.03	50.66
D4-2（A）	3.50	15.45	16.61	20.03	44.41
D4-2（B）	36.17	16.63	13.01	6.18	33.01

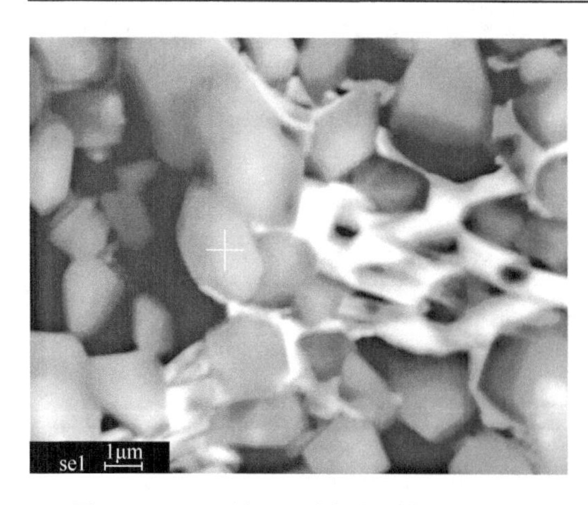

图 2-26　D4-2 样品背散射电子像（A 点）

图 2-27　D4-2 样品背散射电子像（B 点）

综上所述，引入 Al^{3+}进行电价补偿时，$CaTiSiO_5$ 较容易固溶 Nd 形成置换固溶体 $Ca_{1-y}Nd_yTi_{1-y}Al_ySiO_5$，其固溶量为 12.3%～13.56%；没有电价补偿时，少量 Nd 被固溶到 $CaTiSiO_5$ 晶格中形成 Ca 缺位固溶体 $Ca_{1-1.5y}Nd_yTiSiO_5$，其固溶量约为 3.50%。

2.3.3　榍石陶瓷固溶模拟核素钚

以 $CaCO_3$、SiO_2、TiO_2、$Ce_2C_8O_{12}\cdot 10H_2O$ 和 Al_2O_3 为原料，采用固相法制备 $CaTiSiO_5$ 固溶体，研究 Ce 在 $CaTiSiO_5$ 中的固溶情况。在配方设计时考虑电价补偿和非电价补偿两种固溶机制。

（1）电价补偿机制。$CaTiSiO_5$ 固溶 Ce 时，一个 Ce^{4+} 占据一个 Ca^{2+} 位，为满足电价平衡，引入两个 Al^{3+} 置换 Ti^{4+}，即合成 1mol 的 $CaTiSiO_5$ 固溶体时，用 x mol Ce 和 $2x$ mol Al 分别置换 $CaTiSiO_5$ 的 Ca 位和 Ti 位，形成置换固溶体 $Ca_{(1-x)}Ce_xTi_{(1-2x)}Al_{2x}SiO_5$。实验配方和样品见表 2-13。

（2）非电价补偿机制。Ce^{4+} 占据 $CaTiSiO_5$ 的 Ca^{2+} 位，即形成缺位型固溶体 $Ca_{(1-2x)}Ce_xTiSiO_5$。实验配方和样品见表 2-14。

表 2-13　电价补偿机制的实验配方和样品

配方	化学式	样品	煅烧温度/℃	保温时间/min
A1	$Ca_{0.84}Ce_{0.16}Ti_{0.68}Al_{0.32}SiO_5$	A1-1	1200	30
		A1-2	1230	30
		A1-3	1260	30
		A1-4	1280	30
A2	$Ca_{0.85}Ce_{0.15}Ti_{0.7}Al_{0.3}SiO_5$	A2-1	1200	30
		A2-2	1230	30
		A2-3	1260	30
		A2-4	1280	30
A3	$Ca_{0.86}Ce_{0.14}Ti_{0.72}Al_{0.28}SiO_5$	A3-1	1200	30
		A3-2	1230	30
		A3-3	1260	30
		A3-4	1280	30

表 2-14　非电价补偿机制的实验配方和样品

配方	化学式	样品	煅烧温度/℃	保温时间/min
B1	$Ca_{0.72}Ce_{0.14}TiSiO_5$	B1-1	1200	30
		B1-2	1230	30
		B1-3	1260	30
		B1-4	1280	30
B2	$Ca_{0.74}Ce_{0.13}TiSiO_5$	B2-1	1200	30
		B2-2	1230	30
		B2-3	1260	30
		B2-4	1280	30

续表

配方	化学式	样品	煅烧温度/℃	保温时间/min
B3	$Ca_{0.76}Ce_{0.12}TiSiO_5$	B3-1	1200	30
		B3-2	1230	30
		B3-3	1260	30
		B3-4	1280	30

分析图 2-28 可知，A1-1 样品和 A1-2 样品的主晶相为 $CaTiSiO_5$，同时有 SiO_2 晶相以及未完全合成 $CaTiSiO_5$ 的 $CaTiO_3$ 和 CeO_2 中间相存在，说明 1200℃和 1230℃合成 $CaTiSiO_5$ 固溶体的反应进行得不完全。A1-3 样品和 A1-4 样品的主要物相是 $CaTiSiO_5$ 固溶体，但存在少量的 CeO_2 晶相，表明合成 $CaTiSiO_5$ 固溶体的反应进行得较彻底。因此，合成 $CaTiSiO_5$ 固溶体的较佳合成温度为 1260℃。与样品 A1-1 相比，样品 A1-2、A1-3 和 A1-4 中 CeO_2 晶相的相对含量较低。由于 A1 配方掺 Ce 的量较高，$CaTiSiO_5$ 不能完全固溶 Ce 形成固溶体。

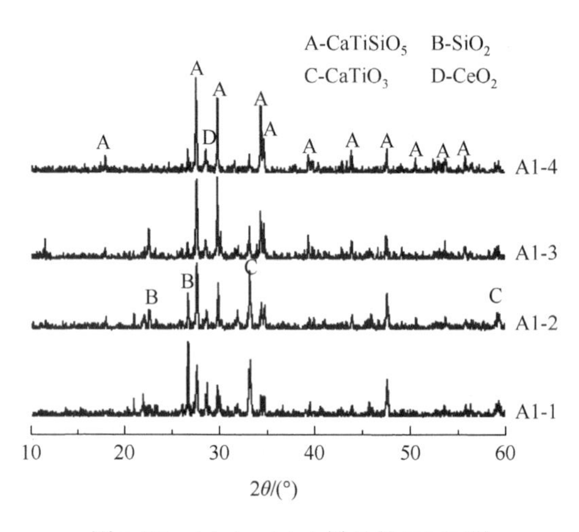

图 2-28　A1-1～A1-4 样品的 XRD 图

由图 2-29 可知，A2-1 样品和 A2-2 样品的主晶相均为 $CaTiSiO_5$，还有 $CaTiO_3$、SiO_2 和 CeO_2 晶相存在。对比 A2-1、A2-2 样品的 XRD 图，煅烧温度较高的 A2-2 样品，其 $CaTiSiO_5$ 的相对含量较高，$CaTiO_3$、SiO_2 和 CeO_2 的相对含量较低，表明随着煅烧温度的提高，合成 $CaTiSiO_5$ 固溶体的反应进行得更完全，同时有更多的 CeO_2 被新生成的 $CaTiSiO_5$ 固溶体所固溶。A2-3 样品和 A2-4 样品的主晶相均为 $CaTiSiO_5$ 固溶体，$CaTiO_3$、SiO_2 的相对含量较低且差异不大，没有出现 CeO_2 物相的衍射峰，掺入的 CeO_2 被固溶在 $CaTiSiO_5$ 固溶体中。因此，配方 A2 的较佳合成温度是 1260℃，引入补偿剂时，CeO_2 在 $CaTiSiO_5$ 固溶体中的最大固溶量为 12.61%。

由图 2-30 可知，随着温度的升高，A3-1、A3-2 样品的 $CaTiO_3$ 和 SiO_2 的相对含量逐渐降低，$CaTiSiO_5$ 固溶体的相对含量逐渐增加，CeO_2 的衍射峰均很弱。A3-3、A3-4 样品物相组成相同，主晶相为 $CaTiSiO_5$ 固溶体，有少量的 $CaTiO_3$ 存在，Ce 被固溶在 $CaTiSiO_5$ 固溶体中，配方 A3 的较佳合成温度是 1260℃。

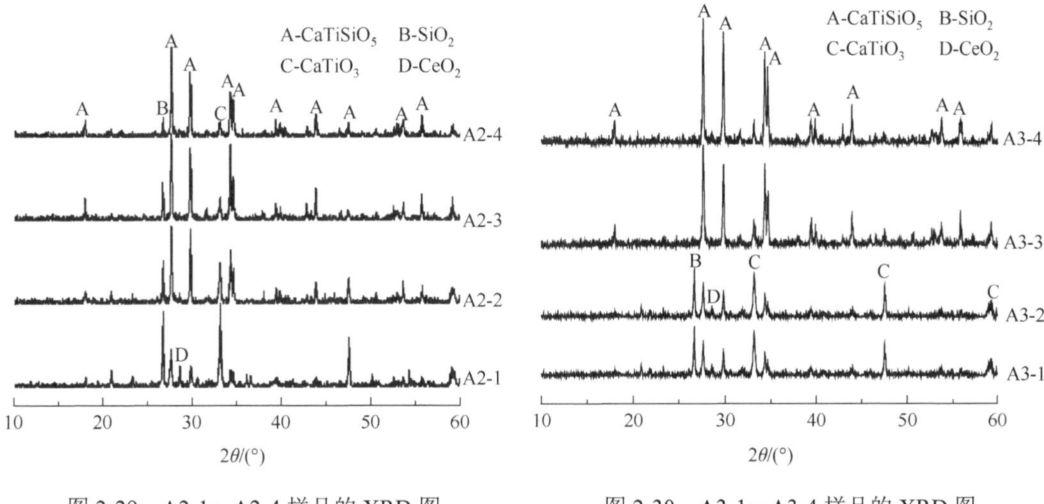

图 2-29　A2-1～A2-4 样品的 XRD 图　　图 2-30　A3-1～A3-4 样品的 XRD 图

综上所述，引入 Al^{3+} 作为电价补偿离子时，Ce^{4+} 固溶在 $CaTiSiO_5$ 中形成固溶体 $Ca_{(1-x)}Ce_xTi_{(1-2x)}Al_{2x}SiO_5$，$CeO_2$ 的最大固溶量为 12.61%。A 系列配方合成 $CaTiSiO_5$ 固溶体的较佳温度为 1260℃。

由图 2-31 可知，B1-1～B1-4 样品的主要物相均为 $CaTiSiO_5$，但 B1-1、B1-2 样品有较多的 $CaTiO_3$ 和 SiO_2 晶相，因此，在 1200℃和 1230℃合成掺 Ce 的 $CaTiSiO_5$ 固溶体温度过低，反应不完全。4 个样品均有少量 CeO_2 存在，说明 Ce 掺入量过多，Ce 不能完全固溶在 $CaTiSiO_5$ 固溶体中。

由图 2-32 可知，4 个样品的主晶相均为 $CaTiSiO_5$，次要晶相为 $CaTiO_3$ 和 SiO_2，Ce 固溶在 $CaTiSiO_5$ 中。随着煅烧温度的升高，$CaTiSiO_5$ 的相对含量增加，$CaTiO_3$ 和 SiO_2 的

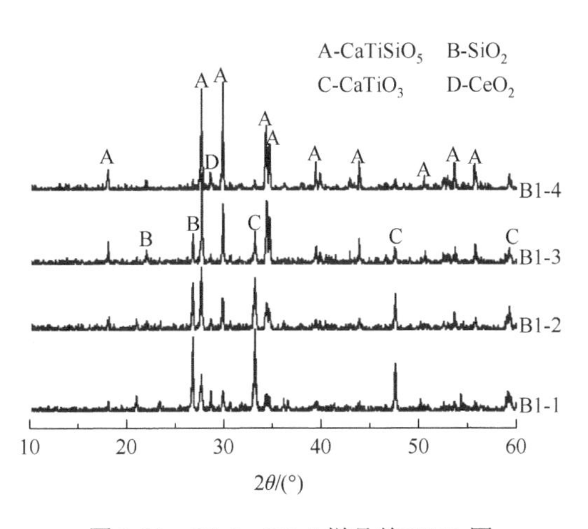

图 2-31　B1-1～B1-4 样品的 XRD 图

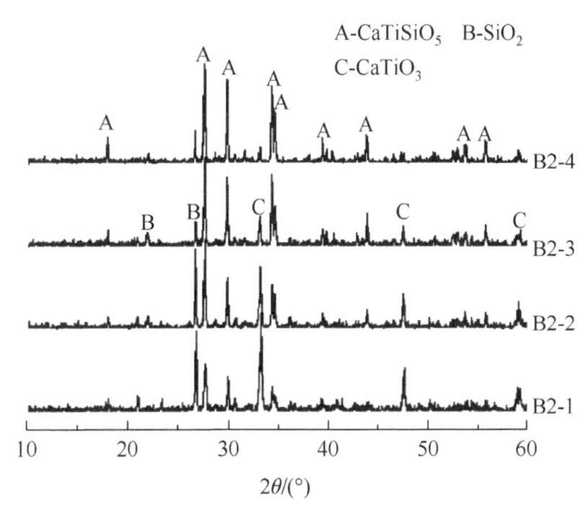

图 2-32　B2-1～B2-4 样品的 XRD 图

相对含量降低，其中，B2-3、B2-4 样品的晶相组成及其相对含量相同，$CaTiSiO_5$ 的相对含量较高，$CaTiO_3$ 和 SiO_2 的相对含量较低。因此，没有电价补偿时，CeO_2 在 $CaTiSiO_5$ 固溶体中的最大固溶量为 10.98%。

由图 2-33 可知，随着温度的升高，B3-1、B3-2、B3-3 样品的 $CaTiO_3$ 和 SiO_2 的衍射峰强度逐渐减弱，$CaTiSiO_5$ 的衍射峰强度逐渐增强，没有 CeO_2 物相的衍射峰出现。样品 B3-3 和 B3-4 的晶相组成及其相对含量相同。

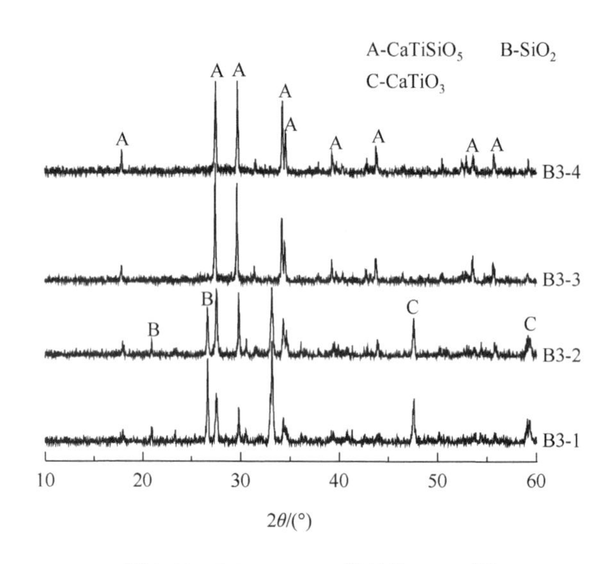

图 2-33　B3-1～B3-4 样品的 XRD 图

综上所述，没有电价补偿时，Ce^{4+}固溶在 $CaTiSiO_5$ 中形成固溶体 $Ca_{(1-2x)}Ce_xTiSiO_5$，CeO_2 的最大固溶量为 10.98%，B 系列配方合成 $CaTiSiO_5$ 固溶体的较佳温度为 1260℃。

图 2-34、图 2-35 分别为 A2-3 样品、B2-3 样品的背散射电子像，从图中可以看出，A2-3、B2-3 样品主要为灰色衬度的晶相，亮相极少，因此，A2-3、B2-3 样品的主晶相是 $CaTiSiO_5$ 固溶体，次要晶相含量低，这与 XRD 的分析结果一致。由表 2-15 可知，C 晶粒、D 晶粒、E 晶粒、F 晶粒均为 $CaTiSiO_5$ 固溶体，其固溶 Ce 的量分别为 3.92%、4.64%、28.43%、6.09%。C 晶粒、D 晶粒以及 E 晶粒、F 晶粒中 Ce 的含量与 A2、B2 配方存在差异，造成这种情况的原因主要是采用非均相的固相反应合成 $CaTiSiO_5$ 固溶体，不同 $CaTiSiO_5$ 固溶体晶粒的成分是有差异的，EDS 分析的晶粒数量有限，单个晶粒的化学组成不能完全反映 $CaTiSiO_5$ 固溶 Ce 的情况。

综上所述，存在电价补偿和没有电价补偿时，$CaTiSiO_5$ 固溶四价铈系核素 Ce 的情况是不同的。有电价补偿离子 Al^{3+}时，Ce 被固溶在 $CaTiSiO_5$ 中形成 $Ca_{(1-x)}Ce_xTi_{(1-2x)}Al_{2x}SiO_5$ 固溶体，其固溶度为 0.15 个结构单位（CeO_2 的固溶量为 12.61%）。没有电价补偿时，Ce 被固溶在 $CaTiSiO_5$ 中形成 $Ca_{(1-x)}Ce_xTiSiO_5$ 固溶体，其固溶度为 0.13 个结构单位（CeO_2 的固溶量为 10.98%）。

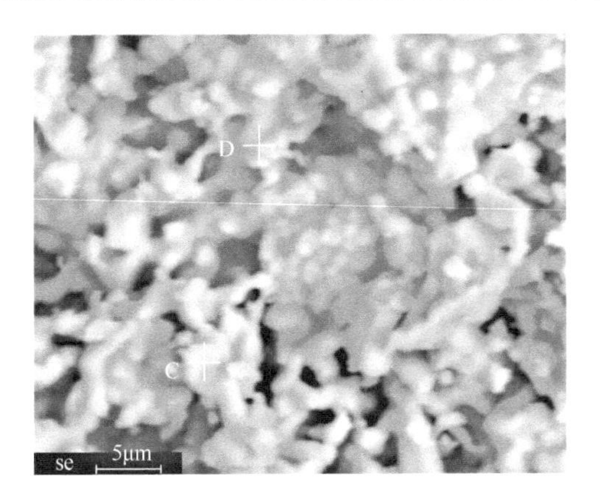

图 2-34　A2-3 样品背散射电子像

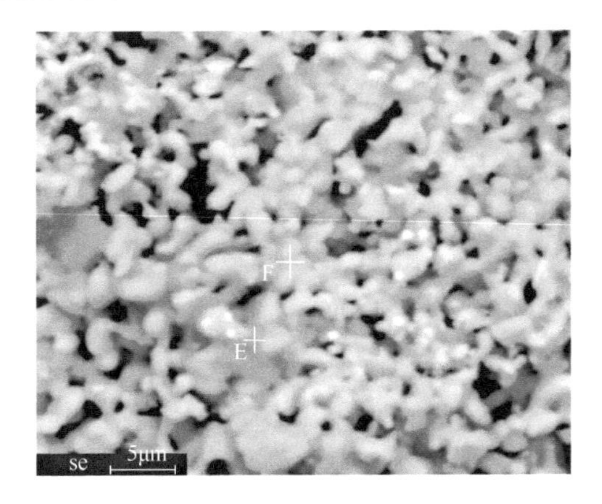

图 2-35　B2-3 样品背散射电子像

表 2-15　A2-2 样品、B2-2 样品的 EDS 分析（%）

分析点	CeL	AlK	SiK	CaK	TiK	OK
A2-2(C)	3.92	1.26	16.45	20.31	23.08	34.98
A2-2(D)	4.64	1.05	13.36	30.01	34.62	16.32
B2-2(E)	28.43	—	5.23	10.41	23.72	32.21
B2-2(F)	6.09	—	6.18	20.47	46.98	20.28

2.3.4　榍石陶瓷固溶模拟核素铀

以 $CaCO_3$、SiO_2、TiO_2、$UO_2(NO_3)_2·6H_2O$、Al_2O_3 等为原料，用钛粉还原 U^{6+}，通过固相反应制备掺 U 榍石固溶体，采用电价补偿和没有电价补偿两种实验方案，研究榍石对 U 的固溶情况。

（1）电价补偿。U^{4+} 占据 $CaTiSiO_5$ 的 Ca^{2+} 位，引入两个 Al^{3+} 置换 Ti^{4+} 以保持电价平衡，形成 $Ca_{(1-x)}U_xTi_{(1-2x)}Al_{2x}SiO_5$ 固溶体。

（2）没有电价补偿。没有电价补偿离子时，U^{4+} 占据 $CaTiSiO_5$ 的 Ca^{2+} 位，为保持电价平衡，会出现一个 Ca 空位，形成缺位型 $Ca_{(1-2x)}U_xTiSiO_5$ 固溶体。实验配方及样品见表 2-16。

表 2-16　实验配方及样品

配方	化学式	样品	合成温度/℃	保温时间/min	原料含量（质量分数）/%				
					CaO	UO_2	TiO_2	Al_2O_3	SiO_2
		A1-1	1220	30					
A1	$Ca_{0.93}U_{0.07}Ti_{0.86}Al_{0.14}SiO_5$	A1-2	1240	30	25.20	9.13	33.20	3.45	29.02
		A1-3	1260	30					
		A2-1	1220	30					
A2	$Ca_{0.935}U_{0.065}Ti_{0.87}Al_{0.13}SiO_5$	A2-2	1240	30	25.44	8.51	33.71	3.21	29.12
		A2-3	1260	30					

续表

配方	化学式	样品	合成温度/℃	保温时间/min	原料含量（质量分数）/%				
					CaO	UO_2	TiO_2	Al_2O_3	SiO_2
A3	$Ca_{0.94}U_{0.06}Ti_{0.88}Al_{0.12}SiO_5$	A3-1	1220	30	25.67	7.89	34.23	2.98	29.23
		A3-2	1240	30					
		A3-3	1260	30					
B1	$Ca_{0.89}U_{0.055}TiSiO_5$	B1-2	1240	30	24.38	7.25	39.03	0	29.33
B2	$Ca_{0.90}U_{0.05}TiSiO_5$	B2-2	1240	30	24.75	6.62	39.18	0	29.44
B3	$Ca_{0.91}U_{0.045}TiSiO_5$	B3-2	1240	30	25.12	5.98	39.44	0	29.56

由图 2-36 可知，A1-1 样品的主晶相为 $CaTiSiO_5$，同时有少量 SiO_2、$CaTiO_3$ 和 UO_2 存在，表明 1220℃合成榍石固溶体的温度偏低，反应不完全。A1-2、A1-3 样品的主要物相是 $CaTiSiO_5$ 固溶体，但存在少量的 SiO_2 和 UO_2，说明合成 $CaTiSiO_5$ 固溶体的反应进行得较彻底，样品中 U 掺入量较高，$CaTiSiO_5$ 不能完全固溶 U 形成 $CaTiSiO_5$ 固溶体。仔细分析 A1-2、A1-3 样品中 $CaTiSiO_5$ 固溶体衍射峰的相对强度可知，A1-2、A1-3 样品的晶相组成及其相对含量没有明显差异。因此，A1 配方合成 $CaTiSiO_5$ 固溶体的较佳温度为 1240℃。

由图 2-37 可知，A2-1 样品的主晶相为 $CaTiSiO_5$，有少量 $CaTiO_3$、SiO_2 和 UO_2 存在。对比 A2-1、A2-2 样品的衍射峰，煅烧温度较高的 A2-2 样品，其 $CaTiSiO_5$ 的相对含量较高，$CaTiO_3$、SiO_2 的相对含量较低，说明随着煅烧温度的升高，合成 $CaTiSiO_5$ 固溶体的反应进行得更完全，UO_2 被完全固溶在 $CaTiSiO_5$ 固溶体中。A2-2、A2-3 样品的晶相组成及其相对含量没有明显的差异。因此，配方 A2 合成 $CaTiSiO_5$ 固溶体的较佳温度是 1240℃，引入 Al 进行电价补偿时，$CaTiSiO_5$ 固溶 UO_2 的最大固溶量为 8.51%。

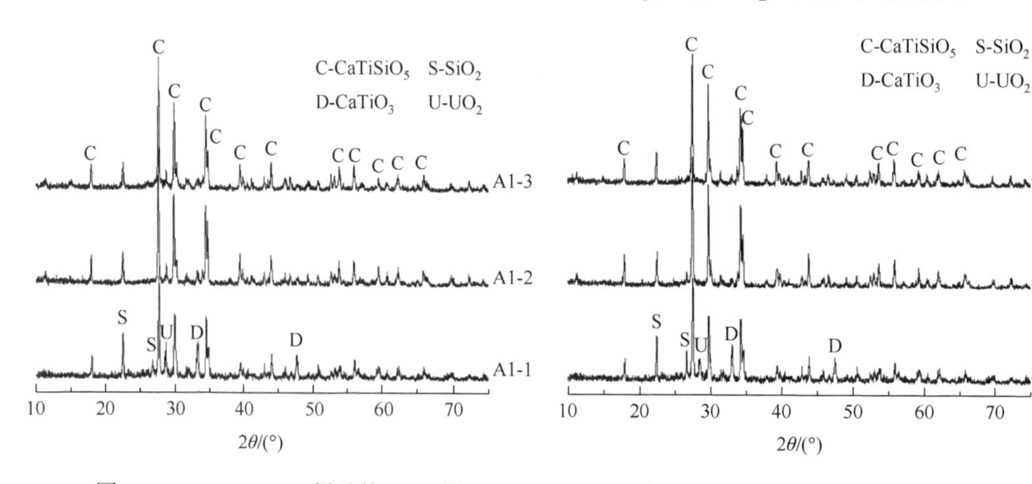

图 2-36　A1-1～A1-3 样品的 XRD 图

图 2-37　A2-1～A2-3 样品的 XRD 图

由图 2-38 可知，样品 A3-1 的主晶相为 $CaTiSiO_5$，有少量的 $CaTiO_3$、SiO_2 和 UO_2 晶相存在。煅烧温度较高的样品 A3-2、A3-3，其晶相 $CaTiSiO_5$ 固溶体的含量没有明显差异，说明反应物完全生成 $CaTiSiO_5$ 固溶体，U 被固溶在 $CaTiSiO_5$ 固溶体中。因此，配方 A3 合

成 $CaTiSiO_5$ 固溶体的较佳温度是 1240℃。由图 2-39 可知，样品 B3-2 的晶相为 $CaTiSiO_5$ 固溶体，没有其他晶相。U 掺入量较高的样品 B1-2、B2-2，其晶相主要为 $CaTiSiO_5$ 固溶体，但存在 UO_2 晶相的特征衍射峰，表明样品 B1-2、B2-2 中 U 的掺入量均高于 $CaTiSiO_5$ 固溶 U 的最大固溶量。因此，没有电价补偿的 B 系列配方，$CaTiSiO_5$ 固溶 UO_2 的最大固溶量为 5.98%。

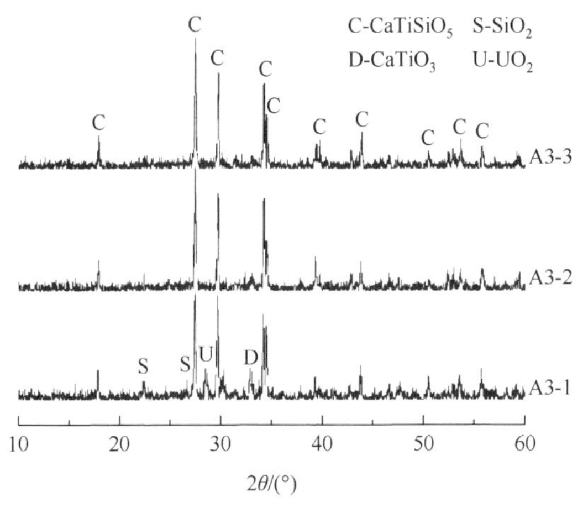

图 2-38　A3-1～A3-3 样品的 XRD 图

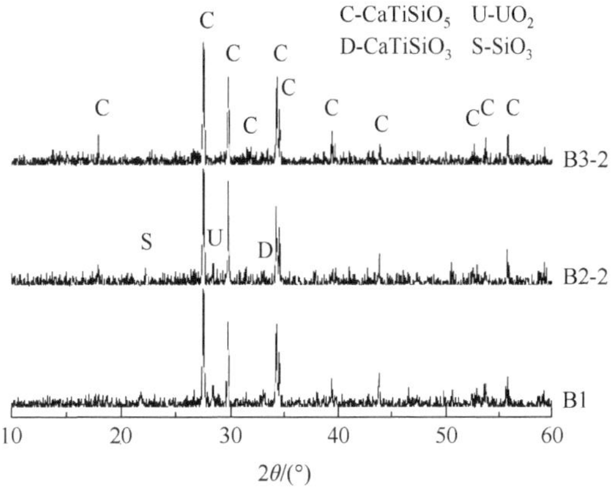

图 2-39　B1-2～B3-2 样品的 XRD 图

图 2-40、图 2-41 分别是 A2-2、B3-2 样品的背散射电子像。从图中可以看出，A2-2、B3-2 样品主要为灰色衬度的图像，明暗衬度和化学成分的分布比较均匀，表明样品主要为单一晶相。表 2-17 的分析表明，A2-2、B3-2 样品为掺铀 $CaTiSiO_5$ 固溶体，这与 XRD 的分析结果一致。C 晶粒（亮相）、D 晶粒（暗相）、E 晶粒（亮相）、F 晶粒（暗相）固溶 UO_2 的量分别为 35.77%、3.90%、18.21%、2.29%，表明 U 被固溶在 $CaTiSiO_5$ 固溶体中。C 晶粒、D 晶粒以及 E 晶粒、F 晶粒中 U 的含量与 A2、B3 配方存在较大差异，造成这种情况的原因主要是合成 $CaTiSiO_5$ 固溶体的反应是非均相的固相反应，不同 $CaTiSiO_5$ 固溶体晶粒的成分是有较大差异的，其固溶 U 的量也不同。因此，$CaTiSiO_5$ 固溶 UO_2 的最大固溶量实际上是一个统计平均值，即最大化学固溶量。

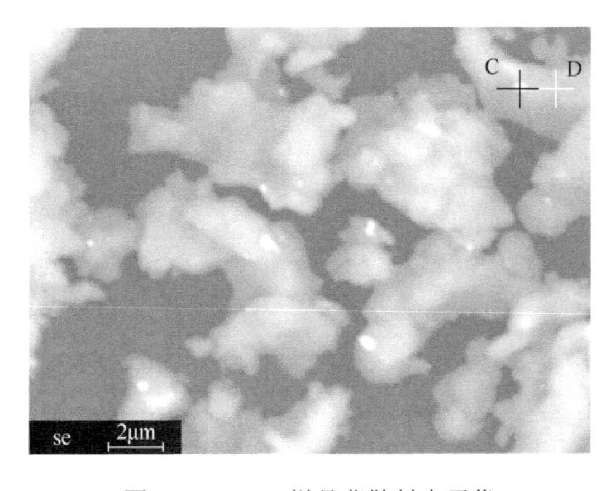

图 2-40　A2-2 样品背散射电子像

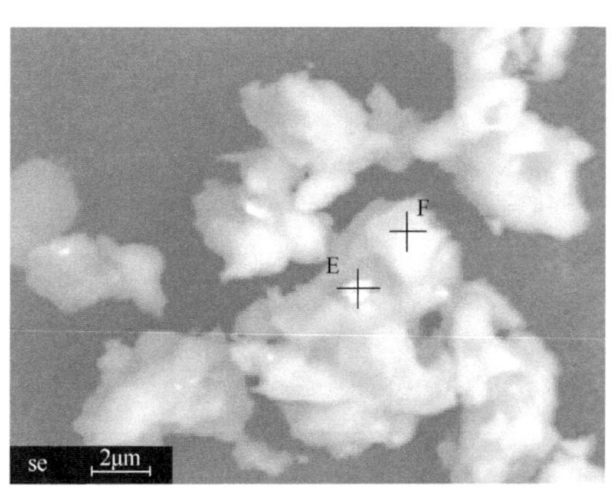

图 2-41　B3-2 样品背散射电子像

表 2-17 A2-2、B3-2 样品的 EDS 分析（%）

分析点	UO_2	Al_2O_3	SiO_2	CaO	TiO_2
A2-2(C)	35.77	5.33	21.90	17.06	19.94
A2-2(D)	3.90	4.29	26.87	27.44	37.50
B3-2(E)	18.21	—	25.27	21.53	34.99
B3-2(F)	2.29	—	39.97	23.92	33.82

综上所述，合成掺铀 $CaTiSiO_5$ 固溶体的较佳温度是 1240℃。电价补偿和没有电价补偿时，$CaTiSiO_5$ 固溶 U 的情况有所不同。有电价补偿离子 Al^{3+} 时，U^{4+} 被固溶在 $CaTiSiO_5$ 中形成 $Ca_{(1-x)}U_xTi_{(1-2x)}Al_{2x}SiO_5$ 固溶体，其固溶度为 0.065 个结构单位（UO_2 的固溶量为 8.51%）。没有电价补偿时，U^{4+} 被固溶在 $CaTiSiO_5$ 中形成 $Ca_{(1-2x)}U_xTiSiO_5$ 固溶体，其固溶度为 0.045 个结构单位（UO_2 的固溶量为 5.98%）。

2.3.5 榍石固化体的浸出性能

本节采用产品一致性测试（product consistency test，PCT）法研究人工合成榍石及掺钕榍石固溶体的浸出性能，采用 MCC-1 法（material characterization center-1 method）研究掺铀榍石固化体的浸出性能。

1. 人工合成榍石的浸出性能

以 H_2SiO_3、$CaCO_3$、TiO_2 为原料，通过固相反应在 1270℃保温 30min，合成榍石粉体，采用 PCT 粉末浸泡实验方法研究合成榍石的浸出性能。浸出剂为去离子水，用乙酸和氨水调节浸泡液的 pH，浸泡液的 pH 分别为 3、5、7、9、11，浸泡温度分别为 25℃、90℃。浸泡样品编号见表 2-18，实验结果如图 2-42～图 2-45 所示。

表 2-18 浸泡样品编号及实验条件

样品编号	浸泡液的 pH	浸泡温度/℃
JAM	3	25
JBM	5	25
JCM	7	25
JDM	9	25
JEM	11	25
LBM	5	90
LCM	7	90
LDM	9	90

由图 2-42 可知，在 1270℃合成样品为高纯度的 $CaTiSiO_5$，晶粒大小为 5μm 左右。

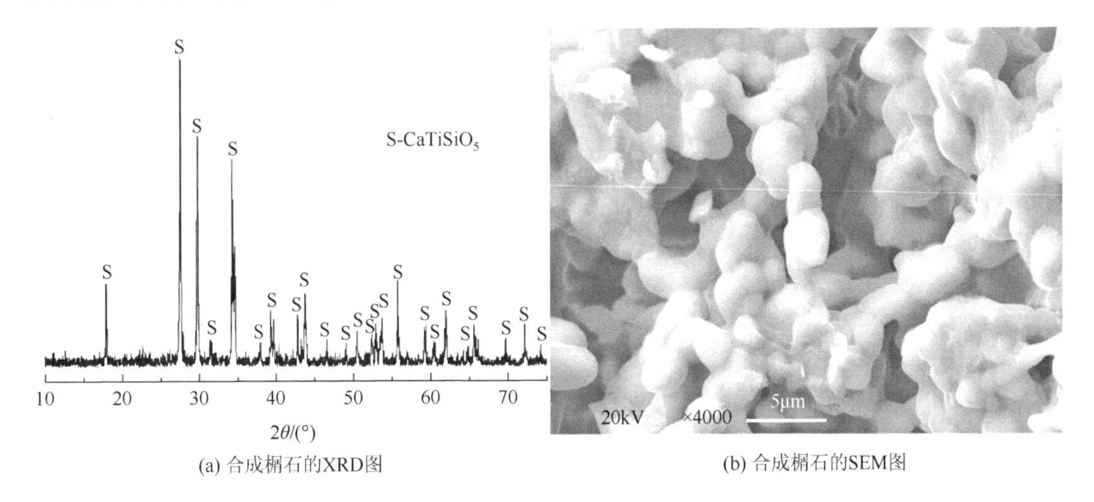

(a) 合成榍石的XRD图　(b) 合成榍石的SEM图

图 2-42　合成榍石的 XRD 图和 SEM 图

分析图 2-43 可知，在 25℃浸泡，pH 为 3、5、7、9、11 时，Ca^{2+}的归一化浸出率随着浸泡时间的延长逐渐减小，在 7～42d 时的归一化浸出率分别趋于稳定并保持在较低水平，Ca^{2+}在 42d 时的归一化浸出率分别为 7.71×10^{-2}g/(m^2·d)、3.63×10^{-3}g/(m^2·d)、1.52×10^{-3}g/(m^2·d)、1.15×10^{-3}g/(m^2·d)和 1.41×10^{-3}g/(m^2·d)；Ca^{2+}在 pH 为 3 时的归一化浸出率比 pH 为 5、7、9、11 时的高 1 个数量级，说明榍石中的 Ca^{2+}在 pH 为 3 时的化学稳定性较差，在 pH 为 5～11 时具有良好的化学稳定性。Ti^{4+}在 pH 为 3～11 时的归一化浸出率均较低。随着浸泡时间的延长，Ti^{4+}的归一化浸出率逐渐减小，在 7～42d 时的归一化浸出率分别趋于稳定并保持在较低水平，表明榍石中的 Ti^{4+}在 pH 为 3～11 时具有良好的化学稳定性。Ti^{4+}在 42d 时的归一化浸出率分别为 2.66×10^{-5}g/(m^2·d)、2.91×10^{-5}g/(m^2·d)、3.05×10^{-5}g/(m^2·d)、4.01×10^{-5}g/(m^2·d)和 1.85×10^{-5}g/(m^2·d)。浸泡 42d Ca^{2+}的归一化浸出率比 Ti^{4+}的归一化浸出率高 2 个数量级。

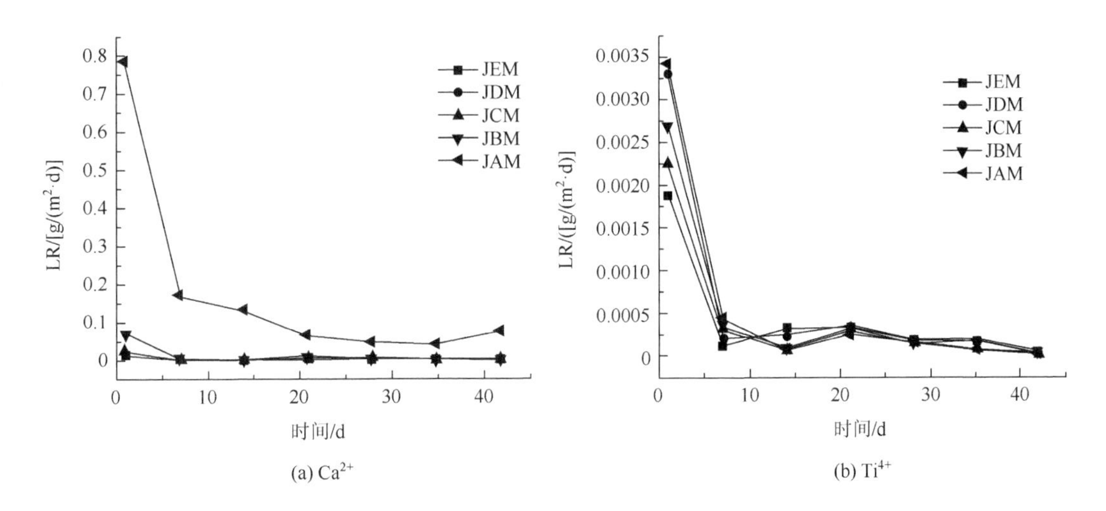

(a) Ca^{2+}　(b) Ti^{4+}

图 2-43　Ca^{2+}和 Ti^{4+}在 25℃不同 pH 下的归一化浸出率

在 25℃的水溶液中，Ti^{4+}的化学稳定性好于 Ca^{2+}；Ca^{2+}在 pH 为 5～11 时具有良好的化学稳定性，Ti^{4+}在 pH 为 3～11 时具有良好的化学稳定性；在 25℃、pH 为 7 时，Ca^{2+}和 Ti^{4+}在 42d 的归一化浸出率分别为 $1.52\times10^{-3}g/(m^2\cdot d)$、$3.05\times10^{-5}g/(m^2\cdot d)$。

在 90℃时水溶液中浸泡，榍石中 Ca^{2+}在 pH 为 5、7、9 时的归一化浸出率随着浸泡时间的延长逐渐减小，在 14～42d 的归一化浸出率分别趋于稳定并保持在较低水平；Ca^{2+}在 pH 为 5、7、9 时 42d 的浸出率趋于一致，分别为 $4.91\times10^{-3}g/(m^2\cdot d)$、$3.33\times10^{-3}g/(m^2\cdot d)$、$2.63\times10^{-3}g/(m^2\cdot d)$，说明榍石中的 Ca^{2+}在 pH 为 5、7、9 时具有良好的化学稳定性。Ti^{4+}在 pH 为 5、7、9 时的归一化浸出率与 Ca^{2+}有类似的规律，随着浸泡时间的延长，Ti^{4+}的归一化浸出率逐渐减小，在 14～42d 的归一化浸出率分别趋于稳定并保持在较低水平，表明榍石中的 Ti^{4+}在 pH 为 5、7、9 时具有良好的化学稳定性；Ti^{4+}在 42d 时的归一化浸出率分别为 $1.79\times10^{-5}g/(m^2\cdot d)$、$1.33\times10^{-5}g/(m^2\cdot d)$、$2.42\times10^{-5}g/(m^2\cdot d)$。在 90℃浸泡 42d 时，榍石中 Ca^{2+}的归一化浸出率比 Ti^{4+}的归一化浸出率高 2 个数量级。

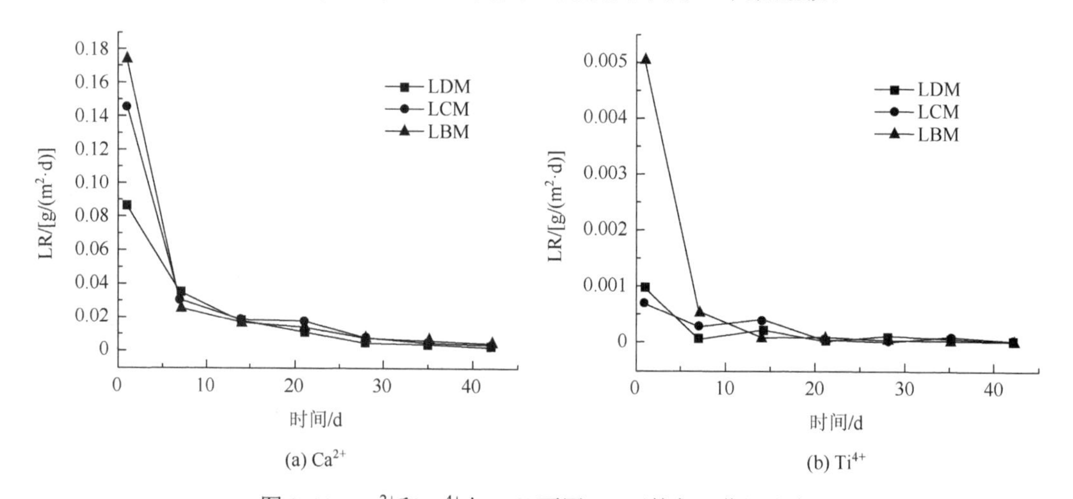

图 2-44 Ca^{2+}和 Ti^{4+}在 90℃不同 pH 下的归一化浸出率

在 25℃和 90℃浸泡 42d 时，榍石中 Ca^{2+}的浸出率均比 Ti^{4+}的浸出率约高 2 个数量级，说明榍石晶格中 Ti—O 六配位比 Ca—O 七配位稳定，Ti^{4+}比 Ca^{2+}更难被浸出。与偏酸性浸泡液相比，Ca^{2+}和 Ti^{4+}的浸出率比偏碱性时的高，pH 为 3 时 Ca^{2+}的浸出率比在其他 pH 下的浸出率高 1 个数量级，因此，在偏碱性浸泡液中，榍石的元素归一化浸出率较低，化学稳定性较好。与在 25℃浸泡相比，在 90℃浸泡时，1～21d Ca^{2+}的浸出率高 1 个数量级。随着浸泡时间延长，Ca^{2+}和 Ti^{4+}在 90℃和 25℃浸泡时，pH 为 5～11，42d 浸出率最终趋于一致。因此，榍石具有良好的化学稳定性，温度和 pH 是影响浸泡 1～21d 的元素浸出率的重要因素。

由图 2-45 可知，在 pH 为 3 的浸泡液中浸泡，与未浸泡的合成榍石样品相比，浸泡 1d 和 42d 的样品，其衍射峰强度有所降低，结合 pH 为 3 榍石样品归一化浸出率分析，酸性环境在一定程度上破坏了榍石晶体结构，导致榍石中 Ca^{2+}的归一化浸出率较高。在 pH 为 5～11 下浸泡时，浸泡前后榍石的衍射峰强度未发生变化，表明合成榍石具有良好的化学稳定性。

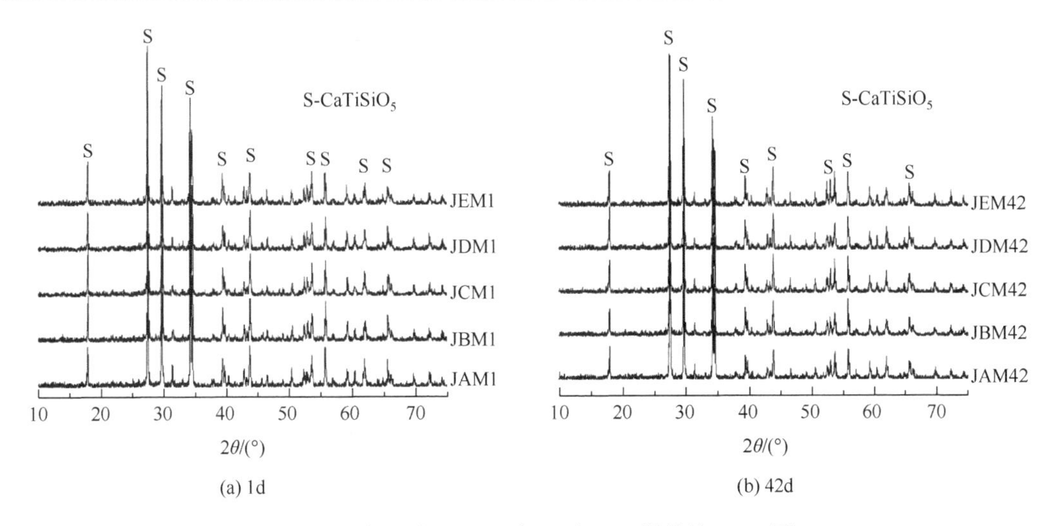

图 2-45　榍石在 25℃浸泡 1d 和 42d 样品的 XRD 图

2. 掺钕榍石固溶体的浸出性能

以 H_2SiO_3、$CaCO_3$、TiO_2、Nd_2O_3、Al_2O_3 为原料，通过固相反应在 1270℃煅烧 30min 制备掺钕榍石粉体，采用 PCT 粉末浸泡实验方法研究掺钕 $CaTiSiO_5$ 固溶体的浸出性能。浸出剂为去离子水，用乙酸和氨水调节 pH，浸泡液的 pH 分别为 5、7、9，浸泡温度为 90℃。样品配方的化学式为 $Ca_{(1-y)}Nd_yTi_{(1-y)}Al_ySiO_5$（$y = 0.14$），浸泡样品编号见表 2-19，$Ca^{2+}$、$Ti^{4+}$、$Nd^{3+}$的归一化浸出率分别如图 2-46、图 2-47 和图 2-48 所示。

表 2-19　浸泡样品编号及实验条件

样品编号	浸泡液的 pH	浸泡温度/℃
NBM	5	90
NCM	7	90
NDM	9	90

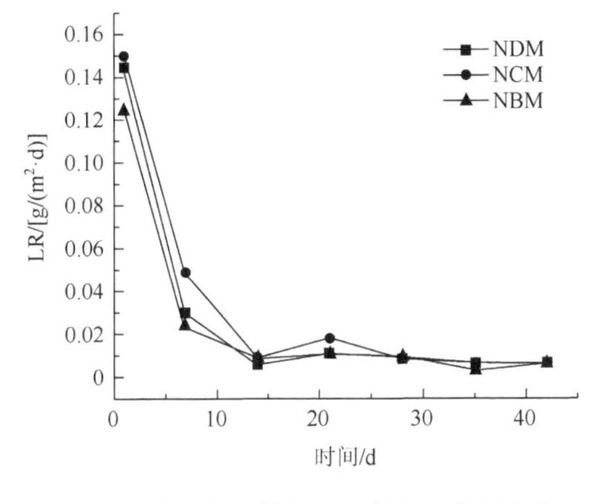

图 2-46　样品中 Ca^{2+}在 90℃的归一化浸出率

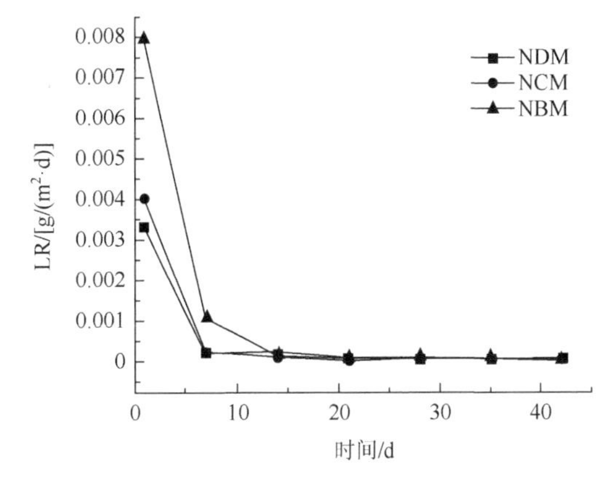

图 2-47　样品中 Ti^{4+}在 90℃的归一化浸出率

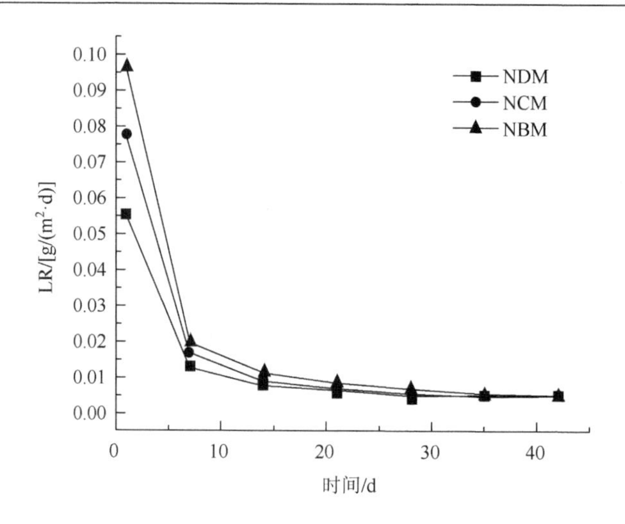

图 2-48　样品中 Nd^{3+}在 90℃的归一化浸出率

$CaTiSiO_5$ 固溶体中 Ca^{2+}和 Ti^{4+}在 pH 为 5、7、9 时的归一化浸出率随着浸泡时间的延长逐渐减小，在 14～42d 的归一化浸出率分别趋于稳定并保持在较低水平。Ca^{2+}在 pH 为 5、7、9 时 42d 的归一化浸出率分别为 5.67×10^{-3}g/(m²·d)、6.32×10^{-3}g/(m²·d)、6.63×10^{-3}g/(m²·d)，归一化浸出率差异不大，说明掺钕 $CaTiSiO_5$ 固溶体中的 Ca^{2+}在浸泡液 pH 为 5、7、9 时具有较低的归一化浸出率，化学稳定性良好。Ti^{4+}在 pH 为 5、7、9 时，42d 的归一化浸出率分别为 3.88×10^{-5}g/(m²·d)、3.9×10^{-5}g/(m²·d)、4.97×10^{-5}g/(m²·d)，归一化浸出率较低且趋于一致，表明掺钕 $CaTiSiO_5$ 固溶体中的 Ti^{4+}在浸泡液 pH 为 5、7、9 时具有良好的化学稳定性。$CaTiSiO_5$ 固溶体中 42d Ca^{2+}的归一化浸出率比 Ti^{4+}高 2 个数量级，因此 Ca^{2+}的化学稳定性较 Ti^{4+}差。

Nd^{3+}在浸泡液 pH 为 5、7、9 时的归一化浸出率随着浸泡时间的延长逐渐减小，在 14～42d 的归一化浸出率分别趋于稳定并保持在较低水平。Nd^{3+}在 pH 为 5、7、9 时 42d 的归一化浸出率分别为 5.35×10^{-3}g/(m²·d)、5.38×10^{-3}g/(m²·d)、4.67×10^{-3}g/(m²·d)，归一化浸出率趋于一致且与 Ca^{2+}的归一化浸出率在同一数量级，间接证实了 Nd^{3+}被很好地固溶在 $CaTiSiO_5$ 的 Ca^{2+}位。掺钕 $CaTiSiO_5$ 固溶体中的 Nd^{3+}在浸泡液 pH 为 5、7、9 时具有良好的化学稳定性。

掺钕 $CaTiSiO_5$ 固溶体的浸出实验结果表明，在 90℃、pH 为 5～9 的水溶液中，掺钕 $CaTiSiO_5$ 固溶体具有良好的化学稳定性，且 Ti^{4+}（Ti 位）的稳定性高于 Ca^{2+}和 Nd^{3+}。

3. 掺铀榍石固化体的浸出性能

以 $CaCO_3$、TiO_2、Al_2O_3、SiO_2 和 $UO_2(NO_3)_2\cdot6H_2O$ 为原料，通过固相反应制备掺铀榍石基人造岩石固化体，采用 MCC-1 法研究固化体的浸出性能。固化体样品的烧结是在 1260℃保温 30min，A3、B3 样品的配方分别为 $Ca_{0.95}U_{0.05}Ti_{0.9}Al_{0.1}SiO_5$、$Ca_{0.92}U_{0.04}TiSiO_5$。实验结果如图 2-49～图 2-52 所示。

图 2-49　A3 样品的 SEM 图

图 2-50　B3 样品的 SEM 图

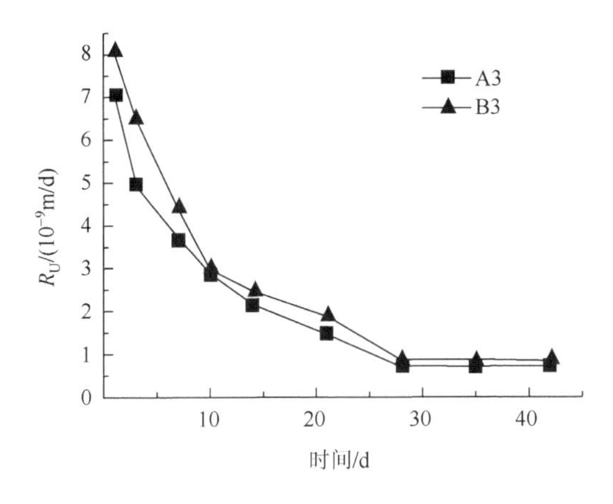

图 2-51　A3、B3 固化体 U 元素的浸出率

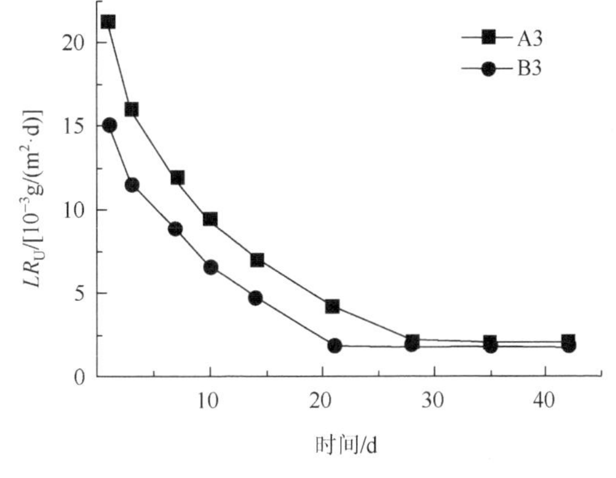

图 2-52　A3、B3 固化体 U 元素的归一化浸出率

SEM 分析表明，A3 和 B3 样品为不规则粒状晶相，晶粒发育良好，棱角清晰，没有出现明显玻璃相，晶粒平均粒径为 2～3μm。

A3、B3 固化体样品 U 的浸出率均较低，具有良好的抗浸出性能。A3、B3 固化体 U 的浸出率差异很小，A3 固化体的浸出率略低于 B3 固化体，其归一化浸出率略高于 B3 固化体。随着浸出时间的推移，固化体样品的浸出率和归一化浸出率逐渐降低，28d 以后，趋于稳定并保持在一个较低水平，符合固化体元素浸出率的一般规律。28d A3、B3 固化体的浸出率分别是 7.0×10^{-10}m/d、9.5×10^{-10}m/d；其归一化浸出率分别是 2.10×10^{-3}g/(m^2·d)、1.76×10^{-3}g/(m^2·d)。综上所述，掺铀榍石基人造岩石固化体具有良好的抗浸出性能，能够满足固化处理高放废物的要求。

参 考 文 献

[1]　崔春龙，卢喜瑞，张东，等. 北祁连山变质杂岩中榍石的结构演化及稳定性研究[J]. 西南科技大学学报，2008，23（4）：40-45.

[2]　滕元成，曾冲盛，任雪潭，等. 合成榍石的化学稳定性[J]. 原子能科学技术，2010，44（1）：14-19.

[3] 窦天军，张朝彬，滕元成，等. 合成榍石的抗辐照稳定性和热稳定性[J]. 化学研究与应用，2009，21（11）：1559-1562.
[4] 曾冲盛，滕元成，齐晓敏，等. 高温固相反应合成榍石的工艺研究[J]. 辐射防护，2008，28（3）：145-149，154.
[5] 赵伟，滕元成，李玉香，等. 铈在榍石固溶体中的固溶量[J]. 原子能科学技术，2010，44（10）：1173-1178.
[6] 滕元成，曾冲盛，任雪潭，等. 榍石固溶体中钕的固溶量[J]. 原子能科学技术，2009，43（2）：138-143
[7] Muthuraman M，Patil K C. Synthesis，properties，sintering and microstructure of sphene，$CaTiSiO_5$：A comparative study of coprecipitation，sol-gel and combustion processes[J]. Materials Research Bulletin，1998，33（4）：655-661.

第 3 章　钙钛锆石-榍石陶瓷固化材料

3.1　概　　述

单一矿物只能固定有限几种元素是人造岩石固化高放废物（high level waste，HLW）的主要缺点，若利用几种稳定矿物的组合来固化 HLW，不仅有利于固定 HLW 中的大部分或全部放射性核素，也有利于充分利用 HLW 中的常规元素，获得人造岩石固化的稳定矿物。针对 HLW 中特定的放射性核素和常规元素设计不同矿相组合的人造岩石固化基材，可满足不同价态、不同离子半径和不同化学性质的放射性核素的稳定固化。因此，组合矿物固化是人造岩石固化的发展方向。

矿物固化体中共生晶相的种类及其共生条件对固化体的性质有决定性影响，这方面的研究还很不够。类质同象规律表明，在保持原结构不变的前提下，矿物的组分允许在一定范围内变化。例如独居石（$CePO_4$），该矿物除了可以固定 Ce，还可以固定其他轻稀土元素和锕系元素，形成$(Ce, La, Eu, Gd, \cdots)PO_4$、$(Ca_{0.5}U_{0.5})_3(PO_4)_2$等。锆石（$ZrSiO_4$）可以荷载的 U 为 8%～35%，晶体$(Zr_{0.9}Pu_{0.1})SiO_4$和 $PuSiO_4$ 已成功合成。磷钇矿 $Y[PO_4]$，可以固定全部的重稀土元素（heavy rare earth elements，HREE）PO_4。磷灰石 $Ca_5(PO_4)_3(F, Cl, OH)$结构的矿物组分中存在广泛的类质同象，如 Ca =（U, Th, ΣREE）、P = Si，其中 ΣREE 为总稀土元素。钡长石和钙钛矿可以有效地固定 Sr，绿柱石能有效地固定 Cs 等。能吸纳 HLW 中有关组分的矿物还有榍石、烧绿石、黑稀金矿等。

3.1.1　钙钛锆石的结构与性能

钙钛锆石（zirconolite，$CaZrTi_2O_7$）是一种超萤石结构（图 3-1）的稳定矿相，主要由 CaO、ZrO_2、TiO_2 三种基本成分组成，其质量分数分别为 1.83%～16.54%、22.82%～44.18%、13.56%～44.91%。钙钛锆石中 CaO 和 TiO_2 的质量分数呈系统性变化，并且与 ZrO_2 的质量分数呈反比例变化。常见的钙钛锆石 $CaZr_xTi_{3-x}O_7$（$0.8<x<1.37$）为双层单斜型（2M），其空间群为 $C2/c$。CaO_8 和 ZrO_7 形成的多面体层由包含 TiO_6 和 TiO_5 两种 Ti 的多面体层堆积而成，堆垛形成（011）面。钙钛锆石通常表示为 $CaZrTi_2O_7$，它属于缺阴离子的萤石型超结构。其中 TiO_6 八面体以 3 元和 6 元环连接形成连续的层状物，这些层随 Ca 和 Zr 原子平面的交替而堆积，不同的堆积方式形成对称性不同的多型体结构，主要包括常见的双层单斜型（2M），以及三层三斜型（3T）和三层正交型（3O）3 种结构类型。此外，还发现了钙钛锆石具有四层单斜型（4M）和六层三斜型（6T）两种类型。钙钛锆石多型体的晶体化学式可表示为 $Ca_{2Ⅷ}Zr_{2Ⅶ}Ti_{3Ⅵ}Ti_{Ⅴ}O_{14}$。Ca 八配位到 O，Zr 七配位到 O；Ti 占 3 个不同的晶位，分别用 Ti（1）、Ti（2）和 Ti（3）表示，其中 Ti（1）和 Ti（3）六配位到 O，Ti（2）五配位到 O。表 3-1 列出了钙钛锆石晶体中各晶格位的性质。

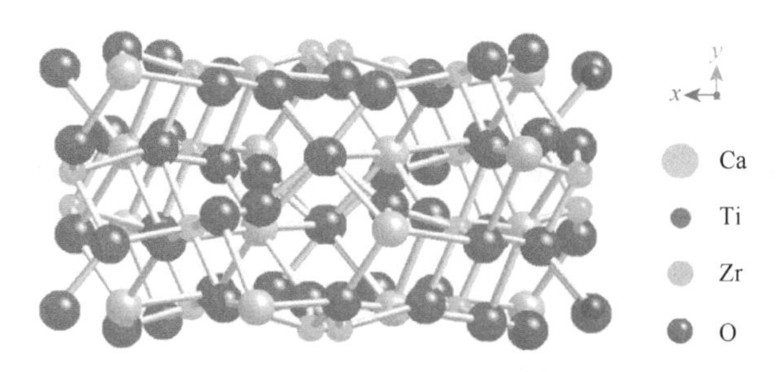

图 3-1　2M 型钙钛锆石的晶体结构

表 3-1　钙钛锆石晶体中各晶格位性质

晶格位	配位数	多面体	金属-氧键长/Å	多面体体积/$Å^3$
Ca	8	立方体	2.38～2.42	21.3
Zr	7	单冠八面体	1.90～2.39	15.0
Ti（1）	6	八面体	1.91～2.10	10.2
Ti（2）	5	三角双锥体	1.76～2.29	5.7
Ti（3）	6	八面体	1.86～2.01	9.2

钙钛锆石中存在 5 个不同的晶格位，根据类质同象原理，大小合适的其他离子可以进入这 5 个晶格位，有的离子可以进入 1 个以上的晶格位。自然界中，钙钛锆石的组成多种多样。实验研究证实，钙钛锆石多型体可以接纳广泛范围的阳离子，包括 Re^{3+}、An^{3+}、An^{4+}、Fe^{2+}、Fe^{3+}、Ni^{2+}、Cr^{3+}、Zr^{4+}等。根据离子半径相近，An 和 Re 可以进入钙钛锆石的 Ca 位和 Zr 位。

从 HLW 对其固化基材的要求出发，下面对钙钛锆石的化学稳定性、辐照稳定性、机械稳定性和热稳定性进行介绍和分析。

1）化学稳定性

现有的研究表明，人造岩石主要组成矿相的化学稳定性次序为钙钛锆石＞金红石＞碱硬锰矿＞钙钛矿＞合金相。澳大利亚核科学和技术组织（Australian Nuclear Science and Technology Organization，ANSTO）对人工合成的钙钛锆石和钙钛矿的水溶性进行了研究。结果表明，在 pH 为 7 时，钙钛锆石的归一化浸出率较钙钛矿约低 1 个数量级。假定表面积按几何值保守计算，90℃时静态浸泡 100d，钙钛锆石和钙钛矿中 Ca 的归一化浸出率分别是 10^{-3}g/(m^2·d)和 10^{-2}g/(m^2·d)。天然钙钛锆石经过长期复杂的地质经历，包括接触地下水、风化、侵蚀等，能稳定存在数亿年甚至更长的时间，这充分说明了钙钛锆石具有特别优良的化学稳定性。

2）辐照稳定性

对天然钙钛锆石的研究表明，天然钙钛锆石具有固定 α 放射性核素及其子体产物的能力，α 衰变剂量（累积 α 衰变次数）达 10^{20}α/g，天然钙钛锆石也能稳定存在，且 α 自辐照损伤对其浸出性无显著影响。在合成的钙钛锆石中，添加少量半衰期较短的锕系核素（如 ^{238}Pu、^{244}Cm 等）进行 α 辐照加速实验，结果发现，其 α 辐照损伤明显高于天然钙钛锆石。基本结论是 α 衰变剂量达 $10^{18}\alpha/g$，钙钛锆石发生蜕晶质使结构无定形化，体积膨胀约 6%，锕系核素及主要基体元素的归一化浸出率增高约 1 个数量级。研究发现，提高温度可以抑制晶相固化体由 α 衰变引起的结构损伤。对 SYNROC-C（商用高放废液人造岩石固化体）的研究表明，即使在加速 α 辐照的实验时间内，温度保持在 200℃，也可使固化体总体积膨胀减小到约 3%。深地质处置库的温度可能达到 200℃以上，温度梯度为 30℃/km，而且，实际固化体的 α 衰变剂量率较加速实验条件小得多。因此，钙钛锆石固化体在实际地质处置中，由 α 衰变引起的结构损伤几乎能全部修复。

3）机械稳定性

钙钛锆石在自然界以矿物的形式存在，它们所经历的地质作用证明了其承受气候变化和机械冲击的能力。钙钛锆石是不含水、硬度大和无解理的晶体，本身不易破碎，即使破碎也不呈现粉末状。因此，钙钛锆石具有很好的机械性能。

4）热稳定性

钙钛锆石属于热力学稳定晶相，其固化体的热稳定性完全能够满足人造岩石固化 HLW 的要求。

综上所述，钙钛锆石具有优异的长期稳定性，能够很好地满足 HLW 对其固化基材的要求。

3.1.2　钙钛锆石-榍石固化锕系核素的机理

现有研究中，对钙钛锆石型陶瓷固化体的研究较多，对榍石型陶瓷固化处理高放废物的研究相对较少，对钙钛锆石和榍石组合矿物固化处理高放废物的研究更少。滕元成等[1]首先提出了用钙钛锆石-榍石组合矿物作为基材固化处理高放废物并进行了一系列的研究，取得了创新性的研究成果。以天然锆石为主要原料提供 Zr 源和 Si 源，采用固相反应法制备了钙钛锆石-榍石组合矿物。研究表明，合成钙钛锆石-榍石组合矿物最佳配方为 $ZrSiO_4$∶$CaCO_3$∶TiO_2 = 1∶2∶3（物质的量比），最低合成温度为 1230℃，最佳合成温度及烧结温度均为 1260℃。钙钛锆石-榍石组合矿物固化处理掺铀模拟放射性焚烧灰的研究表明[2-5]，目标产物的主要晶相为钙钛锆石、榍石、钙钛矿。在掺钕钙钛锆石-榍石组合矿物固化体的研究过程中，主要研究了模拟三价锕系核素钕在钙钛锆石-榍石组合矿物中的固溶机制。

锕系元素在价态、离子半径、化学性质等方面的差别较大，单一矿物只能固定有限几种元素，为了更好地实现锕系核素的人造岩石固化，若利用几种稳定矿物的组合来固化高放废物，不仅有利于固定高放废物中的大部分或全部放射性核素，也有利于充分利用高放废物中的常规元素，获得人造岩石固化的稳定矿物。针对高放废物中特定的放射性核素和常规元素设计不同矿相组合的人造岩石固化基材，可满足不同价态、不同离子半径和不同化学性质的放射性核素的稳定固溶。因此，组合矿物固化是人造岩石固化的发展方向。以钙钛锆石为主要矿相，结合诸如榍石、碱硬锰矿、金红石等其他稳定矿物相的人造岩石来共同固化处理高放废物，被认为可大大提高放射性废物处置的长期安全性。矿物或组合矿物的稳定性越高，矿物晶格固定锕系核素的时间越长。比如，钙钛锆石（$CaZrTi_2O_7$）、锆石（$ZrSiO_4$）等矿物，能很好地满足长期稳定性及晶格固化锕系核素的要求。

钙钛锆石和榍石均具有良好的化学稳定性、机械稳定性、热稳定性和辐照稳定性，是人造岩石固化处理高放废物尤其是锕系废物的理想固化基材。钙钛锆石和榍石的组合矿物作为高放废物的固化材料，不同电价、不同离子半径的放射性核素可以固溶在榍石的 Ca 位和钙钛锆石的 Ca 位及 Zr 位，保证放射性核素的晶格固溶具有极大的灵活性和选择性；同时，也可以充分利用高放废物中的 Ca、Ti、Si、Al 等常规元素合成钙钛锆石和榍石组合矿物及其固溶体。

3.2　钙钛锆石-榍石陶瓷固化体的制备

滕元成团队[6-18]以天然锆石为主要原料，采用高温固相反应，合成高纯度钙钛锆石和榍石的组合矿物，合成与烧结的工艺合二为一，这对钙钛锆石-榍石陶瓷固化处理 HLW 的工业化应用具有重要价值。

3.2.1　技术方案

固相反应依赖于两个条件，一是热力学条件，二是动力学条件，只有同时满足这两个条件，固相反应才可能进行。按照一般热力学理论，恒温、恒压的开放体系，化学反应可沿自由焓减小的方向自发进行，即 $\Delta G_T \leqslant 0$。根据 $\Delta G_T^{\ominus} = \Delta H_T^{\ominus} - T\Delta S_T^{\ominus}$ 可计算出相应温度下的 $\Delta G_T^{\ominus}$，一般情况下，ΔH 或 $\Delta H^{\ominus}$、ΔS 或 $\Delta S^{\ominus}$ 随温度的改变变化较小，在近似计算中可将温度 T 时的 $\Delta H_T^{\ominus}$ 和 $\Delta S_T^{\ominus}$ 分别以 $\Delta H_{298.15\text{K}}^{\ominus}$ 和 $\Delta S_{298.15\text{K}}^{\ominus}$ 代替，$\Delta H_T^{\ominus} \approx \Delta H_{298.15\text{K}}^{\ominus}$，$\Delta S^{\ominus} \approx \Delta S_{298.15\text{K}}^{\ominus}$，即 $\Delta G_T^{\ominus} = \Delta H_{298.15\text{K}}^{\ominus} - T\Delta S_{298.15\text{K}}^{\ominus}$，通过此式可近似计算固相反应合成钙钛锆石-榍石组合矿物反应过程的 $\Delta G_T^{\ominus}$，判断反应发生的可能性。计算采用的基本热力学数据见表 3-2。

表 3-2　相关物质的热力学数据

化合物名称	化合物化学式	$\Delta H_{298.15\text{K}}^{\ominus}$ /(kJ/mol)	$\Delta S_{298.15\text{K}}^{\ominus}$ /[J/(mol·k)]
碳酸钙	$CaCO_3(s)$	1207.40	91.70
氧化钙	$CaO(s)$	635.09	38.10
二氧化碳	$CO_2(g)$	393.52	213.70
二氧化钛	$TiO_2(s)$	944.75	50.60
锆石	$ZrSiO_4(s)$	2031.50	82.52
氧化锆	$ZrO_2(s)$	1100.30	50.40
二氧化硅	SiO_2（s，无定形）	903.49	46.90
二氧化铀	$UO_2(s)$	1084.90	77.03
钙钛矿	$CaTiO_3(s)$	1660.80	93.30
钙钛锆石	$CaZrTi_2O_7(s)$	3713.70	193.30
榍石	$CaTiSiO_5(s)$	2603.03	126.30

根据原料的性质与试验目的，可能发生的固相反应如下：

$$CaCO_3 \longrightarrow CaO + CO_2 \tag{3-1}$$

$$CaO + TiO_2 \longrightarrow CaTiO_3 \tag{3-2}$$

$$ZrSiO_4 \longrightarrow ZrO_2 + SiO_2 \tag{3-3}$$

$$CaTiO_3 + TiO_2 + ZrO_2 \longrightarrow CaZrTi_2O_7 \tag{3-4}$$

$$CaO + 2TiO_2 + ZrO_2 \longrightarrow CaZrTi_2O_7 \tag{3-5}$$

$$CaTiO_3 + SiO_2 \longrightarrow CaTiSiO_5 \tag{3-6}$$

$$CaO + TiO_2 + SiO_2 \longrightarrow CaTiSiO_5 \tag{3-7}$$

计算的各反应式的 $\Delta G_T^\ominus$ 值见表 3-3～表 3-9。

表 3-3　反应式（3-1）的 $\Delta G_T^\ominus$ 计算数据

$\Delta H_{298.15K}^\ominus$/(kJ/mol)	$\Delta S_{298.15K}^\ominus$/[J/(mol·k)]	$\Delta G_T^\ominus$/(kJ/mol)							
		1000K	1100K	1117K	1200K	1300K	1400K	1500K	1600K
178.79	160.1	18.69	2.68	0	−13.33	−29.34	−45.35	−61.36	−77.37

表 3-4　反应式（3-2）的 $\Delta G_T^\ominus$ 计算数据

$\Delta H_{298.15K}^\ominus$/(kJ/mol)	$\Delta S_{298.15K}^\ominus$/[J/(mol·k)]	$\Delta G_T^\ominus$/(kJ/mol)						
		1000K	1100K	1200K	1300K	1400K	1500K	1600K
−80.96	4.6	−85.56	−86.02	−86.48	−86.94	−87.4	−87.86	−88.32

表 3-5　反应式（3-3）的 $\Delta G_T^\ominus$ 计算数据

$\Delta H_{298.15K}^\ominus$/(kJ/mol)	$\Delta S_{298.15K}^\ominus$/[J/(mol·k)]	$\Delta G_T^\ominus$/(kJ/mol)						
		1400K	1500K	1600K	1700K	1800K	1875K	2000K
27.71	14.78	7.02	5.54	4.06	2.58	1.11	0	−1.85

表 3-6　反应式（3-4）的 $\Delta G_T^\ominus$ 计算数据

$\Delta H_{298.15K}^\ominus$/(kJ/mol)	$\Delta S_{298.15K}^\ominus$/[J/(mol·k)]	$\Delta G_T^\ominus$/(kJ/mol)						
		1000K	1100K	1200K	1300K	1400K	1500K	1600K
−7.85	−0.96	−6.89	−6.79	−6.70	−6.60	−6.51	−6.41	−6.31

表 3-7　反应式（3-5）的 $\Delta G_T^\ominus$ 计算数据

$\Delta H_{298.15K}^\ominus$/(kJ/mol)	$\Delta S_{298.15K}^\ominus$/[J/(mol·k)]	$\Delta G_T^\ominus$/(kJ/mol)						
		1000K	1100K	1200K	1300K	1400K	1500K	1600K
−88.81	3.64	−92.45	−92.81	−93.18	−93.54	−93.91	−94.27	−94.63

表 3-8　反应式（3-6）的 $\Delta G_T^\ominus$ 计算数据

$\Delta H_{298.15K}^\ominus$ /(kJ/mol)	$\Delta S_{298.15K}^\ominus$ /[J/(mol·k)]	$\Delta G_T^\ominus$ /(kJ/mol)						
		1000K	1100K	1200K	1300K	1400K	1500K	1600K
−38.74	−13.9	−24.84	−23.45	−22.06	−20.67	−19.28	−17.89	−16.5

表 3-9　反应式（3-7）的 $\Delta G_T^\ominus$ 计算数据

$\Delta H_{298.15K}^\ominus$ /(kJ/mol)	$\Delta S_{298.15K}^\ominus$ /[J/(mol·k)]	$\Delta G_T^\ominus$ /(kJ/mol)						
		1000K	1100K	1200K	1300K	1400K	1500K	1600K
−119.7	−9.3	−110.4	−109.47	−108.54	−107.61	−106.68	−105.75	−104.82

理论计算表明，$CaCO_3$ 和 $ZrSiO_4$ 的开始分解温度分别为 1117K（844℃）、1875K（1602℃），这与纯的 $CaCO_3$ 和 $ZrSiO_4$ 的实际分解温度是一致的，说明上述理论计算是合理的。锆石乳浊釉的生产实际表明，在有碱金属及碱土金属氧化物存在的情况下，$ZrSiO_4$ 在 1200℃左右开始分解，生成高活性的 ZrO_2 和 SiO_2。因此，以 $ZrSiO_4$、$CaCO_3$、TiO_2 为原料，通过固相反应在 1200℃左右合成钙钛锆石-榍石组合矿物，在理论上是可行的。

3.2.2　制备与表征

以天然锆石（$ZrSiO_4$）、$CaCO_3$、TiO_2 为原料，通过固相反应制备钙钛锆石-榍石组合矿物的烧结体。实验样品见表 3-10，样品的物相分析如图 3-2、图 3-3 所示。

表 3-10　实验的样品及实验条件

样品	烧结温度/℃	保温时间/min	平均密度/(g/cm³)
A1	1230	30	2.9474
A2	1260	30	3.0248
A3	1290	30	2.9850
A4	1320	30	2.9555
A5	1350	30	2.9484
A6	1400	30	2.9477

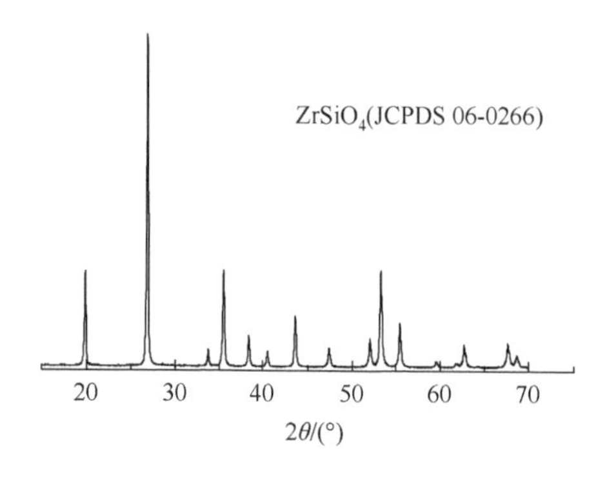

图 3-2　天然锆石原料的 XRD 图

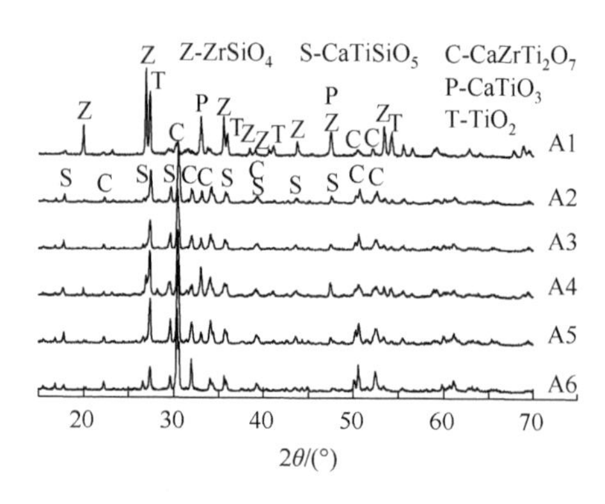

图 3-3　A1～A6 样品的 XRD 图

以模拟放射性焚烧灰(主要成分: 60.9% CaO、10.2% TiO_2、6.16% SiO_2、11.4% Fe_2O_3)、天然锆石($ZrSiO_4$质量分数为96%)、二氧化钛(TiO_2)、碳酸钙($CaCO_3$)为原料,制备钙钛锆石($CaZrTi_2O_7$)-榍石($CaTiSiO_5$)组合矿物。假定1mol ZrO_2、1mol SiO_2、2mol CaO、3mol TiO_2完全反应,生成1mol $CaZrTi_2O_7$和1mol $CaTiSiO_5$,配方满足X_{ZrO_2} ∶ X_{SiO_2} ∶ X_{CaO} ∶ X_{TiO_2}=1∶1∶2∶3(物质的量比),实验配方及样品分别见表3-11、表3-12。

表3-11 实验配方(%)

配方	模拟放射性焚烧灰	锆石	TiO_2	$CaCO_3$
A	20.0	30.0	38.0	12.0
B	40.0	27.0	33.0	0
C	60.0	18.0	22.0	0
D	0	30.3	38.0	31.7

表3-12 实验样品及实验条件

配方	样品	煅烧温度/℃	保温时间/min
A	A1	1140	30
	A2	1170	
	A3	1200	
	A4	1230	
	A5	1260	
	A6	1290	
B	B1	1140	30
	B2	1170	
	B3	1200	
	B4	1230	
	B5	1260	
	B6	1290	
C	C1	1140	30
	C2	1170	
	C3	1200	
	C4	1230	
	C5	1260	
D	D1	1230	30
	D2	1260	
	D3	1290	

由图3-4可知,A1样品的主要晶相是未反应的$ZrSiO_4$和TiO_2,同时有少量的钙钛矿($CaTiO_3$)、钙钛锆石($CaZrTi_2O_7$)及榍石($CaTiSiO_5$)生成,因此,在1140℃煅烧,$ZrSiO_4$已开始分解生成$CaZrTi_2O_7$和$CaTiSiO_5$。1170℃煅烧获得的A2样品的主要晶相是

$CaZrTi_2O_7$和$CaTiSiO_5$，同时存在少量的$ZrSiO_4$和TiO_2，$CaTiO_3$已反应生成$CaTiSiO_5$。与A1样品相比，A2样品的$ZrSiO_4$、TiO_2等晶相的含量明显减少，$CaZrTi_2O_7$和$CaTiSiO_5$的含量明显增多，表明随着煅烧温度的升高，$ZrSiO_4$分解量增加，有更多的$CaZrTi_2O_7$及$CaTiSiO_5$生成。1200℃以上温度煅烧得到的A3～A6样品，其晶相均为$CaZrTi_2O_7$和$CaTiSiO_5$，且随煅烧温度的升高，$CaZrTi_2O_7$和$CaTiSiO_5$的相对含量变化不大，目标矿物的合成已比较完全。仔细分析发现，随煅烧温度的升高，$CaZrTi_2O_7$的相对含量在慢慢地提高。煅烧温度在1260℃以下，随着温度的升高，榍石的相对含量在慢慢升高，在1260℃达到最大值。煅烧温度在1260℃以上，随着温度的升高，榍石的相对含量在不断减少，这是因为$CaTiSiO_5$在高温下熔融，逐渐变成玻璃相。因此，掺模拟放射性焚烧灰20%的A配方合成钙钛锆石-榍石组合矿物的较佳煅烧温度是1260℃。

由图3-5可知，1140℃、1170℃煅烧获得的B1、B2样品，主要晶相是未反应的$ZrSiO_4$和TiO_2，同时有少量的$CaZrTi_2O_7$和$CaTiSiO_5$生成。因此，在1140℃煅烧，$ZrSiO_4$已开始分解生成$CaZrTi_2O_7$和$CaTiSiO_5$。1200℃煅烧获得的B3样品，其$ZrSiO_4$、TiO_2的量明显减少，$CaZrTi_2O_7$及$CaTiSiO_5$的生成量增加。煅烧温度的提高，使得有较多的$ZrSiO_4$分解，$CaZrTi_2O_7$及$CaTiSiO_5$的生成量增多。1230℃以上煅烧得到的B4～B6样品，其晶相均为$CaZrTi_2O_7$和$CaTiSiO_5$，且随煅烧温度的升高，$CaZrTi_2O_7$和$CaTiSiO_5$的相对含量变化不明显，在1230℃目标矿物$CaZrTi_2O_7$和$CaTiSiO_5$的相对含量达到最大值。因此，掺模拟放射性焚烧灰40%的B配方合成钙钛锆石-榍石组合矿物的较佳温度为1230℃。

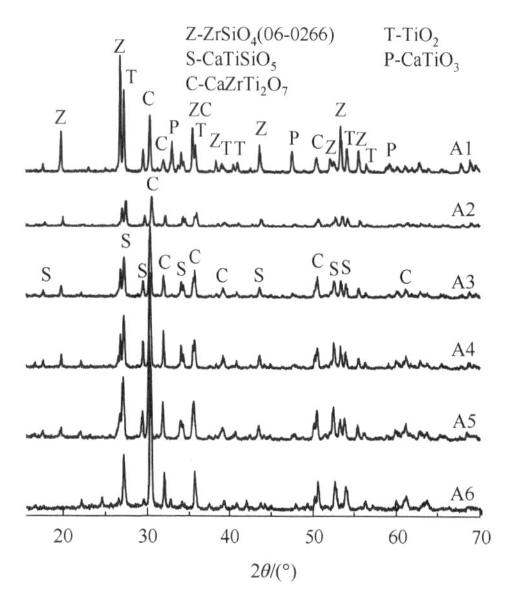

图 3-4　A 系列样品的 XRD 图

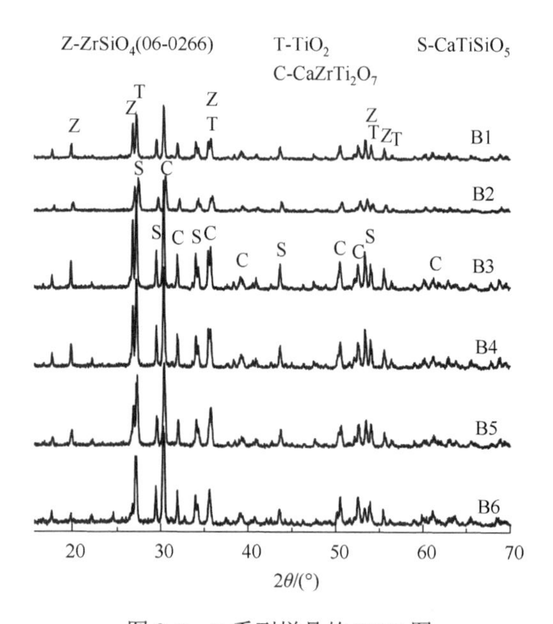

图 3-5　B 系列样品的 XRD 图

由图3-6可知，1140℃煅烧得到的C1样品的主要晶相是$CaZrTi_2O_7$和$CaTiSiO_5$，有少量的ZrO_2存在，说明锆石在1140℃已经完全分解，其分解产物ZrO_2大部分反应生成了$CaZrTi_2O_7$和$CaTiSiO_5$。1170℃以上煅烧得到的C2～C5样品，其晶相是$CaZrTi_2O_7$和

$CaTiSiO_5$ 的组合矿物，C3 样品中组合矿物的相对含量最高。因此，掺模拟放射性焚烧灰 60%的 C 配方合成钙钛锆石-榍石组合矿物的较佳温度为 1200℃。

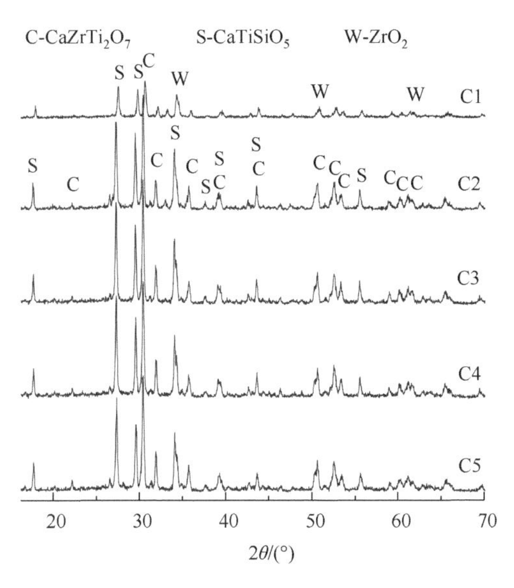

图 3-6　C 系列样品的 XRD 图

由图 3-7 可知，D 系列样品的物相组成随温度变化的情况与 A 系列、B 系列、C 系列样品类似。没有掺模拟放射性焚烧灰的 D 配方，$ZrSiO_4$ 分解及钙钛锆石-榍石组合矿物生成的最低温度为 1200℃，合成钙钛锆石-榍石组合矿物的较佳温度为 1260℃。

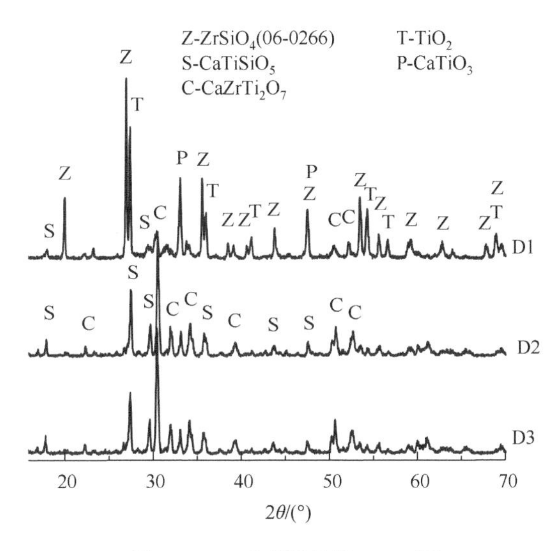

图 3-7　D 系列样品的 XRD 图

模拟放射性焚烧灰的化学组成很复杂，主要成分是 CaO、TiO_2、SiO_2 和 Fe_2O_3，还含有很多其他氧化物[9, 10]。随着模拟放射性焚烧灰掺量的增加，CaO、TiO_2、SiO_2、Fe_2O_3

等氧化物的含量提高，造成 $ZrSiO_4$ 的分解温度降低，钙钛锆石-榍石组合矿物的开始生成温度和较佳合成温度也随之降低。对不同焚烧灰掺量配方的烧结实验表明，随着模拟放射性焚烧灰掺量的提高，钙钛锆石-榍石组合矿物的较佳合成温度及其烧结体的较佳烧结温度逐渐降低，且较佳合成温度和较佳烧结温度相同。由于组合矿物生成温度的降低，大量新生成的晶相具有很高的烧结活性，有助于促进烧结，大量组合矿物的生成温度，也是烧结体的较佳烧结温度。模拟放射性焚烧灰掺量分别为 20%、40%、60%，钙钛锆石-榍石组合矿物的较佳合成温度及其烧结体的较佳烧结温度均分别为 1260℃、1230℃、1200℃，实现了钙钛锆石、榍石固化基材的合成和放射性焚烧灰人造岩石固化体烧结的同时进行，有利于工业化应用。掺 20%焚烧灰固化体断面的 SEM 图如图 3-8 所示。固化体呈圆粒状晶粒，晶界明显，晶粒大小均匀、整齐，晶粒粒径为 2～4μm。

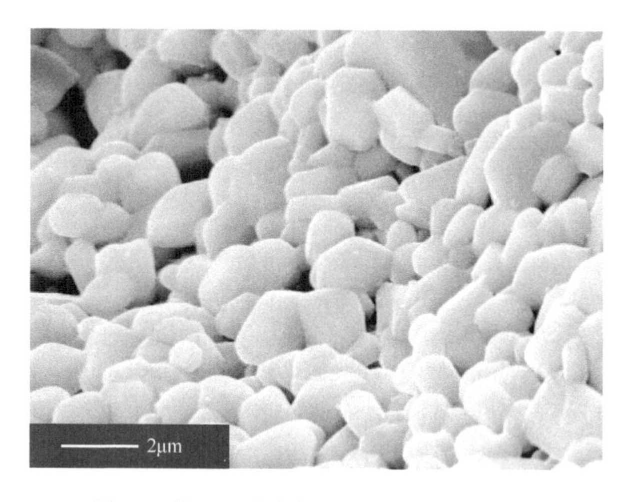

图 3-8　掺 20%焚烧灰固化体断面的 SEM 图

综上所述，以模拟放射性焚烧灰、天然锆石、碳酸钙、二氧化钛为原料，通过高温固相反应，可以在较低温度下合成纯度较高的钙钛锆石-榍石组合矿物。焚烧灰掺量为 20%、40%、60%，$ZrSiO_4$ 开始分解的温度在 1140℃以下，不掺焚烧灰时，$ZrSiO_4$ 开始分解的温度为 1200℃；焚烧灰掺量为 0%、20%、40%、60%，$ZrSiO_4$ 完全分解的温度以及合成组合矿物的较佳温度与固化体的较佳烧结温度是一致的，分别为 1260℃、1260℃、1230℃、1200℃。

3.3　钙钛锆石-榍石陶瓷固溶模拟核素及其化学稳定性

放射性核素存在价态、离子半径、化学性质等方面的差异，单一的矿相只能使一部分放射性核素固定在其晶格中，而多种稳定矿相的组合则可以更大程度地实现核素的晶格固溶，对组分复杂的高放废液而言有更强的灵活性和适应性，并对人造岩石固化体的整体稳定性起调节作用。同时，在相同的制备条件下，多相组合能有效减小晶粒的大小，提高固化体的机械性能，还可抑制不同矿相因不同辐照损伤引起的微开裂，从而提高固化体的长期稳定性。

近年来富钙钛锆石型人造岩石固化成为处理 HLW 的一种趋势，而国内外对钙钛锆石-榍石组合矿物固化处理 HLW 的研究较少。

3.3.1　钙钛锆石-榍石陶瓷固溶模拟锕系核素钕

以 $ZrSiO_4$、$CaCO_3$、TiO_2、Al_2O_3、Nd_2O_3 为原料，引入 Al^{3+}作价态补偿，通过固相反应，制备包容模拟三价锕系核素 Nd 的钙钛锆石-榍石组合矿物固溶体，借助 XRD、SEM、EDS 等分析手段，研究 Nd 在钙钛锆石-榍石组合矿物固溶体中的固溶情况[11-12]。研究表明，在没有电价补偿离子 Al^{3+}时，Nd^{3+}较难固溶在榍石中形成固溶体 $Ca_{(1-3x)}Nd_{2x}TiSiO_5$。引入 Al^{3+}作为电价补偿离子，榍石较容易固溶 Nd^{3+}形成固溶体 $Ca_{(1-x)}Nd_xAl_xTi_{(1-x)}SiO_5$。在设计钙钛锆石-榍石组合矿物固溶钕的配方时，针对 Nd^{3+}在钙钛锆石中的固溶设计了以下三种配方。

（1）配方 A。Nd^{3+}固溶在钙钛锆石的 Ca^{2+}位和 Zr^{4+}位的摩尔分数各占 50%，理论上形成的固溶体为 $Ca_{(1-x/2)}Nd_xZr_{(1-x/2)}Ti_2O_7$，实验配方的化学式为 $n[Ca_{(1-x/2)}Nd_xZr_{(1-x/2)}Ti_2O_7]$∶$n[Ca_{(1-x)}Nd_xAl_xTi_{(1-x)}SiO_5] = 2/(2-x)]$∶1（物质的量比），取 $x = 0.20$。

（2）配方 B。当掺入 Nd 为$(x + y)/2$mol 时，$y/4$mol 的 Nd^{3+}固溶在钙钛锆石的 Zr^{4+}位，$(x/2 + y/4)$ mol 的 Nd^{3+}占据 Ca^{2+}位，引入 $x/2$mol 的 Al^{3+}置换 Ti^{4+}以保持电价平衡，形成的固溶体为 $Ca_{(1-x/2-y/4)}Nd_{(x+y)/2}Zr_{(1-y/4)}Al_{x/2}Ti_{(2-x/2)}O_7$；实验配方的化学式为 $n[Ca_{(1-x/2-y/4)}Nd_{(x+y)/2}$-$Zr_{(1-y/4)}Al_{x/2}Ti_{(2-x/2)}O_7]$∶$n[Ca_{(1-x)}Nd_xAl_xTi_{(1-x)}SiO_5] = [4/(4-y)]$∶1（物质的量比），取 $x = y = 0.20$。

（3）配方 C。Nd^{3+}固溶在钙钛锆石的 Ca^{2+}位，引入与 Nd^{3+}等摩尔分数的 Al^{3+}置换 Ti^{4+}以补偿电价，形成的固溶体为 $Ca_{(1-x)}Nd_xZrAl_xTi_{(1-x)}O_7$。实验配方的化学式为：$n[Ca_{(1-x)}Nd_x$-$ZrAl_xTi_{(2-x)}O_7]$∶$n[Ca_{(1-x)}Nd_xAl_xTi_{(1-x)}SiO_5] = 1$∶1（物质的量比），取 $x = 0.20$。

实验配方及样品见表 3-13。

表 3-13　实验配方及样品

配方	化学式	样品	合成温度/℃	保温时间/min	原料含量/%				
					$ZrSiO_4$	TiO_2	CaO	Nd_2O_3	Al_2O_3
A	$1.11Ca_{0.9}Nd_{0.2}Zr_{0.9}Ti_2O_7 + Ca_{0.8}Nd_{0.2}Al_{0.2}Ti_{0.8}SiO_5$	A1	1200	30	29.0036	40.1138	17.9476	11.2405	1.6945
		A2	1230	30					
		A3	1260	30					
B	$1.05Ca_{0.85}Nd_{0.2}Zr_{0.95}Al_{0.1}Ti_{1.9}O_7 + Ca_{0.8}Nd_{0.2}Al_{0.2}Ti_{0.8}SiO_5$	B1	1200	30	30.4909	39.0699	17.7646	9.7683	2.9063
		B2	1230	30					
		B3	1260	30					
C	$Ca_{0.8}Nd_{0.2}ZrAl_{0.2}Ti_{1.8}O_7 + Ca_{0.8}Nd_{0.2}Al_{0.2}Ti_{0.8}SiO_5$	C1	1200	30	31.5568	37.5476	17.3579	9.8506	3.6871
		C2	1230	30					
		C3	1260	30					

图 3-9、图 3-10、图 3-11 分别为 A、B、C 系列样品的 XRD 图。分析表明，A1 样品为 $CaZrTi_2O_7$、$CaTiSiO_5$ 和少量未反应的 $ZrSiO_4$，A2、A3 样品均为 $CaZrTi_2O_7$、$CaTiSiO_5$ 的组合矿物。与 A3 样品相比，A2 样品中 $CaZrTi_2O_7$、$CaTiSiO_5$ 组合矿物相对含量较高，表明在 1260℃煅烧的 A3 样品已有少量玻璃体产生。因此，A 配方制备掺钕组合矿物固溶体的较佳温度为 1230℃，Nd 完全固溶在 $CaZrTi_2O_7$、$CaTiSiO_5$ 的组合矿物中。由 B、C 配方制备的 B、C 系列样品与 A 系列样品有类似的规律，B、C 配方制备掺钕组合矿物固溶体的较佳温度均为 1230℃，Nd 完全固溶在 $CaZrTi_2O_7$、$CaTiSiO_5$ 的组合矿物中。

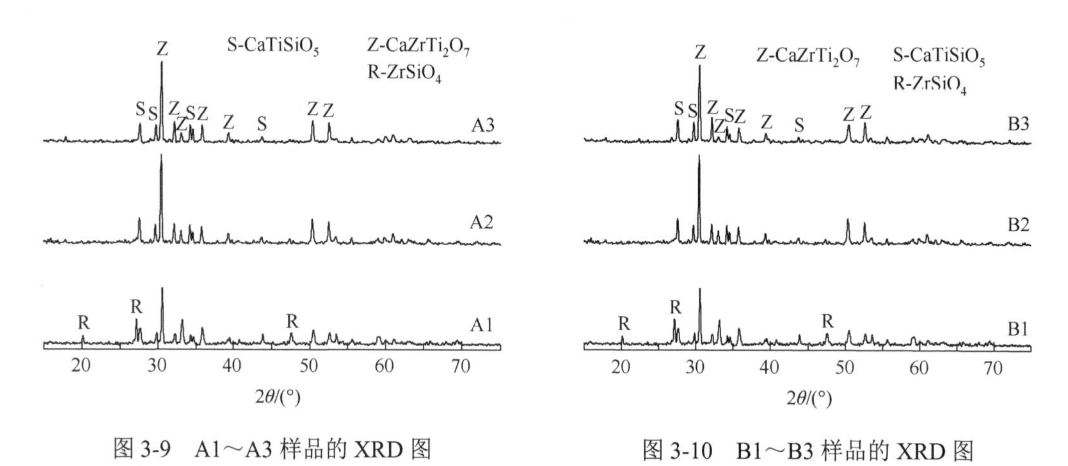

图 3-9　A1～A3 样品的 XRD 图

图 3-10　B1～B3 样品的 XRD 图

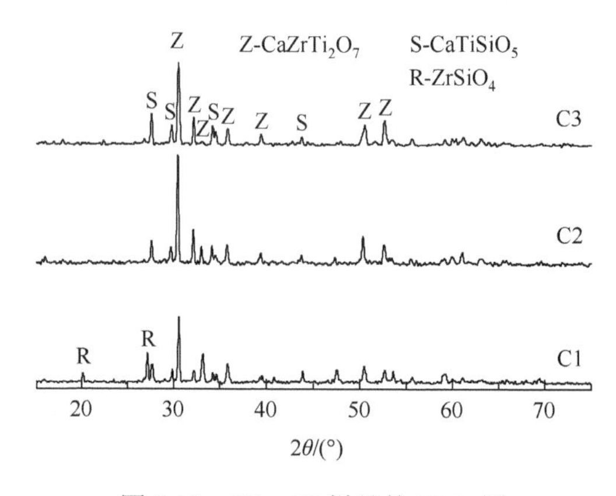

图 3-11　C1～C3 样品的 XRD 图

图 3-12、图 3-13、图 3-14 分别是 A2、B2、C2 样品的背散射电子像。由图可知，A2、B2、C2 样品均为明暗两种衬度的晶相，即掺钕钙钛锆石-榍石组合矿物的固溶体，平均晶粒粒径约为 1μm，没有玻璃相，这与 XRD 的分析结果一致。

表 3-14 为 A2、B2、C2 样品钙钛锆石和榍石的 EDS 分析结果。3 个样品的能谱分析表明，亮相（钙钛锆石固溶体）中含有少量的 Si^{4+}，暗相（榍石固溶体）中含有少量 Zr^{4+}，说明钙钛锆石固溶体固溶了一定量的 Si^{4+}，榍石固溶体固溶了一定量的 Zr^{4+}，这是配方设计时没有考虑到的。依据类质同象原理，Si^{4+}固溶在钙钛锆石固溶体的 Ti^{4+}位，Zr^{4+}固溶在榍石固溶体的 Ca^{2+}位。

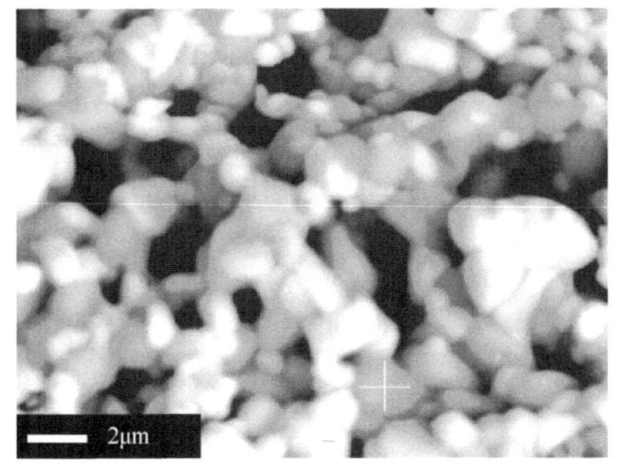

图 3-12 A2 样品的背散射电子像

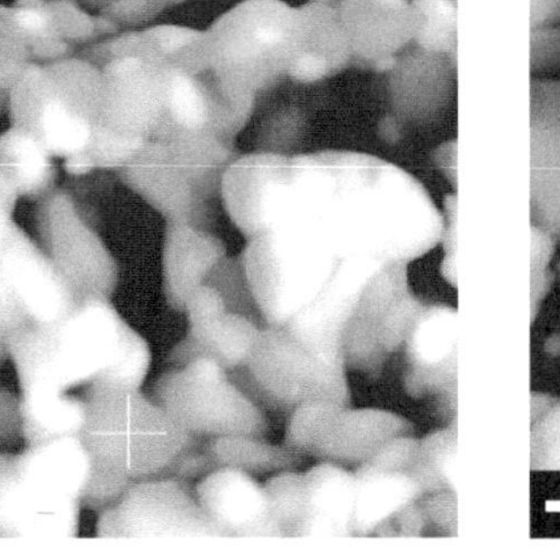

图 3-13 B2 样品的背散射电子像

图 3-14 C2 样品的背散射电子像

表 3-14 A2、B2、C2 样品钙钛锆石和榍石 EDS 分析结果（%）

样品	物相	指标	化学式	元素含量/%					
				Al	Si	Zr	Ca	Ti	Nd
A2	榍石	EDS	$Ca_{0.915}Nd_{0.114}Al_{0.129}Zr_{0.100}Ti_{0.865}Si_{0.896}O_5$	2.63	19.00	6.86	27.71	31.41	12.39
		配方	$Ca_{0.80}Nd_{0.20}Al_{0.20}Ti_{0.80}SiO_5$	4.12	21.37	0	24.44	29.31	20.76
	钙钛锆石	EDS	$Ca_{1.081}Nd_{0.143}Al_{0.116}Zr_{0.449}Ti_{1.676}Si_{0.640}O_7$	1.52	8.69	19.82	20.97	39.01	9.99
		配方	$Ca_{0.90}Nd_{0.20}Zr_{0.90}Ti_2O_7$	0	0	31.92	14.03	42.12	11.93
B2	榍石	EDS	$Ca_{0.845}Nd_{0.155}Al_{0.186}Zr_{0.076}Ti_{0.813}Si_{0.933}O_5$	3.77	19.63	5.21	25.37	29.29	16.73
		配方	$Ca_{0.80}Nd_{0.20}Al_{0.20}Ti_{0.80}SiO_5$	4.12	21.37	0	24.43	29.32	20.76
	钙钛锆石	EDS	$Ca_{0.712}Nd_{0.151}Al_{0.138}Zr_{0.878}Ti_{1.653}Si_{0.397}O_7$	1.66	4.91	35.32	12.60	35.08	10.43
		配方	$Ca_{0.85}Nd_{0.20}Zr_{0.95}Al_{0.10}Ti_{1.90}O_7$	10.11	0	32.53	12.80	34.32	10.24
C2	榍石	EDS	$Ca_{0.904}Nd_{0.079}Al_{0.103}Zr_{0.089}Ti_{0.972}Si_{0.851}O_5$	2.16	18.48	6.30	28.06	36.20	8.80
		配方	$Ca_{0.8}Nd_{0.2}Al_{0.2}Ti_{0.8}SiO_5$	4.12	21.38	0	24.43	29.31	20.76
	钙钛锆石	EDS	$Ca_{1.135}Nd_{0.121}Al_{0.107}Zr_{0.443}Ti_{1.539}Si_{0.780}O_7$	1.43	10.83	19.97	22.51	36.63	8.63
		配方	$Ca_{0.80}Nd_{0.20}Al_{0.20}ZrTi_2O_7$	1.23	7.62	18.36	24.93	40.21	7.65

A2 样品钙钛锆石固溶体中 Al、Nd 的摩尔分数分别为 0.129、0.114，Si 和 Ti 的摩尔分数均小于 1，而榍石固溶体中 Al 的含量仅为设计值的 64.5%，这表明配方 A 掺入的 Al，不仅在榍石固溶 Nd^{3+}时起到了电价补偿作用，同时对钙钛锆石固溶 Nd^{3+}也产生了电价补偿作用，这与 A 配方的设计思想是不一致的。榍石固溶体和钙钛锆石固溶体的化学组成与配方 A 设计目标矿物的化学式存在较大差异的主要原因有两个方面：①固相反应为非均相反应，造成同一固溶体不同晶粒的化学组成存在较大差异；②配方设计的固溶机制与实际的固溶机制不符。因此，A 配方设计的 Nd^{3+}在钙钛锆石中的固溶机制与实际的固溶机制是不同的。

C2 样品的情况与 A2 样品相似，即榍石固溶体和钙钛锆石固溶体的化学组成与设计目标矿物的化学式存在较大差异。配方 A 仅考虑了 Al^{3+}在钙钛锆石固溶 Nd^{3+}时的电价补偿作用，即 Nd^{3+}固溶在 Ca^{2+}位，实际的固溶情况是钙钛锆石的 Zr^{4+}位也固溶了一部分 Nd^{3+}。因此，C 配方设计的 Nd^{3+}在钙钛锆石中的固溶机制与实际的固溶机制不符。

B2 样品中钙钛锆石固溶体和榍石固溶体的化学组成与配方设计目标矿物接近，表明设计的目标矿物与合成矿物的化学组成一致，说明配方 B 设计最为合理。因此，在存在电荷补偿离子 Al^{3+}时，Nd^{3+}进入钙钛锆石中的 Ca^{2+}位和 Zr^{4+}位，形成固溶体的化学式为 $Ca_{(1-x/2-y/4)}Nd_{(x+y)/2}Zr_{(1-y/4)}Al_{x/2}Ti_{(2-x/2)}O_7$。

研究表明，合成掺钕钙钛锆石-榍石组合矿物固溶体的较佳配方是 B 配方，Nd^{3+}在组合矿物中的固溶度为 0.25 个结构单位，较佳煅烧温度是 1230℃，形成的组合矿物固溶体为 $1.067Ca_{0.8125}Nd_{0.25}Zr_{0.9375}Al_{0.125}Ti_{1.875}O_7 + Ca_{0.75}Nd_{0.25}Al_{0.25}Ti_{0.75}SiO_5$。

3.3.2　钙钛锆石-榍石陶瓷固溶模拟锕系核素铈

以 $ZrSiO_4$、$CaCO_3$、TiO_2、Al_2O_3、$Ce_2C_6O_{12}\cdot 10H_2O$ 为原料，引入 Al^{3+}作价态补偿，通过固相反应制备包容模拟四价锕系核素 Ce 的钙钛锆石-榍石组合矿物固溶体[14]。在设计配方时，Ce^{4+}固溶在钙钛锆中的摩尔分数是固溶在榍石中的 3 倍，榍石固溶 Ce^{4+}考虑电价补偿，即设计形成榍石固溶体为 $Ca_{(1-x)}Ce_xAl_{2x}Ti_{(1-2x)}SiO_5$。$Ce^{4+}$在钙钛锆石晶体中的固溶设计了以下两种固溶机制。

（1）等电价固溶。Ce^{4+}固溶在钙钛锆石 Zr^{4+}位，形成 $CaCe_xZr_{(1-x)}Ti_2O_7$ 固溶体。实验设计配方的化学式为 $n[CaZr_{(1-3x)}Ce_{3x}Ti_2O_7]:n[Ca_{(1-x)}Ce_xAl_{2x}Ti_{(1-2x)}SiO_5] = 1:(1-3x)$（物质的量比），即 A 系列配方。$x$ 取 0.16、0.18，配方号分别为 A1、A2。

（2）电价补偿固溶。钙钛锆石固溶 Ce^{4+}时，Ce^{4+}进入 Zr^{4+}位和 Ca^{2+}位，掺入$(x/2+y)$mol 的 Ce^{4+}时，$x/4$ mol 的 Ce^{4+}固溶在 Ca^{2+}位，$(x/4+y)$mol 的 Ce^{4+}占据 Zr^{4+}位，$x/2$mol 的 Al^{3+}置换 Ti^{4+}，形成固溶体为 $Ca_{(1-x/4)}Ce_{(x/2+y)}Zr_{(1-x/4-y)}Al_{x/2}Ti_{(2-x/2)}O_7$。实验设计配方的化学式为 $n[Ca_{(1-x/4)}Ce_{(x/2+y)}Zr_{(1-x/4-y)}Al_{x/2}Ti_{(2-x/2)}O_7]:n[Ca_{(1-z)}Ce_zAl_{2z}Ti_{(1-2z)}SiO_5] = 4:(4-5y)$（物质的量比），$x=y$，$x=2z$，即 B 系列配方。$z$ 取 0.14、0.16，配方号分别为 B1、B2。实验配方及样品见表 3-15。

表 3-15　实验配方及样品

配方	配方化学式	样品	煅烧温度/℃	保温时间/min	原料含量（摩尔分数）/%				
					CaO	CeO_2	TiO_2	Al_2O_3	$ZrSiO_4$
A1	$CaZr_{0.52}Ce_{0.48}Ti_2O_7$ + $0.52Ca_{0.84}Ce_{0.16}Ti_{0.68}Al_{0.32}SiO_5$	A1-1	1150	30	15.82	22.41	38.03	2.46	21.28
		A1-2	1200						
		A1-3	1230						
		A1-4	1260						
A2	$CaZr_{0.46}Ce_{0.54}Ti_2O_7$ + $0.46Ca_{0.82}Ce_{0.18}Ti_{0.64}Al_{0.36}SiO_5$	A2-1	1150	30	15.01	24.20	38.56	2.43	19.80
		A2-2	1200						
		A2-3	1230						
		A2-4	1260						
B1	$Ca_{0.93}Zr_{0.65}Ce_{0.42}Ti_2O_7$ + $0.65Ca_{0.86}Ce_{0.14}Ti_{0.72}Al_{0.28}SiO_5$	B1-1	1150	30	16.08	19.97	35.34	4.60	24.01
		B1-2	1200						
		B1-3	1230						
		B1-4	1260						
B2	$Ca_{0.92}Zr_{0.60}Ce_{0.48}Ti_2O_7$ + $0.60Ca_{0.84}Ce_{0.16}Ti_{0.68}Al_{0.32}SiO_5$	B2-1	1150	30	15.04	21.65	35.32	4.91	23.08
		B2-2	1200						
		B2-3	1230						
		B2-4	1260						

图 3-15、图 3-16 为 A 系列样品的 XRD 图。A1-1 样品的主要晶相为钙钛锆石，次要晶相为榍石和 $CaTiO_3$，还有少量 $ZrSiO_4$ 未分解以及少量未被固溶的 CeO_2 存在，1150℃的煅烧温度偏低，合成钙钛锆石和榍石的反应进行得不完全。由于 Ce^{4+}在钙钛锆石和榍石组合矿物中的固溶机制较复杂，影响了配方设计的准确性，加之固相反应的非均匀性，A1-1 样品有较多的 $CaTiO_3$ 生成。1200℃和 1230℃制备的 A1-2、A1-3 样品，其晶相组成及其相对含量差异不大，主要晶相为钙钛锆石，次要晶相为榍石和 $CaTiO_3$，说明较高的反应温度，有助于提高 Ce^{4+}在钛酸盐组合矿物中的固溶量。A1-3 样品的钙钛锆石、榍石和 $CaTiO_3$ 相对含量较高，Ce^{4+}完全固溶在钛酸盐组合矿物中。A1-4 样品只有钙钛锆石和 $CaTiO_3$ 晶相，且钙钛锆石的相对含量略低于 A1-3 样品，而 $CaTiO_3$ 的相对含量略有提高，这表明 1260℃的合成温度偏高，榍石已熔融分解，钙钛锆石也有少量分解、熔融，并有少量的玻璃相生成。因此，A1 配方的较佳合成温度为 1230℃。

A2 系列样品与 A1 系列样品有类似的规律。由于 A2 配方掺 Ce 的量较高，A2-1、A2-2、A2-3、A2-4 样品中均有不同含量的 CeO_2 存在，这说明 Ce 的掺入量过多，钛酸盐组合矿物不能完全固溶 Ce^{4+}。与 A2-1、A2-2 样品相比，A2-3、A2-4 样品 CeO_2 的相对含量较低，且二者 CeO_2 的相对含量差异不大。仔细分析 A2-3、A2-4 样品衍射峰的相对强度可知，A2-3 样品的钙钛锆石和 $CaTiO_3$ 的 $CaTiSiO_5$ 相对含量略高于 A2-4 样品，A2-4 样品已有相对较多的玻璃相生成，这表明 1260℃的合成温度偏高。因此，A2 配方的较佳合成温度为 1230℃，CeO_2 的最大固溶量为 21.39%。

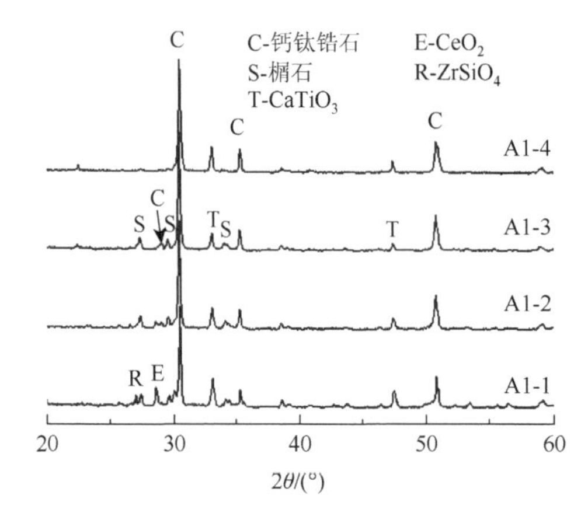

图 3-15　A1-1～A1-4 样品的 XRD 图

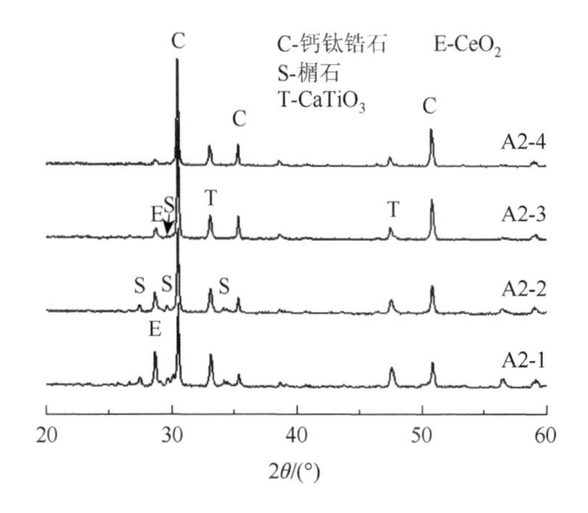

图 3-16　A2-1～A2-4 样品的 XRD 图

A 系列配方在合成钙钛锆石固溶体和榍石固溶体的同时，有较多 $CaTiO_3$ 或 $CaTiO_3$ 固溶体生成，这与配方设计有一定的差异。$CaTiO_3$ 属于钙钛矿结构晶体，具有良好的化学稳定性，是固化处理 HLW 的候选矿物之一，因此，$CaTiO_3$ 的生成对合成固化介质材料的稳定性影响不大。同时，固化介质材料中的钛酸盐矿物越多，越有利于不同价态、不同离子半径、不同化学性质的放射性核素固溶在不同的稳定矿相中。

图 3-17、图 3-18 为 B 系列样品的 XRD 图。B1、B2 系列样品分别与 A1、A2 系列样品类似。B 系列配方在合成钙钛锆石固溶体和榍石固溶体的同时，也有较多 $CaTiO_3$ 或 $CaTiO_3$ 固溶体生成，这与配方设计有一定的差异。综上所述，B 系列配方的较佳合成温度为 1230℃，获得了以钙钛锆石固溶体为主要晶相，榍石固溶体和 $CaTiO_3$ 固溶体为次要晶相的钛酸盐组合矿物固化材料，实现了钛酸盐组合矿物对 Ce^{4+} 的固溶，对 CeO_2 的最大固溶量为 20.06%。

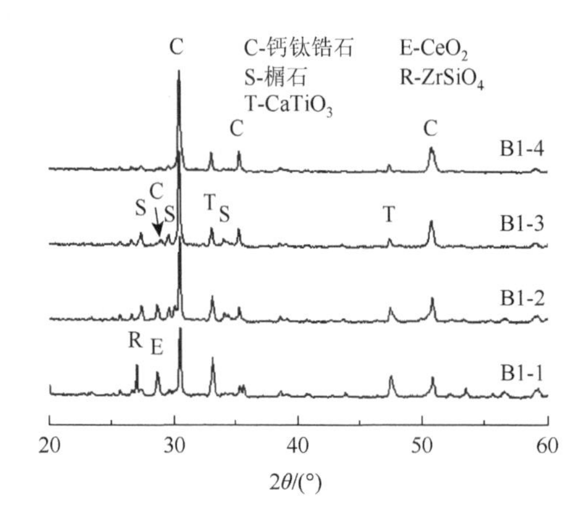

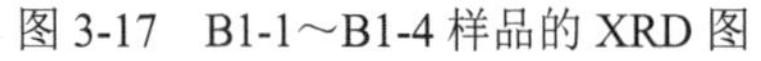
图 3-17　B1-1～B1-4 样品的 XRD 图

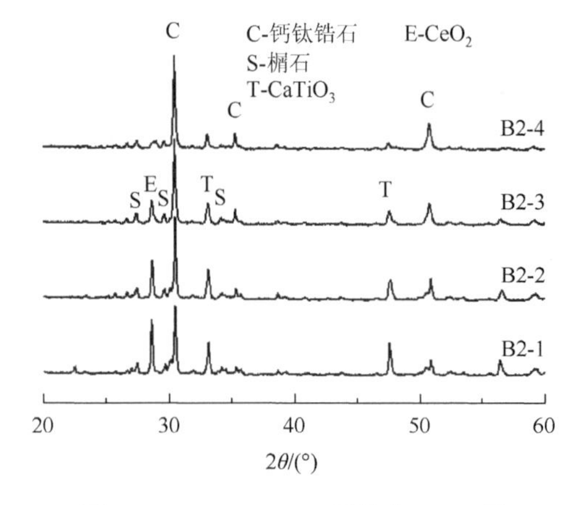

图 3-18　B2-1～B2-4 样品的 XRD 图

综上所述，采用等电价固溶和电价补偿固溶设计的配方，均能很好地固溶 Ce^{4+}，其 CeO_2 的最大固溶量差异不大，这说明钙钛锆石等钛酸盐组合矿物固溶 Ce^{4+} 的固溶机制比较复杂，也与设计的固溶机制存在一定差异。

A1-3、B1-3样品的背散射电子像分别如图3-19、图3-20所示，EDS分析结果见表3-16。A1-3、B1-3样品均主要由明暗两种衬度的晶相组成，晶粒都很小。EDS分析表明，亮相Zr含量较高，为钙钛锆石固溶体，暗相Si含量较高，为$CaTiO_3$或榍石的固溶体。A1-3、B1-3样品单个晶粒的化学式与配方的化学式存在较大差异，这是由固相反应的非均匀性及组合矿物固溶体固溶机制的复杂性造成的。所有分析晶粒中均含有一定量的Al，钙钛锆石、榍石和$CaTiO_3$固溶Ce^{4+}时存在Al^{3+}的电价补偿。亮相的Zr、Ce含量较高，为钙钛锆石固溶体；暗相的Si含量较高，Zr、Ce含量较低，为$CaTiO_3$固溶体或榍石固溶体，这与XRD的分析结果一致。亮相中含有少量Si，暗相中含有Zr，说明钙钛锆石固溶体固溶了一定量的Si^{4+}，榍石固溶体和$CaTiO_3$固溶体固溶了一定量的Zr^{4+}，这是配方设计时没有考虑到的，反映了钙钛锆石基组合矿物固溶Ce^{4+}的复杂性。Si^{4+}固溶在钙钛锆石固溶体的Ti^{4+}位，Zr^{4+}固溶在榍石固溶体和$CaTiO_3$固溶体的Ca^{2+}位，Ca^{2+}、Zr^{4+}、Ce^{4+}相互固溶，Si^{4+}、Ti^{4+}、Al^{3+}相互固溶，这符合类质同象原理。

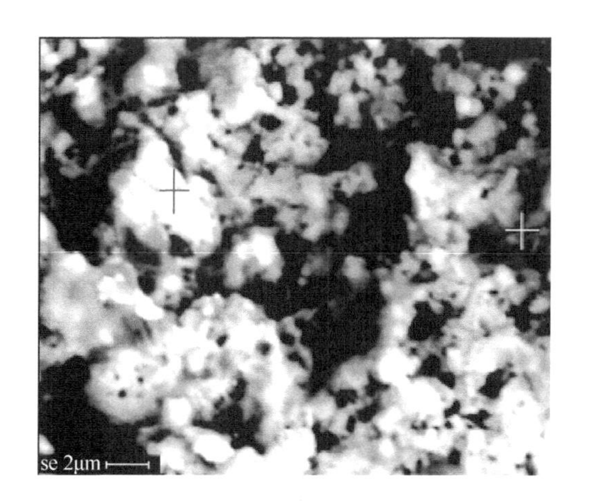

图3-19 A1-3样品的背散射电子像

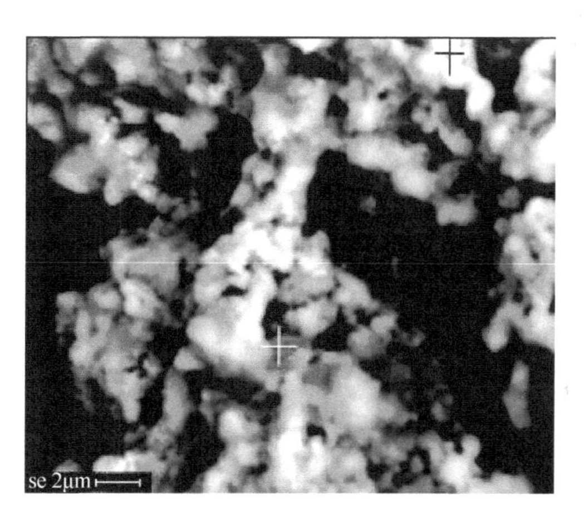

图3-20 B1-3样品的背散射电子像

表3-16 A1-3、B1-3样品的EDS分析结果（%）

样品	物相	指标	化学式	Al	Si	Zr	Ca	Ti	Ce
A1-3	暗相	EDS	$Ca_{0.559}Zr_{0.716}Ce_{0.179}Ti_{0.660}Al_{0.370}Si_{0.388}O_5$ $Ca_{0.335}Zr_{0.430}Ce_{0.107}Ti_{0.396}Al_{0.222}Si_{0.233}O_3$	6.04	6.60	39.54	13.54	19.11	15.17
		配方	$Ca_{0.84}Ce_{0.16}Ti_{0.68}Al_{0.12}SiO_5$	2.70	23.41	0	28.07	27.13	18.69
	亮相	EDS	$Ca_{0.695}Zr_{1.359}Ce_{0.495}Ti_{1.047}Al_{0.116}Si_{0.162}O_7$	1.13	1.63	44.45	9.98	17.96	24.85
		配方	$CaZr_{0.52}Ce_{0.48}Ti_2O_7$	0	0	18.93	16.00	38.22	26.85
B1-3	暗相	EDS	$Ca_{0.530}Zr_{0.753}Ce_{0.246}Ti_{0.784}Al_{0.268}Si_{0.251}O_5$ $Ca_{0.318}Ce_{0.148}Ti_{0.470}Al_{0.161}Si_{0.150}O_3$	4.10	4.00	38.98	12.05	21.31	19.56
		配方	$Ca_{0.86}Ce_{0.14}Ti_{0.72}Al_{0.28}SiO_5$	6.08	22.62	0	27.75	27.75	15.80
	亮相	EDS	$Ca_{0.783}Zr_{1.473}Ce_{0.383}Ti_{1.114}Al_{0.091}Si_{0.065}O_7$	8.20	0.61	44.93	10.49	17.83	17.94
		配方	$Ca_{0.93}Zr_{0.65}Ce_{0.42}Ti_{1.86}O_7$	0	0	24.26	15.25	36.42	24.07

3.3.3　钙钛锆石-榍石陶瓷固溶模拟锕系核素铀

以 $ZrSiO_4$、$CaCO_3$、TiO_2、Al_2O_3、$UO_2(NO_3)_2·6H_2O$ 为原料，Ti 粉作为还原剂，通过固相反应，制备掺 U 钙钛锆石（$CaZrTi_2O_7$）和榍石（$CaTiSiO_5$）的组合矿物固溶体[13]。较早的研究表明，U^{4+}可以被固溶在钙钛锆石的 Ca 位和 Zr 位。U 固溶在 Zr 位，形成固溶 U 的钙钛锆石的固溶体 $CaU_xZr_{1-x}Ti_2O_7$，U^{4+}的固溶度 $x>0.5$ 时，将形成烧绿石结构，U 完全取代 Zr 将形成组成为 $CaUTi_2O_7$ 的烧绿石。存在电荷补偿离子时，U^{4+}可以进入钙钛锆石的 Ca 位，形成固溶体（$Ca_{1-x}U_x$）（$Zr_{1-y}U_y$）（$Ti_{2-2x}Al_{2x}$）O_7，但 U^{4+}在 Ca 位的固溶度较低，约为 0.2 个结构单位。烧绿石具有良好的稳定性，也是人造岩石固化锕系核素理想的矿物之一。在配方设计时，榍石固溶铀考虑电价补偿，形成 $Ca_{1-x}U_xAl_{2x}Ti_{1-2x}SiO_5$ 固溶体。钙钛锆石固溶铀考虑等电价固溶和电荷补偿固溶两个方案，在钙钛锆石和榍石组合矿物中，等电价固溶和电荷补偿固溶两方案分别设计钙钛锆石固溶铀的摩尔含量为榍石的 5 倍和 7 倍。U 的最大掺入量以不形成烧绿石结构为限。

（1）等电价固溶。U^{4+}固溶在钙钛锆石的 Zr^{4+}位，形成 $CaU_xZr_{1-x}Ti_2O_7$ 固溶体。设计配方的化学式为 $n[CaZr_{1-mx}U_{mx}Ti_2O_7]：n[Ca_{1-x}U_xAl_{2x}Ti_{1-2x}SiO_5] = 1：(1-mx)$（物质的量比），即 A 系列配方。其中 $m = 7$，$x = 0.06$、0.07、0.08。

（2）电荷补偿固溶。U^{4+}固溶在钙钛锆石的 Zr^{4+}位和 Ca^{2+}位，当 U 的掺入量为 $(x/2 + y)$mol，$x/4$mol 的 U^{4+}固溶在 Ca^{2+}位，$(x/4 + y)$mol 的 U^{4+}占据 Zr^{4+}位，$x/2$mol 的 Al^{3+}置换 Ti^{4+}，形成固溶体 $Ca_{1-x/4}U_{x/2+y}Zr_{1-x/4-y}Al_{x/2}Ti_{2-x/2}O_7$。设计配方的化学式为 $n[Ca_{1-x/4}U_{x/2+y}Zr_{1-x/4-y}Al_{x/2}Ti_{2-x/2}O_7]：n[Ca_{1-z}U_zAl_{2z}Ti_{1-2z}SiO_5] = 4：(4-5y)$，即 B 系列配方。其中 $x = y$，$x = 2mz/3$，$m = 5$；$z = 0.05$、0.06、0.07。

实验配方及样品见表 3-17。

表 3-17　实验配方及样品

配方	配方化学式	化学组成/%					样品	煅烧温度/℃	保温时间/min
		CaO	UO_2	TiO_2	Al_2O_3	$ZrSiO_4$			
A_71	$CaZr_{0.58}U_{0.42}Ti_2O_7 + 0.58Ca_{0.94}U_{0.06}Ti_{0.88}Al_{0.12}SiO_5$	16.74	23.78	35.25	0.69	23.54	A_71-1	1150	30
							A_71-2	1200	
							A_71-3	1230	
							A_71-4	1260	
A_72	$CaZr_{0.51}U_{0.49}Ti_2O_7 + 0.51Ca_{0.93}U_{0.07}Ti_{0.86}Al_{0.14}SiO_5$	16.68	28.64	35.09	0.73	18.86	A_72-1	1150	30
							A_72-2	1200	
							A_72-3	1230	
							A_72-4	1260	
A_73	$CaZr_{0.44}U_{0.56}Ti_2O_7 + 0.44Ca_{0.92}U_{0.08}Ti_{0.84}Al_{0.16}SiO_5$	16.11	32.85	33.83	0.73	16.48	A_73-1	1150	30
							A_73-2	1200	
							A_73-3	1230	
							A_73-4	1260	

续表

配方	配方化学式	化学组成/%					样品	煅烧温度/℃	保温时间/min
		CaO	UO_2	TiO_2	Al_2O_3	$ZrSiO_4$			
B_51	$Ca_{0.958}Zr_{0.792}U_{0.25}Ti_{1.916}Al_{0.084}O_7$ + $0.792Ca_{0.95}U_{0.05}Ti_{0.90}Al_{0.10}SiO_5$	18.41	14.83	37.66	1.57	27.53	B_51-1	1150	30
							B_51-2	1200	
							B_51-3	1230	
							B_51-4	1260	
B_52	$Ca_{0.95}Zr_{0.75}U_{0.30}Ti_{1.90}Al_{0.10}O_7$ + $0.75Ca_{0.94}U_{0.06}Ti_{0.88}Al_{0.12}SiO_5$	17.88	17.75	36.34	1.84	26.19	B_52-1	1150	30
							B_52-2	1200	
							B_52-3	1230	
							B_52-4	1260	
B_53	$Ca_{0.942}Zr_{0.708}U_{0.35}Ti_{1.884}Al_{0.116}O_7$ + $0.708Ca_{0.93}U_{0.07}Ti_{0.86}Al_{0.14}SiO_5$	17.36	20.64	35.05	2.11	24.84	B_53-1	1150	30
							B_53-2	1200	
							A_53-3	1230	
							B_53-4	1260	

图 3-21、图 3-22、图 3-23 分别为 A_71、A_72、A_73 系列样品的 XRD 图，分析可知，1150℃煅烧 30min 的 A_71-1 样品，其主晶相为 $CaZrTi_2O_7$，次要晶相为 $CaTiSiO_5$，有少量 $ZrSiO_4$、$CaTiO_3$ 和 UO_2 晶相存在，表明在 1150℃合成 $CaZrTi_2O_7$ 和 $CaTiSiO_5$ 固溶体的温度偏低，反应不完全。与 A_71-1 样品相比，A_71-2 样品中 $CaTiO_3$ 和 UO_2 晶相的相对含量较低，$ZrSiO_4$ 已完全分解，说明较高的煅烧温度有利于 $CaZrTi_2O_7$ 和 $CaTiSiO_5$ 固溶体的合成，有助于增加 U 在 $CaZrTi_2O_7$ 和 $CaTiSiO_5$ 组合矿物中的固溶量。A_71-3、A_71-4 样品均为 $CaZrTi_2O_7$ 和 $CaTiSiO_5$ 的固溶体，A_71-3 样品中组合矿物固溶体的相对含量较高，这是由于煅烧温度过高，$CaZrTi_2O_7$ 和 $CaTiSiO_5$ 固溶体会有部分熔融，形成一定量的玻璃相。因此，A_71 配方的较佳合成温度为 1230℃。

随着煅烧温度的提高，A_72 系列样品的物相组成与 A_71 系列样品有类似的规律。A_72-1、A_72-2 样品的主要晶相为 $CaZrTi_2O_7$，次要晶相为 $CaTiSiO_5$，还有少量 $ZrSiO_4$、$CaTiO_3$ 和 UO_2 晶相存在，这表明 1150℃和 1200℃的反应温度偏低。与 A_72-1 样品相比，

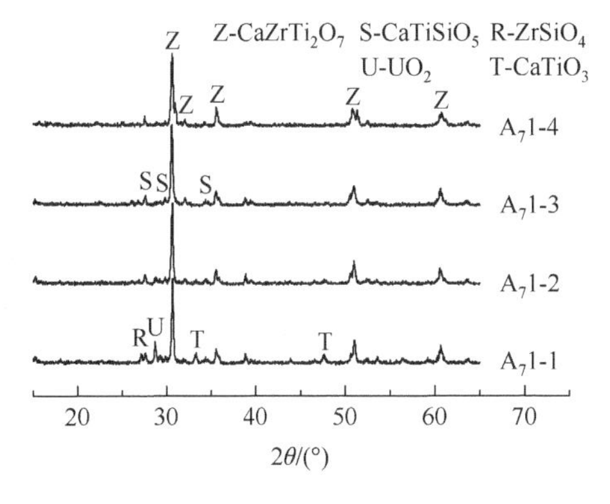

图 3-21　A_71-1～A_71-4 样品的 XRD 图

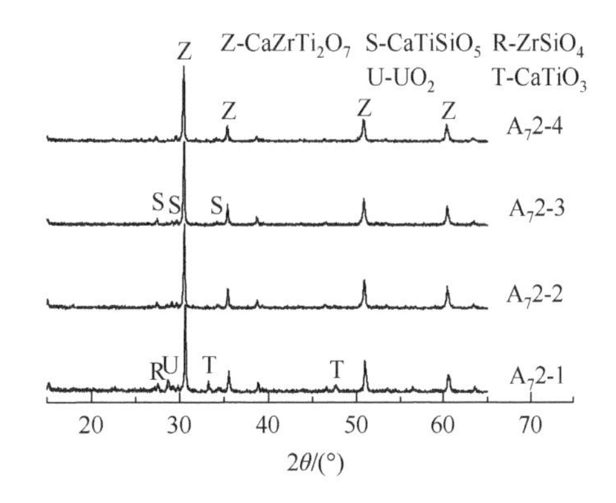

图 3-22　A_72-1～A_72-4 样品的 XRD 图

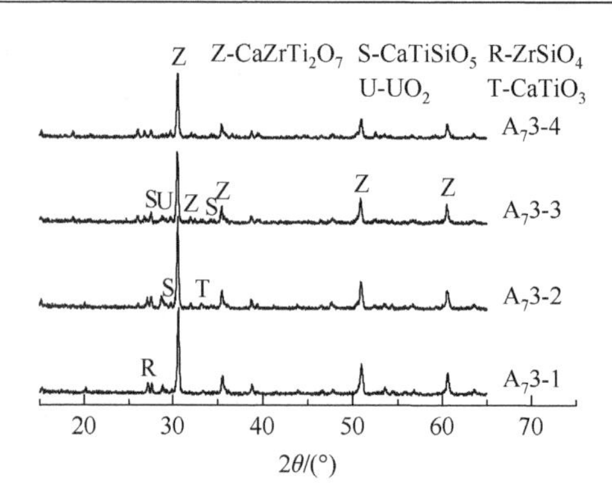

图 3-23　A_73-1～A_73-4 样品的 XRD 图

反应温度较高的 A_72-2 样品，其 UO_2 等杂质晶相的相对含量较低，说明较高的反应温度有利于合成 $CaZrTi_2O_7$ 和 $CaTiSiO_5$ 组合矿物固溶体及其对 U 的固溶。A_72-3、A_72-4 样品的晶相均为 $CaZrTi_2O_7$ 和 $CaTiSiO_5$ 的固溶体，A_72-3 样品的组合矿物固溶体的相对含量较 A_72-4 样品高，A_72-4 样品的合成温度较高，部分晶相开始熔融分解，生成少量的玻璃相。因此，A_72 配方的较佳合成温度为 1230℃。

A_73 系列样品的物相组成与 A_71、A_72 系列样品有类似的规律。A_73-1、A_73-2 样品的煅烧温度较低，有少量未反应的 $ZrSiO_4$、$CaTiO_3$ 和 UO_2 晶相存在。A_73-4 样品的煅烧温度较高，有少量的玻璃相生成，合成 $CaZrTi_2O_7$ 和 $CaTiSiO_5$ 固溶体的量较 A_73-3 样品低。因此，A_73 配方的较佳合成温度为 1230℃。由于 A_73 配方掺 U 量较高，A_73-1、A_73-2、A_73-3、A_73-4 样品中均有不同含量的 UO_2 存在，这说明 U 的掺入量过多，$CaZrTi_2O_7$ 和 $CaTiSiO_5$ 组合矿物固溶体不能完全固溶 U。

综上所述，A_7 系列配方合成掺铀 $CaZrTi_2O_7$ 和 $CaTiSiO_5$ 组合矿物固溶体的较佳温度为 1230℃，UO_2 在组合矿物中的最大固溶量为 28.64%。

图 3-24、图 3-25、图 3-26 分别为 B_51、B_52 和 B_53 系列样品的 XRD 图，分析结果表明，掺 UO_2 量较少的 B_51 和 B_52 配方，其煅烧温度在 1230℃和 1260℃的样品，U 完全固溶在 $CaZrTi_2O_7$ 和 $CaTiSiO_5$ 组合矿物固溶体。掺 UO_2 量较多的 B_53 配方，煅烧温度为 1230℃的 B_53-3 样品，其 XRD 图中存在 UO_2 的最强特征峰。B_51、B_52 和 B_53 配方，

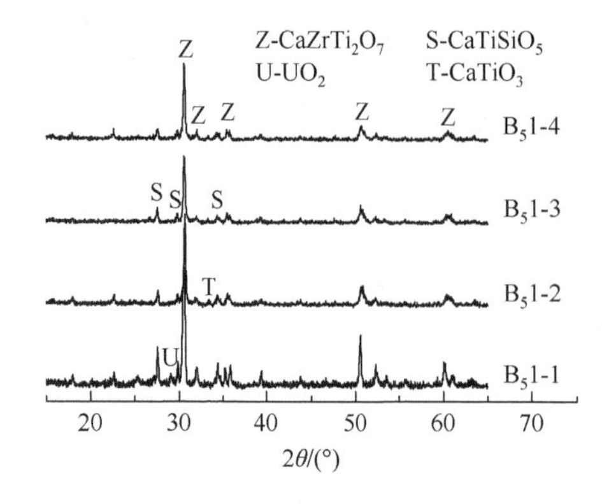

图 3-24　B_51-1～B_51-4 样品的 XRD 图

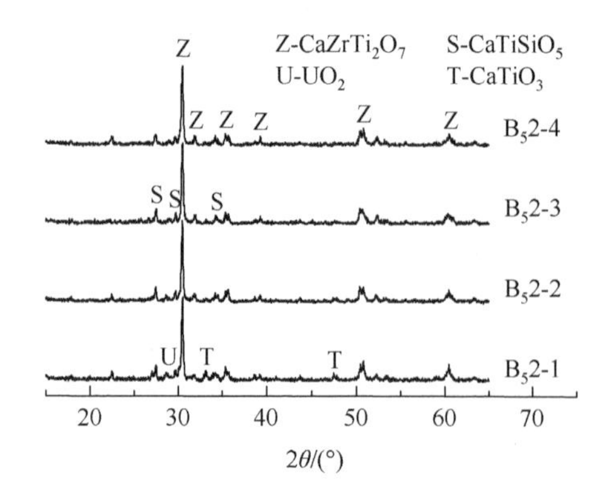

图 3-25　B_52-1～B_52-4 样品的 XRD 图

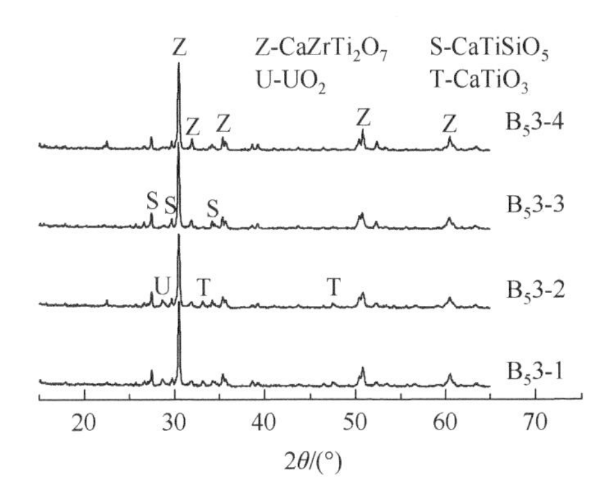

图 3-26 $B_5$3-1～$B_5$3-4 样品的 XRD 图

在 1150℃、1200℃的样品，均有少量未反应的 $CaTiO_3$、UO_2 等晶相存在，表明在此温度下合成掺铀 $CaZrTi_2O_7$ 和 $CaTiSiO_5$ 组合矿物固溶体的温度偏低。与 1230℃煅烧的样品相比，1260℃煅烧获得的样品存在少量的玻璃相，$CaZrTi_2O_7$ 和 $CaTiSiO_5$ 组合矿物固溶体的相对含量较低。因此，B_5 系列配方合成掺铀 $CaZrTi_2O_7$ 和 $CaTiSiO_5$ 组合矿物固溶体的较佳温度为 1230℃，UO_2 在组合矿物中的最大固溶量为 17.75%。

图 3-27 与图 3-28 分别为样品 $A_7$2-3 和样品 $B_5$2-3 的背散射电子像。分析 $A_7$2-3、$B_5$2-3 样品的背散射电子像可知，$A_7$2-3 样品和 $B_5$2-3 样品的晶粒大小及形貌明显不同，前者晶粒主要为圆粒状，晶粒较小，后者晶粒呈针状、粒状等，晶粒尺寸较大，说明不同的配方设计对 $CaZrTi_2O_7$ 和 $CaTiSiO_5$ 组合矿物固溶体的晶体生长会产生较大的影响。掺铀 $CaZrTi_2O_7$ 和 $CaTiSiO_5$ 组合矿物固溶体的晶粒形貌不同于掺钕组合矿物固溶体，表明掺钕和掺铀也会对组合矿物固溶体的晶体生长产生不同的影响。$A_7$2-3、$B_5$2-3 样品均存在明暗两种衬度的晶相，亮相 Zr 含量高，为 $CaZrTi_2O_7$ 固溶体，暗相 Si 含量高，为 $CaTiSiO_5$ 固溶体，这与 XRD 分析结果一致。

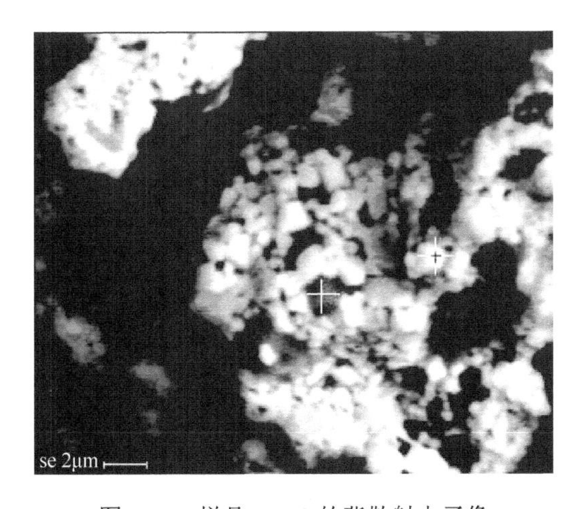

图 3-27 样品 $A_7$2-3 的背散射电子像

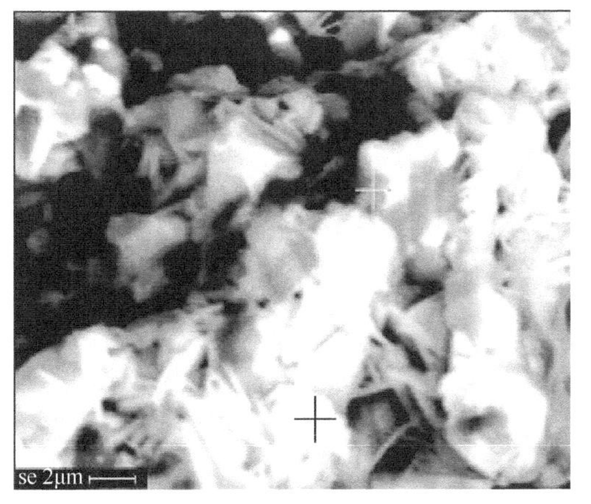

图 3-28 样品 $B_5$2-3 的背散射电子像

表 3-18 为 $A_7$2-3、$B_5$2-3 样品的 EDS 分析结果。$A_7$2-3、$B_5$2-3 样品的单个晶粒的

EDS 分析结果表明，单个晶粒的化学式与配方的化学式存在较大差异，主要是由固相反应的非均匀性及组合矿物固溶体固溶机制的复杂性造成的。所有分析的晶粒中均含有一定量的 Al，说明有 Al 存在时，$CaZrTi_2O_7$ 和 $CaTiSiO_5$ 固溶 U^{4+} 时均存在不同程度的 Al^{3+} 的电价补偿。亮相的 Zr、U 含量较高，为 $CaZrTi_2O_7$ 固溶体，暗相的 Si 含量较高，Zr、U 含量较低，为 $CaTiSiO_5$ 固溶体，表明 $CaZrTi_2O_7$ 固溶 U 的能力强于 $CaTiSiO_5$。$CaZrTi_2O_7$ 固溶体固溶了少量的 Si，$CaTiSiO_5$ 固溶体固溶了少量的 Zr，这反映了钙钛锆石和榍石组合矿物固溶 U^{4+} 的复杂性。Si^{4+} 固溶在 $CaZrTi_2O_7$ 的 Ti^{4+} 位，Zr^{4+} 固溶在 $CaTiSiO_5$ 的 Ca^{2+} 位，Ca^{2+}、Zr^{4+}、U^{4+} 相互固溶，Si^{4+}、Ti^{4+}、Al^{3+} 相互固溶，这符合类质同象原理。

表 3-18　$A_7$2-3、$B_5$2-3 样品的 EDS 分析结果（%）

样品	物相	指标	化学式	Al	Si	Zr	Ca	Ti	U
$A_7$2-3	榍石	EDS	$Ca_{0.134}Zr_{0.625}U_{0.078}Ti_{0.463}Al_{0.706}Si_{0.742}O_5$	13.32	14.57	39.87	3.76	15.50	12.98
		配方	$Ca_{0.93}U_{0.07}Ti_{0.86}Al_{0.14}SiO_5$	2.98	22.12	0	29.36	32.42	13.12
	钙钛锆石	EDS	$Ca_{0.659}Zr_{1.572}U_{0.401}Ti_{1.042}Al_{0.077}Si_{0.099}O_7$	0.66	0.87	44.82	8.25	15.56	29.84
		配方	$CaZr_{0.51}U_{0.49}Ti_2O_7$	0	0	15.56	13.41	32.02	39.01
$B_5$2-3	榍石	EDS	$Ca_{0.671}Zr_{0.877}U_{0.059}Ti_{0.735}Al_{0.052}Si_{0.455}O_5$	0.82	7.50	46.98	15.79	20.66	8.25
		配方	$Ca_{0.94}U_{0.06}Ti_{0.88}Al_{0.12}SiO_5$	2.58	22.40	0	30.04	33.59	11.39
	钙钛锆石	EDS	$Ca_{0.701}Zr_{1.583}U_{0.186}Ti_{1.135}Al_{0.102}Si_{0.169}O_7$	0.99	1.70	51.83	10.09	19.50	15.89
		配方	$Ca_{0.95}Zr_{0.75}U_{0.3}Ti_{1.9}Al_{0.1}O_7$	0.99	0	25.20	14.02	33.49	26.30

3.3.4　钙钛锆石-榍石陶瓷固化体的浸出性能

组合矿物人造岩石固化体因多种矿相组合所导致的结构复杂性以及各相浸出行为的差异，其浸出过程是一个极为复杂的过程，对其浸出机理的研究远不及玻璃固化体充分和深入。针对组合矿物固化体的浸出特点，以及相关实验中对其浸出后表面的分析，学者们已有初步认识。

徐刘杨等[15]以硅酸锆（$ZrSiO_4$）、碳酸钙（$CaCO_3$）、二氧化钛（TiO_2）、氧化铝（Al_2O_3）和氧化钕（Nd_2O_3）为原料，采用固相反应工艺制备掺钕钙钛锆石和榍石组合矿物固化体，研究了组合矿物固化体的浸出性能。实验样品见表 3-19。

表 3-19　实验样品

配方	化学式	样品	烧结温度/℃
CZ	$1.081Ca_{0.925}Nd_{0.15}Zr_{0.925}Ti_2O_7+Ca_{0.85}Nd_{0.15}Al_{0.15}Ti_{0.85}SiO_5$	CZ15-1200	1200
		CZ15-1230	1230
		CZ15-1260	1260
		CZ15-1290	1290

续表

配方	化学式	样品	烧结温度/℃
CZA	$1.039Ca_{0.8875}Nd_{0.15}Zr_{0.9625}Al_{0.075}Ti_{1.925}O_7 + Ca_{0.85}Nd_{0.15}Al_{0.15}Ti_{0.85}SiO_5$	CZA15-1200	1200
		CZA15-1230	1230
		CZA15-1260	1260
		CZA15-1290	1290
CA	$Ca_{0.85}Nd_{0.15}ZrAl_{0.15}Ti_{1.85}O_7 + Ca_{0.85}Nd_{0.15}Al_{0.15}Ti_{0.85}SiO_5$	CA15-1200	1200
		CA15-1230	1230
		CA15-1260	1260
		CA15-1290	1290

采用阿基米德原理测定 CZ、CZA、CA 系列样品的体积密度，实验结果如图 3-29 所示。随着烧结温度的升高，体积密度逐渐增大，在 1260℃样品的体积密度达到最大值，到 1290℃略有降低。这是由于过高的烧结温度，玻璃相会增加，玻璃相黏度下降，小气孔汇集成较大气孔，样品出现一定程度的膨胀，造成样品体积密度的降低。因此，CZ、CZA、CA 3 个配方的较佳烧结温度为 1260℃。在较佳烧结温度下获得的 CZ15-1260、CZA15-1260 和 CA15-1260 样品的 XRD 图如图 3-30 所示。CZ15-1260、CZA15-1260 和 CA15-1260 样品的晶相均为 $CaZrTi_2O_7$ 和 $CaTiSiO_5$ 的组合矿物，Nd 固溶在组合矿物中，获得了掺钕 $CaZrTi_2O_7$ 和 $CaTiSiO_5$ 组合矿物的固化体，实现了预期目标。

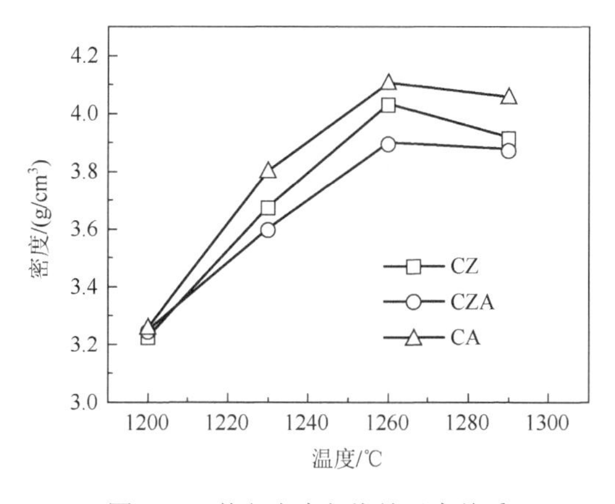

图 3-29　体积密度与烧结温度关系

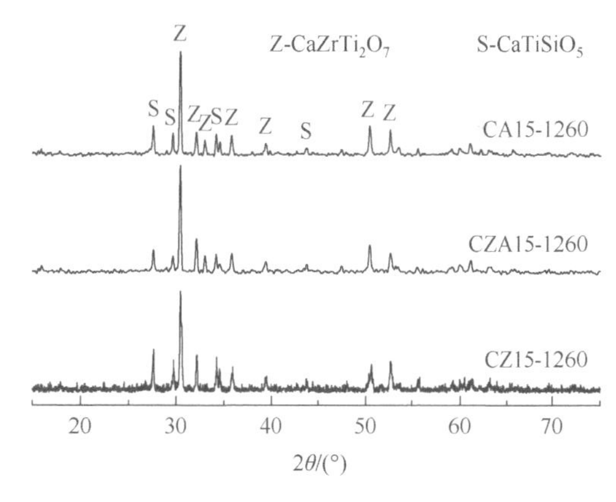

图 3-30　样品的 XRD 图

采用 MCC-1 法研究 CZ15-1260、CZA15-1260 和 CA15-1260 固化体样品的浸出性能，浸出剂为去离子水，浸出温度为 90℃。浸出实验结果见表 3-20、表 3-21。与 CZ15-1260 样品相比，样品 CZA15-1260、CA15-1260 Nd 的浸出率和归一化浸出率略低，CZ15-1260、CZA15-1260、CA15-1260 固化体样品中 Nd 的浸出率、归一化浸出率差异很小，说明 CZ15-1260、CZA15-1260、CA15-1260 样品 Nd 的浸出性能无明显差异。随着浸出时间的增加，固化体样品 Nd 的浸出率和归一化浸出率逐渐降低，28d 以后，趋于稳定并保持在一较低水平，符合固化体元素浸出率的一般规律。42d 样品 CZ15-1260、CZA15-1260、

CA15-1260 Nd 的浸出率分别为 1.60×10^{-10}m/d、1.15×10^{-10}m/d、1.30×10^{-10}m/d，平均浸出率为 1.35×10^{-10}m/d；3 组样品 Nd 的归一化浸出率分别为 1.82×10^{-4}g/(m^2·d)、1.38×10^{-4}g/(m^2·d)、1.48×10^{-4}g/(m^2·d)，平均归一化浸出率为 1.56×10^{-4}g/(m^2·d)。综上所述，掺钕钙钛锆石和榍石组合矿物固化体具有良好的化学稳定性，能够满足 HLW 固化体化学稳定性的要求。

表 3-20 固化体中 Nd 的浸出率 （单位：10^{-9}m/d）

浸出天数/d	CZ15-1260		CZA15-1260		CA15-1260	
1	7.20	6.90	6.27	5.86	5.70	6.30
3	2.20	2.50	2.30	2.18	2.60	2.90
7	0.54	0.62	0.45	0.51	0.40	0.38
10	0.40	0.37	0.39	0.41	0.36	0.33
14	0.31	0.30	0.24	0.20	0.27	0.26
21	0.18	0.19	0.23	0.19	0.16	0.15
28	0.19	0.18	0.13	0.12	0.15	0.15
35	0.17	0.17	0.12	0.12	0.14	0.14
42	0.16	0.16	0.12	0.11	0.13	0.13

表 3-21 固化体中 Nd 的归一化浸出率 （单位：10^{-4}g/(m^2·d)）

浸出天数/d	CZ15-1260		CZA15-1260		CA15-1260	
1	79.5	78.8	58.9	60.2	63.7	64.5
3	30.12	32.40	24.4	29.0	38.6	36.2
7	11.12	12.51	10.9	11.0	12.57	12.63
10	5.35	5.86	4.88	4.95	5.21	5.25
14	3.02	3.12	2.87	2.79	2.92	2.98
21	2.22	2.28	1.82	1.74	1.85	1.97
28	1.98	1.94	1.64	1.57	1.64	1.45
35	1.88	1.90	1.62	1.52	1.60	1.42
42	1.80	1.84	1.40	1.36	1.56	1.39

滕元成等[13, 18]以天然锆石矿物原料（含 95.2%$ZrSiO_4$）、模拟放射性焚烧灰（29.8%CaO、24.2%SiO_2、3.0%TiO_2，其他金属氧化物、硫化物等为 43%）等为原料，采用常压烧结工艺，在 1170℃制备 $CaZrTi_2O_7$、$CaTiSiO_5$ 和 $CaTiO_3$ 的组合矿物固化体 GIII-2。实验配方 GIII 为：60%焚烧灰、5.061%锆英石、0.132%$CaCO_3$、27.927%TiO_2、6.88%UO_2。采用 MCC-1 法，研究 GIII-2 的 3 个固化体样品在 25℃的浸出性能。实验结果如图 3-31～图 3-33 所示。

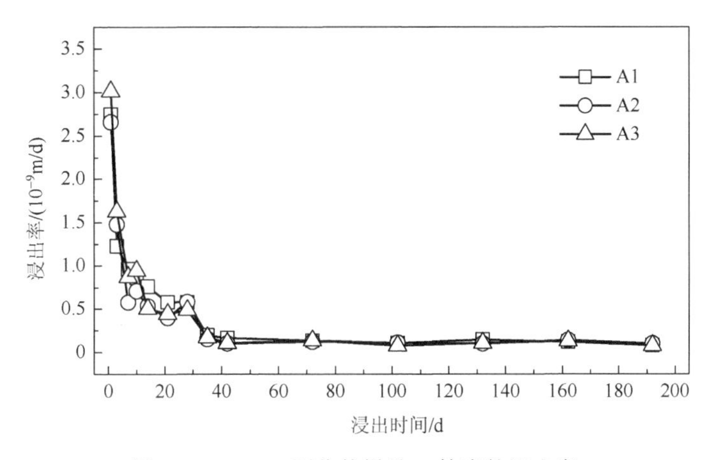

图 3-31　GIII-2 固化体样品 U 核素的浸出率

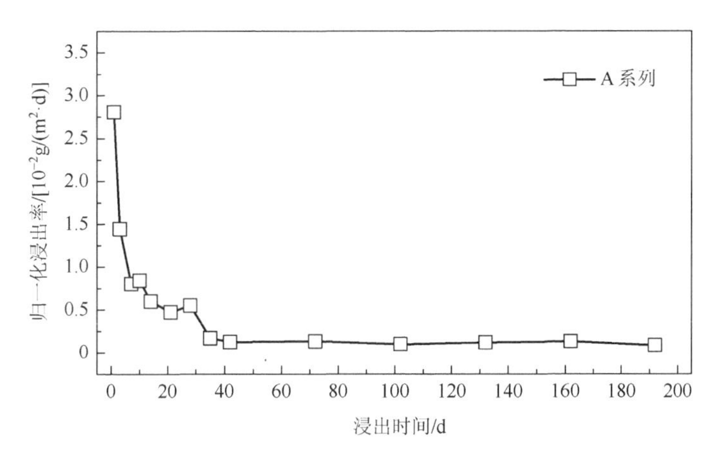

图 3-32　GIII-2 固化体样品 U 核素的归一化浸出率

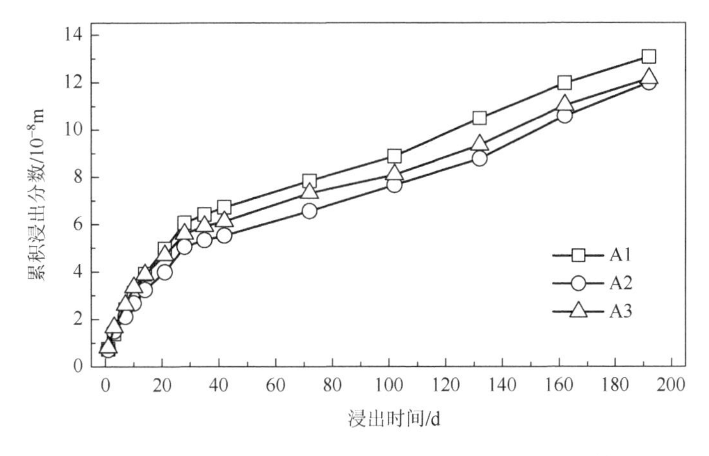

图 3-33　GIII-2 固化体样品 U 核素的累积浸出分数

GIII-2 的 3 个固化体的浸出性能差异不大，一致性很好。随着浸泡时间的延长，铀核素的浸出率逐渐降低。浸泡 1～192d，3 个固化体样品铀核素的浸出率为 10^{-9}～10^{-10}m/d。

浸泡 42d 后，固化体铀核素的浸出率趋于稳定，其浸出率为$(2.6\sim6.0)\times10^{-10}$m/d。1～35d 铀的归一化浸出率为$(2.81\sim0.17)\times10^{-2}$g/$(m^2\cdot d)$，42～192d 铀的归一化浸出率为$(0.9\sim1.3)\times10^{-3}$g/$(m^2\cdot d)$。192d A1、A2、A3 的累积浸出分数分别是 1.307×10^{-7}m、1.198×10^{-7}m 和 1.215×10^{-7}m。随着浸泡时间的延长，浸泡液的 pH 逐渐增大，但变化不大。浸泡 1～192d，浸泡液的 pH 为 5.0～6.7，属于微酸性。浸泡 42d 后，浸泡液的 pH 稳定在 6.5 左右。

综上所述，$CaZrTi_2O_7$、$CaTiSiO_5$ 和 $CaTiO_3$ 的组合矿物固化体具有较好的抗 U 元素浸出性能。

周冠南等[5]以天然锆石（$ZrSiO_4$）、$CaCO_3$、TiO_2 和 $UO_2(NO_3)_2\cdot6H_2O$ 为原料，在 1290℃制备包容铀（4.5%）的 $CaZrTi_2O_7$ 和 $CaTiSiO_5$ 的组合矿物人造岩石固化体，采用 MCC-1 静态浸泡法研究固化体在 25℃的浸出率，42d 铀元素的归一化浸出率$\leqslant4.3\times10^{-4}$g/$(m^2\cdot d)$，浸出实验结果见表 3-22。

表 3-22　浸出实验结果　　（单位：10^{-7}cm/d）

样品	1d	3d	7d	10d	14d	21d	28d	35d	42d	72d	102d
D1	2.37	0.54	0.41	0.19	0.29	0.30	0.31	0.13	0.12	0.09	0.08
D2	2.94	1.25	1.01	0.45	0.80	0.48	0.32	0.45	0.43	0.30	0.21

桂成梅等[13]以 $ZrSiO_4$、$CaCO_3$、TiO_2、Al_2O_3、$UO_2(NO_3)_2\cdot6H_2O$ 为原料，使用 Ti 粉为还原剂，通过固相反应制备掺 U 钙钛锆石和榍石组合矿物固化体，采用 PCT 粉末浸泡实验法测定了 A_71-3 样品（设计配方的化学式为 $CaZr_{0.65}U_{0.35}Ti_2O_7+0.65Ca_{0.95}U_{0.05}Al_{0.10}Ti_{0.90}SiO_5$）在 90℃的浸出率，浸出实验结果见表 3-23、表 3-24。浸出实验结果表明，A_71-3 样品随着浸出时间的延长，固化体样品的浸出率和归一化浸出率逐渐降低，在 28d 以后趋于稳定并保持在一个较低水平。浸泡 28d，A_71-3 样品的浸出率和归一化浸出率分别为 5.50×10^{-10}m/d、4.23×10^{-6}g/$(m^2\cdot d)$。

表 3-23　A_71-3 样品 U^{4+}的浸出率　　（单位：10^{-9}m/d）

样品编号	浸出时间						
	1d	7d	14d	21d	28d	35d	42d
A_71-3	7.59	2.46	1.28	1.01	0.55	0.41	0.40

表 3-24　A_71-3 样品 U^{4+}的归一化浸出率　　[单位：10^{-6}g/$(m^2\cdot d)$]

样品编号	浸出时间						
	1d	7d	14d	21d	28d	35d	42d
A_71-3	58.3	18.9	9.8	7.75	4.23	3.17	3.13

综上所述，钙钛锆石和榍石组合矿物固化体具有良好的抗浸出性能，能够满足 HLW 固化体化学稳定性的要求。

参考文献

[1] 滕元成，卢忠远，赖振宇，等. 富钙钛锆石的合成[J]. 武汉理工大学学报，2004，26（10）：11-14.

[2] 车春霞，滕元成，张朝彬. 钙钛锆石和榍石人造岩石固化模拟放射性焚烧灰的研究[J]. 辐射防护，2006，26（3）：143-150.

[3] 车春霞，滕元成. 钙钛锆石固化处理高放射性废物的研究现状[J]. 硅酸盐通报，2006，25（3）：105-110.

[4] 滕元成，周时光，卢忠远. 钙钛锆石和榍石的合成及烧结[J]. 硅酸盐学报，2006，34（7）：810-814.

[5] 周冠南，周时光，滕元成，等. 钙钛锆石和榍石基人造岩石固化铀的研究[J]. 安全与环境学报，2006，6（4）：115-117.

[6] 车春霞，滕元成. 富钙钛锆石型人造岩石固化体的制备现状[J]. 材料导报，2006，20（S1）：386-388.

[7] 滕元成，车春霞，张朝彬，等. 固相反应合成钙钛锆石和榍石[J]. 西南科技大学学报（自然科学版），2006，21（4）：8-15.

[8] 滕元成，车春霞，张朝彬，等. 利用模拟放射性焚烧灰合成钙钛锆石和榍石的研究[J]. 核技术，2007，30（3）：213-218.

[9] 滕元成，车春霞，张朝彬，等. 模拟放射性焚烧灰陶瓷固化的初步研究[J]. 辐射防护，2007，27（5）：291-296.

[10] 滕元成，张朝彬，车春霞，等. 人造岩石固化掺铀模拟放射性焚烧灰[J]. 原子能科学技术，2008，42（1）：43-48.

[11] 徐会杰，李玉香，滕元成，等. 钕在钙钛锆石和榍石组合矿物中的固溶机制[J]. 原子能科学技术，2010，44（1）：20-24.

[12] 滕元成，李玉香，徐会杰，等. 掺钕钙钛锆石、榍石组合矿物固化体的浸出性能[J]. 原子能科学技术，2010，44（10）：1179-1184.

[13] 桂成梅，滕元成，任雪潭，等. 钙钛锆石基组合矿物固溶铈的研究[J]. 原子能科学技术，2011，45（11）：1294-1299.

[14] 滕元成，桂成梅，任雪潭. 钙钛锆石和榍石的组合矿物固溶铀[J]. 硅酸盐学报，2011，39（9）：1505-1510.

[15] 徐刘杨，滕元成，王山林，等. 热压烧结掺钕钙钛锆石基组合矿物固化体[J]. 硅酸盐学报，2013，41（11）：1577-1580.

[16] Wang S L，Teng Y C，Wu L，et al. Incorporation of cerium in zirconolite-sphene synroc[J]. Journal of Nuclear Materials，2013，443（1-3）：424-427.

[17] Teng Y C，Wang S L，Huang Y，et al. Low-temperature reactive hot-pressing of cerium-doped titanate composite ceramics and their aqueous stability[J]. Journal of the European Ceramic Society，2014，34（4）：985-990.

[18] Teng Y C，Wang S L，Wu L，et al. Synthesis and hydrothermal stability of U doped zirconolite-sphene composite materials[J]. Advances in Applied Ceramics，2015，114（1）：9-13.

第 4 章　磷酸锆钠-独居石陶瓷固化材料

4.1　概　　述

陶瓷固化体按其基体材料可分为磷酸盐、钛酸盐、硅酸盐、铝酸盐和锆酸盐五大类。其中，磷酸盐类陶瓷固化体主要有磷酸锆钠[$NaZr_2(PO_4)_3$]和独居石（$LnPO_4$，Ln 为 La—Gd），这类固化体晶格结构灵活，对于不同种类的放射性核素具有较大的包容性，且具有优异的热稳定性、化学稳定性和辐照稳定性[1]，是高放废物的理想固化基材。近年来，磷酸盐陶瓷固化是研究的热点之一，但国内外对磷酸锆钠-独居石复相陶瓷固化处理高放废物（HLW）的研究较少。

4.1.1　磷酸锆钠、独居石的结构与性能

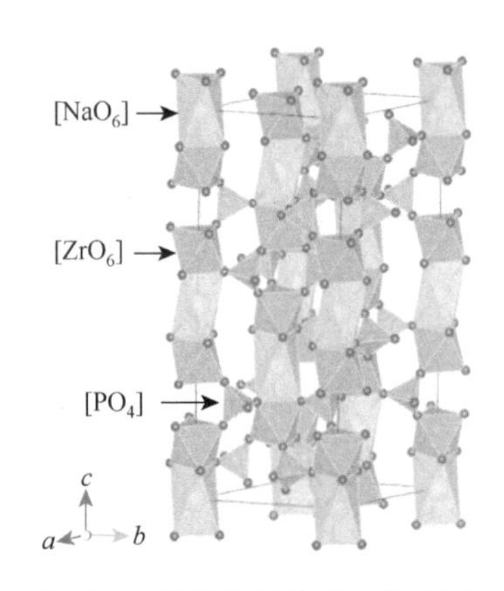

图 4-1　磷酸锆钠的晶体结构图

磷酸锆钠[$NaZr_2(PO_4)_3$，NZP]是近年来备受关注的一种新型高放废物陶瓷固化材料，其具有天然矿物磷锆钾矿[kosnarite，$KZr_2(PO_4)_3$]的三维网络骨架结构[2, 3]。1968 年，Hagman 等[4]首次报道了 NZP 磷酸盐材料的晶体结构，其结构如图 4-1 所示。NZP 属于三方晶系，空间群为 $R\overline{3}c$，晶体结构由[PO_4]四面体和[ZrO_6]八面体共顶连接，Na^+处于由两个[ZrO_6]八面体构成的空隙中。NZP 的晶体化学式可表示为 $M^IM^{II}A_2(BO_4)_3$，整个三维网络结构灵活而稳定。根据晶体化学的类质同象取代原理，各个阳离子位置均可被其他阳离子取代，从而衍生出一大批结构相似的化合物，统称为 NZP 族化合物[5]。M^I和 M^{II}所处的八面体空隙可被一价或二价的 Li、Na、K、Cs、Sr、Ca、Ce、Eu 等碱金属、碱土金属或镧系阳离子等占据。A 位主要被三价、四价和五价的 Ti、Zr、Cr、Y、Fe 等过渡金属或镧系和锕系阳离子取代，B 位主要被 P、Si、Al、S 等取代。NZP 族材料具有丰富的离子取代性，理论上可包容元素周期表中近 2/3 的元素，为其作为高包容量的陶瓷固化体提供了理论依据。NZP 族材料具有优异的离子传导性、低热膨胀性、丰富的离子取代性等性能，因此，NZP 族材料在快离子导体［钠离子超导体（NaSICON）[6-8]、锂离子超导体（LiSICON）[9, 10]］、低膨胀及抗热震材料[11, 12]、放射性核素的陶瓷固化等应用领域被广泛研究。

独居石（monazite）是一种稀土磷酸盐天然矿物，又名磷铈镧矿，呈黄色、棕红色或褐黄色，带有油脂光泽，其莫氏硬度为 5.0～5.5，密度为 4.9～5.5g/cm^3。对独居石的结构研究始于 20 世纪 40 年代，穆尼 Mooney 首次提出独居石的晶体结构[13]，随后，Ni 等对

其晶体结构数据进行了修正[14]。独居石属于单斜晶系，空间群为 $P2_1/n$，其化学式为 $LnPO_4$（Ln 为 La—Gd）。由图 4-2 可以看出，单个 $CePO_4$ 晶胞中含有 4 个 $CePO_4$ 单元，P 原子处于$[PO_4]$四面体的中心，其结构略有畸变，P—O 键长不同，为 1.52～1.56Å。Ce^{3+} 与周围的氧离子以配位键连接，形成略有畸变的$[CeO_9]$多面体。$[PO_4]$四面体相互连接与链状交联的$[LnO_9]$多面体形成独居石结构[15]。独居石中灵活的$[LnO_9]$多面体结构能够包容多种三价、四价镧系/锕系离子，为其成为高包容量的核废物固化体提供了依据。同时，天然独居石包含 U、Th、Pu 等多种放射性元素，并能在自然地质活动中稳定存在上亿年，说明它的化学稳定性和机械性能良好并具有长期辐照稳定性。因此，独居石作为固化（次）锕系核素的理想基材被广泛研究，在核废料处理固化方面有着潜在的应用前景。

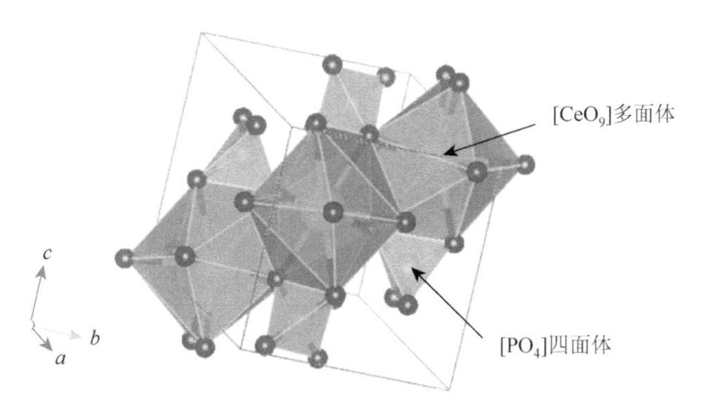

图 4-2　$CePO_4$ 的晶体结构图

4.1.2　磷酸锆钠、独居石固化锕系核素的机理

基于 NZP 的结构特点和类质同象原理，Orlova 等[16]设计出用于固化核素的磷酸盐陶瓷的晶体-化学原则。理论上 NZP 型材料的包容量大，在 NZP 结构的不同晶体化学位置能单一或多种取代固化碱金属、过渡元素、镧系、锕系等多种离子。Roy 等[17]于 1982 年首次采用 NZP 陶瓷分别对 Sr、Cs 进行固化处理，发现裂变核素 Sr 或者 Cs 被固定在 NZP 结构的 Na 晶格位。Bohre 和 Shrivastava[18]采用固相法制备同时固化 Sr、Cs 的 NZP 陶瓷，当 Sr 质量分数为 7.16%（摩尔分数约为 2.67%）、Cs 质量分数为 14.46%（摩尔分数约为 3.56%）时，NZP 的三维框架结构没有显著变化。此外，Bykov 等[19]报道了 NZP 结构的 Na 晶格位还可以固溶三价、四价锕系核素。他们制备了化学组成为 $Ln_{0.33}Zr_2(PO_4)_3$（Ln 分别为镧系中的 Ce、Eu、Yb）的磷酸盐陶瓷，并通过 XRD 数据结构精修研究了晶体结构，结果表明 $Ce_{0.33}Zr_2(PO_4)_3$、$Eu_{0.33}Zr_2(PO_4)_3$ 和 $Yb_{0.33}Zr_2(PO_4)_3$ 三种磷酸盐陶瓷都具有 NZP 型晶体结构；在此基础上，他们进一步研究了 NZP 固化（次）锕系核素的晶体结构，结果发现 $Th_{1/4}Zr_2(PO_4)_3$、$Pu_{1/4}Zr_2(PO_4)_3$ 和 $Am_{1/3}Zr_2(PO_4)_3$ 三种陶瓷都具有单一的 NZP 晶相[20, 21]。另外，Bohre 和 Shrivastava[18]还报道了 NZP 结构的 Zr 晶格位也可用于固溶三价、四价锕系核素。研究发现，当 NZP 陶瓷用于固溶 La 时，所制备的固化体 $Na_{1+x}Zr_{2-x}La_xP_3O_{12}$

（$x = 0.1\sim0.5$）中 La 的固溶量（摩尔分数）约为 2.17%（质量分数约为 10.71%）时，不会引起 NZP 陶瓷晶体结构中三维骨架的明显改变[22]；同样当 NZP 结构的锆位被 La^{3+}、Ce^{4+}、Se^{4+}取代时，组成为 $NaCe_{0.2}Zr_{1.8}P_3O_{12}$、$NaSe_{0.2}Zr_{1.8}P_3O_{12}$ 和 $NaLa_{0.13}Ce_{0.14}Se_{0.15}Zr_{1.58}P_3O_{12}$ 的固化体晶体结构仍属于 NZP 结构[23]。

如前所述，独居石结构中灵活的$[LnO_9]$多面体结构能够包容多种三价、四价锕系核素，其在核废物处理固化方面得到广泛研究。Zeng 等[24]制备了掺 Gd 或 Pr 的独居石$(Ce, Gd)PO_4$和$(Ce, Pr)PO_4$，结果表明 Gd 或 Pr 的掺量变化对独居石结构没有影响。而且研究也发现采用热压烧结制备的 $Ce_{0.5}Pr_{0.5}PO_4$ 独居石陶瓷在水溶液中的归一化浸出率最低能达到$10^{-7}g/(m^2·d)$，酸性溶液中的归一化浸出率约为 $10^{-3}g/(m^2·d)$[25, 26]。此外，Dacheux 等[27]研究了掺 U 独居石在酸性溶液中的化学稳定性，发现 U 的归一化浸出率低至 $10^{-6}g/(m^2·d)$。Aloy 等[28]报道 $La_{1-x}Am_xPO_4$ 陶瓷经 90℃蒸馏水的浸出实验后，La 和 Am 的归一化浸出率均为 $10^{-4}g/(m^2·d)$。以上研究表明，独居石具有优异的化学稳定性，在较宽 pH 范围的溶液里能够保持良好的抗浸出性能，是核废物固化处理锕系核素的潜在固化基材。

4.2 磷酸锆钠-独居石陶瓷固化体的制备

4.2.1 技术方案

高放废物成分复杂，包含多种放射性核素，而且生物毒性大、释热率高，选择合适的固化基材是处置 HLW 过程中的重要一环。陶瓷固化体受其晶体结构特点的限制，一类陶瓷材料通常只适用于固定某些特定的裂变或（次）锕系核素，这在采用单一晶相陶瓷固化处理包含多种放射性核素、成分复杂的 HLW 的过程中存在较大的局限性。因此，利用多晶相组成的复相陶瓷同时对裂变和锕系核素进行固化，对 HLW 的高效固化处理具有实际意义。

如前所述，NZP 是由相互连接的$[PO_4]$四面体和$[ZrO_6]$八面体组成的三维网络，可以将锶/铯离子容纳到原本被钠离子占据的晶体结构的间隙腔中。由于其丰富的离子取代性以及优越的化学稳定性和抗辐照能力，NZP 型陶瓷近年来已成为一种潜在固定裂变核素（如 Sr/Cs）的热门基质[29, 30]。独居石化合物$[(Ln, An)PO_4, Ln = La—Gd, An = Th, U]$是一种含有镧系元素（Ln）和少量锕系元素（An）的天然矿物，具有良好的热稳定性和化学稳定性。独居石由于其灵活的结构特点，具有广泛的类质取代能力，其中 $Ln^{3+/4+}$可以被其他的 $An^{3+/4+}$所取代。有研究报道[31]，在制备 NZP 型陶瓷时，可能会生成独居石晶相，而独居石晶相的存在对陶瓷的化学稳定性没有影响。如此，若将 NZP 和独居石进行复合制备 NZP-独居石磷酸盐复相陶瓷固化体，可以选择将裂变核素固化在 NZP 结构中，而将锕系核素固化在独居石结构中，并且可通过调整 NZP 和独居石两相的比例实现同时固化多种裂变核素和锕系核素。

为避免直接使用高放射性的裂变核素和锕系核素，通常采用模拟元素替代放射性核素的方法进行相关研究。这种替代应当遵循离子半径相当、电价相符、物理化学性质相近等基本原则。其中HLW中锕系核素主要以三价或四价的价态存在，包括Am^{3+}、Cm^{3+}、Np^{4+}、U^{4+}和$Pu^{3+/4+}$等。考虑到锕系核素一般具有多价态特性，而镧系元素$Ce^{3+/4+}$与$Pu^{3+/4+}$具有相近的离子半径及价态变化。镧系元素Nd^{3+}、Sm^{3+}的离子半径与Am^{3+}、Cm^{3+}等的离子半径相近，且价态相符。因此，常选择镧系元素Nd^{3+}、Sm^{3+}、$Ce^{3+/4+}$作为$An^{3+/4+}$的模拟物。另外，对于裂变产物^{90}Sr，通常选用非放射性同位素^{88}Sr作为其模拟物。根据NZP和独居石的结构特点和类质同象原则，Sr可以固定在NZP结构的Na位，而理论上Nd/Sm/Ce可以固定在NZP结构的Zr位或者独居石中[LnO_9]多面体的Ln^{3+}位。故而，本书设计了(Na, Sr)(Zr, Sm, Ce)$_2$(PO$_4$)$_3$和$Sr_{0.5}Zr_2(PO_4)_3$-(Ce, Nd)PO$_4$两个系列的固化体组成，研究放射性核素在磷酸盐陶瓷中的固化规律。

1. (Na, Sr)(Zr, Sm, Ce)$_2$(PO$_4$)$_3$系列固化体

设计采用NZP陶瓷作为裂变核素和锕系核素的固化基材，以Sr^{2+}模拟裂变核素^{90}Sr、Sm^{3+}模拟三价锕系放射性核素、$Ce^{3+/4+}$模拟三/四价的变价锕系放射性核素，采用微波烧结工艺制备固化Sr^{2+}、$Ce^{3+/4+}$、Sm^{3+}放射性核素的NZP型陶瓷固化体。采用XRD、拉曼光谱和傅里叶变换红外光谱（Fourier transform infrared spectroscopy，FTIR）研究固化体的物相组成和晶体结构；采用扫描电子显微镜能谱系统（scanning electron microscope-energy dispersive system，SEM-EDS）研究固化体的微观形貌和化学组成，评价固化体样品的致密性；采用PCT粉末浸泡实验方法评估固化体样品的化学稳定性。

1）磷酸锆钠陶瓷固溶模拟核素锶

根据NZP的晶体结构特点，将模拟裂变核素Sr固定在NZP结构中的Na晶格位，设计固化体配方组成为$Na_{1-2x}Sr_xZr_2(PO_4)_3$（$x = 0$、0.1、0.2、0.25、0.3、0.4、0.5），利用微波辅助的固相反应烧结工艺制备固溶Sr的NZP陶瓷固化体。研究Sr掺量对陶瓷固化体的物相组成、微观结构、显微形貌、致密性和浸出性能的影响，分析模拟核素Sr在NZP材料中的赋存状态和固溶规律。

2）磷酸锆钠陶瓷固溶模拟核素锶和铈

根据NZP的晶体结构特点和各阳离子的半径大小，选择将模拟裂变核素Sr和锕系核素Ce同时固化在NZP晶体结构中，分别占据NZP的Na和Zr晶格位，设计固化体配方组成为$Sr_xZr_{2-y}Ce_y(PO_4)_3$（$x = 0.5$，$y = 0$、0.05、0.1、0.15、0.2），采用微波辅助的固相反应烧结工艺制备同时固溶Sr和Ce的NZP型陶瓷固化体；研究Sr和Ce掺量对陶瓷固化体的物相组成、微观结构、显微形貌、致密性和浸出性能的影响，分析模拟核素Sr和Ce在NZP材料中的赋存状态和固溶规律。

3）磷酸锆钠陶瓷固溶模拟核素锶和钐

根据NZP的晶体结构特点和各阳离子的半径大小，设计将裂变核素Sr和三价锕系核素Sm分别固溶在NZP结构中的Na和Zr晶格位，采用微波辅助的固相反应烧结工艺制备同时固溶Sr和Sm的NZP型陶瓷固化体$Sr_{x+y/2}Zr_{2-y}Sm_y(PO_4)_3$（$x = 0.5$，$y = 0$、0.05、0.1、0.15、0.2）。研究Sr和Sm掺量对陶瓷固化体的物相组成、微观结构、显微形貌、致密性和浸出性能的影响，分析模拟核素Sr和Sm在NZP材料中的赋存状态和固溶规律。

2. $Sr_{0.5}Zr_2(PO_4)_3$-(Ce, Nd)PO_4 系列固化体

设计 NZP-独居石磷酸盐复相陶瓷作为裂变核素和锕系核素的固化基材，用 Sr^{2+}模拟裂变核素 ^{90}Sr、Nd^{3+}模拟三价锕系放射性核素、$Ce^{3+/4+}$模拟三/四价的变价锕系放射性核素，采用微波烧结工艺制备同时固化 Sr^{2+}和 $Ce^{3+/4+}$、Nd^{3+}放射性核素的 NZP-独居石复相陶瓷固化体。采用 XRD 和拉曼光谱研究固化体的物相组成和晶体结构；采用 SEM-EDS 研究固化体的微观形貌和化学组成，评价固化体样品的致密性；采用 PCT 粉末浸泡实验方法评估固化体样品的化学稳定性。

1）磷酸锆钠-独居石陶瓷固溶模拟核素锶和钕

设计 Sr^{2+}（模拟裂变核素）进入 NZP 结构完全取代 Na 形成 $Sr_{0.5}Zr_2(PO_4)_3$ 相，Nd^{3+}（模拟三价锕系核素）进入独居石结构形成 $NdPO_4$ 相，利用微波烧结工艺制备组成为 $(1-x)$SrZP-xNdPO$_4$（$x = 0$、0.2、0.4、0.6、0.8、1）的复相陶瓷固化体。通过研究 $(1-x)$SrZP-xNdPO$_4$ 复相陶瓷固化体的化学组成、微波烧结工艺与晶相组成、显微结构和物理性能之间的关系，达到优化制备工艺的目的，获得致密的 $(1-x)$SrZP-xNdPO$_4$ 复相陶瓷固化体，并探明模拟核素 Sr、Nd 在 NZP-独居石复相陶瓷固化体中的固溶机制和规律。

2）磷酸锆钠-独居石陶瓷固溶模拟核素锶和铈

选择 Sr^{2+}和 $Ce^{3+/4+}$分别模拟裂变核素和变价锕系核素，设计 Sr^{2+}进入 NZP 结构完全取代 Na 形成 $Sr_{0.5}Zr_2(PO_4)_3$ 相，$Ce^{3+/4+}$进入独居石结构形成 $CePO_4$ 相，利用微波烧结工艺制备组成为 $(1-x)$SrZP-xCePO$_4$（$x = 0$、0.2、0.4、0.6、0.8、1）的复相陶瓷固化体。通过研究 $(1-x)$SrZP-xCePO$_4$ 复相陶瓷固化体的化学组成、微波烧结工艺与晶相组成、显微结构和物理性能之间的关系，达到优化制备工艺的目的，探明 Sr、Ce 在 NZP-独居石陶瓷固化体的固溶机制和规律，最终制备得到致密的 $(1-x)$SrZP-xCePO$_4$ 复相陶瓷固化体。

3）磷酸锆钠-独居石陶瓷固溶模拟核素锶、钕和铈

选择 Sr^{2+}、Nd^{3+}、$Ce^{3+/4+}$分别模拟裂变核素、三价锕系核素和变价锕系核素，设计 Sr^{2+}进入 NZP 结构完全取代 Na 形成 $Sr_{0.5}Zr_2(PO_4)_3$ 相，Nd^{3+}和 $Ce^{3+/4+}$进入独居石结构形成 (Ce, Nd)PO_4 相，利用微波烧结工艺制备组成为 $(1-x)$SrZP-xCe$_{1-y}$Nd$_y$PO$_4$（x 为定值时，$y = 0$、0.2、0.4、0.6、0.8、1；y 为定值时，$x = 0$、0.2、0.4、0.6、0.8、1）的复相陶瓷固化体。通过研究 $(1-x)$SrZP-xCe$_{1-y}$Nd$_y$PO$_4$ 复相陶瓷固化体的化学组成、微波烧结工艺与晶相组成、显微结构和物理性能之间的关系，达到优化制备工艺的目的，探明 Sr、Ce、Nd 在 NZP-独居石型陶瓷固化体的固溶机制和规律，最终制备得到致密的 $(1-x)$SrZP-xCe$_{1-y}$Nd$_y$PO$_4$ 复相陶瓷固化体。

4.2.2 制备与表征

1. 样品制备

根据上述技术方案，按照表 4-1 中(Na, Sr) (Zr, Sm, Ce)$_2$(PO$_4$)$_3$ 系列固化体和表 4-2 中 $Sr_{0.5}Zr_2(PO_4)_3$-(Ce, Nd)PO_4 系列固化体的配方设计，准确称量各组成配方对应的所用原料；

将各原料加入聚四氟乙烯罐中利用湿法球磨工艺均匀混料，烘干后在600℃预处理8h，使部分原料分解以除去NH_3和CO_2。将预加热处理后的粉料加入1%的ZnO作为烧结助剂再次进行湿法球磨，烘干后的粉料加入聚乙烯醇黏结剂造粒，再经250MPa等静压成型为Φ12mm×2mm的坯体；坯体排塑后放置于微波工作站的样品加热腔中，在一定温度下保温2h进行微波烧结（升温速率为5℃/min），最终制备得到固溶模拟核素的磷酸盐陶瓷固化体样品。

表 4-1　$(Na, Sr)(Zr, Sm, Ce)_2(PO_4)_3$系列固化体配方设计

化学式	核素掺量	原料
$Na_{1-2x}Sr_xZr_2(PO_4)_3$	x = 0、0.1、0.2、0.25、0.3、0.4、0.5	Na_2CO_3、$Sr(NO_3)_2$、ZrO_2、$NH_3H_2PO_4$
$Sr_xZr_{2-y}Ce_y(PO_4)_3$	x = 0.5，y = 0、0.05、0.1、0.15、0.2	$Sr(NO_3)_2$、CeO_2、ZrO_2、$NH_3H_2PO_4$
$Sr_{x+y/2}Zr_{2-y}Sm_y(PO_4)_3$	x = 0.5，y = 0、0.05、0.1、0.15、0.2	$Sr(NO_3)_2$、Sm_2O_3、ZrO_2、$NH_3H_2PO_4$

表 4-2　$Sr_{0.5}Zr_2(PO_4)_3$-(Ce, Nd)PO_4系列固化体配方设计

化学式	核素掺量	原料
$(1-x)Sr_{0.5}Zr_2(PO_4)_3$-$x$$NdPO_4$	x = 0、0.2、0.4、0.6、0.8、1	$Sr(NO_3)_2$、Nd_2O_3、ZrO_2、$NH_3H_2PO_4$
$(1-x)Sr_{0.5}Zr_2(PO_4)_3$-$x$$CePO_4$	x = 0、0.2、0.4、0.6、0.8、1	$Sr(NO_3)_2$、CeO_2、ZrO_2、$NH_3H_2PO_4$
$0.6Sr_{0.5}Zr_2(PO_4)_3$-$0.4Ce_{1-y}Nd_yPO_4$	y = 0、0.2、0.4、0.6、0.8、1	$Sr(NO_3)_2$、Nd_2O_3、CeO_2、ZrO_2、$NH_3H_2PO_4$
$(1-x)Sr_{0.5}Zr_2(PO_4)_3$-$x$$Ce_{0.6}Nd_{0.4}PO_4$	x = 0.2、0.4、0.6、0.8	$Sr(NO_3)_2$、Nd_2O_3、CeO_2、ZrO_2、$NH_3H_2PO_4$

2. 样品测试及表征

1）物相组成与晶体结构分析

利用X射线衍射仪对样品的物相组成和晶体结构进行分析。采用日本Rigaku公司的DMAX1400型X射线衍射仪进行物相分析，Cu-Kα射线为X射线源（λ = 1.54059Å），测试扫描速率8(°)/min，步长为0.02。采用荷兰PANalytical公司的X'Pert Pro型X射线衍射仪进行XRD精修测试，仪器用Cu-Kα射线，步长为0.03，扫描范围2θ = 10°～120°。所得数据利用Fullprof-2K软件进行分析，用于里特沃尔德（Rietveld）结构精修。

2）微观结构分析

样品的官能团信息以及其精细结构特征可以通过拉曼光谱和傅里叶变换红外光谱（FT-IR）获得。采用英国Renishaw公司的InVia型激光拉曼光谱仪进行拉曼光谱测试，测试范围为200～1300cm^{-1}，分辨率为1.5cm^{-1}，激发光波长为514.5nm。利用美国PE公司的Spectrum One Autoima型红外吸收光谱仪测试获得样品的红外光谱图，测试范围为400～4000cm^{-1}，分辨率优于0.5cm^{-1}，波数精度大于0.01cm^{-1}。

3）微观形貌分析

采用日本Hitachi公司的TM-4000型扫描电子显微镜（SEM，采用背散射电子成像模式）观察陶瓷断面的微观形貌特征，分析固化体样品的结构致密性、晶粒大小、各晶相

的分布情况。采用 TM-4000 扫描电子显微镜附带的 X 射线能谱仪对陶瓷样品断面微区进行化学成分分析。

4）元素价态分析

X 射线光电子能谱法（X-ray photo electron spectroscopy，XPS）在化学、材料分析中的应用非常广泛，可以对固态样品表面的元素进行定性、半定量及元素化学价态分析。使用 Thermo Fisher 公司的 ESCALAB Xi^+ 型 X 射线光电子能谱仪（Al 靶）对复相陶瓷固化体样品中的 Ce 元素价态进行标定。测试步长为 0.05eV，利用 C1s 峰值 284.4eV 进行校准。所得数据采用 XPSPEAK41 软件进行分峰处理和拟合。

5）体积密度测试

采用阿基米德法对陶瓷样品的体积密度进行测试，其计算公式为

$$\rho = \frac{m_0}{m_2 - m_1} \rho_{水} \tag{4-1}$$

式中，ρ 为陶瓷样品的体积密度，g/cm^3；m_0、m_1、m_2 分别为陶瓷样品在空气中的干重、水中的质量和充分吸水后的湿重，g；$\rho_{水}$ 为测试水温所对应的水的密度，g/cm^3。

然后根据式（4-2）计算陶瓷样品的相对密度，其中复相陶瓷的理论密度可由式（4-3）计算得出。

$$\rho_{相对} = \frac{\rho}{\rho_{th}} 100\% \tag{4-2}$$

$$\rho_{th} = \frac{W_1 + W_2}{\dfrac{W_1}{\rho_1} + \dfrac{W_2}{\rho_2}} \tag{4-3}$$

式中，$\rho_{相对}$ 为相对密度；ρ_{th} 为理论密度；W_1 为理论密度为 ρ_1 的物相在复相陶瓷中的质量分数；W_2 为理论密度为 ρ_2 的物相在复相陶瓷中的质量分数。

6）化学稳定性测试

采用 PCT 粉末浸泡法对复相陶瓷固化体样品的化学稳定性进行测试。浸出液中的元素浓度使用美国 Thermo Fisher 公司的 Thermo iCAP6500 型电感耦合等离子体发射光谱仪（inductively coupled plasma optical emission spectrometer，ICP-OES）进行检测。元素归一化浸出率 LR_i 和质量归一化浸出率 LR_m 分别根据式（4-4）和式（4-5）进行计算。

$$LR_i = \frac{C_i \cdot V}{SA \cdot f_i \cdot t} \tag{4-4}$$

式中，LR_i 为元素 i 的归一化浸出率，$g/(m^2 \cdot d)$；C_i 为浸出液中元素 i 的浓度，g/m^3；V 为浸出液的体积，m^3；SA 为样品的表面积，m^2；f_i 为元素 i 的质量分数；t 为浸泡时间，d。

$$LR_m = \frac{M_0 - M_1}{SA \cdot t} \tag{4-5}$$

式中，LR_m 为样品的质量归一化浸出率，$g/(m^2 \cdot d)$；M_0 为样品浸泡前的质量，g；M_1 为样品浸泡后的质量，g；SA 为样品的比表面积，m^2；t 为浸泡时间，d。

4.3　磷酸锆钠陶瓷固溶模拟核素及其化学稳定性

4.3.1　磷酸锆钠陶瓷固溶模拟核素锶

裂变核素是指在中子轰击下 ^{235}U、^{239}Pu 等发生裂变生成的具有放射性的核素，其中 ^{90}Sr 和 ^{137}Cs 是核废物中最主要的两种裂变核素，它们的产率较高，热释量大，半衰期较长，具有很强的生物毒性，比如，^{90}Sr 的半衰期约为 27.7 年，需经过约 300 年才能将其释热率降低到约 10%。当前，硼硅酸盐玻璃、磷酸盐玻璃或者陶瓷类矿物（如磷灰石、碱硬锰矿、锆石、钙钛矿等）已经被研究用于放射性核素 Sr 的固化，在玻璃固化体中 Sr 元素的浸出率为 1～10^{-2}g/(m^2·d)，在陶瓷固化体中为 10^{-2}～10^{-3}g/(m^2·d)[32]。随着核废物处理材料的发展，对放射性废物固化体也提出了越来越高的要求，固化体不仅要具有优良的化学稳定性、包容量大、能同时固化多种核素的特点，还需要具有一定的热稳定性和抗辐照稳定性。

如前所述，磷酸锆钠[$NaZr_2(PO_4)_3$，NZP]具有离子取代位点多、化学组成宽泛和结构灵活等特点，是一种潜在的放射性废物固化基材。鉴于 NZP 结构中的 Na^+能够被 Sr^{2+}所取代，笔者研究采用 NZP 陶瓷固溶模拟裂变核素 Sr[33]。以 $Sr(NO_3)_2$ 为原料引入 Sr^{2+}模拟裂变产物 ^{90}Sr，设计固化体的化学式为 $Na_{1-2x}Sr_xZr_2(PO_4)_3$，通过改变 Sr^{2+}的掺入量，系统研究 Sr 含量变化对样品的物相组成、晶体结构、微观结构、显微形貌及致密性的影响，分析模拟裂变核素 Sr 在 NZP 材料中的固溶规律和赋存状态，并利用 PCT 法评价固化体的化学稳定性。

1. 固溶锶的 NZP 陶瓷固化体的物相组成和晶体结构

按照 4.2.2 小节所述的制备工艺流程，以 $Sr(NO_3)_2$ 为原料引入模拟裂变核素 Sr，加入 1%的 ZnO 作为烧结助剂，利用微波辅助的固相反应法在 1100℃下保温 2h 制备了固溶不同 Sr 含量的 $Na_{1-2x}Sr_xZr_2(PO_4)_3$（$x = 0$、0.1、0.2、0.25、0.3、0.4、0.5）陶瓷固化体。为获知 Sr 在 NZP 结构中的赋存状态，对固化体样品的物相组成和晶体结构进行分析。如图 4-3 所示，当样品中没有 Sr 掺入（$x = 0$）时，物相为单一的 NZP 相（JCPDS 33-1312），空间群为 $R\overline{3}c$；当 Sr^{2+}完全取代 Na^+时（$x = 0.5$），样品呈现空间群为 $R\overline{3}$ 的 $Sr_{0.5}Zr_2(PO_4)_3$ 晶相（SrZP，JCPDS33-1360）；对于其他样品（$x = 0.1$～0.4），随着 Sr 含量的增加，物相逐渐由 NZP 相转变为 SrZP 相。可以明显看出，除了 NZP 和 SrZP 相，并没有其他晶相的衍射峰，说明在该工艺条件下所制备的样品全部为 NZP 结构。且从 XRD 的局部放大图可以发现，在 19.5°附近的衍射峰随着 Sr 含量的增加逐渐向低角度方向偏移。这是由于 Sr^{2+}的离子半径（1.18Å）大于 Na^+的离子半径（1.02Å），当 Sr 进入 NZP 结构中的 Na 位时，晶面间距 d 值增大，根据布拉格方程 $2d\sin\theta = n\lambda$，衍射峰将向低角度方向偏移。以上 XRD 分析结果可以证明，利用微波辅助固相反应工艺可以成功制备单一物相的 $Na_{1-2x}Sr_xZr_2(PO_4)_3$ 陶瓷固化体，模拟核素 Sr 被固定在 NZP 晶体结构的 Na 晶格位。

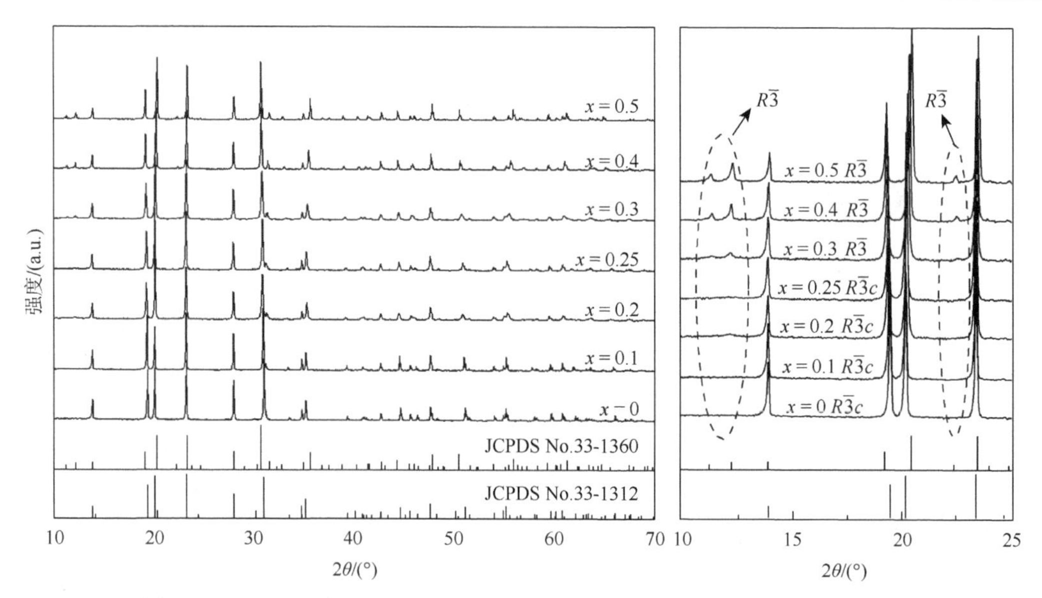

图 4-3　1100℃微波烧结 2h 制备的 $Na_{1-2x}Sr_xZr_2(PO_4)_3$ 固化体样品的 XRD 图

通过对上述制备陶瓷固化体样品的 XRD 进行 Rietveld 结构精修，得到 Sr 掺入量对 NZP 固化体晶体结构的影响规律。图 4-4 为 $Na_{1-2x}Sr_xZr_2(PO_4)_3$ 样品的 Rietveld 结构精修图，其中黑线为样品的实验测试 XRD 曲线，圆点为计算出的模拟 XRD 曲线，短竖线代表晶面的布拉格反射，最下方的曲线为实验值和计算值之间的偏差，偏差线越平缓说明样品的测试结果与计算结果越接近。另外，图中所示的 R 因子值（图形方差因子 R_p、加权图形方差因子 R_{wp}、期望方差因子 R_{exp}）和 Chi^2 值（R_{wp}/R_{exp}）均较小，进一步说明了精修结果的可靠性。精修后得到的晶胞参数、根据精修结果计算得到的晶胞体积 V 及理论密度 ρ_{th} 见表 4-3。根据表 4-3 中的晶胞参数 a 和 c，得到其随 Sr 含量的变化规律如图 4-5 所示。从图 4-5 可以发现，随着 Sr 含量的增加，晶胞参数 a 呈规律性减小，c 呈规律性增加，晶胞体积也随之改变。此外，研究发现当 Sr 掺量为 0.3 时，晶胞参数 a 和 c 都出现了明显拐点。这与 Sr^{2+}取代 Na^+后空间群从 NZP 结构（$R\bar{3}c$）向 SrZP 结构（$R\bar{3}$）的相转变有关。也正是由于 $R\bar{3}c$ 结构比 $R\bar{3}$ 结构多了一个 c 滑移面，造成固化体的晶胞参数和晶胞体积随着 Sr 掺入量的增加而发生规律性变化。

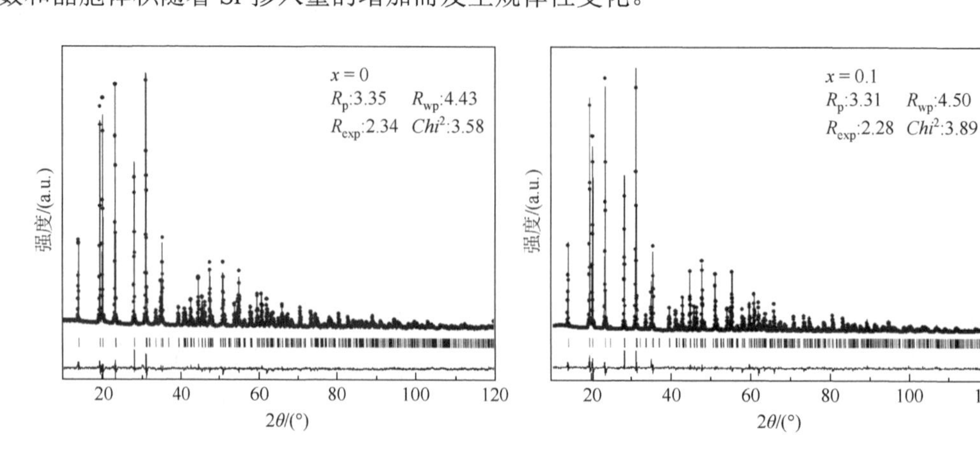

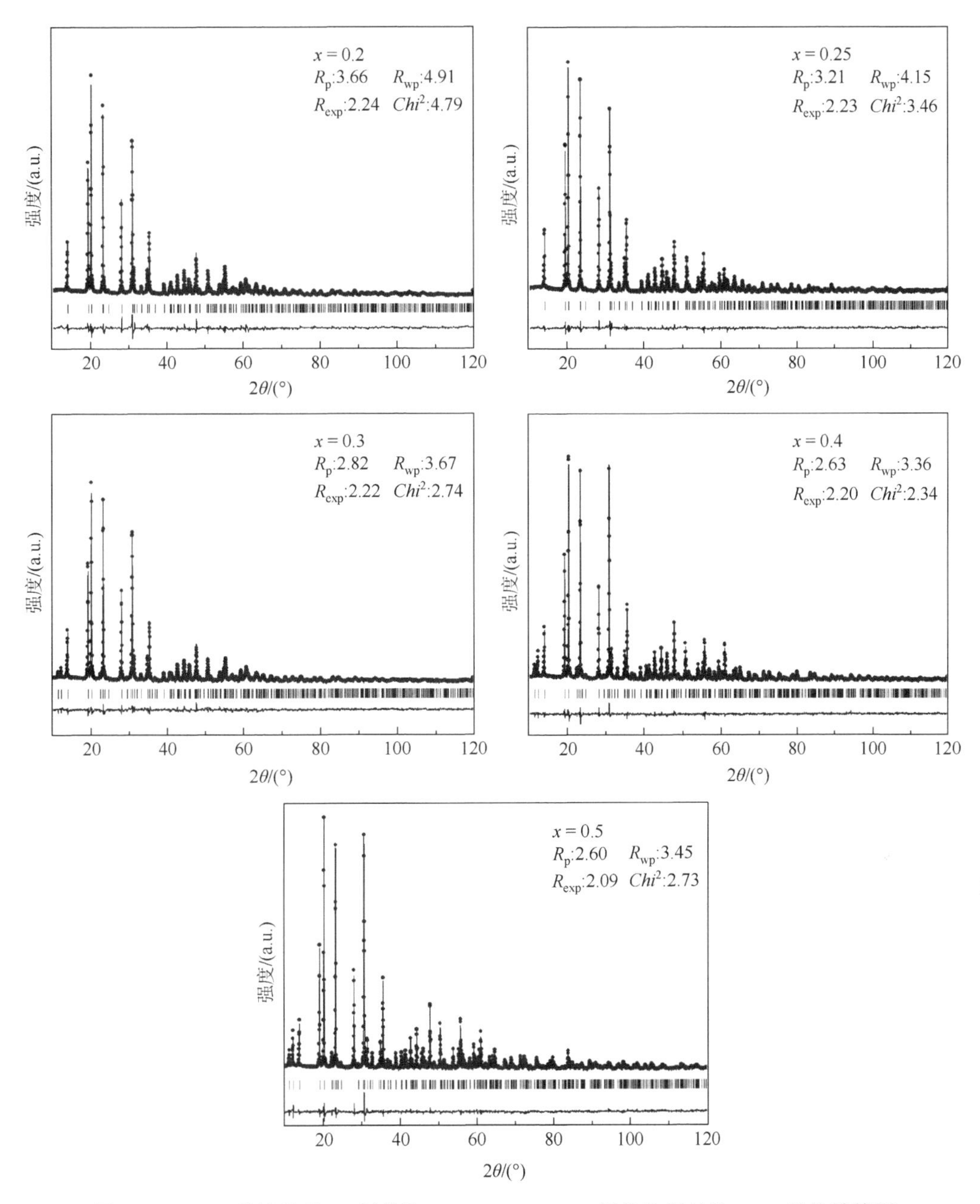

图 4-4　1100℃微波烧结 2h 制备的 $Na_{1-2x}Sr_xZr_2(PO_4)_3$ 固化体样品的 XRD 结构精修图

表 4-3　$Na_{1-2x}Sr_{2x}Zr_2(PO_4)_3$ 的结构精修参数

参数	$x=0$	$x=0.1$	$x=0.2$	$x=0.25$	$x=0.3$	$x=0.4$	$x=0.5$
$a=b$/Å	8.80583	8.80077	8.78884	8.78694	8.76513	8.73953	8.70508
c/Å	22.75299	22.83452	23.00131	22.92937	23.06235	23.20551	23.33886
V/Å^3	1527.951	1531.666	1538.674	1533.199	1534.444	1534.964	1531.638
ρ_{th}/(g·cm^{-3})	3.20	3.22	3.23	3.26	3.27	3.29	3.33
空间群	$R\bar{3}c$	$R\bar{3}c$	$R\bar{3}c$	$R\bar{3}c$	$R\bar{3}$	$R\bar{3}$	$R\bar{3}$

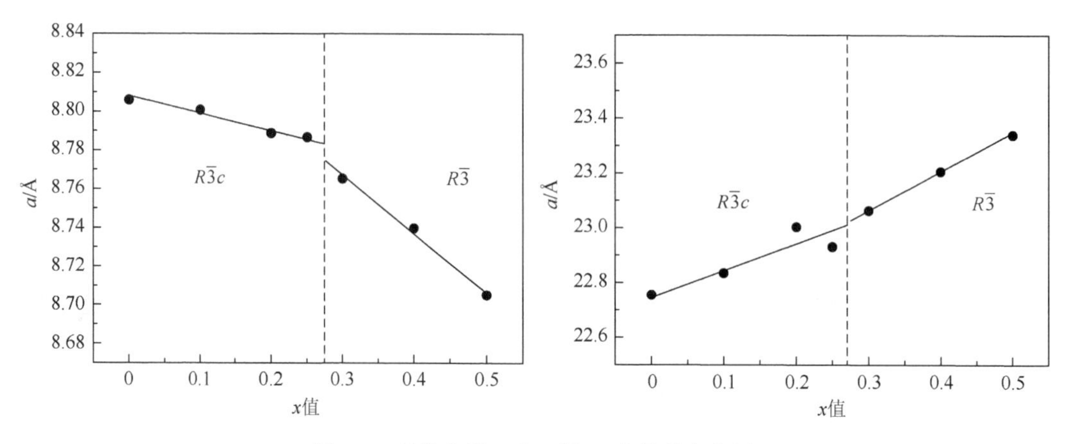

图 4-5　晶胞参数 a 和 c 随 Sr 含量的变化图

2. 固溶锶的 NZP 陶瓷固化体的微观结构

为了探究固溶 Sr 对 NZP 微观结构的影响，利用红外光谱和拉曼光谱进一步分析 $Na_{1-2x}Sr_xZr_2(PO_4)_3$ 固化体样品的分子结构。图 4-6 为 $Na_{1-2x}Sr_xZr_2(PO_4)_3$（$x = 0$、0.1、0.2、0.25、0.3、0.4、0.5）固化体样品的红外光谱图。可以发现，所有样品红外光谱的谱峰位置基本相同。图中波数为 556cm^{-1}、575cm^{-1} 和 646cm^{-1} 处的吸收谱带对应的是[PO$_4$]四面体中 P—O 键的反对称弯曲振动。在 1045cm^{-1} 附近出现的宽泛的吸收谱带属于[PO$_4$]四面体中 P—O 键的对称伸缩振动，在 1203cm^{-1} 出现的微弱吸收峰是由[PO$_4$]的反对称伸缩振动引起。以上各吸收谱带均为典型 NZP 结构的特征红外谱峰[29, 34, 35]。值得注意的是 575cm^{-1} 和 646cm^{-1} 处的两个吸收谱带随着 Sr 含量的增加向低波数方向呈现规律性偏移。这是由于 Sr 取代 Na 造成结构发生畸变，影响了[PO$_4$]的红外吸收谱峰，由于 Sr^{2+} 半径略大于 Na^+ 半径，Sr 进入 Na 位后红外谱峰将发生红移。

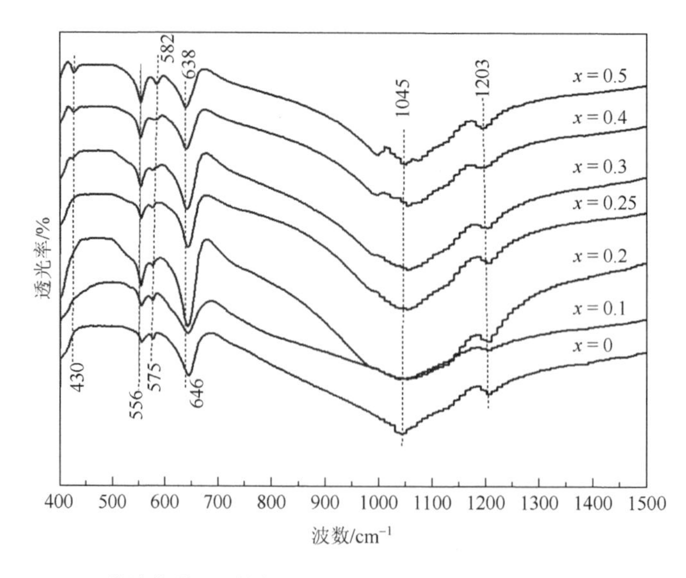

图 4-6　1100℃微波烧结 2h 制备的 $Na_{1-2x}Sr_xZr_2(PO_4)_3$ 固化体样品的红外光谱图

另外，从 $Na_{1-2x}Sr_xZr_2(PO_4)_3$ 固化体样品的拉曼光谱图（图 4-7）和振动模归属（表 4-4）可以看出，所有组成样品中都存在 PO_4^{3-} 弯曲/伸缩振动和 Zr—O 振动模。262cm^{-1}、293cm^{-1} 和 324cm^{-1} 处的谱带对应于 Zr—O 伸缩振动，410cm^{-1}、422cm^{-1} 和 435cm^{-1} 对应于[PO_4]的对称弯曲振动 ν_2[34, 36]。640cm^{-1} 处微小的吸收峰是由[PO_4]的反对称弯曲振动 ν_4 所造成。此外，996～1026cm^{-1} 出现的强吸收峰对应于[PO_4]的对称伸缩振动 ν_1，1039cm^{-1}、1062cm^{-1}、1084cm^{-1} 和 1122cm^{-1} 处出现的谱带由[PO_4]反对称伸缩振动 ν_3 所造成。可以发现，随着 Sr 含量的增加，样品的拉曼谱峰位置略有偏移。同时由于 Sr^{2+}进入 NZP 结构取代 Na 位，造成晶体结构略微发生畸变，引起部分基团振动强度增强，特别是 435cm^{-1} 和 1062cm^{-1} 处的谱带较为明显。而且当 $x \geqslant 0.3$ 时，还可以明显发现在 996cm^{-1} 和 1039cm^{-1} 处出现了新的特征峰，这与 NZP 晶相的 $R\overline{3}c$ 空间群向 SrZP 晶相的 $R\overline{3}$ 空间群转变有关。拉曼光谱分析结果进一步证明了模拟核素 Sr 被固定在 NZP 晶体结构的 Na 晶格位，且随着 Sr 掺量的增加，固化体的物相逐渐由 NZP 相转变为 SrZP 相。

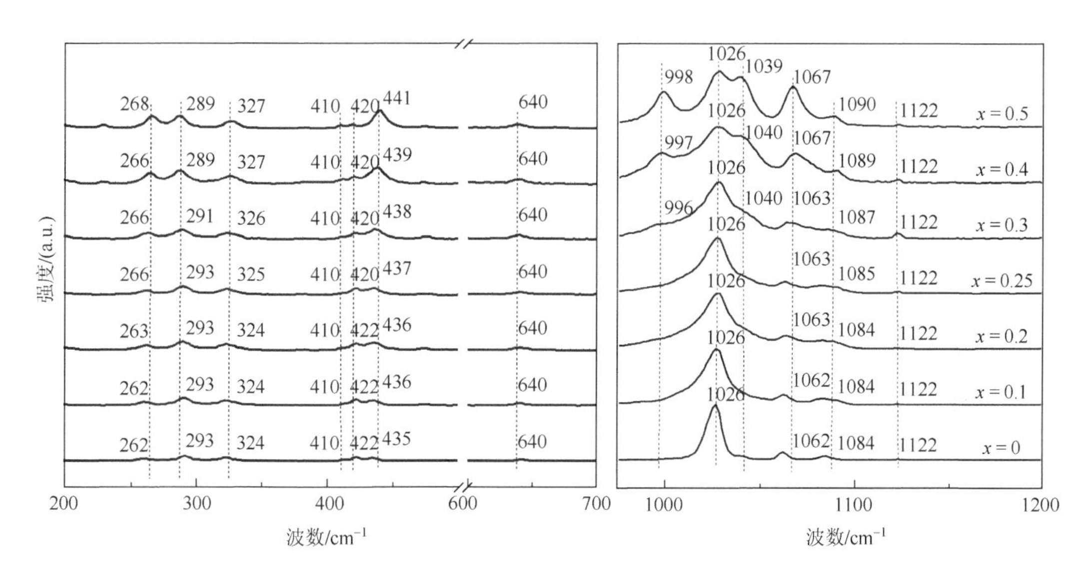

图 4-7　1100℃微波烧结 2h 制备的 $Na_{1-2x}Sr_xZr_2(PO_4)_3$ 固化体样品的拉曼光谱图

表 4-4　$Na_{1-2x}Sr_{2x}Zr_2(PO_4)_3$ 样品的拉曼振动模归属

拉曼频移/cm^{-1}							归属[34-36]
$x = 0$	$x = 0.1$	$x = 0.2$	$x = 0.25$	$x = 0.3$	$x = 0.4$	$x = 0.5$	
262	262	263	266	266	266	268	Zr—O 伸缩
293	293	293	293	291	289	289	Zr—O 伸缩
324	324	324	325	326	327	327	Zr—O 伸缩
410	410	410	410	410	410	410	ν_2
422	422	422	420	420	420	420	ν_2
435	436	436	437	438	439	441	ν_2
640	640	640	640	640	640	640	ν_4
—	—	—	—	996	997	998	ν_1

续表

拉曼频移/cm^{-1}							归属[34-36]
$x=0$	$x=0.1$	$x=0.2$	$x=0.25$	$x=0.3$	$x=0.4$	$x=0.5$	
1026	1026	1026	1026	1026	1026	1026	ν_1
—	—	—	—	1040	1040	1039	ν_3
1062	1062	1063	1063	1063	1067	1067	ν_3
1084	1083	1083	1084	1085	1089	1090	ν_3
1122	1122	1122	1122	1122	1122	1122	ν_3

注：ν_1 表示 PO_4^{3-} 基团的对称伸缩振动；ν_3 表示 PO_4^{3-} 基团的反对称伸缩振动；ν_4 表示 PO_4^{3-} 基团的反对称弯曲振动；ν_2 表示 PO_4^{3-} 基团的对称弯曲振动。

3. 固溶锶的 NZP 陶瓷固化体的微观形貌及致密性

对于陶瓷固化体，其致密性是影响固化体的物理和化学性能的主要因素，这将影响其在深地质处置环境中的长期稳定性和安全性。图 4-8 为 $Na_{1-2x}Sr_xZr_2(PO_4)_3$ 陶瓷固化体的体积密度和相对密度随 Sr 掺入量的变化曲线。当样品中 Sr 含量从 0 增加到 0.5 时，陶瓷样品的体积密度从大约 $3.06g·cm^{-3}$ 增加到 $3.19g·cm^{-3}$。由于 SrZP 的理论密度（$3.34g·cm^{-3}$）大于 NZP 的理论密度（$3.20g·cm^{-3}$），随着 Sr 掺入量的增加，样品的晶相从 NZP 逐渐转变为 SrZP，则样品的体积密度必然随之增大。另外，根据表 4-3 中精修得到的各组分样品的理论密度，计算得到所有样品的相对密度均接近理论密度的 96%，表明固化 Sr 的 NZP 型陶瓷固化体具有良好的致密性。

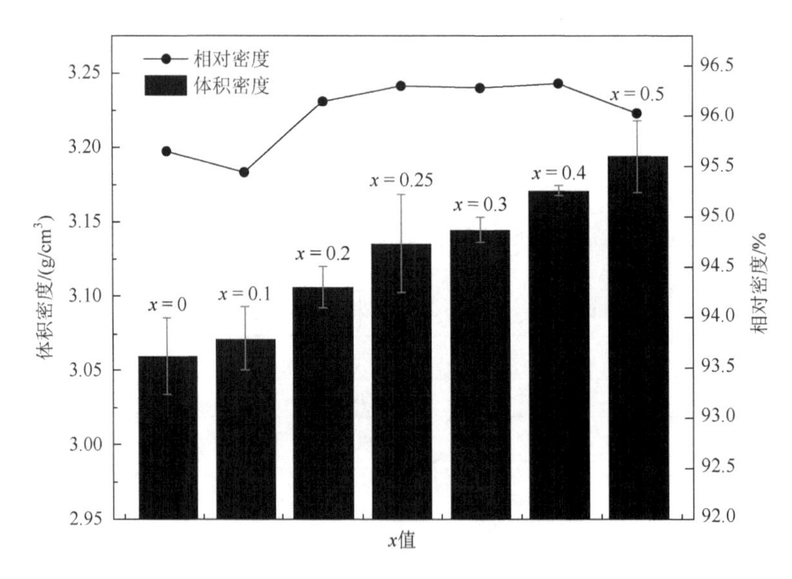

图 4-8 1100℃微波烧结 2h 制备的 $Na_{1-2x}Sr_xZr_2(PO_4)_3$ 固化体样品的体积密度和相对密度变化图

图 4-9 为上述所制备 $Na_{1-2x}Sr_xZr_2(PO_4)_3$ 样品的断面 BSE 图。可以看出，固化 Sr 的固化体样品断面结构致密，多为穿晶断裂，无气孔，晶粒大小均匀。而且对 Sr 掺入量为 0.2～

0.5 的样品来说，晶粒尺寸更加均匀。进一步证实了固化 Sr 的 NZP 型陶瓷固化体具有良好的致密性，样品物理性能较好。为了进一步分析 Sr 在 NZP 基体中的固化行为和元素在样品中的分布情况，测试了典型样品 $Na_{0.5}Sr_{0.25}Zr_2(PO_4)_3$ 的 SEM-EDS 元素分布（图 4-10）。根据 EDS 的 Na（5.42%）和 Sr（2.77%）测试结果，计算得到 Na 与 Sr 的化学计量比（1.96）非常接近设计的 $Na_{0.5}Sr_{0.25}Zr_2(PO_4)_3$ 中的 Na 与 Sr 的化学计量比（2.0）。而且样品的 EDS 元素分布结果[图 4-9（c）～（g）]表明样品中各元素分布均匀，组成接近设计的化学计量比。

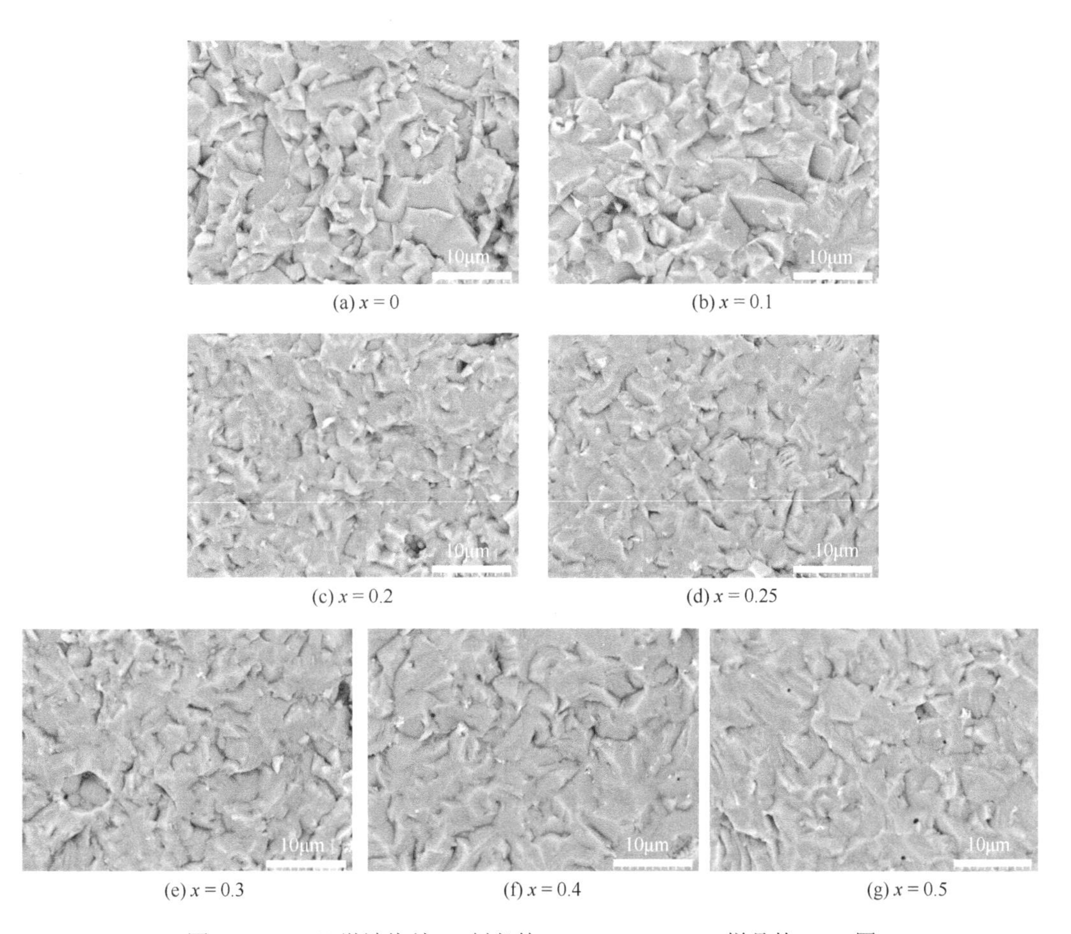

(a) $x = 0$　(b) $x = 0.1$　(c) $x = 0.2$　(d) $x = 0.25$　(e) $x = 0.3$　(f) $x = 0.4$　(g) $x = 0.5$

图 4-9　1100℃微波烧结 2h 制备的 $Na_{1-2x}Sr_xZr_2(PO_4)_3$ 样品的 SEM 图

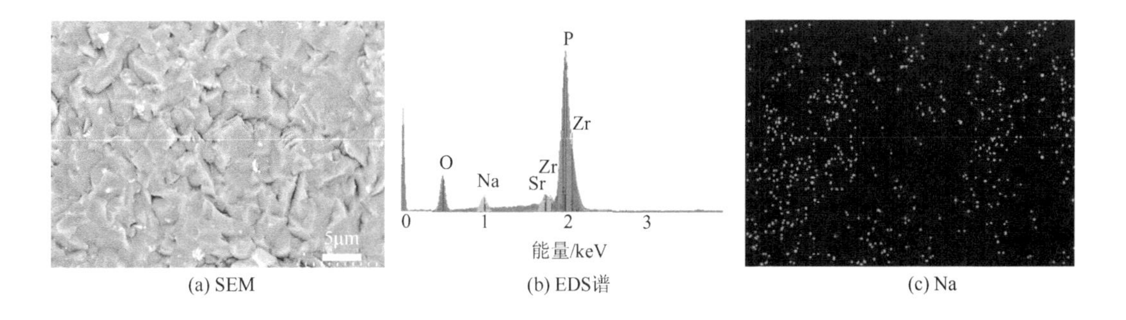

(a) SEM　(b) EDS谱　(c) Na

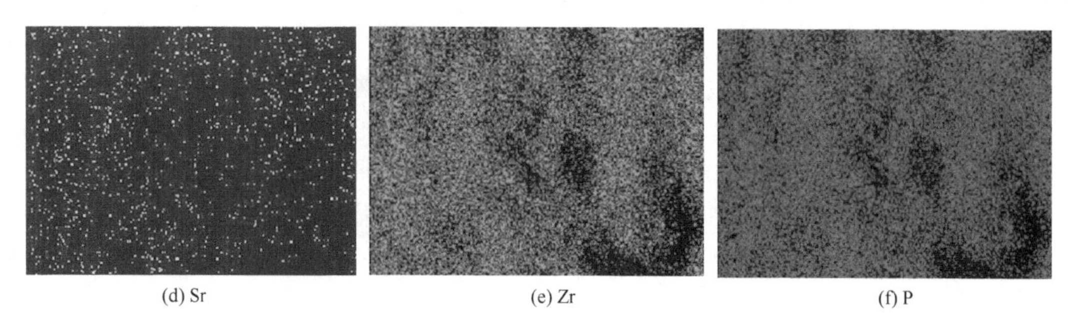

(d) Sr　　(e) Zr　　(f) P

图 4-10　1100℃微波烧结 2h 制备的 $Na_{0.5}Sr_{0.25}Zr_2(PO_4)_3$ 样品的 SEM-EDS 元素分布图

4. 固溶锶的 NZP 陶瓷固化体的化学稳定性

利用 PCT 法测试了上述所制备的 $Na_{1-2x}Sr_xZr_2(PO_4)_3$（$x=0$、0.25、0.5）样品的抗浸出性能。表 4-5 列出了样品的元素归一化浸出率 LR_i 和质量归一化浸出率 LR_m。可以看出各元素的浸出率都很低，LR_i 为 10^{-7}～10^{-3}g/(m^2·d)数量级，其中 Zr 元素的浸出率低于 10^{-7}g/(m^2·d)。重要的是，Sr 元素的浸出率为 10^{-3}g/(m^2·d)，明显低于文献[32]报道的动态测试 28d 的 $Sr_{0.5}Zr_2(PO_4)_3$ 样品的浸出率数值（10^0g/(m^2·d)）。同样，LR_{Sr} 也低于硼硅酸盐玻璃和水泥中 Sr 的浸出率数值，与其他固化 Sr 的陶瓷固化体的抗浸出性能相当。结合样品的质量归一化浸出率测试结果（$LR_{0.5Sr}<LR_{0.25Sr}<LR_{NZP}$），可知 SrZP 的抗浸出能力要优于 NZP，即固化 Sr 的 NZP 型陶瓷固化体具有优异的抗浸出性能。

表 4-5　$Na_{1-2x}Sr_xZr_2(PO_4)_3$ 样品的元素归一化浸出率和质量归一化浸出率　［单位：g/(m^2·d)］

样品	LR_i				LR_m
	Na	Sr	Zr	P	
$x=0$	6.57×10^{-5}	—	未检出	1.02×10^{-3}	2.19×10^{-2}
$x=0.25$	1.40×10^{-4}	3.87×10^{-3}	1.88×10^{-7}	2.38×10^{-3}	4.76×10^{-2}
$x=0.5$	—	3.36×10^{-3}	未检出	1.21×10^{-3}	5.75×10^{-3}

综上可知，利用微波辅助的固相反应烧结工艺成功制备得到了固化 Sr 的 $Na_{1-2x}Sr_xZr_2(PO_4)_3$（$x=0$、0.1、0.2、0.25、0.3、0.4、0.5）磷酸盐陶瓷固化体。研究发现固溶不同量 Sr 的固化体均为 NZP 型结构，Sr 占据 NZP 结构的 Na 位。随着 Sr 掺入量的增加，NZP 晶相转变为 SrZP 晶相，空间群由 $R\overline{3}c$ 转变为 $R\overline{3}$。而且所制备的固化体样品结构致密，样品中各元素分布均匀，具有高的致密性和良好的化学稳定性。

4.3.2　磷酸锆钠陶瓷固溶模拟核素锶和铈

NZP 材料具有丰富的离子取代性，其中 Na 可以被裂变核素 Sr、Cs 取代，Zr 可以被锕系核素取代，故理论上可用于多元核素的固化。目前对于单一核素在 NZP 结构中的固化研究得较多，但是 NZP 在多元核素固化领域的研究鲜少报道。本节尝试将裂变核素 Sr

和锕系核素 Ce 同时固化在 NZP 晶体结构中，以 $Sr(NO_3)_2$ 引入模拟裂变核素 ^{90}Sr、CeO_2 引入模拟锕系核素 ^{129}Ce，设计固化体配方组成为 $Sr_xZr_{2-y}Ce_y(PO_4)_3$（$x=0.5$，$y=0$、0.05、0.1、0.15、0.2），加入 1%的 ZnO 作为烧结助剂，采用微波辅助的固相反应烧结工艺在1100℃保温 2h 制备了同时固溶模拟核素 Sr 和 Ce 的 NZP 型陶瓷固化体；分析裂变核素 Sr 和锕系核素 Ce 在 NZP 材料中的固溶规律和赋存状态，并利用 PCT 法研究了样品的抗浸出性能，评价固化体的化学稳定性。

1. 固溶锶和铈的 NZP 陶瓷固化体的物相组成

利用优化的微波辅助固相反应烧结工艺，制备了固溶模拟核素 Sr 和 Ce 的 NZP 型磷酸盐陶瓷固化体，样品的 XRD 图如图 4-11 所示。从图中可以看出，由于 Sr 进入 NZP 结构的 Na 晶格位，所以固化体样品的主晶相为 SrZP；当掺入 Ce 后，除主晶相 SrZP 外，还有少量的第二相 $CePO_4$ 独居石存在（JCPDS 83-0652）。且随着 Ce 掺量的增加（大于0.1 时），独居石晶相的特征峰逐渐增强，说明部分 Ce 元素并未进入 NZP 结构，而是以独居石相形式与 SrZP 晶相共存。

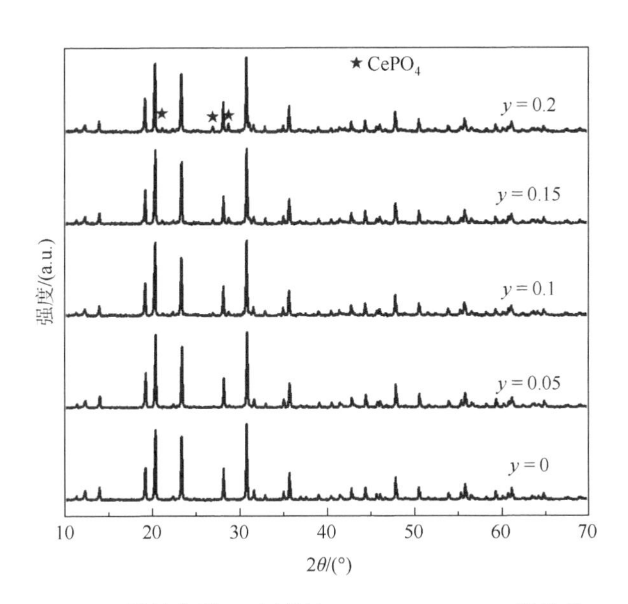

图 4-11　1100℃微波烧结 2h 制备的 $Sr_{0.5}Zr_{2-y}Ce_y(PO_4)_3$ 样品的 XRD 图

2. 固溶锶和铈的 NZP 陶瓷固化体的微观结构

图 4-12 为 $Sr_{0.5}Zr_{2-y}Ce_y(PO_4)_3$（$y=0$、0.05、0.1、0.15、0.2）样品的红外光谱图。其中，426cm^{-1} 处的谱峰为[PO_4]对称弯曲振动 ν_2 所引起，555cm^{-1}、582cm^{-1} 和 640cm^{-1} 处的红外吸收峰与[PO_4]反对称弯曲振动 ν_4 有关，883cm^{-1}、999cm^{-1}、1050cm^{-1} 和 1072cm^{-1} 附近的红外吸收峰对应于[PO_4]的对称伸缩振动 ν_1，而 1194cm^{-1} 处的红外吸收峰则是由[PO_4]的反对称伸缩振动 ν_3 所造成。从该图可以看出，随着 Ce 含量的增加，样品红外吸收峰并没有峰位和数目的变化。这可能是由于独居石含量较少，其红外吸收峰被 NZP 的

红外吸收峰覆盖，如独居石的[PO$_4$]会在 582cm^{-1} 处出现反对称弯曲振动 ν_4 引起的红外吸收峰，在 999cm^{-1}、1050cm^{-1} 和 1072cm^{-1} 处会出现由独居石[PO$_4$]的反对称伸缩振动 ν_3 造成的红外吸收峰[37]，而 NZP 结构恰在这三处附近也存在红外吸收峰。

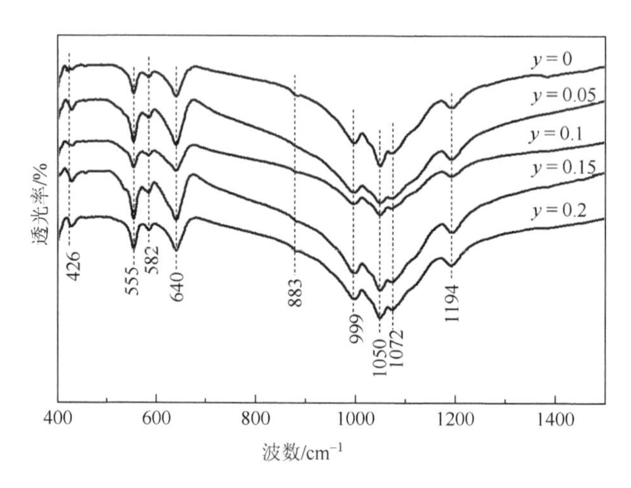

图 4-12　微波 1100℃下保温 2h 制备的 $Sr_{0.5}Zr_{2-y}Ce_y(PO_4)_3$ 样品的红外光谱图

图 4-13 为 $Sr_{0.5}Zr_{2-y}Ce_y(PO_4)_3$（$y = 0$、0.05、0.1、0.15、0.2）样品的拉曼光谱图。图中，127cm^{-1}、159cm^{-1}、194cm^{-1} 和 231cm^{-1} 处的谱峰对应于晶格振动引起的拉曼吸收，268cm^{-1}、289cm^{-1} 和 327cm^{-1} 处的谱峰则对应于 Zr—O 伸缩振动，410cm^{-1}、420cm^{-1} 和 440cm^{-1} 处的谱峰是由[PO$_4$]对称弯曲振动 ν_2 引起，552cm^{-1} 和 639cm^{-1} 处的谱峰对应于[PO$_4$]反对称弯曲振动 ν_4，998cm^{-1}、1027cm^{-1} 和 1039cm^{-1} 处的谱峰反映了[PO$_4$]的对称伸缩振动 ν_1，1067cm^{-1}、1090cm^{-1} 和 1122cm^{-1} 处的谱峰是由[PO$_4$]的反对称伸缩振动 ν_3 造成。从该图可以看出，样品均显示出典型的 SrZP 结构，这和 XRD 的分析结果一致；且随着

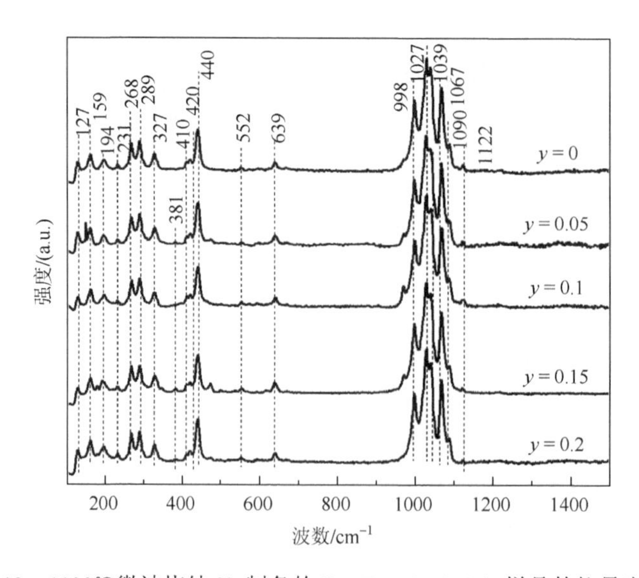

图 4-13　1100℃微波烧结 2h 制备的 $Sr_{0.5}Zr_{2-y}Ce_y(PO_4)_3$ 样品的拉曼光谱图

Ce 含量的增加，拉曼光谱图中 381cm^{-1} 处的谱带强度有逐渐增强的趋势，通过文献分析发现是独居石中 PO_4^{3-} 对称弯曲振动 ν_2 所造成。此外，由于独居石的反对称伸缩振动 ν_3 造成的拉曼吸收峰与 NZP 结构引起的特征峰存在重叠，故拉曼吸收峰并没有峰位和数目的变化。

3. 固溶锶和铈的 NZP 陶瓷固化体的微观形貌及致密性

图 4-14 为 $Sr_{0.5}Zr_{2-y}Ce_y(PO_4)_3$（$y=0$、0.05、0.1、0.15、0.2）样品的体积密度变化曲线。由图 4-14 可以看出，该系列陶瓷固化体的体积密度几乎都高于 3.2g·cm^{-3}，达到理论密度的 96%，表明固化体都具有高的致密性。而且随着 Ce 含量的增加，样品的体积密度变化不明显，表明尽管 Ce 不能完全固溶进入 NZP 的晶格，但独居石的存在不会对样品的致密性造成明显影响。可见，NZP 用于同时固化裂变核素和锕系核素时具有良好的致密性。

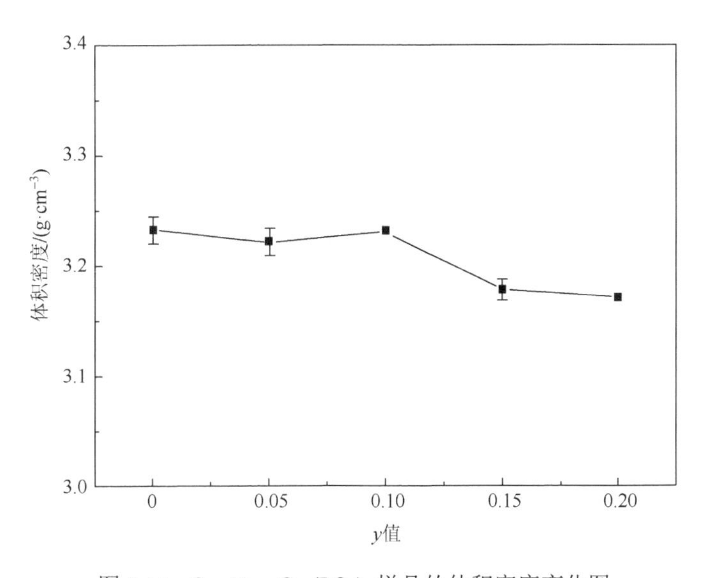

图 4-14　$Sr_{0.5}Zr_{2-y}Ce_y(PO_4)_3$ 样品的体积密度变化图

从 $Sr_{0.5}Zr_{2-y}Ce_y(PO_4)_3$（$y=0$、0.05、0.1、0.15、0.2）样品断面的 SEM 图（图 4-15）也可以明显看出，所有样品断面平整、结构致密、气孔少、晶粒大小均匀，而且样品断面表现为穿晶断裂，这表明所制备的陶瓷固化体具有高的致密度和力学性能，与上述体积密度的结果一致。另外，可以发现随着 Ce 掺入量的增加，样品中晶界处白色小颗粒增多，说明样品中存在第二相。根据 XRD 的分析结果，推测可能为独居石晶相。结合典型样品 $Sr_{0.5}Zr_{1.8}Ce_{0.2}(PO_4)_3$ 的 SEM-EDS 元素分布图（图 4-16）可以发现，Sr 元素均匀分布于样品中，而 Ce 元素却多分布在晶界处，这进一步证实了 Sr 进入 NZP 结构的 Na 晶格位，而 Ce 并没有完全进入 NZP 结构的 Zr 位，多以独居石相存在，故而最终固化体是 SrZP 和 $CePO_4$ 两相共存。需要说明的是，因独居石也是一类性能优异的高放废物陶瓷固化体，推测其不会对所制备的固化体化学稳定性造成明显影响。

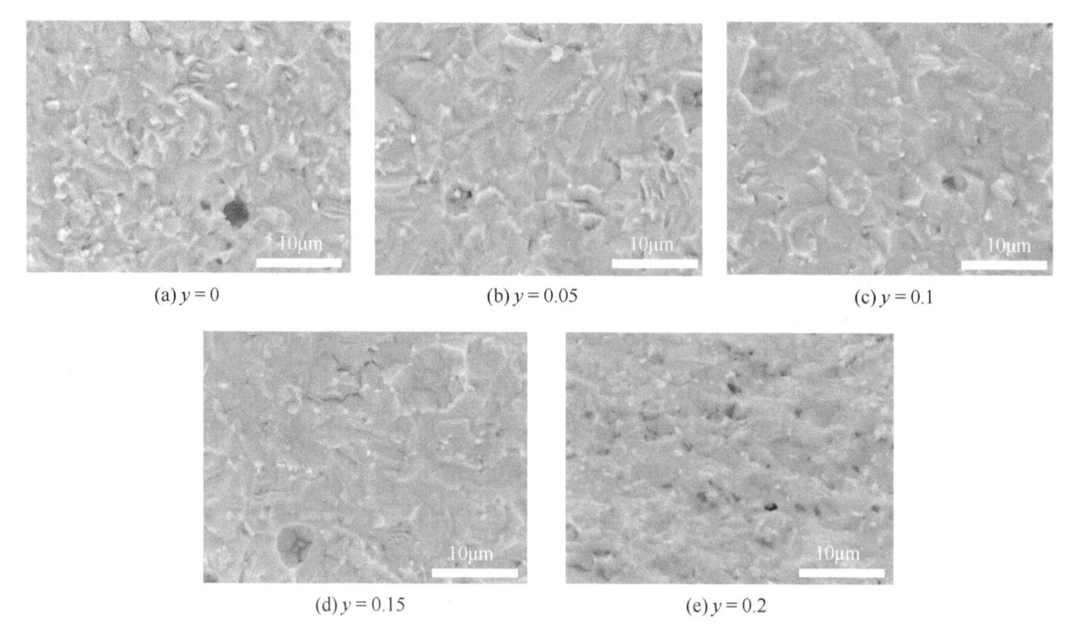

(a) $y=0$ (b) $y=0.05$ (c) $y=0.1$ (d) $y=0.15$ (e) $y=0.2$

图 4-15 1100℃微波烧结 2h 制备的 $Sr_{0.5}Zr_{2-y}Ce_y(PO_4)_3$ 样品断面的 SEM 图

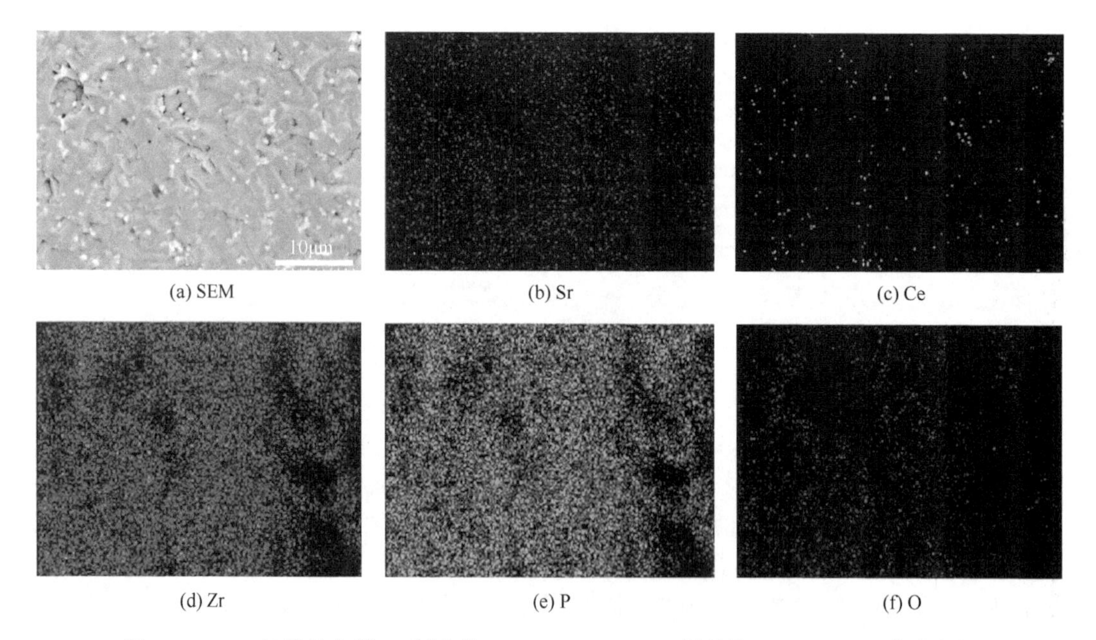

(a) SEM (b) Sr (c) Ce (d) Zr (e) P (f) O

图 4-16 1100℃微波烧结 2h 制备的 $Sr_{0.5}Zr_{1.8}Ce_{0.2}(PO_4)_3$ 样品的 SEM-EDS 元素分布图

4. 固溶锶和铈的 NZP 陶瓷固化体的化学稳定性

为评价固化体中模拟核素 Sr 和 Ce 的稳定性，利用 PCT 法测试了上述制备的 $Sr_{0.5}Zr_{2-y}Ce_y(PO_4)_3$（$y=0$、0.2）样品的抗浸出性能，计算结果见表 4-6。其中元素的归一化浸出率 LR_i 按式（4-4）计算得到，质量归一化浸出率 LR_m 按式（4-5）计算得到。可以看出，各元素的浸出率均较低，其中 Sr 元素和 Ce 元素的浸出率分别为 $10^{-3}g/(m^2 \cdot d)$和 $10^{-5}g/(m^2 \cdot d)$，

Zr 元素的浸出率低至 10^{-7}g/(m^2·d)。而且 Ce 元素掺入 SrZP 后，样品中 Sr 和 P 元素的浸出率有降低趋势，说明即使 Ce 难以进入 NZP 结构的 Zr 晶格位，但以 $CePO_4$ 相形式存在时，能与 SrZP 相稳定共存，也不会降低固化体样品的化学稳定性。此外，样品的 LR_m 数量级均为 10^{-3}g·m^{-2}·d^{-1}，相较于文献报道值较低，说明样品具有优异的化学稳定性。

表 4-6　$Sr_{0.5}Zr_{2-y}Ce_y(PO_4)_3$ 陶瓷固化体的元素归一化浸出率和质量归一化浸出率［单位：g/(m^2·d)］

样品	LR_i				LR_m
	Sr	Zr	Ce	P	
$y=0$	3.36184×10^{-3}	未检出	—	1.21×10^{-3}	5.75×10^{-3}
$y=0.2$	2.43433×10^{-3}	2.18608×10^{-7}	1.53715×10^{-5}	8.96×10^{-4}	7.81×10^{-3}

综上可知，固溶 Sr 和 Ce 的 NZP 型磷酸盐陶瓷固化体中 Sr 占据 NZP 的 Na 晶格位，Ce 则难以进入 NZP 晶格位，当 Ce 掺入量多时（大于 1.0 时）以 $CePO_4$ 独居石相随机分布于陶瓷晶界。该固化体结构致密，样品中各元素分布比较均匀，具有良好的化学稳定性。SrZP 相与独居石相能够稳定共存，且独居石第二相的存在有提高样品化学稳定性的趋势。

4.3.3　磷酸锆钠陶瓷固溶模拟核素锶和钐

笔者尝试将裂变核素 Sr 和三价锕系核素 Sm 同时分别固化在 NZP 晶体结构的 Na 和 Zr 晶格位[38]。采用上述微波辅助的固相反应烧结工艺在 1100℃保温 2h 制备了同时固溶模拟核素 Sr 和 Sm 的 NZP 型陶瓷固化体$(Na, Sr)(Zr, Sm)_2(PO_4)_3$，研究了裂变核素 Sr 和锕系核素 Sm 在 NZP 材料中的赋存状态和固溶规律，并对固化体的化学稳定性进行评价。

1. 固溶锶和钐的陶瓷固化体的物相组成和微观结构

图 4-17 为 1100℃微波烧结 2h 制备的$(Na, Sr)(Zr, Sm)_2(PO_4)_3$陶瓷样品的 XRD 图。可以看出，采用微波烧结工艺成功制备了具有单一 NZP 晶相的陶瓷固化基材（JCPDS 33-1312）。当只固溶裂变核素 Sr 时，固化体的物相为 $Sr_{0.5}Zr_2(PO_4)_3$（SrZP，JCPDS 33-1360），无其他杂相存在，表明模拟核素 Sr 全部进入了 NZP 的 Na 晶格位。当同时固溶裂变核素 Sr 和锕系核素 Sm 时，随着 Sm 的掺入，样品中除了存在结晶度良好的 SrZP 相的衍射峰外，还出现了微弱的 $SmPO_4$ 独居石的特征峰。而且，$SmPO_4$ 相的衍射峰强度随着 Sm 掺入量的增加而增强，表明 Sm 在 NZP 结构中的固溶量较小，即 Sm 并未完全进入 NZP 结构的 Zr 晶格位。这主要是由于 Sm^{3+}的离子半径（0.958Å）大于 Zr^{4+}的离子半径（0.72Å），计算得到 $\Delta r=\left|(r_{Zr^{4+}}-r_{Sm^{3+}})/r_{Zr^{4+}}\right|=33\%$，根据休姆-罗瑟里（Hume-Rothery）定则，当 Δr 大于 30%时很难形成固溶体，故而 Sm^{3+}较难进入 Zr^{4+}位，而是以第二相 $SmPO_4$ 独居石的形式存在。但是，独居石本身就是自然界中锕系核素的天然宿主之一，对 HLW 的包容量高，化学稳定性和抗辐照性好，也是目前研究放射性核素的陶瓷固化基材之一。

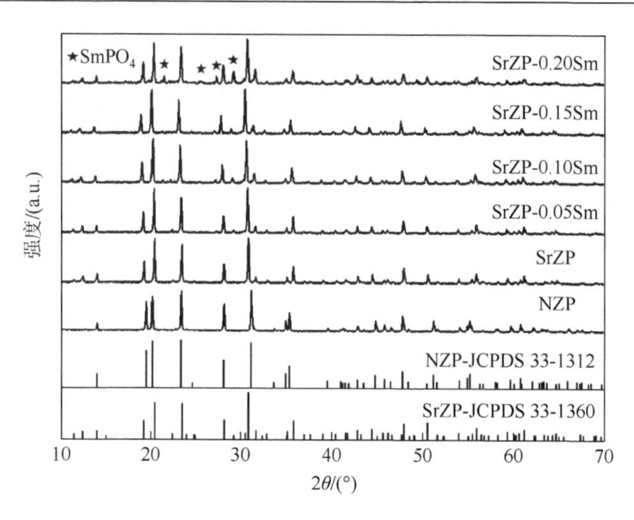

图 4-17　(Na, Sr) (Zr, Sm)$_2$(PO$_4$)$_3$ 陶瓷样品的 XRD 图

图 4-18 为(Na, Sr) (Zr, Sm)$_2$(PO$_4$)$_3$ 陶瓷样品的红外光谱图。它与 4.3.2 节中固溶 Sr 和 Ce 的陶瓷固化体的红外光谱图类似，固溶 Sr 和 Sm 的固化体样品中[PO$_4$]的弯曲振动（ν_2 和 ν_4）和伸缩振动（ν_1 和 ν_3）引起了红外吸收。可以看出，随着 Sr^{2+}占据 Na^+晶格位后，晶体结构发生畸变，644cm^{-1} 和 1203cm^{-1} 处的两个峰发生红移，向低波数方向移动。比较可知，只固溶 Sr 的样品的各红外吸收谱最强，属于典型的 SrZP 晶相的吸收谱。对同时固溶 Sr 和 Sm 的样品而言，红外吸收谱的峰位和数目并没有明显变化，主要表现为 SrZP 的红外吸收峰。据文献报道[39]，在独居石的红外吸收谱中，[PO$_4$]的反对称弯曲振动 ν_4 吸收谱出现在 576cm^{-1} 处，对称伸缩振动 ν_1 出现在 996cm^{-1} 处，反对称伸缩振动 ν_3 出现在 1043cm^{-1} 和 1075cm^{-1} 处。而 SrZP 结构在这几个波数附近恰好也存在红外吸收峰。与主晶相 SrZP 相比，$SmPO_4$ 独居石的含量较少，其红外吸收峰被 SrZP 的特征峰所合并。但是，可以发现，随着 Sm 掺入量的增加，吸收谱带的强度逐渐变弱，这可能是由于独居石与 SrZP 的晶体结构不同，两者复合后造成分子偶极矩发生变化，导致红外吸收光谱强度变弱。

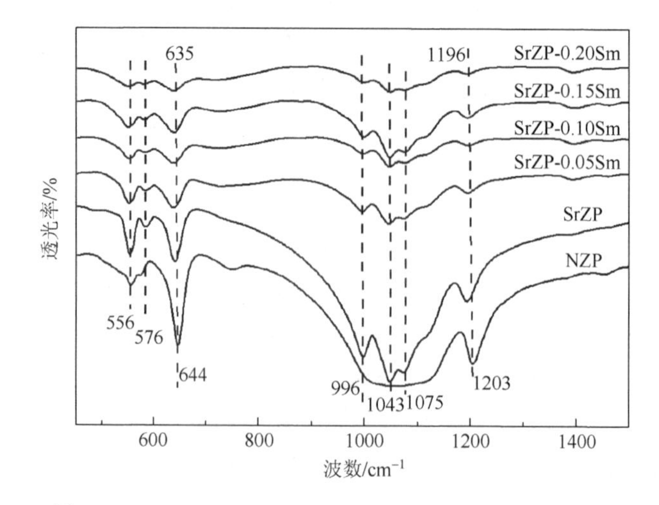

图 4-18　(Na, Sr) (Zr, Sm)$_2$ (PO$_4$)$_3$ 陶瓷样品的红外光谱图

2. 固溶锶和钐的陶瓷固化体的微观形貌及致密性

图 4-19 为(Na, Sr) (Zr, Sm)$_2$(PO$_4$)$_3$ 陶瓷样品的断面 SEM 图。从图中可以看出，固化体样品的晶粒大小均匀，断面较为平整。随着 Sr 和 Sm 的掺入，样品晶粒尺寸逐渐减小，而且所有样品都显示为穿晶断裂，孔隙较少，致密性高。此外，从图 4-19（c）～（f）还可以看出，随着 Sr、Sm 的同时掺入，样品中除大量暗相物质晶粒外，还均匀分散着少量的明相物质晶粒，而且明相物质的晶粒数量随着 Sm 掺入量的增加而增多，说明样品中存在第二相。由于背散射成像的 BSE 图可以反映样品表面成分衬度，其中，物质的平均原子序数越大，则该区域的亮度越高。而 $SmPO_4$ 平均原子序数大于 SrZP，所以推测暗相物质是 SrZP 晶粒，而明相物质为 $SmPO_4$ 晶粒。这可以从设计组成为 $Sr_{0.6}Zr_{1.8}Sm_{0.2}(PO_4)_3$ 的典型样品断面的 SEM-EDS 元素分布图（图 4-20）得到证实。可以看出，除 Sm 元素外，其余元素都均匀地分布于样品中。对比图 4-20（d）和图 4-20（e）发现，Sm 和 Sr 正好分别分布在图 4-20（a）中的亮色区域和暗色区域，结合上述 XRD 分析结果，说明亮色区域处的物相为 $SmPO_4$，暗色区域的物相为 SrZP。由此，进一步证实了 Sr 能够完全固溶进入 NZP 结构中的 Na 晶格位，形成 SrZP 物相，而 Sm 难以进入 NZP 结构中的 Zr 晶格位，其在 NZP 结构中的固溶量很小，绝大多数是以 $SmPO_4$ 独居石形式存在于固化体中。

图 4-21 为 1100℃微波烧结 2h 制备的(Na, Sr) (Zr, Sm)$_2$ (PO$_4$)$_3$ 陶瓷样品的体积密度变化图。从图中可以明显地看出，NZP 样品的体积密度为 3.06g/cm^3，固溶单一 Sr 的固化体样品的体积密度为 3.18g/cm^3，达到 SrZP 理论密度（3.328g/cm^3）的 95.6%，这表明微波烧结制备的陶瓷固化体具有良好的致密性。对于同时固溶 Sr 和 Sm 的样品而言，随着 Sm 掺入量的增加，样品的体积密度逐渐从 3.18g/cm^3 增大到 3.61g/cm^3。这是因为样品组成的摩尔质量随着 Sm 掺入量的增加而变大，故样品的体积密度也逐渐增大。

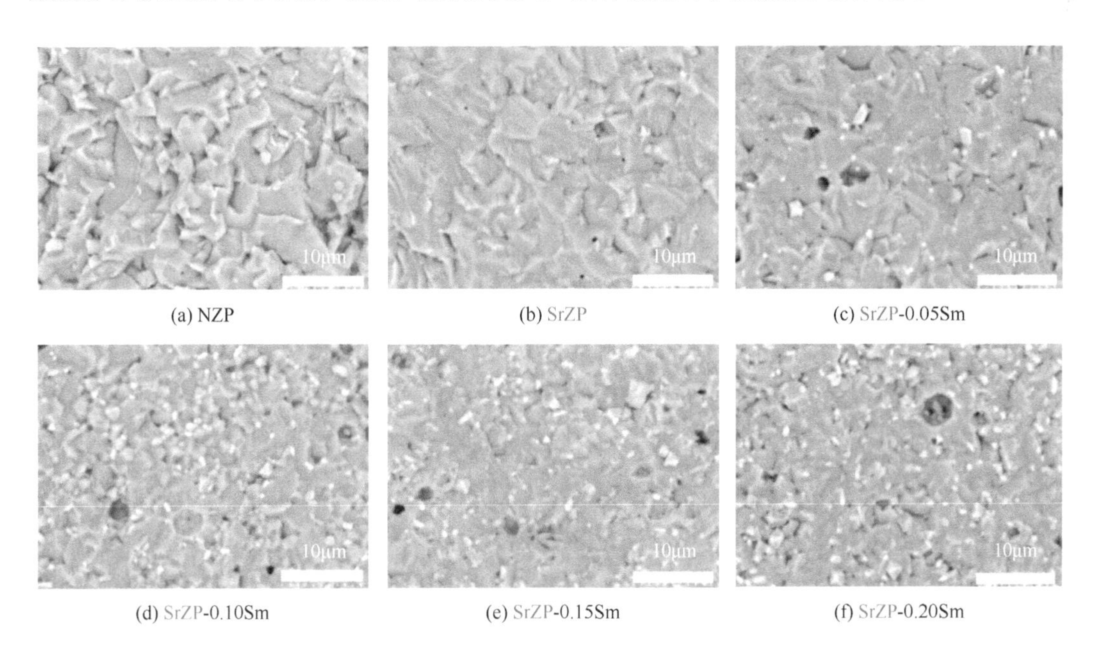

(a) NZP　(b) SrZP　(c) SrZP-0.05Sm
(d) SrZP-0.10Sm　(e) SrZP-0.15Sm　(f) SrZP-0.20Sm

图 4-19　(Na, Sr) (Zr, Sm)$_2$ (PO$_4$)$_3$ 陶瓷样品的 SEM 图

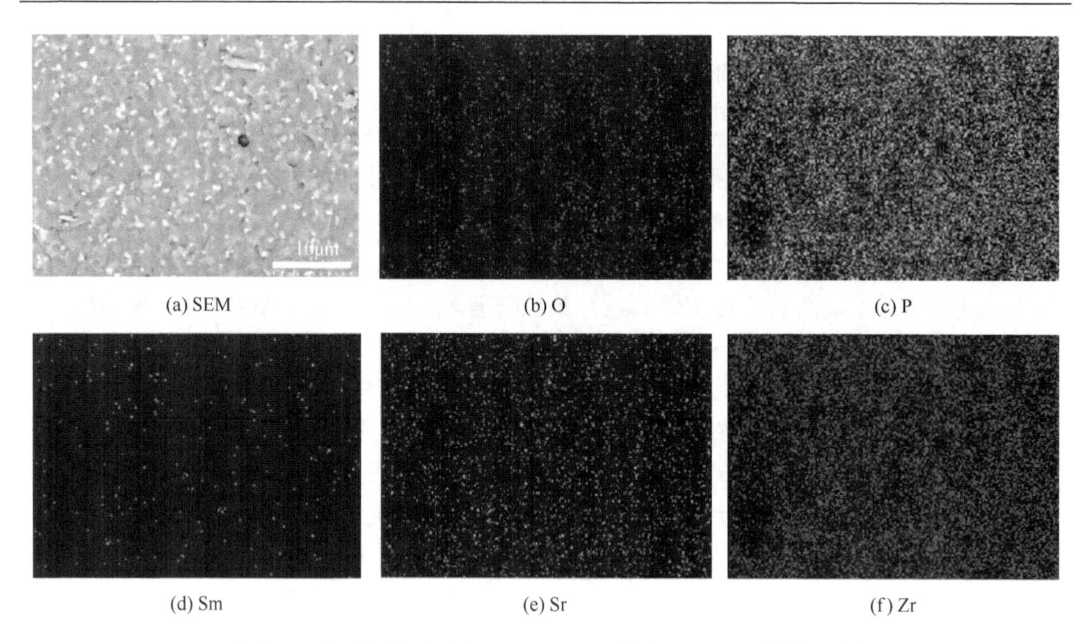

(a) SEM (b) O (c) P

(d) Sm (e) Sr (f) Zr

图 4-20 典型样品 $Sr_{0.6}Zr_{1.8}Sm_{0.2}(PO_4)_3$ 的 SEM-EDS 元素分布图

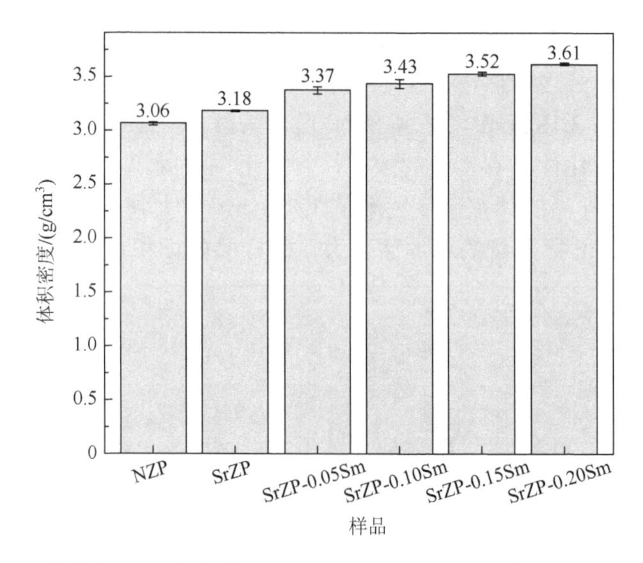

图 4-21 1100℃微波烧结 2h 制备的(Na, Sr) (Zr, Sm)$_2$ $(PO_4)_3$ 陶瓷样品的体积密度变化图

3. 固溶锶和钐的陶瓷固化体的化学稳定性

表 4-7 列出了典型样品 SrZP 和 SrZP-0.20Sm 的各元素归一化浸出率。发现各元素的归一化浸出率在 10^{-7}～10^{-3} 数量级，其中 Zr 元素的归一化浸出率低至 10^{-7}～10^{-6}g/(m^2·d)。这是因为 NZP 结构中存在稳定的[ZrO_6]八面体，其 Zr—O 键很难被破坏。而 Sr 和 P 的元素归一化浸出率为 10^{-4}～10^{-3}g/(m^2·d)，相比之下 Sr 的浸出率要低于硼硅酸盐玻璃中 Sr 的浸出率（10^{-2}～1g/(m^2·d)），并且与其他陶瓷固化体中 Sr 的浸出率相当（10^{-3}g/(m^2·d)）[33]。另外，Sm 的元素归一化浸出率低至 10^{-6}g/(m^2·d)，这是由于 $SmPO_4$ 独居石本身具有良好

的化学稳定性。值得注意的是，与 SrZP 固化体样品相比，SrZP-0.20Sm 固化体样品中各元素的归一化浸出率略低。这说明 Sm 虽然难以进入 NZP 的晶格位，但以 $SmPO_4$ 第二相形式存在时不会降低固化体样品的化学稳定性。

表 4-7　典型样品 SrZP 和 SrZP-0.20Sm 的各元素归一化浸出率　［单位：$g/(m^2 \cdot d)$］

样品	Sr	Zr	P	Sm
SrZP	2.45×10^{-3}	9.01×10^{-6}	7.21×10^{-3}	—
SrZP-0.20Sm	1.63×10^{-4}	2.55×10^{-7}	1.38×10^{-4}	7.89×10^{-6}

综上所述，利用 NZP 同时固化裂变核素 Sr 和锕系核素 Sm 时，Sr 完全固溶进入 NZP 结构的 Na 晶格位，形成 SrZP，而 Sm 难以进入 NZP 结构的 Zr 晶格位，其在 NZP 结构中的固溶量较低，主要以 $SmPO_4$ 独居石形式存在。固溶 Sr 和 Sm 的 NZP 型陶瓷固化体的结构致密、晶粒大小均匀、各元素分布均匀，且 $SmPO_4$ 独居石的存在不会降低固化体的致密性。同时，固化体具有良好的化学稳定性，$SmPO_4$ 独居石的存在也不会降低样品的抗浸出性能。

4.4　磷酸锆钠-独居石陶瓷固溶模拟核素及其化学稳定性

鉴于锕系核素难以固定在 NZP 的 Zr 晶格位，常以 $LnPO_4$ 独居石存在，故本节提出采用新型的 NZP-独居石磷酸盐复相陶瓷作为固化基材对多元放射性核素进行固化，通过改变复相陶瓷固化体中 NZP 和独居石的相对比例来实现固化不同含量的放射性核素。本节研究 NZP-独居石磷酸盐复相陶瓷同时固化裂变产物 Sr 和锕系放射性核素 Nd、Ce，设计 Sr（模拟裂变产物）进入 NZP 结构完全取代 Na 形成 $Sr_{0.5}Zr_2(PO_4)_3$ 相，Nd（模拟三价锕系核素）和 Ce（模拟变价锕系核素）进入独居石相合成 (Ce, Nd)PO_4，利用微波一步烧结工艺制备同时固化裂变产物 Sr 和锕系核素 Ce/Nd 的 $(1-x)$SrZP-x(Ce, Nd)PO_4（$x = 0$、0.2、0.4、0.6、0.8、1）复相陶瓷固化体。系统研究复相陶瓷固化体的化学组成与晶相组成、显微结构和物理性能之间的关系，评价其化学稳定性。

4.4.1　磷酸锆钠-独居石陶瓷固溶模拟核素锶和钕

1. 固溶锶和钕的复相陶瓷固化体的物相组成及相演化

微波一步烧结制备 NZP-独居石磷酸盐复相陶瓷固化体可以显著缩短烧结时间、降低烧结温度，研究发现在 1050℃微波烧结 2h 能够成功制备出致密的 NZP-独居石复相陶瓷固化体[40]。图 4-22 为 $(1-x)Sr_{0.5}Zr_2(PO_4)_3$-$x$$NdPO_4$（$x = 0$、0.2、0.4、0.6、0.8、1.0）复相陶瓷固化体样品的 XRD 图。可以看出，当 $x = 0$ 和 1.0 时，样品分别呈现出纯 $Sr_{0.5}Zr_2(PO_4)_3$ 相（JCPDS 33-1360）和纯 $NdPO_4$ 相（JCPDS 25-1065）的特征衍射峰。当 $x = 0.2$～0.8 时，样品均由 $Sr_{0.5}Zr_2(PO_4)_3$ 相和 $NdPO_4$ 相组成，并无其他杂相生成，说明原料反应充分，$Sr_{0.5}Zr_2(PO_4)_3$ 相和 $NdPO_4$ 相之间不会发生明显的化学反应。此外，随着组成中 x 值的增大，$NdPO_4$ 相的特征衍射峰逐渐增强，$Sr_{0.5}Zr_2(PO_4)_3$ 相的特征衍射峰逐渐减

弱，可以反映出样品中两相相对含量的变化。根据文献[41]介绍的方法，通过 XRD 数据中各晶相的最强衍射峰强度的比值 $I(NdPO_4)/[I(Sr_{0.5}Zr_2(PO_4)_3)+I(NdPO_4)]$ 计算得到 $NdPO_4$ 相的相对摩尔分数。从 $NdPO_4$ 相的相对摩尔分数随 x 值变化的拟合图（图 4-23）可以看出，制备的复相陶瓷样品中 $NdPO_4$ 相的相对摩尔分数随 x 值的增加近似呈线性增加，计算结果与设计的名义化学成分非常接近。由此可知，复相陶瓷中的 $Sr_{0.5}Zr_2(PO_4)_3$ 相和 $NdPO_4$ 相能够稳定存在且两相兼容性良好。

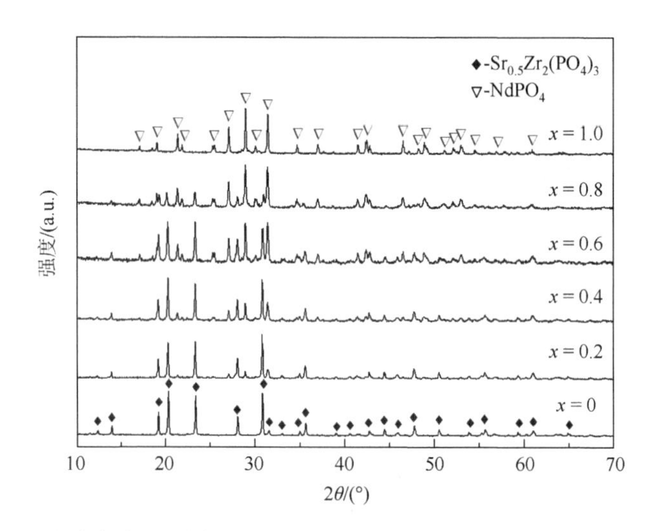

图 4-22 1050℃微波烧结 2h 制备的$(1-x)Sr_{0.5}Zr_2(PO_4)_3$-$xNdPO_4$ 复相陶瓷固化体的 XRD 图

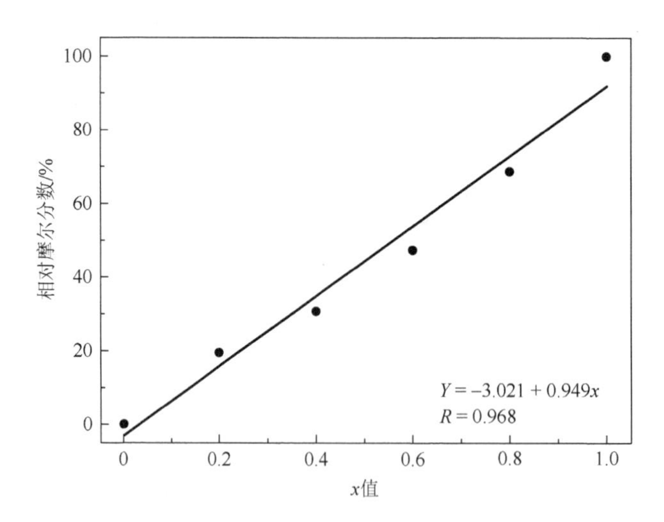

图 4-23 $(1-x)Sr_{0.5}Zr_2(PO_4)_3$-$xNdPO_4$ 复相陶瓷固化体中 $NdPO_4$ 相的相对摩尔分数随 x 值的变化

通过对$(1-x)Sr_{0.5}Zr_2(PO_4)_3$-$xNdPO_4$ 复相陶瓷固化体样品的拉曼光谱进行分析，可以进一步确定所制备的复相陶瓷固化体的物相组成结构和相演化。图 4-24 显示复相陶瓷固化体的拉曼光谱包含了$[PO_4]$四面体中 P—O 键的四种振动模（对称弯曲振动 ν_2、反对称弯曲振动 ν_4、对称伸缩振动 ν_1 和反对称伸缩振动 ν_3）和$[ZrO_6]$八面体的振动模。当 $x=0$ 时，样品在 268～328cm^{-1}（Zr—O ν_1）、440cm^{-1}（PO_4 ν_2）、640cm^{-1}（PO_4 ν_4）、975～1040cm^{-1}（PO_4 ν_1）、1070～1092cm^{-1}（PO_4 ν_3）的特征峰都属于 $Sr_{0.5}Zr_2(PO_4)_3$ 的振动模[34, 36]。随着 x 值的升高，可以观察到 848cm^{-1} 和 975cm^{-1} 波数的振动模出现并逐渐增强，这是属于 $NdPO_4$ 相中的[PO_4]基团特有的对称伸缩振动模[42]。此外，属于 $Sr_{0.5}Zr_2(PO_4)_3$ 相的 Zr—O 键的伸缩振动模在 268cm^{-1} 和 328cm^{-1} 处的特征峰随着 x 值的增大而逐渐减弱。同时，$Sr_{0.5}Zr_2(PO_4)_3$ 相中[PO_4]基团对应的弯曲振动模在 440cm^{-1} 和 640cm^{-1} 的特征峰也逐渐减弱，但 $NdPO_4$ 相中[PO_4]基团对应的弯曲振动模在 385cm^{-1}、470cm^{-1} 和 620cm^{-1} 处的特征峰逐渐增强。当 $x = 1.0$ 时，样品在 385～470cm^{-1}（PO_4 ν_2）、620cm^{-1}（PO_4 ν_4）、975～1030cm^{-1}（PO_4 ν_1）、1067～1089cm^{-1}（PO_4 ν_3）的特征峰全都属于 $NdPO_4$ 的振动模。上述复相陶瓷的拉曼光谱振动模及拉曼散射强度变化，进一步明确了其物相组成结构随着组成中 x 值的变化，从 $Sr_{0.5}Zr_2(PO_4)_3$ 晶相逐渐演化为 $Sr_{0.5}Zr_2(PO_4)_3$ 和 $NdPO_4$ 两相共存再到 $NdPO_4$ 晶相。

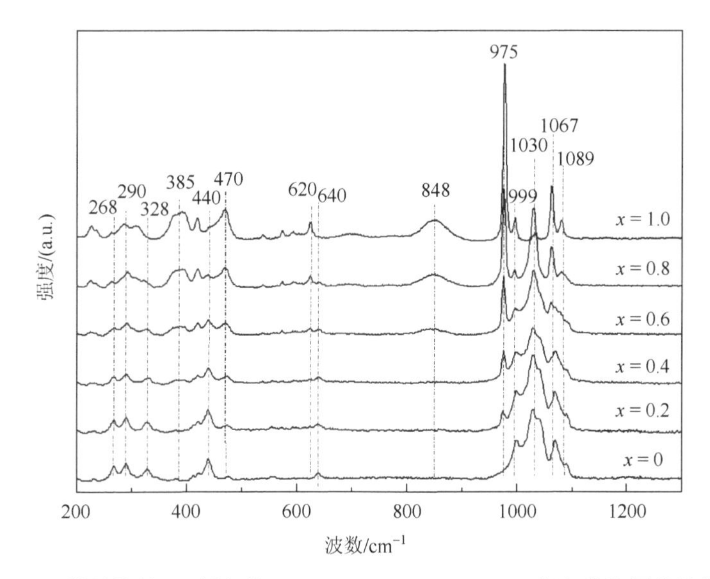

图 4-24　1050℃微波烧结 2h 制备的$(1-x)Sr_{0.5}Zr_2(PO_4)_3$-$x$$NdPO_4$ 复相陶瓷固化体的拉曼光谱

2. 固溶锶和钕的复相陶瓷固化体的微观形貌及致密性

图 4-25 为 $(1-x)Sr_{0.5}Zr_2(PO_4)_3$-$x$$NdPO_4$（$x = 0$、0.2、0.4、0.6、0.8、1）复相陶瓷固化体的断面 SEM 图。可以明显看出，纯相 $Sr_{0.5}Zr_2(PO_4)_3$ 样品（$x = 0$）的微观结构非常致密，并且断面呈现穿晶断裂。对于 $x = 0.2$～0.8 的样品，所有样品都具有致密的微观结构；且观察到样品中 $NdPO_4$ 相（亮相）和 $Sr_{0.5}Zr_2(PO_4)_3$ 相（暗相）均匀分布，并随着 x 值增大，$NdPO_4$ 相的相对含量逐渐增加，同时，样品的晶粒尺寸随 x 值的增大呈明显减小的趋势。当 $x = 1.0$ 时，纯 $NdPO_4$ 相的晶粒呈片状结构并且非常细小。与其他样品相比，$NdPO_4$ 纯相样品的致密性较差，这可能是由这种独特的微观形貌造成的。

图 4-26 是组成为 $0.6Sr_{0.5}Zr_2(PO_4)_3$-$0.4NdPO_4$ 复相陶瓷固化体的 SEM-EDS 元素分布图。对比图 4-26（b）和图 4-26（c）可以发现，Sr 元素的分布区域与图 4-26（a）中较

暗的 $Sr_{0.5}Zr_2(PO_4)_3$ 相相关，而 Nd 元素的分布区域与图 4-26（a）中较亮的 $NdPO_4$ 相相关，说明 Sr 和 Nd 分别被固定在 $Sr_{0.5}Zr_2(PO_4)_3$ 相和 $NdPO_4$ 相的晶格中。根据所测得样品中各元素的原子物质的量比，计算得到的 P/O（14.02/45.31）和 Sr/Nd/Zr（5.83/9.2/25.65）的原子比非常接近于名义组成 $0.6Sr_{0.5}Zr_2(PO_4)_3$-$0.4NdPO_4$ 各元素的理论原子比 P/O(1/4)和 Sr/Nd/Zr(3/4/12)。结合 XRD 分析，SEM-EDS 元素分布图的结果进一步证明了 Sr 固溶在 NZP 的 Na 晶格位形成 $Sr_{0.5}Zr_2(PO_4)_3$ 相，Nd 则进入独居石结构形成 $NdPO_4$ 相。

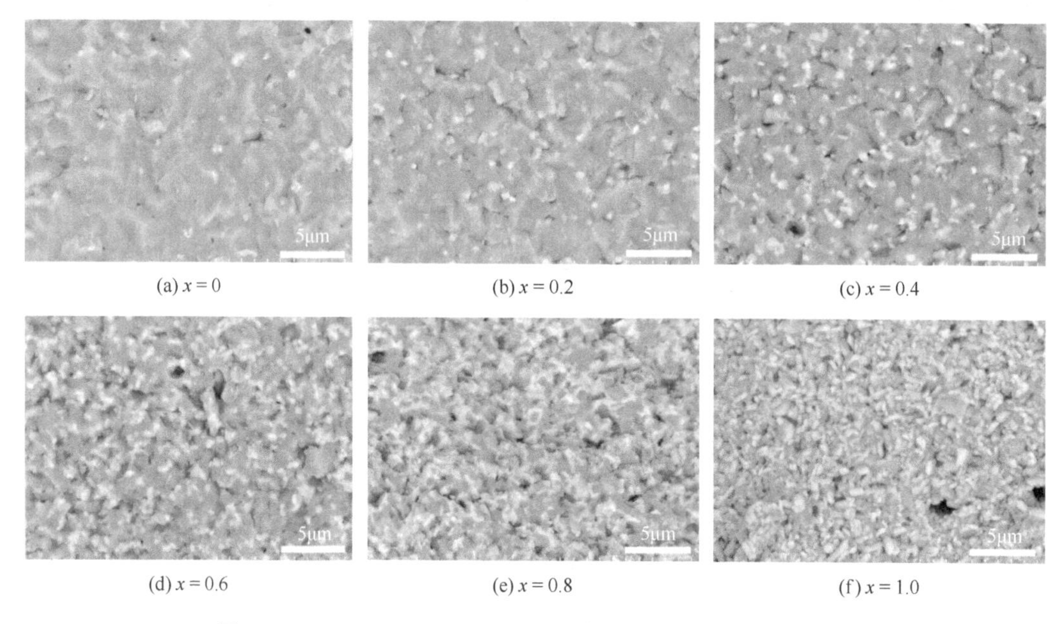

(a) $x=0$　(b) $x=0.2$　(c) $x=0.4$

(d) $x=0.6$　(e) $x=0.8$　(f) $x=1.0$

图 4-25　$(1-x)Sr_{0.5}Zr_2(PO_4)_3$-$xNdPO_4$ 复相陶瓷固化体的 SEM 图

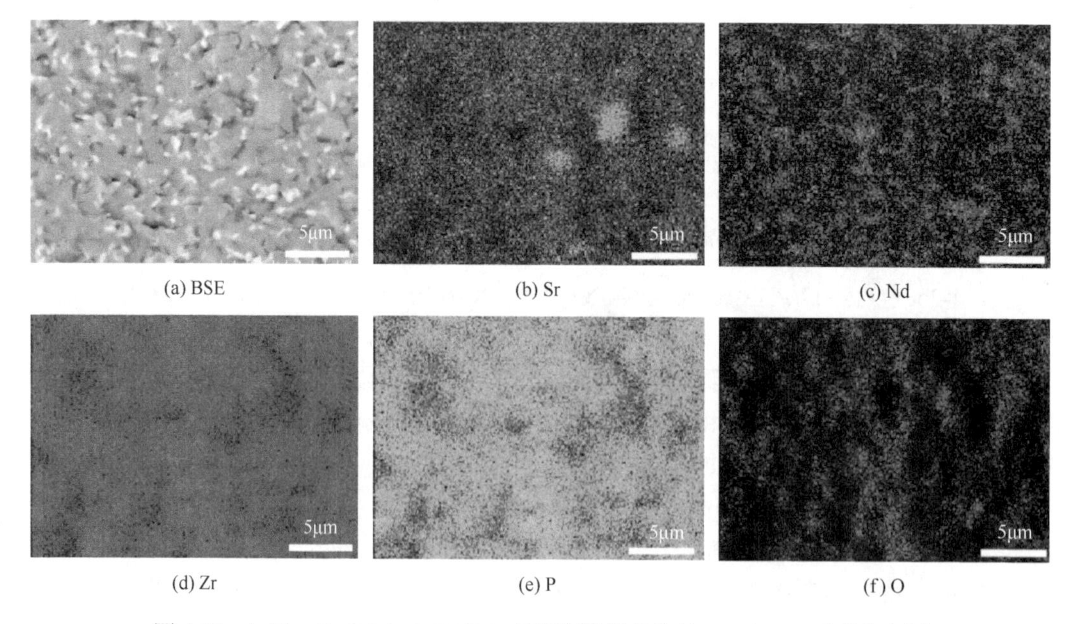

(a) BSE　(b) Sr　(c) Nd

(d) Zr　(e) P　(f) O

图 4-26　$0.6Sr_{0.5}Zr_2(PO_4)_3$-$0.4NdPO_4$ 复相陶瓷固化体的 SEM-EDS 元素分布图

如前所述，致密性是影响固化体安全稳定性的一个重要因素。$(1-x)Sr_{0.5}Zr_2(PO_4)_3$-$xNdPO_4$复相陶瓷固化体样品的相对密度如图4-27所示。可以看出，$Sr_{0.5}Zr_2(PO_4)_3$纯相样品（$x=0$）的相对密度高达98.4%。虽然$(1-x)Sr_{0.5}Zr_2(PO_4)_3$-$xNdPO_4$（$x=0.2$～0.8）复相陶瓷固化体样品的相对密度随$x$值的增大而略微降低，但是最低相对密度仍接近96%。然而，$NdPO_4$纯相样品（$x=1.0$）的相对密度仅为67.9%，这或许与$NdPO_4$的板状晶粒形态有关。由此可知，采用微波烧结制备的$(1-x)Sr_{0.5}Zr_2(PO_4)_3$-$xNdPO_4$复合陶瓷固化体具有良好的致密性，独居石$NdPO_4$相的存在对样品致密性没有明显的不利影响。

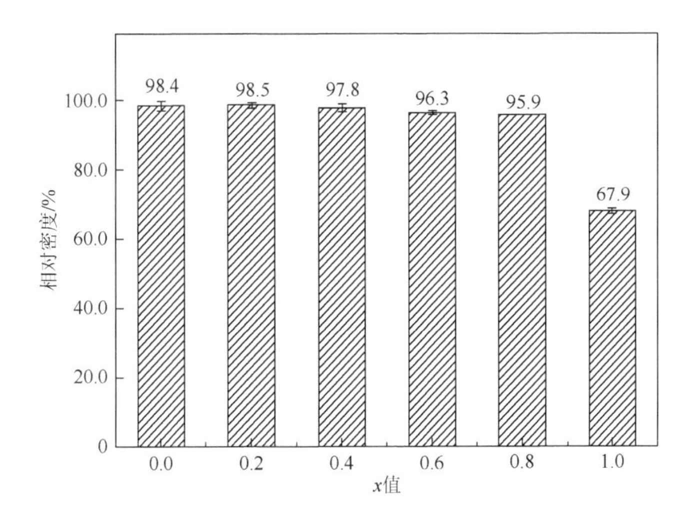

图4-27 1050℃微波烧结2h的$(1-x)Sr_{0.5}Zr_2(PO_4)_3$-$xNdPO_4$复相陶瓷固化体的相对密度

3. 固溶锶和钕的复相陶瓷固化体的化学稳定性

采用PCT法测试了$(1-x)Sr_{0.5}Zr_2(PO_4)_3$-$xNdPO_4$（$x=0$、0.4、0.6、1.0）复相陶瓷固化体典型样品的化学稳定性，样品中各元素归一化浸出率LR_i计算结果见表4-8。可以看出，四组典型样品的元素归一化浸出率均较低（LR_{Sr}约为10^{-4}g/(m^2·d)、LR_{Zr}约为10^{-8}g/(m^2·d)、LR_P约为10^{-5}g/(m^2·d)、LR_{Nd}约为10^{-7}g/(m^2·d)）。其中，Sr元素的归一化浸出率在相同测试条件下略低于其他陶瓷固化体中Sr元素的归一化浸出率（10^{-3}g/(m^2·d)），如$Sr_3LnP_3O_{12}$（Ln = Sm，Eu，Gd）[43]。另外，Zr、Nd元素的归一化浸出率明显低于Sr、P元素的归一化浸出率，这与各元素所固溶晶相的结构以及在结构中形成化学键的强弱有关。样品中的$Sr_{0.5}Zr_2(PO_4)_3$相为NZP结构，$NdPO_4$相为独居石结构，其中，Zr—O键、Nd—O键均比P—O键稳定，Sr占据NZP结构中的空位，所以LR_{Sr}、LR_P相对较高，而LR_{Zr}、LR_{Nd}较低。此外，复相陶瓷固化体样品（$x=0.4$、0.6）的元素归一化浸出率比纯相陶瓷固化体（$x=0$、1.0）的归一化浸出率低。由此可以推断，$Sr_{0.5}Zr_2(PO_4)_3$-$NdPO_4$复相陶瓷的化学稳定性比$NdPO_4$纯相和$Sr_{0.5}Zr_2(PO_4)_3$纯相陶瓷的化学稳定性好，$NdPO_4$相的存在有助于提高其化学稳定性。

表 4-8 $(1-x)Sr_{0.5}Zr_2(PO_4)_3$-$x$$NdPO_4$ 复相陶瓷固化体的各元素归一化浸出率 [单位：$g/(m^2 \cdot d)$]

样品	Sr	Zr	P	Nd
$Sr_{0.5}Zr_2(PO_4)_3$	5.716×10^{-3}	2.548×10^{-6}	1.193×10^{-3}	—
$0.6Sr_{0.5}Zr_2(PO_4)_3$-$0.4NdPO_4$	2.677×10^{-4}	2.962×10^{-8}	9.835×10^{-5}	1.182×10^{-6}
$0.4Sr_{0.5}Zr_2(PO_4)_3$-$0.6NdPO_4$	4.037×10^{-4}	1.417×10^{-8}	9.208×10^{-5}	6.967×10^{-7}
$NdPO_4$	—	—	4.618×10^{-3}	4.387×10^{-7}

$(1-x)Sr_{0.5}Zr_2(PO_4)_3$-$x$$NdPO_4$（$x=0$、0.4、0.6、1.0）复相陶瓷固化体样品浸出前后的XRD图（图4-28）也证实了固化体的结构稳定性。对比$x=0$和$x=1.0$的样品浸出前后的XRD图可以发现，$Sr_{0.5}Zr_2(PO_4)_3$和$NdPO_4$纯相固化体样品浸出后没有杂相生成，且各衍射峰的相对强度没有改变，表明其在浸出过程中晶体结构基本没有变化，仍能保持稳定的物相，进一步证实了其具有良好的化学稳定性。对于$x=0.4$和$x=0.6$的样品，浸泡前后复合陶瓷固化体的物相没有变化，仍然由$Sr_{0.5}Zr_2(PO_4)_3$相和$NdPO_4$相组成，说明在浸出过程中两相之间没有明显的化学反应发生；但是，浸出后 $Sr_{0.5}Zr_2(PO_4)_3$ 相的衍

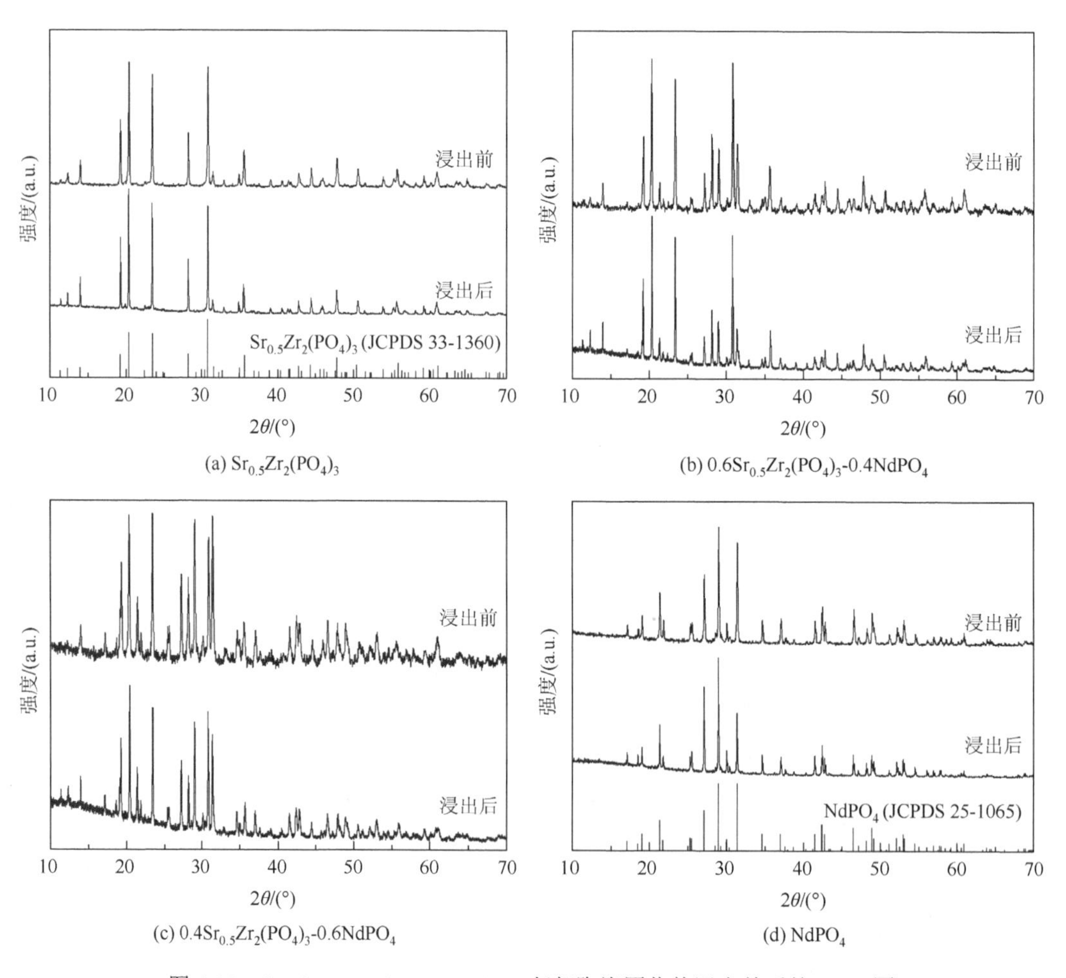

(a) $Sr_{0.5}Zr_2(PO_4)_3$ (b) $0.6Sr_{0.5}Zr_2(PO_4)_3$-$0.4NdPO_4$ (c) $0.4Sr_{0.5}Zr_2(PO_4)_3$-$0.6NdPO_4$ (d) $NdPO_4$

图 4-28 $(1-x)Sr_{0.5}Zr_2(PO_4)_3$-$x$$NdPO_4$ 复相陶瓷固化体浸出前后的 XRD 图

射峰相对强度增强，$NdPO_4$ 相的衍射峰相对强度减弱。结合元素归一化浸出率结果不难得出，$NdPO_4$ 相在改善 $Sr_{0.5}Zr_2(PO_4)_3$ 相抗浸出能力的同时，能保持自身良好的化学稳定性，说明 $Sr_{0.5}Zr_2(PO_4)_3$-$NdPO_4$ 复相陶瓷比单相 $Sr_{0.5}Zr_2(PO_4)_3$ 和 $NdPO_4$ 陶瓷具有更优异的化学稳定性。

综上可知，同时固化裂变产物 Sr 和三价锕系核素 Nd 的$(1-x)Sr_{0.5}Zr_2(PO_4)_3$-$xNdPO_4$（$x = 0$、0.2、0.4、0.6、0.8、1）磷酸盐复相陶瓷固化体样品结构致密，Sr 和 Nd 分别进入 NZP 结构和独居石结构，形成均匀分布的 $Sr_{0.5}Zr_2(PO_4)_3$ 相和 $NdPO_4$ 相，且两相含量变化与设计的化学组分变化一致，两相具有良好的兼容性。$Sr_{0.5}Zr_2(PO_4)_3$-$NdPO_4$ 复相陶瓷呈现出均匀致密的微观结构，具有良好的致密性，其相对密度均在 95%以上。样品浸出前后的晶体结构稳定，$Sr_{0.5}Zr_2(PO_4)_3$-$NdPO_4$ 复相陶瓷具有比单相 $Sr_{0.5}Zr_2(PO_4)_3$ 和 $NdPO_4$ 陶瓷更优异的化学稳定性，Sr、Nd 的归一化浸出率分别约为 $10^{-4}g/(m^2·d)$和 $10^{-7}g/(m^2·d)$，复相陶瓷中 $NdPO_4$ 相的掺入提高了 $Sr_{0.5}Zr_2(PO_4)_3$ 相的抗浸出能力。以上结果表明，$Sr_{0.5}Zr_2(PO_4)_3$-$NdPO_4$ 型复相陶瓷可以作为同时固化裂变核素和三价锕系核素的基体候选材料。

4.4.2　磷酸锆钠-独居石陶瓷固溶模拟核素锶和铈

1. 固溶锶和铈的复相陶瓷固化体的物相组成及相演化

根据 4.4.1 小节固溶锶和钕的复相陶瓷固化体的研究结果，笔者还采用微波一步烧结工艺制备了固溶 Sr（模拟裂变核素）和 Ce（模拟变价锕系核素）的 NZP-独居石复相陶瓷固化体[44]。在 1050℃微波烧结 2h 制备的$(1-x)Sr_{0.5}Zr_2(PO_4)_3$-$xCePO_4$（$x = 0$、0.2、0.4、0.6、0.8、1.0）样品的 XRD 图如图 4-29 所示。可以看出，当 $x = 0$ 和 $x = 1.0$ 时，样品分别呈现出 $Sr_{0.5}Zr_2(PO_4)_3$ 晶相和 $CePO_4$ 晶相的特征衍射峰。对于 $x = 0.2$～0.8，复相陶瓷样品均由 $Sr_{0.5}Zr_2(PO_4)_3$ 相和 $CePO_4$ 相组成，并无其他杂相的衍射峰；此外，随着组成中 x 值

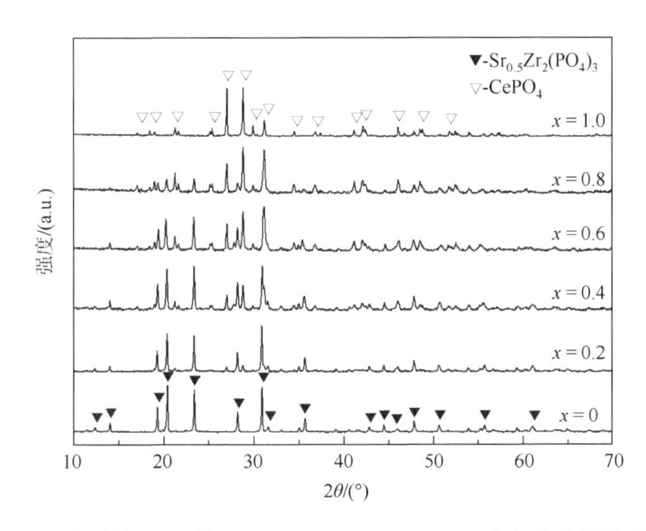

图 4-29　1050℃微波烧结 2h 的$(1-x)Sr_{0.5}Zr_2(PO_4)_3$-$xCePO_4$ 复相陶瓷固化体的 XRD 图

的增大，$CePO_4$ 相的特征衍射峰逐渐增强，$Sr_{0.5}Zr_2(PO_4)_3$ 相的特征衍射峰逐渐减弱。说明在微波烧结过程中两相之间无明显的化学反应发生，体现了两相之间良好的兼容性。

采用拉曼光谱进一步研究了$(1-x)Sr_{0.5}Zr_2(PO_4)_3$-$xCePO_4$ 复相陶瓷的精细结构特征及其相演化。拉曼光谱图（图 4-30）中包含了 Zr—O 键的伸缩振动模以及[PO_4]四面体中 P—O 键的四种振动模（对称弯曲振动 ν_2、反对称弯曲振动 ν_4、对称伸缩振动 ν_1 和反对称伸缩振动 ν_3）。当 $x = 0$ 时，在 269～327cm^{-1}（Zr—O ν_1）、440cm^{-1}（PO_4 ν_2）、643cm^{-1}（PO_4 ν_4）、993～1040cm^{-1}（PO_4 ν_1）、1050～1090cm^{-1}（PO_4 ν_3）的特征峰都对应于 $Sr_{0.5}Zr_2(PO_4)_3$ 的振动模。随着 x 值的增加，可以观察到 466cm^{-1} 和 970cm^{-1} 波数的特征峰出现并逐渐增强，这分别与 $CePO_4$ 的[PO_4]基团特有的对称弯曲振动和对称伸缩振动模相对应。此外，属于 $Sr_{0.5}Zr_2(PO_4)_3$ 相的 Zr—O 对应的伸缩振动模在 269cm^{-1}、290cm^{-1} 和 327cm^{-1} 的特征峰逐渐减弱。[PO_4]对应的弯曲振动模在 440cm^{-1} 和 643cm^{-1} 的特征峰也逐渐减弱。但是，属于 $CePO_4$ 相的[PO_4]对应的弯曲振动模在 398cm^{-1}、414cm^{-1}、466cm^{-1}（ν_2）和 620cm^{-1}（ν_4）的特征峰逐渐增强。当 $x = 1.0$ 时，在 398cm^{-1}、414cm^{-1}、466cm^{-1}、620cm^{-1}、970～1029cm^{-1}（PO_4 ν_1）、1056～1074cm^{-1}（PO_4 ν_3）的特征峰全都属于 $CePO_4$ 的振动模。根据上述振动模及拉曼散射强度变化，进一步明确了$(1-x)$SrZP-$x$$CePO_4$ 复相陶瓷固化体的相组成及随 x 值变化的相演化规律，即从 $Sr_{0.5}Zr_2(PO_4)_3$ 相逐渐演化为 $Sr_{0.5}Zr_2(PO_4)_3$ 相和 $CePO_4$ 相共存再到 $CePO_4$ 相，这与 XRD 的分析结果一致。结合 XRD 和拉曼光谱的分析结果，证实了裂变核素 Sr 被固定在 NZP 结构的 Na 晶格位、锕系核素 Ce 被固定在独居石结构中。

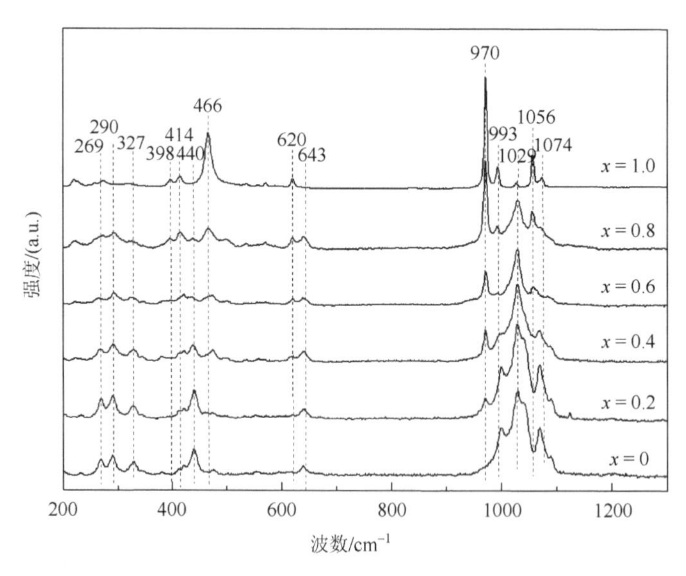

图 4-30 $(1-x)Sr_{0.5}Zr_2(PO_4)_3$-$xCePO_4$ 复相陶瓷固化体的拉曼光谱图

因相近的外电子结构和多种氧化态特点，在核废物固化研究中 Ce 通常被认为是放射性核素 Pu 的模拟替代物。鉴于相关报道，即当 CeO_2 作为原料在空气中高温烧结时易以三价态存在，为了确定所制备复相陶瓷固化体样品中 Ce 元素的价态，对组成为$(1-x)$SrZP-$x$$CePO_4$

的复相陶瓷样品（$x=0.2\sim0.8$）进行了 XPS 测试，以分析其中 Ce 元素的价态。由于 Ce 原子中的电子既有自旋运动又有轨道运动，它们之间存在耦合作用，使得能级发生分裂。所以，在 Ce 的 XPS 光谱中可以看到两对自旋-轨道分裂峰（标记为 u_0 和 u_0'）及其相关联的重叠峰（标记为 u_1 和 u_1'），其中 u_0 和 u_1 对应于 $3d_{5/2}$、u_0' 和 u_1' 对应于 $3d_{3/2}$，均代表 Ce^{3+} 的存在。从 Ce 3d 的 XPS 高分辨率图（图 4-31）中可以看出，对应于 $3d_{5/2}$ 的分裂峰 u_0 和重叠峰 u_1 分别位于 885.5eV 和 882eV，对应于 $3d_{3/2}$ 的分裂峰 u_0' 和重叠峰 u_1' 分别位于 904eV 和 900eV。然而，未观测到被认为是 Ce^{4+} 存在的 916.3eV 附近的标志峰[45]。由此可以证实，Ce 在复相陶瓷中的价态主要以 +3 价存在，基本没有 +4 价态，这与 Ce 在复相陶瓷中 $CePO_4$ 晶相的价态一致。

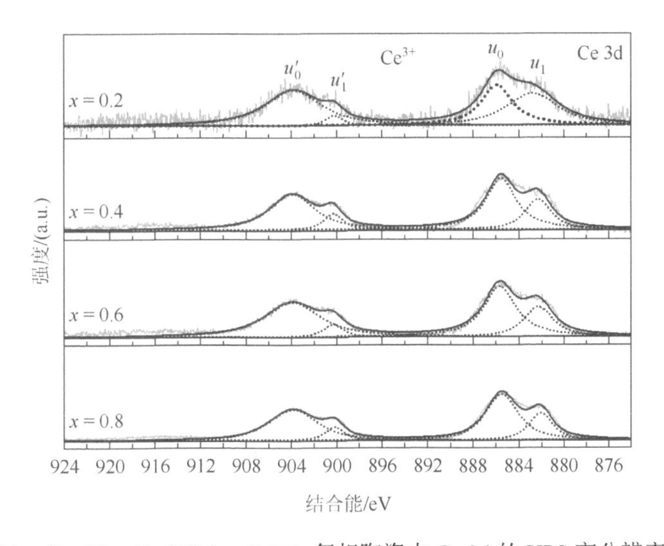

图 4-31　$(1-x)Sr_{0.5}Zr_2(PO_4)_3$-$xCePO_4$ 复相陶瓷中 Ce 3d 的 XPS 高分辨率图谱

2. 固溶锶和铈的复相陶瓷固化体的微观形貌及致密性

研究发现，利用微波烧结工艺在 1050℃保温 2h 可以制得致密的 $Sr_{0.5}Zr_2(PO_4)_3$-$CePO_4$ 复相陶瓷固化体。从图 4-32 所示的固化体样品断面的 SEM 图可以发现，所有固化体样品的断面都呈现出致密的微观形貌，其中 $Sr_{0.5}Zr_2(PO_4)_3$ 陶瓷（$x=0$）和 $CePO_4$ 陶瓷（$x=1.0$）分别表现出穿晶断裂和晶间断裂的特点，说明 $Sr_{0.5}Zr_2(PO_4)_3$ 陶瓷的烧结致密性要优于 $CePO_4$ 陶瓷。然而，$CePO_4$ 陶瓷的晶粒紧密堆积，仍然具有致密的微观形貌。此外，其余复相陶瓷样品（$x=0.2\sim0.8$）的结构致密，为穿晶断裂，可以看到不同大小和亮度的晶粒分布均匀。对典型样品 $0.6Sr_{0.5}Zr_2(PO_4)_3$-$0.4CePO_4$ 抛光后进行 EDS 元素分析，结果如图 4-33 所示。可以发现，Ce 的元素分布[图 4-33（b）]和 Sr 的元素分布[图 4-33（c）]分别与样品的 SEM 图[图 4-33（a）]中较亮的晶粒和较暗的晶粒相对应。根据 XRD 和 SEM 的结果，可以判断较大且较暗的晶粒为 $Sr_{0.5}Zr_2(PO_4)_3$ 相，而较小且较亮的晶粒为 $CePO_4$ 相。另外，尽管 $CePO_4$ 的晶粒大小随着组成中 x 值的增加逐渐增大，但复相陶瓷样品的晶粒尺寸均明显小于纯 $Sr_{0.5}Zr_2(PO_4)_3$ 陶瓷和纯 $CePO_4$ 陶瓷的晶粒尺寸。如此，$CePO_4$ 相的存在可以细化晶粒和促进复相陶瓷的致密化，这对提高复相陶瓷的致密性及力学性能有利。

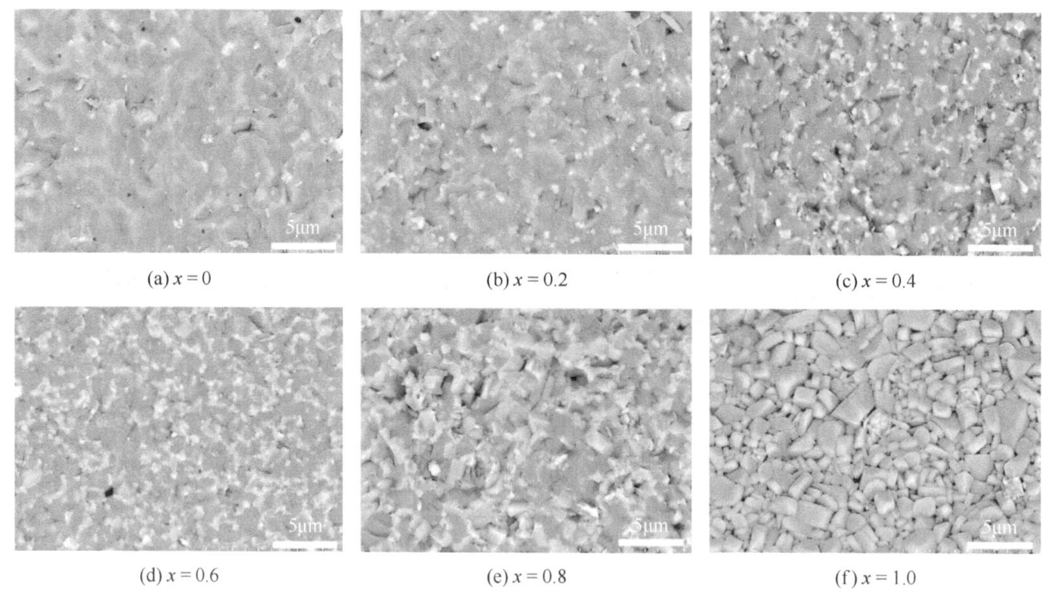

(a) $x = 0$　(b) $x = 0.2$　(c) $x = 0.4$

(d) $x = 0.6$　(e) $x = 0.8$　(f) $x = 1.0$

图 4-32　$(1-x)Sr_{0.5}Zr_2(PO_4)_3$-$x$$CePO_4$ 复相陶瓷固化体的 SEM 图

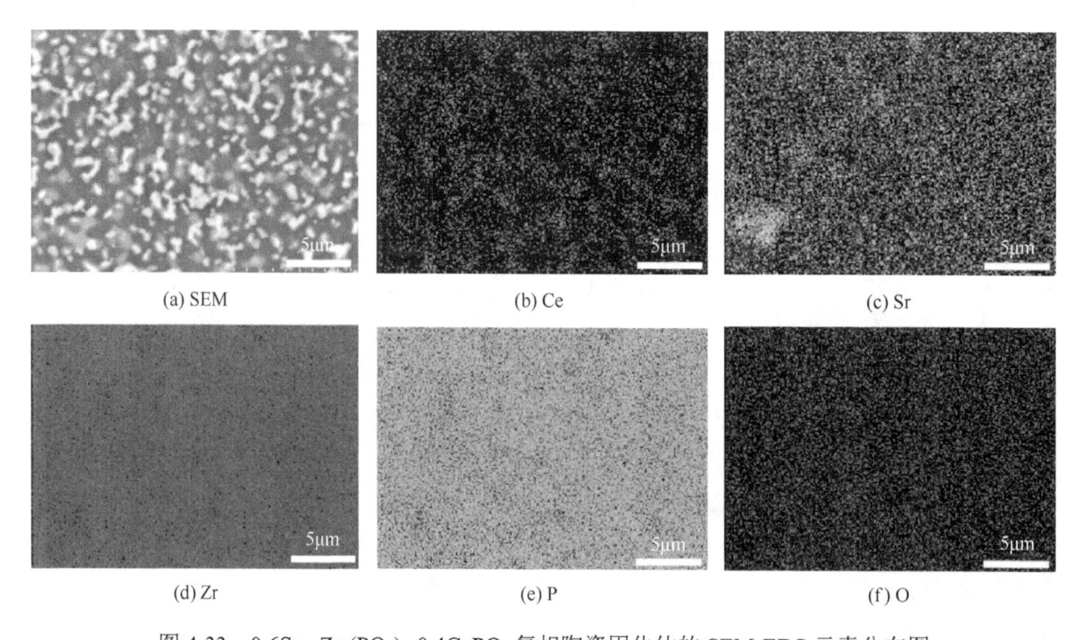

(a) SEM　(b) Ce　(c) Sr

(d) Zr　(e) P　(f) O

图 4-33　$0.6Sr_{0.5}Zr_2(PO_4)_3$-$0.4CePO_4$ 复相陶瓷固化体的 SEM-EDS 元素分布图

利用阿基米德原理测试了$(1-x)Sr_{0.5}Zr_2(PO_4)_3$-$x$$CePO_4$ 系列复相陶瓷固化体样品的体积密度，进而计算了其相对密度，结果如图 4-34 所示。可以看出，随着组成中 x 值的增加，样品的体积密度随理论密度较大的 $CePO_4$ 相含量的增多而逐渐增大，从纯相的 $Sr_{0.5}Zr_2(PO_4)_3$ 样品（$x = 0$）的 3.27g·cm^{-3} 增加到 $CePO_4$ 样品（$x = 1$）的 4.96g·cm^{-3}，符合两相的复相规律。对于该系列复相陶瓷固化体（$x = 0.2$～0.8）而言，相对密度均高于 95%，最大可达 97.7%，总体高于纯相 $CePO_4$ 样品的相对密度，与纯相 $Sr_{0.5}Zr_2(PO_4)_3$ 样品的相对密度基本相当。由此可知，利用微波一步烧结工艺可以获得高致密度的 NZP-独居石型复相陶瓷固化体。

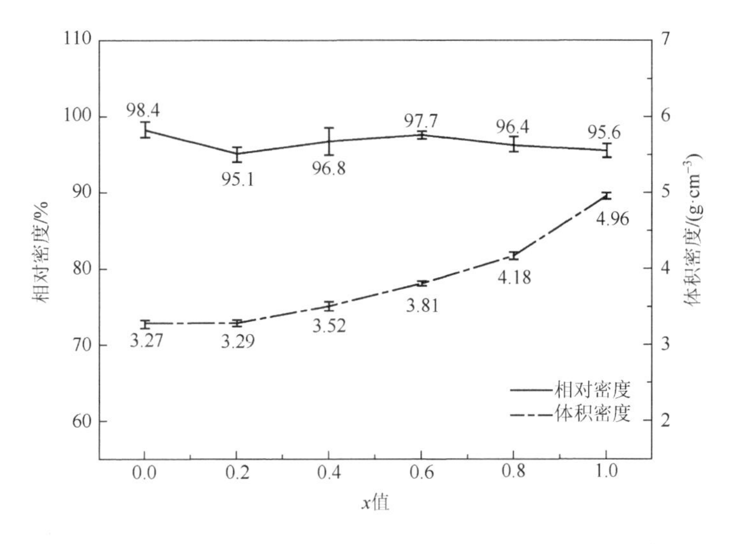

图 4-34　$(1-x)Sr_{0.5}Zr_2(PO_4)_3$-$xCePO_4$ 复相陶瓷固化体的密度

3. 固溶锶和铈的复相陶瓷固化体的化学稳定性

利用 PCT 粉末浸泡实验法对$(1-x)Sr_{0.5}Zr_2(PO_4)_3$-$xCePO_4$（$x = 0$、0.4、0.6、1.0）典型样品进行化学稳定性评价，计算得到的各元素归一化浸出率 LR_i（i = Sr、Ce、Zr 和 P）见表 4-9。可以看出，各样品的元素归一化浸出率都在相对较低的水平（LR_{Sr} 约为 $10^{-4}g/(m^2·d)$、LR_{Zr} 约为 $10^{-7}g/(m^2·d)$、LR_P 约为 $10^{-4}g/(m^2·d)$、LR_{Ce} 约为 $10^{-7}g/(m^2·d)$），这与 NZP 和独居石稳定的结构以及高致密性有关。比较可知，LR_{Ce} 和 LR_{Zr} 明显低于 LR_{Sr} 和 LR_P，这主要是与各元素在晶体结构中的结合键强度有关。$CePO_4$ 和 $Sr_{0.5}Zr_2(PO_4)_3$ 的晶体结构稳定，在 $CePO_4$ 结构中$[CeO_9]$多面体的 Ce—O 键和 $Sr_{0.5}Zr_2(PO_4)_3$ 结构中$[ZrO_6]$八面体的 Zr—O 键的结合键强度都很强，远大于 Sr—O 键和 P—O 键的结合键强度，因而具有较低的元素浸出率。通过比较复相陶瓷（$x = 0.4$、0.6）与纯相陶瓷（$x = 0$、1.0）发现，复相陶瓷的 LR_{Sr}（$\leqslant 4.142\times10^{-4}g/(m^2·d)$）、$LR_{Zr}$（$\leqslant 2.191\times10^{-7}g/(m^2·d)$）、$LR_P$（$\leqslant 1.014\times10^{-4}g/(m^2·d)$）比纯相陶瓷尤其是 $Sr_{0.5}Zr_2(PO_4)_3$ 中相应的元素归一化浸出率低 1～2 个数量级。以上结果表明，引入 $CePO_4$ 相可以提高复相陶瓷中 $Sr_{0.5}Zr_2(PO_4)_3$ 相的化学稳定性，这与 $CePO_4$ 相引入后复相陶瓷具有更加均匀且细晶粒的微观结构以及优异的致密性有关。由此可见，微波一步烧结法制备的 $Sr_{0.5}Zr_2(PO_4)_3$-$CePO_4$ 复相陶瓷固化体比纯相固化体具有更优异的化学稳定性，是安全固化 HLW 的潜在寄主。

通过对比典型样品$(1-x)Sr_{0.5}Zr_2(PO_4)_3$-$xCePO_4$（$x = 0$、0.4、0.6、1.0）浸出前后的 XRD 图（图 4-35）可以看出，纯相陶瓷固化体浸出后没有杂相生成，且各衍射峰的相对强度几乎没有改变，说明 $Sr_{0.5}Zr_2(PO_4)_3$ 和 $CePO_4$ 固化体样品在浸泡过程中晶体结构稳定，仍能保持稳定的物相，这也进一步说明两种固化体具有良好的化学稳定性。另外，浸出后复相陶瓷固化体的物相组成没有变化，仍然由 $Sr_{0.5}Zr_2(PO_4)_3$ 相和 $CePO_4$ 相组成，且两相的衍射峰相对强度几乎没有变化，说明在浸泡过程中两相之间没有发生明显的化学反应。结合上述元素归一化浸出率的结果可知，$Sr_{0.5}Zr_2(PO_4)_3$ 相的抗浸出能力随着复相陶瓷中 $CePO_4$ 相的引入而增强，同时 $CePO_4$ 相仍能保持自身良好的化学稳定性，进一步说明 $Sr_{0.5}Zr_2(PO_4)_3$-$CePO_4$ 复相陶瓷具有比单相 $Sr_{0.5}Zr_2(PO_4)_3$、$CePO_4$ 陶瓷更优异的化学稳定性。

表 4-9　$(1-x)Sr_{0.5}Zr_2(PO_4)_3$-$xCePO_4$ 复相陶瓷固化体的元素归一化浸出率　[单位：$g/(m^2 \cdot d)$]

样品	Sr	Zr	P	Ce
$Sr_{0.5}Zr_2(PO_4)_3$	5.716×10^{-3}	2.548×10^{-6}	1.193×10^{-3}	—
$0.6Sr_{0.5}Zr_2(PO_4)_3$-$0.4CePO_4$	3.375×10^{-4}	1.005×10^{-8}	9.152×10^{-5}	3.244×10^{-7}
$0.4Sr_{0.5}Zr_2(PO_4)_3$-$0.6CePO_4$	4.142×10^{-4}	2.191×10^{-7}	1.014×10^{-4}	4.676×10^{-7}
$CePO_4$	—	—	3.693×10^{-4}	7.038×10^{-8}

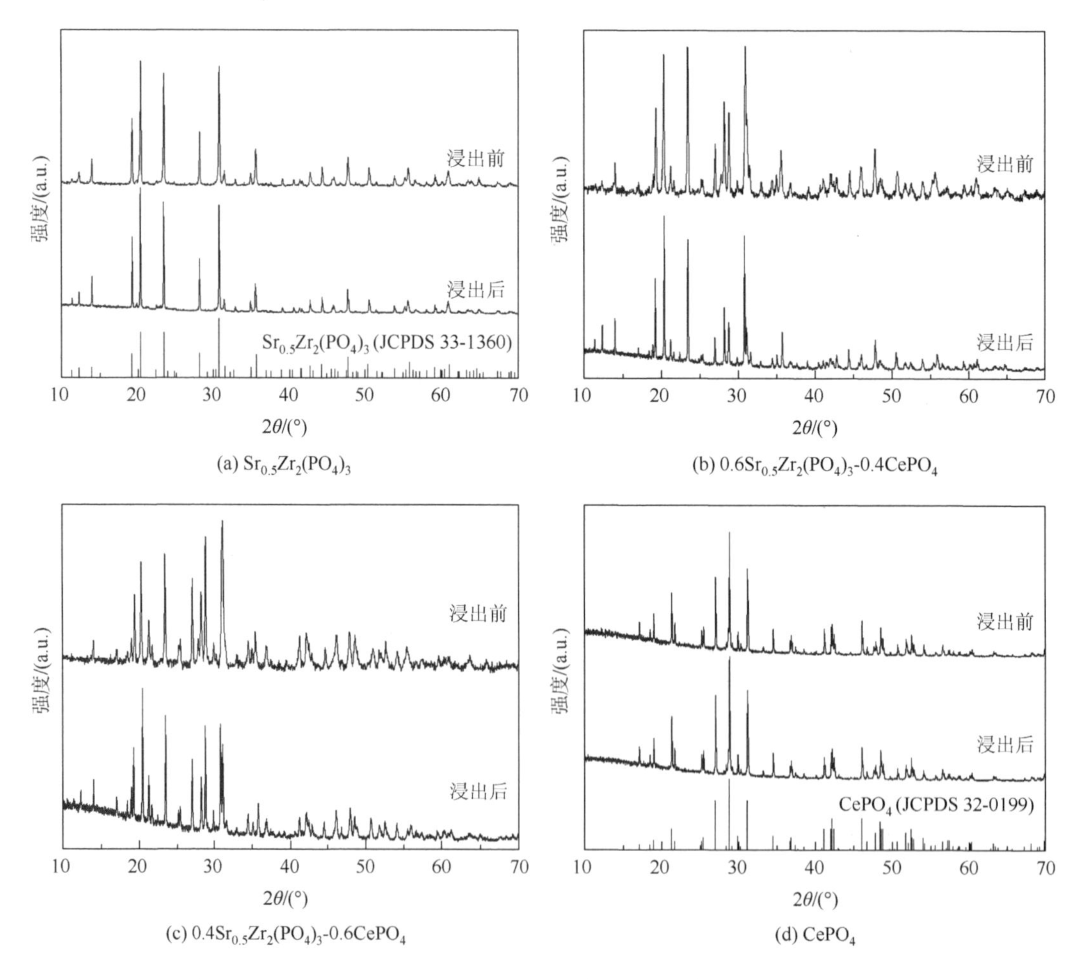

(a) $Sr_{0.5}Zr_2(PO_4)_3$　(b) $0.6Sr_{0.5}Zr_2(PO_4)_3$-$0.4CePO_4$

(c) $0.4Sr_{0.5}Zr_2(PO_4)_3$-$0.6CePO_4$　(d) $CePO_4$

图 4-35　$(1-x)Sr_{0.5}Zr_2(PO_4)_3$-$xCePO_4$ 复相陶瓷固化体浸出前后的 XRD 图

综上所述，采用微波一步烧结工艺成功制备了同时固化裂变核素Sr和变价锕系核素Ce的NZP-独居石型$(1-x)Sr_{0.5}Zr_2(PO_4)_3$-$xCePO_4$复相陶瓷固化体。模拟放射性核素Sr和Ce分别进入NZP结构和独居石结构中，形成$Sr_{0.5}Zr_2(PO_4)_3$相和$CePO_4$相，两相的含量与设计的化学组分变化一致，兼容性良好。在复相陶瓷样品中Ce元素的价态为+3价。复相陶瓷固化体样品的微观结构致密，$Sr_{0.5}Zr_2(PO_4)_3$相和$CePO_4$相分布均匀，随着$CePO_4$相的增多，晶体的平均粒径减小。另外，复相陶瓷具有良好的致密性，其相对密度均在95%以上。所有样品浸出前后结构稳定，且$Sr_{0.5}Zr_2(PO_4)_3$-$CePO_4$复相陶瓷具有比单相$Sr_{0.5}Zr_2(PO_4)_3$和$CePO_4$陶瓷更优异的化学稳定性，Sr、Ce的归一化浸出率分别约为$10^{-4}g/(m^2·d)$和$10^{-7}g/(m^2·d)$。

4.4.3　磷酸锆钠-独居石陶瓷固溶模拟核素锶、钕和铈

基于前述研究结果，针对高放废物核素种类复杂的特点，本小节提出利用NZP-独居石型复相陶瓷同时固化模拟核素Sr（模拟裂变产物）、Nd（模拟变价锕系核素）和Ce（模拟变价锕系核素），设计Sr完全进入NZP结构的Na晶格位形成$Sr_{0.5}Zr_2(PO_4)_3$（SrZP）相，Nd和Ce进入独居石的晶格位形成（Ce, Nd）PO_4相，采用微波一步烧结工艺制备同时固化Sr、Nd和Ce的$(1-x)Sr_{0.5}Zr_2(PO_4)_3$-$xCe_{1-y}Nd_yPO_4$复相陶瓷固化体。在固定SrZP和独居石相对比例（$x=0.4$）的前提下，研究独居石固溶体中Nd和Ce固溶量改变对复相陶瓷固化体$0.6Sr_{0.5}Zr_2(PO_4)_3$-$0.4Ce_{1-y}Nd_yPO_4$结构与性能的影响。在固定独居石固溶体中Nd和Ce固溶量的情况下（$y=0.4$），研究复相陶瓷中SrZP和独居石相的不同比例对复相陶瓷固化体$(1-x)Sr_{0.5}Zr_2(PO_4)_3$-$xCe_{0.6}Nd_{0.4}PO_4$结构与性能的影响。评价SrZP-(Ce, Nd)$PO_4$复相陶瓷固化体的化学稳定性，明确Sr、Nd、Ce的赋存状态和固溶规律，为NZP-独居石复相陶瓷同时固化多种不同类型的放射性核素提供数据支撑。

1. 固化Sr、Nd和Ce的0.6SrZP-$0.4Ce_{1-y}Nd_yPO_4$复相陶瓷固化体的结构及化学稳定性

1）物相组成及相演化

利用上述的微波一步烧结工艺，在1050℃保温2h制备了$0.6Sr_{0.5}Zr_2(PO_4)_3$-$0.4Ce_{1-y}Nd_yPO_4$（$y=0$、0.2、0.4、0.6、0.8、1.0）复相陶瓷固化体。从图4-36中可以看到，当$y=0$时，显示为$Sr_{0.5}Zr_2(PO_4)_3$和$CePO_4$的特征衍射峰。当$y=1.0$时，表现为$Sr_{0.5}Zr_2(PO_4)_3$和$NdPO_4$的特征衍射峰。随着组成中y值的增加，样品的XRD图均由$Sr_{0.5}Zr_2(PO_4)_3$相和独居石相两相的特征衍射峰组成，未出现$Sr_{0.5}Zr_2(PO_4)_3$相、$CePO_4$相和$NdPO_4$相三相共存的情况。将2θ为26°～32°处独居石的三强峰（虚线标识）局部放大，可以看出，随着组成中y值增大，所有样品的三强峰均无特征峰劈裂现象，并且衍射峰向高角度方向偏移。根据休姆-罗瑟里定则计算得到$(r_{Ce^{3+}}-r_{Nd^{3+}})/r_{Ce^{3+}}=2.8\%$ [Ce^{3+}九配位半径$r_{Ce^{3+}}$为1.196Å，Nd^{3+}九配位半径$r_{Nd^{3+}}$为1.163Å]，即两种离子半径差远小于15%，理论上可以形成无限固溶体。因此，Nd^{+3}被固溶在$CePO_4$结构中可形成(Ce, Nd)PO_4独居石固溶体。同时，由谢

乐（Scherrer）公式可知，随着离子半径较小的 Nd^{+3} 含量增多，晶面间距减小，衍射角增大，因而独居石的三强峰逐渐向高角度方向偏移。

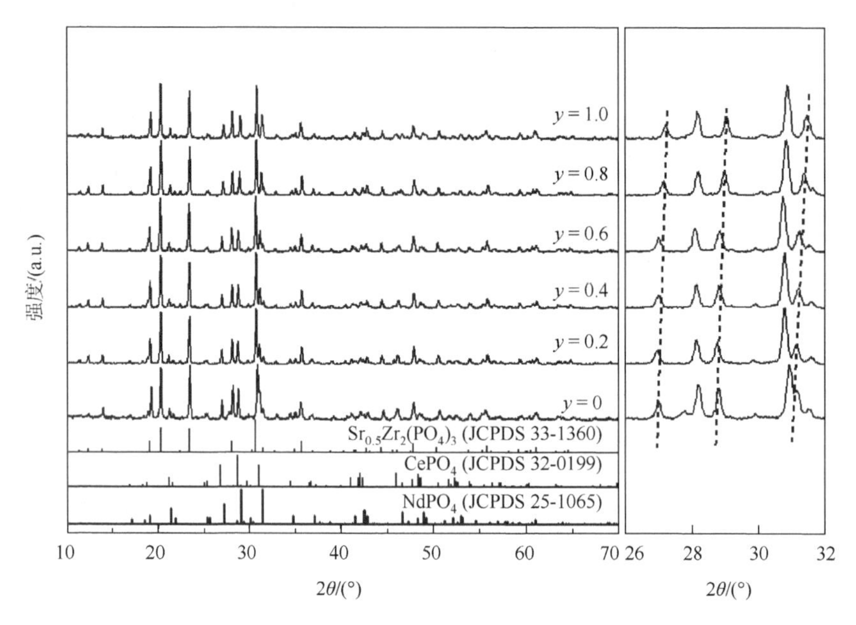

图 4-36　1050℃微波烧结 2h 的 $0.6Sr_{0.5}Zr_2(PO_4)_3$-$0.4Ce_{1-y}Nd_yPO_4$ 复相陶瓷固化体的 XRD 图

利用 Retrived 结构精修能够得到固溶体的晶胞参数，可以分析是否形成(Ce, Nd)PO_4 独居石固溶体及固溶量对晶体结构的影响规律。采用 Fullprof-2K 软件对 $0.6Sr_{0.5}Zr_2(PO_4)_3$-$0.4Ce_{1-y}Nd_yPO_4$（$y = 0$～1）样品的 XRD 数据进行结构精修，结构精修图如图 4-37 所示。黑色曲线为实验测试样品的 XRD 慢扫数据，散点为结构精修计算所拟合的 XRD 图，最下面的曲线为样品的 XRD 数据与拟合的 XRD 数据的差值曲线；短竖线为各个衍射峰位置（布拉格位置），其中上方短竖线为 SrZP 相的布拉格位置，下方短竖线为独居石相的布拉格位置。精修得到的晶胞参数 a、b、c，R_{wp} 值（weighted profile R-factor）和 Chi^2 值见表 4-10。对于 XRD 的结构精修，R 因子表示实验值和理论值的误差，R_{exp} 因子与 XRD 的背景和强度有关，R_{wp} 和 Chi^2 分别表示权重 R 因子和 R_{wp}/R_{exp} 值，数值越小代表精修数据和实际晶体结构越相符，结果可信。从表 4-10 可知，SrZP 为三方晶系，晶胞参数 $a = b \neq c$，随着组成中 y 值的变化，SrZP 的晶胞参数几乎没有变化，说明在 $0.6Sr_{0.5}Zr_2(PO_4)_3$-$0.4Ce_{1-y}Nd_yPO_4$ 复相陶瓷中，独居石的结构变化对 SrZP 陶瓷的结构没有影响。另外，独居石属于单斜晶系，其晶胞参数 $a \neq b \neq c$，(Ce, Nd)PO_4 独居石固溶体的晶胞参数 a、b、c 随 y 值变化的曲线图如图 4-38 所示。可以看出，各个晶胞参数随着 y 值的增大而规律性减小。这是因为离子半径较小的 Nd^{3+} 逐渐取代 $CePO_4$ 独居石中离子半径较大的 Ce^{3+} 以后，(Ce, Nd)PO_4 独居石的结构发生畸变，晶胞参数 a、b、c 逐渐变小。由此可以证实，该复相陶瓷样品中的 Nd 和 Ce 同时进入独居石中形成(Ce, Nd)PO_4 独居石固溶体，并且独居石的晶体结构变化对 SrZP 的晶体结构没有影响。

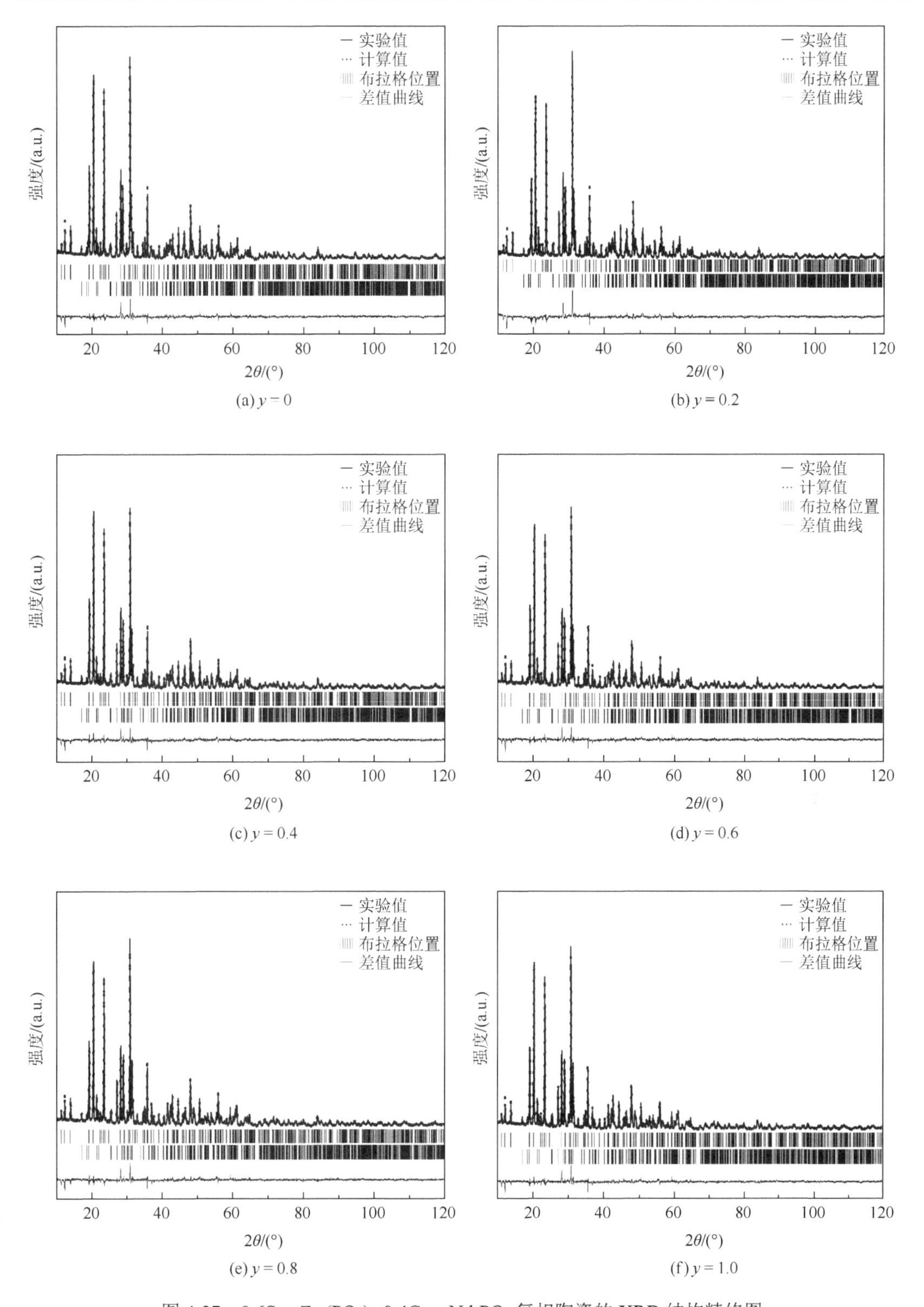

图 4-37　$0.6Sr_{0.5}Zr_2(PO_4)_3$-$0.4Ce_{1-y}Nd_yPO_4$ 复相陶瓷的 XRD 结构精修图

表 4-10 $0.6Sr_{0.5}Zr_2(PO_4)_3$-$0.4Ce_{1-y}Nd_yPO_4$ 复相陶瓷样品的 XRD 结构精修参数

样品	SrZP			独居石			R_{wp}	Chi^2
	a	*b*	*c*	*a*	*b*	*c*		
$y=0$	8.6976	8.6976	23.3212	6.79953	7.02456	6.47635	4.92	2.29
$y=0.2$	8.6998	8.6998	23.3298	6.78998	7.01309	6.46521	5.60	2.95
$y=0.4$	8.69778	8.69778	23.3253	6.79920	7.00036	6.45275	4.88	2.18
$y=0.6$	8.69915	8.69915	23.3229	6.76853	6.98826	6.44075	5.02	2.30
$y=0.8$	8.69913	8.69913	23.3289	6.75720	6.97480	6.42832	5.05	2.38
$y=1.0$	8.69942	8.69942	23.3102	6.74696	6.96448	6.41947	5.04	2.33

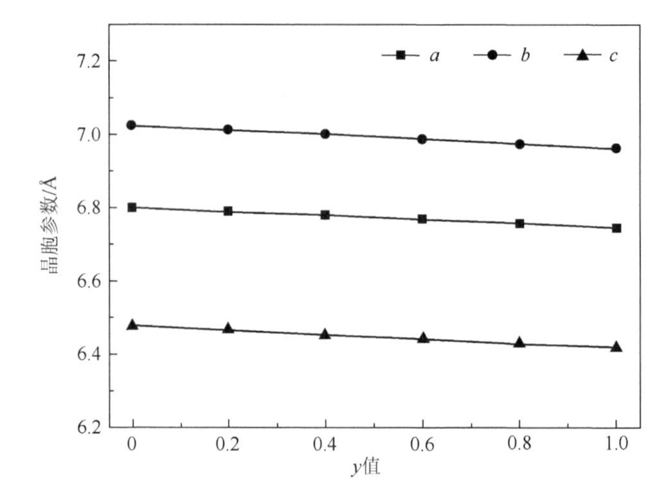

图 4-38 $0.6Sr_{0.5}Zr_2(PO_4)_3$-$0.4Ce_{1-y}Nd_yPO_4$ 复相陶瓷中独居石相的晶胞参数随 y 值变化的曲线图

另外，为了进一步明确制备的复相陶瓷的精细结构特征，还采用拉曼光谱对 $0.6Sr_{0.5}Zr_2(PO_4)_3$-$0.4Ce_{1-y}Nd_yPO_4$（$y=0$～1）样品进行表征，结果如图 4-39 所示。如前所述，样品在 267～328cm^{-1}（Zr—O ν_1）、438cm^{-1}（PO_4 ν_2）、638cm^{-1}（PO_4 ν_4）、998～1027cm^{-1}（PO_4 ν_1）、1069～1089cm^{-1}（PO_4 ν_3）的特征峰属于 $Sr_{0.5}Zr_2(PO_4)_3$ 的振动模，在 420cm^{-1}、472cm^{-1}（PO_4 ν_2）、974～1027cm^{-1}（PO_4 ν_1）、1069～1089cm^{-1}（PO_4 ν_3）的特征峰属于独居石的振动模。当 y 值变化时，$Sr_{0.5}Zr_2(PO_4)_3$ 的振动模对应的特征峰没有明显的强度变化或偏移，说明 Ce/Nd 比例变化对 SrZP 的结构没有明显影响；而随着 y 值增大，独居石相在 974cm^{-1} 左右的特征峰逐渐蓝移，说明独居石的结构发生了变化，这与 XRD 的分析结果一致。

2）微观形貌及致密化

图 4-40 为 $0.6Sr_{0.5}Zr_2(PO_4)_3$-$0.4Ce_{1-y}Nd_yPO_4$（$y=0$、0.2、0.4、0.6、0.8、1.0）复相陶瓷固化体的 SEM 图。可以发现，所有组成样品的结构致密、孔隙少，表现为穿晶断裂；而且，样品中均匀分布着 $Sr_{0.5}Zr_2(PO_4)_3$ 晶粒（暗相）和(Ce, Nd)PO_4 晶粒（明相）。随着 y 值的增大，样品仍由明暗两相组成，且固化体样品的致密性变化不明显，均表现出致密的微观结构和穿晶断裂现象。从典型样品 $0.6Sr_{0.5}Zr_2(PO_4)_3$-$0.4Ce_{0.6}Nd_{0.4}PO_4$ 复相陶瓷固化

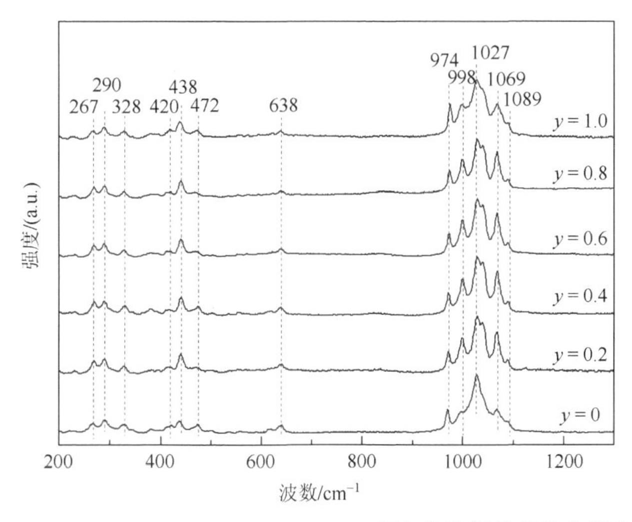

图 4-39　$0.6Sr_{0.5}Zr_2(PO_4)_3$-$0.4Ce_{1-y}Nd_yPO_4$ 复相陶瓷固化体的拉曼光谱图

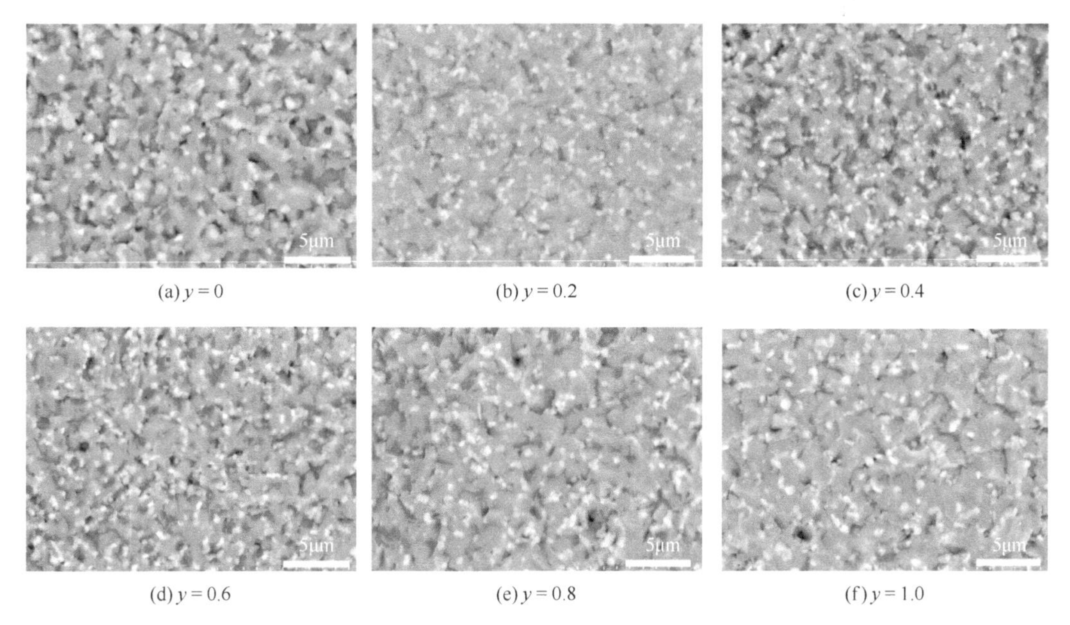

(a) $y = 0$　(b) $y = 0.2$　(c) $y = 0.4$

(d) $y = 0.6$　(e) $y = 0.8$　(f) $y = 1.0$

图 4-40　1050℃微波烧结 2h 的 $0.6Sr_{0.5}Zr_2(PO_4)_3$-$0.4Ce_{1-y}Nd_yPO_4$ 复相陶瓷固化体的 SEM 图

体的 SEM-EDS 元素分布图（图 4-41）也可以发现，样品中各元素分布均匀，Ce 和 Nd 元素的分布基本一致，均与 SEM 图中较亮的独居石晶粒相对应。此外，计算得到的 Ce/Nd 元素的原子物质的量比为 7.67/5.30，与名义组成 $0.6Sr_{0.5}Zr_2(PO_4)_3$-$0.4Ce_{0.6}Nd_{0.4}PO_4$ 的理论元素比例 Ce/Nd（3/2）非常接近。由此可以证实，Ce^{3+}和 Nd^{3+}在 NZP-独居石型复相陶瓷体系中进入独居石的晶体结构，形成$(Ce, Nd)PO_4$ 独居石固溶体。

致密性是决定核废物固化体物理和化学稳定性的一个重要因素，直接影响固化体在深地质处置环境中的长期稳定性和安全性。$0.6Sr_{0.5}Zr_2(PO_4)_3$-$0.4Ce_{1-y}Nd_yPO_4$（$y = 0$、0.2、0.4、0.6、0.8、1.0）样品的相对密度如图 4-42 所示。从该图可以看出，整个系列样品都具有良好的致密性，相对密度均超过 94%。当 $y = 0$ 时，样品的相对密度为 96.8%，随着

y 值的增加（≤0.8），样品的相对密度略有减小。但样品的最低相对密度仍能达到 94.5%，说明采用微波一步烧结工艺能够制备出高致密性的 NZP-独居石型复相陶瓷固化体，而且独居石晶体结构的变化对复相陶瓷固化体的致密性影响不大。

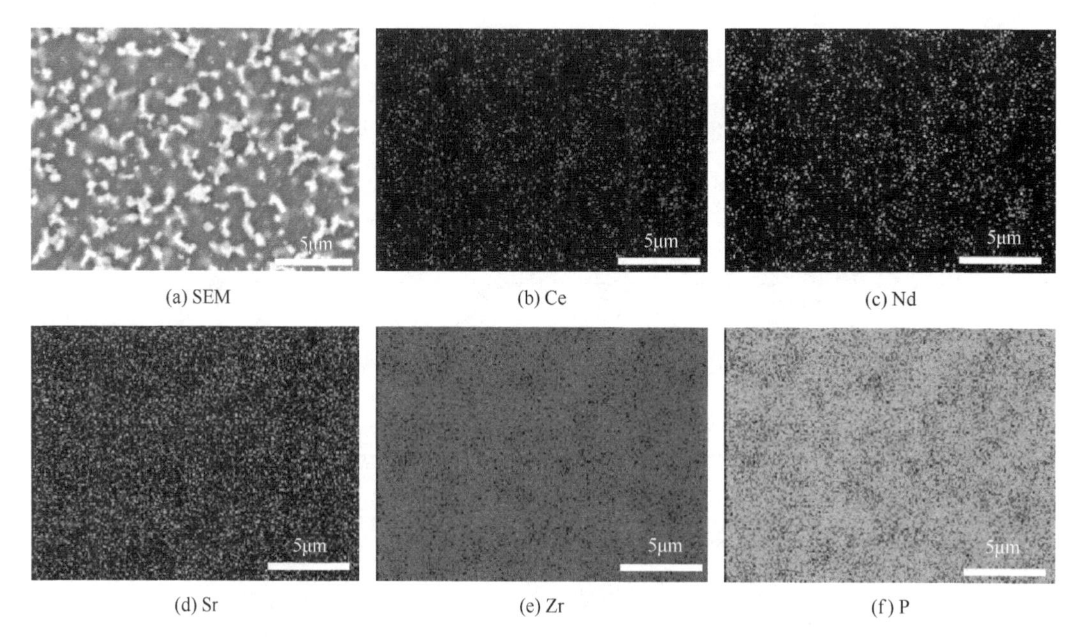

图 4-41　$0.6Sr_{0.5}Zr_2(PO_4)_3$-$0.4Ce_{0.6}Nd_{0.4}PO_4$ 复相陶瓷固化体的 SEM-EDS 元素分布图

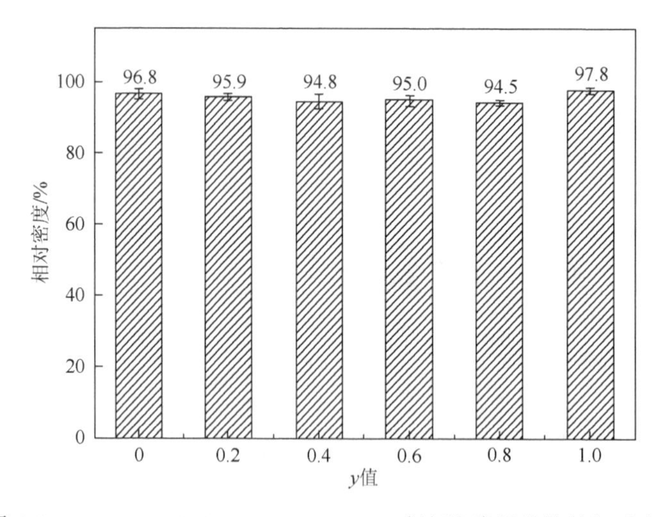

图 4-42　$0.6Sr_{0.5}Zr_2(PO_4)_3$-$0.4Ce_{1-y}Nd_yPO_4$ 复相陶瓷固化体的相对密度

3）化学稳定性

为了研究独居石结构变化对 NZP-独居石型复相陶瓷固化体化学稳定性的影响，对典型样品 $0.6Sr_{0.5}Zr_2(PO_4)_3$-$0.4Ce_{1-y}Nd_yPO_4$（$y = 0$、0.4、0.6、1.0）进行 PCT 浸出试验，计算得到的元素归一化浸出率 LR_i（$i = $ Ce、Nd、Sr、Zr 和 P）见表 4-11。所有样品中各元素的归一化浸出率都较低，LR_{Sr} 约为 $10^{-4}g/(m^2·d)$、LR_{Zr} 约为 $10^{-8}g/(m^2·d)$、LR_P 约为

10^{-5}g/(m^2·d)、LR_{Ce} 约为 10^{-7}g/(m^2·d)、LR_{Nd} 约为 10^{-6}g/(m^2·d)。同时，随 y 值的增加，各元素的归一化浸出率没有明显变化。图 4-43 为典型样品 $0.6Sr_{0.5}Zr_2(PO_4)_3$-$0.4Ce_{1-y}Nd_yPO_4$（$y=0$、0.4、0.6、1.0）浸出前后的 XRD 图。可以看出复相陶瓷固化体均由 $Sr_{0.5}Zr_2(PO_4)_3$ 和(Ce, Nd)PO_4 相组成，样品物相组成没有变化，说明在浸泡过程中两相稳定且没有明显化学反应发生。由此可见，同时固化 Sr、Nd 和 Ce 的 NZP-独居石型复合陶瓷固化体具有良好的化学稳定性，而且由 Nd 和 Ce 固溶量的改变所引起的(Ce, Nd)PO_4 独居石固溶体的结构变化对 SrZP-(Ce, Nd)PO_4 复相陶瓷固化体的化学稳定性没有明显影响。

表 4-11　$0.6Sr_{0.5}Zr_2(PO_4)_3$-$0.4Ce_{1-y}Nd_yPO_4$ 复相陶瓷固化体的元素归一化浸出率［单位：g/(m^2·d)］

样品	Sr	Zr	P	Ce	Nd
$0.6Sr_{0.5}Zr_2(PO_4)_3$-$0.4CePO_4$	3.375×10^{-4}	1.005×10^{-8}	9.152×10^{-5}	3.244×10^{-7}	—
$0.6Sr_{0.5}Zr_2(PO_4)_3$-$0.4Ce_{0.6}Nd_{0.4}PO_4$	3.071×10^{-4}	4.625×10^{-8}	9.782×10^{-5}	7.984×10^{-7}	2.136×10^{-6}
$0.6Sr_{0.5}Zr_2(PO_4)_3$-$0.4Ce_{0.4}Nd_{0.6}PO_4$	3.414×10^{-4}	9.741×10^{-8}	9.316×10^{-5}	1.855×10^{-6}	1.588×10^{-6}
$0.6Sr_{0.5}Zr_2(PO_4)_3$-$0.4NdPO_4$	2.677×10^{-4}	2.962×10^{-8}	9.835×10^{-5}	—	1.182×10^{-6}

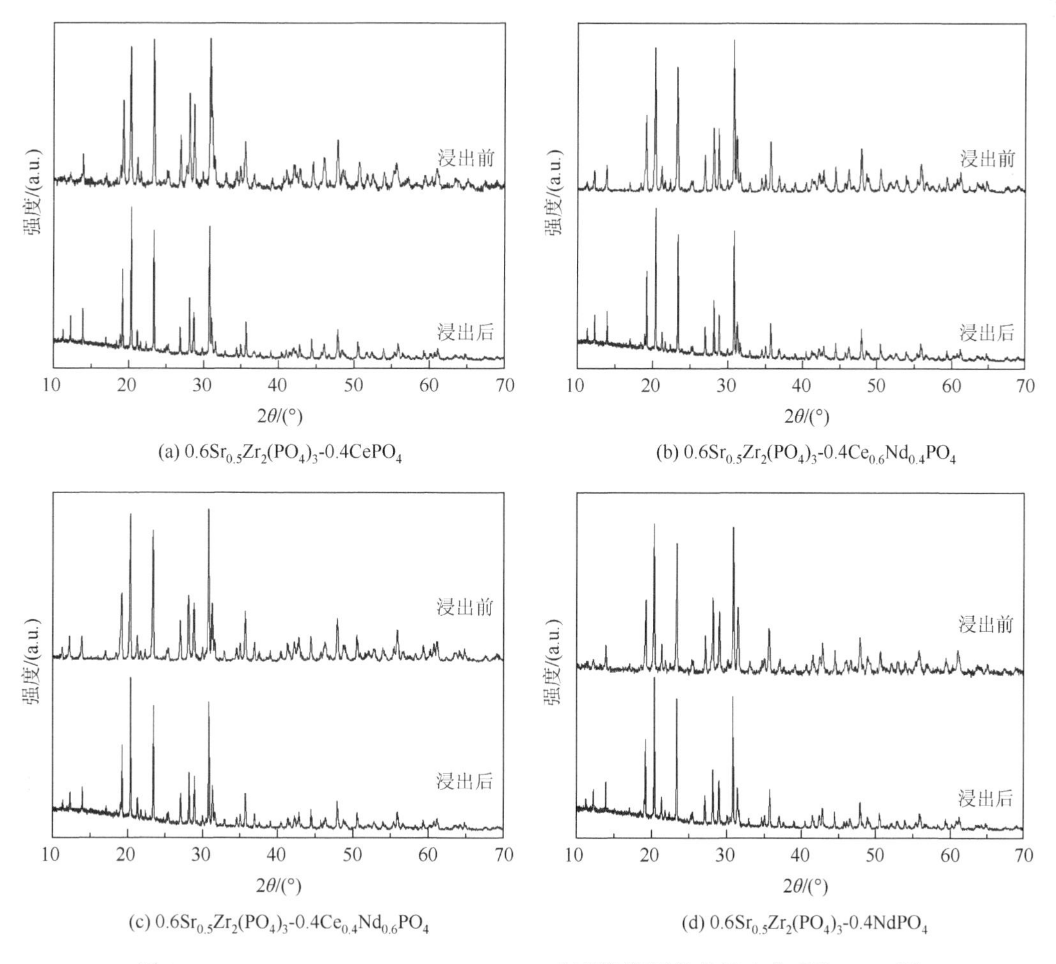

(a) $0.6Sr_{0.5}Zr_2(PO_4)_3$-$0.4CePO_4$

(b) $0.6Sr_{0.5}Zr_2(PO_4)_3$-$0.4Ce_{0.6}Nd_{0.4}PO_4$

(c) $0.6Sr_{0.5}Zr_2(PO_4)_3$-$0.4Ce_{0.4}Nd_{0.6}PO_4$

(d) $0.6Sr_{0.5}Zr_2(PO_4)_3$-$0.4NdPO_4$

图 4-43　$0.6Sr_{0.5}Zr_2(PO_4)_3$-$0.4Ce_{1-y}Nd_yPO_4$ 复相陶瓷固化体浸出前后的 XRD 图

2. 固化 Sr、Nd 和 Ce 的$(1-x)$SrZP-$x$$Ce_{0.6}Nd_{0.4}PO_4$复相陶瓷固化体的微观结构及致密性

1）相组成及相演化

在上述研究基础上，固定独居石固溶体中模拟核素 Ce 和 Nd 的含量（$y = 0.4$），改变 SrZP 相和独居石相的比例，采用微波一步烧结工艺制备了$(1-x)$SrZP-$x$$Ce_{0.6}Nd_{0.4}PO_4$（$x = 0.2$、0.4、0.6、0.8）复相陶瓷固化体，以研究 SrZP 和独居石固溶体的物相组成比例对复相陶瓷固化体结构和性能的影响。如图 4-44 所示，所制备的复相陶瓷固化体样品的 XRD 图均由 $Sr_{0.5}Zr_2(PO_4)_3$ 相和 $Ce_{0.6}Nd_{0.4}PO_4$ 独居石相的特征衍射峰组成，无其他杂相存在。随着 x 值的增大，独居石相的特征衍射峰相应地增强，说明样品中两相相对含量随 x 值的变化而发生改变，这与化学式$(1-x)$SrZP-$x$$Ce_{0.6}Nd_{0.4}PO_4$ 的名义成分相符，体现了 SrZP 相和独居石相之间良好的兼容性。

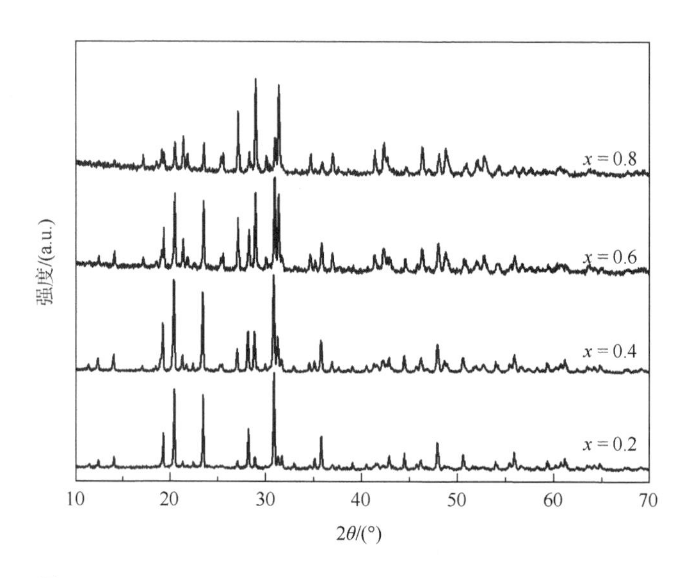

图 4-44　$(1-x)$SrZP-$x$$Ce_{0.6}Nd_{0.4}PO_4$ 复相陶瓷固化体的 XRD 图

2）微观形貌及致密性

图 4-45 为$(1-x)$SrZP-$x$$Ce_{0.6}Nd_{0.4}PO_4$（$x = 0.2$、0.4、0.6、0.8）复相陶瓷固化体的 SEM 图。可以看出，样品结构致密，气孔少，呈现出不同尺寸的明暗两种晶粒。由前述分析可以推测出，较大较暗的晶粒为 $Sr_{0.5}Zr_2(PO_4)_3$ 相，较小较亮的晶粒为 $Ce_{0.6}Nd_{0.4}PO_4$ 相，两种晶相分布均匀。而且，随着 x 值的增大，$Sr_{0.5}Zr_2(PO_4)_3$ 相的晶粒尺寸逐渐变小，$Ce_{0.6}Nd_{0.4}PO_4$ 相的晶粒尺寸略微增大，但平均粒径仍小于 1μm，复相陶瓷平均晶粒的细化有利于致密性的提高以及机械性能的增强。样品的相对密度结果进一步证实了$(1-x)$SrZP-$x$$Ce_{0.6}Nd_{0.4}PO_4$（$x = 0.2$、0.4、0.6、0.8）复相陶瓷固化体具有良好的致密性。从图 4-46 中可以看出，所有样品的相对密度均超过 91%。而且随着 x 值的增加，样品的相对密度有增加的趋势，最高达到 94.0%。这可能是因为随(Ce, Nd)PO_4 独居石相的增多，样品的平均粒径减小，有助于提高样品的致密性。

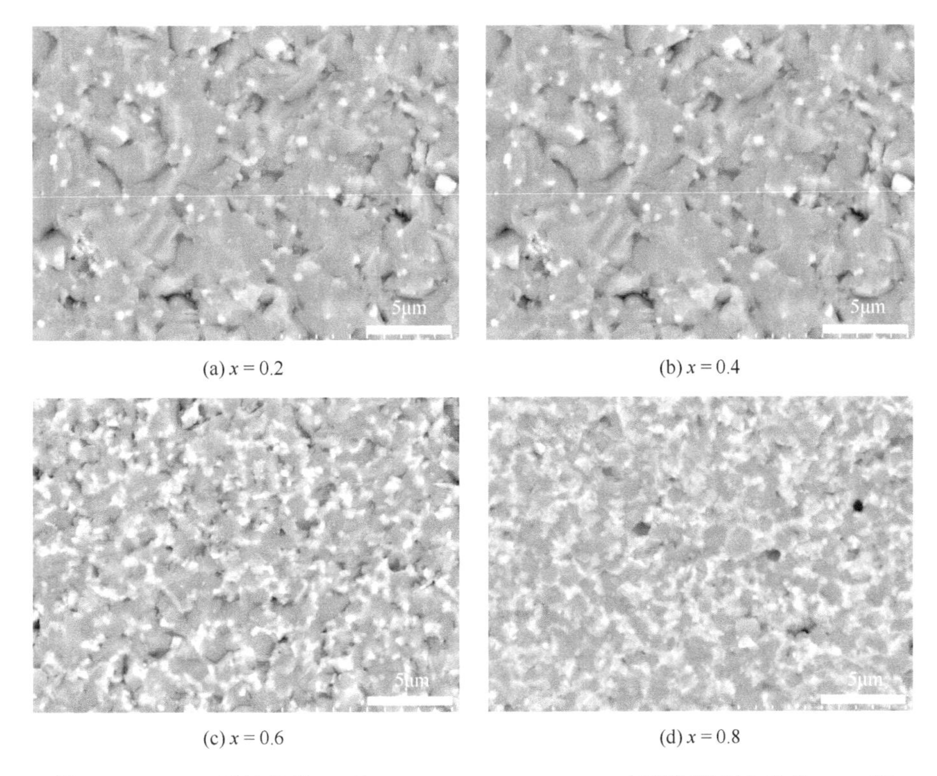

图 4-45　1050℃微波烧结 2h 的$(1-x)$SrZP-$x$$Ce_{0.6}Nd_{0.4}PO_4$复相陶瓷固化体的 SEM 图

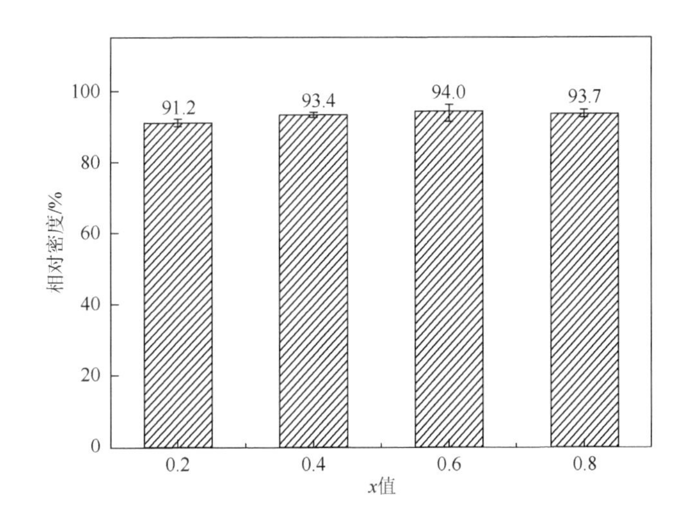

图 4-46　$(1-x)$SrZP-$x$$Ce_{0.6}Nd_{0.4}PO_4$复相陶瓷固化体的相对密度

综上所述，采用微波一步烧结成功制备的同时固化 Sr、Ce 和 Nd 的 SrZP-(Ce, Nd)PO_4复相陶瓷固化体，由 $Sr_{0.5}Zr_2(PO_4)_3$相和独居石相两相组成，其中，Ce 和 Nd 同时进入独居石结构形成(Ce, Nd)PO_4独居石固溶体，因 Nd 和 Ce 固溶量的变化而引起(Ce, Nd)PO_4固溶体的结构变化对 SrZP 的结构没有影响，且(Ce, Nd)PO_4独居石固溶体的结构变化对 NZP-独居石型复相陶瓷的致密性和化学稳定性均没有明显的影响。此外，当该复相陶瓷体系中独居石固溶体含量增加时，复相陶瓷的晶粒细化，提高了固化体的致密性。由此可见，NZP-独居石复相陶瓷对放射性裂变核素和锕系核素具有良好的固溶能力，对高放废物的组成适应性强，可以作为同时固化裂变核素和多种锕系放射性核素的基体候选材料，这为探寻同时固化更多元的核素、稳定性更高的固化体材料体系提供了新的研究思路。

参考文献

[1] Scheetz B E，Agrawal D K，Breval E，et al. Sodium zirconium phosphate (NZP) as a host structure for nuclear waste immobilization：A review[J]. Waste Management，1994，14（6）：489-505.

[2] Brownfield M E，Foord E E，Sutley S J，et al. Kosnarite，$KZr_2(PO_4)_3$，a new mineral from Mount Mica and Black Mountain，Oxford County，Maine[J]. American Mineralogist，1993，78（5-6）：653-656.

[3] Ewing R C，Wang L. Phosphates as nuclear waste forms[J]. Reviews in Mineralogy and Geochemistry，2002，48（1）：673-699.

[4] Hagman L，Kierkegaard P，Karvonen P，et al. The crystal structure of $NaMe_2^{IV}(PO_4)_3$；Me^{IV} = Ge，Ti，Zr[J]. Acta Chemica Scandinavica，1968，22（6）：1822-1832.

[5] Alamo J，Roy R. Crystal chemistry of the $NaZr_2(PO_4)_3$，NZP or CTP，structure family[J]. Journal of Materials Science，1986，21（2）：444-450.

[6] Padhi A，Manivannan V，Goodenough J. Tuning the position of the redox couples in materials with NASICON structure by anionic substitution[J]. Journal of the Electrochemical Society，1998，145（5）：1518-1520.

[7] Padhi A K，Nanjundaswamy K S，Masquelier C，et al. Mapping of transition metal redox energies in phosphates with NASICON structure by lithium intercalation[J]. Journal of the Electrochemical Society，1997，144（8）：2581-2586.

[8] Huang C C，Yang G M，Yu W H，et al. Gallium-substituted Nasicon $Na_3Zr_2Si_2PO_{12}$ solid electrolytes[J]. Journal of Alloys and Compounds，2021，855：157501.

[9] Bucharsky E C，Schell K G，Hintennach A，et al. Preparation and characterization of sol-gel derived high lithium ion conductive NZP-type ceramics $Li_{1+x}Al_xTi_{2-x}(PO_4)_3$[J]. Solid State Ionics，2015，274：77-82.

[10] Pérez-Estébanez M，Isasi-Marín J，Többens D，et al. A systematic study of Nasicon-type $Li_{1+x}M_xTi_{2-x}(PO_4)_3$（M：Cr，Al，Fe）by neutron diffraction and impedance spectroscopy[J]. Solid State Ionics，2014，266：1-8.

[11] Wang Y，Zhou Y Y，Tong N，et al. Crystal structure，mechanical and thermophysical properties of $Ca_{0.5}Sr_{0.5}Zr_{4-x}Sn_xP_6O_{24}$ ceramics[J]. Journal of Alloys and Compounds，2019，784：8-15.

[12] Wang Y，Zhou Y Y，Han Z Q，et al. Investigation and characterization of crystal structure，mechanical and thermophysical properties of $CaZr_{4-x}Ti_xP_6O_{24}$ ceramics[J]. Ceramics International，2019，45（8）：10596-10602.

[13] Mooney R. Crystal structures of a series of rare earth phosphates[J]. The Journal of Chemical Physics，1948，16（10）：1003.

[14] Ni Y X，Hughes J M，Mariano A N. Crystal chemistry of the monazite and xenotime structures[J]. American Mineralogist，1995，80（1-2）：21-26.

[15] Clavier N，Podor R，Dacheux N. Crystal chemistry of the monazite structure[J]. Journal of the European Ceramic Society，2011，31（6）：941-976.

[16] Orlova A I，Orlova V A，Orlova M P，et al. The crystal-chemical principle in designing mineral-like phosphate ceramics for immobilization of radioactive waste[J]. Radiochemistry，2006，48（4）：330-339.

[17] Roy R，Vance E R，Alamo J. [NZP]，a new radiophase for ceramic nuclear waste forms[J]. Materials Research Bulletin，1982，17（5）：585-589.

[18] Bohre A，Shrivastava O P. Crystallographic evaluation of sodium zirconium phosphate as a host structure for immobilization of cesium and strontium[J]. International Journal of Applied Ceramic Technology，2013，10（3）：552-563.

[19] Bykov D M，Gobechiya E R，Kabalov Y K，et al. Crystal structures of lanthanide and zirconium phosphates with general

formula $Ln_{0.33}Zr_2(PO_4)_3$，where Ln = Ce，Eu，Yb[J]. Journal of Solid State Chemistry，2006，179（10）：3101-3106.

[20] Bykov D M，Orlova A I，Tomilin S V，et al. Americium and plutonium in trigonal phosphates（NZP type）$Am_{1/3}[Zr_2(PO_4)_3]$ and $Pu_{1/4}[Zr_2(PO_4)_3]$[J]. Radiochemistry，2006，48（3）：234-239.

[21] Orlova A I，Volgutov V Y，Castro G R，et al. Synthesis and crystal structure of NZP-type Thorium–Zirconium phosphate[J]. Inorganic Chemistry，2009，48（19）：9046-9047.

[22] Bohre A，Shrivastava O P. Diffusion of lanthanum into single-phase sodium zirconium phosphate matrix for nuclear waste immobilization[J]. Radiochemistry，2013，55（4）：442-449.

[23] Bohre A，Awasthi K，Shrivastava O P. Immobilization of lanthanum，cerium，and selenium into ceramic matrix of sodium zirconium phosphate[J]. Radiochemistry，2014，56（4）：385-391.

[24] Zeng P，Teng Y C，Huang Y，et al. Synthesis，phase structure and microstructure of monazite-type $Ce_{1-x}Pr_xPO_4$ solid solutions for immobilization of minor actinide neptunium[J]. Journal of Nuclear Materials，2014，452（1-3）：407-413.

[25] Teng Y C，Zeng P，Huang Y，et al. Hot-pressing of monazite $Ce_{0.5}Pr_{0.5}PO_4$ ceramic and its chemical durability[J]. Journal of Nuclear Materials，2015，465：482-487.

[26] Ma J Y，Teng Y C，Huang Y，et al. Effects of sintering process，pH and temperature on chemical durability of $Ce_{0.5}Pr_{0.5}PO_4$ ceramics[J]. Journal of Nuclear Materials，2015，465：550-555.

[27] Dacheux N，Clavier N，Robisson A C，et al. Immobilisation of actinides in phosphate matrices[J]. Comptes Rendus Chimie，2004，7（12）：1141-1152.

[28] Aloy A S，Kovarskaya E N，Koltsova T I，et al. Immobilization of Am-241，formed under Plutonium metal conversion，into monazite-type ceramics[C]. ASME 2001 8thInternational Conference on Radioactive Waste Management and Environmental Remediation，2001：1833-1836.

[29] Bohre A，Shrivastava O P. Crystal chemistry of immobilization of divalent Sr in ceramic matrix of sodium zirconium phosphates[J]. Journal of Nuclear Materials，2013，433（1）：486-493.

[30] Wang J X，Wei Y F，Wang J，et al. Simultaneous immobilization of radionuclides Sr and Cs by sodium zirconium phosphate type ceramics and its chemical durability[J]. Ceramics International，2022，48（9）：12772-12778.

[31] Orlova A I，Kitaev D B，Lukinich A N，et al. Phosphate monazite- and $NaZr_2(PO_4)_3$(NZP)-like ceramics containing uranium and plutonium[J]. Czechoslovak Journal of Physics，2003，53（1）：665-670.

[32] Pet'kov V，Asabina E，Loshkarev V，et al. Systematic investigation of the strontium zirconium phosphate ceramic form for nuclear waste immobilization[J]. Journal of Nuclear Materials，2016，471：122-128.

[33] Wei Y F，Luo P，Wang J X，et al. Microwave-sintering preparation，phase evolution and chemical stability of $Na_{1-2x}Sr_xZr_2(PO_4)_3$ ceramics for immobilizing simulated radionuclides[J]. Journal of Nuclear Materials，2020，540：152366.

[34] Frost R L，Xi Y F，Scholz R，et al. Infrared and raman spectroscopic characterization of the phosphate mineral kosnarite $KZr_2(PO_4)_3$ in comparison with other pegmatitic phosphates[J]. Transition Metal Chemistry，2012，37（8）：777-782.

[35] Kurazhkovskaya V S，Bykov D M，Borovikova E Y，et al. Vibrational spectra and factor group analysis of lanthanide and zirconium phosphates $M^{III}_{0.33}Zr_2(PO_4)_3$，where M^{III} = Y，La-Lu[J]. Vibrational Spectroscopy，2010，52（2）：137-143.

[36] Tarte P，Rulmont A，Merckaert-Ansay C. Vibrational spectrum of nasicon-like，rhombohedral orthophosphates $M^IM^{IV}_2(PO_4)_3$[J]. Spectrochimica Acta Part A：Molecular Spectroscopy. 1986，42（9）：1009-1016.

[37] 薛理辉，袁润章. 白云鄂博独居石的振动光谱研究[J]. 武汉理工大学学报，2003，25（10）：1-3.

[38] 张雪，王进，罗萍，等. NZP 型磷酸盐陶瓷固化模拟放射性核素 Sr^{2+}/Sm^{3+}的研究[J]. 材料导报，2022，36（1）：64-68.

[39] Heuser J，Bukaemskiy A A，Neumeier S，et al. Raman and infrared spectroscopy of monazite-type ceramics used for nuclear waste conditioning[J]. Progress in Nuclear Energy，2014，72：149-155.

[40] Zhan L，Wang J X，Wang J，et al. Phase evolution and microstructure of new $Sr_{0.5}Zr_2(PO_4)_3$-$NdPO_4$ composite ceramics prepared by one-step microwave sintering[J].Ceramics International，2020，46（12）：19822-19826.

[41] Toraya H，Yoshimura M，Somiya S. Calibration curve for quantitative analysis of the monoclinic-tetragonal ZrO_2 system by X-ray diffraction[J]. Journal of the American Ceramic Society，1984，67（6）：119-121.

[42] Silva E N，Ayala A P，Guedes I，et al. Vibrational spectra of monazite-type rare-earth orthophosphates[J]. Optical Materials，2006，29（2-3）：224-230.

[43] Buvaneswari G，Varadaraju U V. Low leachability phosphate lattices for fixation of select metal ions[J]. Materials Research Bulletin，2000，35（8）：1313-1323.

[44] Wang J X，Zhan L，Wang J，et al. Sr/Ce co-immobilization evaluation and high chemical stability of novel $Sr_{0.5}Zr_2(PO_4)_3$-$CePO_4$ composite ceramics for nuclear waste forms[J]. Journal of the Australian Ceramic Society，2022，58（3）：881-889.

[45] Rygel J L，Pantano C G. Synthesis and properties of cerium aluminosilicophosphate glasses[J]. Journal of Non-Crystalline Solids，2009，355（52-54）：2622-2629.

第 5 章　钆锆烧绿石陶瓷固化材料

5.1　概　　述

天然烧绿石是一类复杂的氧化矿物，又称黄绿石、焦绿石，主要产于基性岩、微晶岩或碳酸岩中，往往与锆石、磷灰石、钙钛矿共生[1]。常见的天然烧绿石的化学式为(Na, Ca,)$_2$Nb$_2$O$_6$(OH, F)，成分变化较大，常含有镧系元素（Ln）、U、Th、Zr、Ti 等元素。当 U 和 Th 在化学结构上取代其中的 Ca 和 Na 时，该矿物具有强放射性。天然烧绿石是 Ln 和放射性元素（An）的自然宿主矿物之一，是提取 Nb、Ta、Ln 及 An 的重要矿物原料。天然烧绿石为等轴晶系，单晶体形态呈八面体或八面体与菱形十二面体的聚形，多晶体为不规则粒状或致密块状集合体，莫氏硬度为 5.0～5.5，比重为 4.12～4.36，颜色呈褐色或黄绿色，也有少数为黑色[2]，天然产出的烧绿石如图 5-1 所示。天然烧绿石有一个奇怪的特性，用火烧会变成绿色，其矿物名称就是源于它的这一特性。烧绿石常见的类质同象矿物有铈烧绿石、水烧绿石、铀烧绿石、钇铀烧绿石、铈铀烧绿石、铀钽烧绿石、钇铀钽烧绿石、铀铅烧绿石、钡锶烧绿石、铅烧绿石等[3]。

(a) 单晶体

(b) 多晶集合体

图 5-1　天然烧绿石

5.1.1　烧绿石的结构与性能

1. 烧绿石的结构

烧绿石是矿物学上的一类矿物，结构通式为$^{VIII}A_2{}^{VI}B_2{}^{IV}X_6{}^{IV}Y$，其中，罗马数字表示配位数；A 和 B 位为金属阳离子，在晶格中有序排列，X(O^{2-})和 Y(O^{2-}, OH^-, F^-)为阴离子[4]。通常用 $A_2B_2O_7$ 来表示烧绿石的结构，理想有序烧绿石的晶体结构如图 5-2 和图 5-3（a）所示，结构中 A^{3+}和 B^{4+}阳离子分别位于 16*c*(0, 0, 0)和 16*d*(0.5, 0.5, 0.5)等效位置并形成有序的立方密堆积排列；6 个 O^{2-}(O1)占据 48*f*(*x*, 0.125, 0.125)等效位置，与 2 个 B^{4+}、2 个

A^{3+}配位；1 个 O^{2-}(O2)占据 8*b* (0.375, 0.375, 0.375)等效位置，与 4 个 A^{3+}配位；8*a* 是空位，被 4 个 B^{4+}包围，因而形成了四面体阴离子空位的有序排列[5, 6]。有序烧绿石结构中 48*f* 等效位置的位置参数 *x* 值，主要取决于 A^{3+}的半径，*x* 值不同时对 $A_2B_2O_7$ 的结构稳定性具有影响，且 A、B 位阳离子的配位多面体形状也会随着 *x* 值逐渐发生变化。

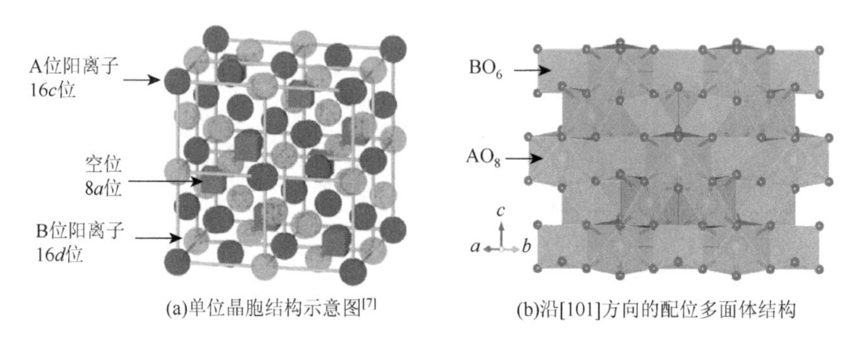

(a)单位晶胞结构示意图[7]　　(b)沿[101]方向的配位多面体结构

图 5-2　$A_2B_2O_7$ 理想有序烧绿石晶体结构图

图（a）只给出 A^{3+}、B^{4+}阳离子和空位，未给出氧离子

$A_2B_2O_7$ 烧绿石的组成也可以写成 $A_2B_2O_6O'$，可看成由 BO_6 以共顶点的形式沿立方晶胞[101]方向联结构成的三维框架[图 5-2（b）]，间隙位置填充有 A 和 O'。在晶格内可能发生以下变化：A 位阳离子存在部分空缺，形成 $A_{2-x}B_2O_6O'$；O'完全空缺，形成 $A_2B_2O_6$；O'和 A 同时存在空缺，形成 AB_2O_6。以上三种氧化物被称为缺陷烧绿石，缺陷烧绿石结构中 A 位阳离子和 O'的缺失，可导致晶体中缺陷的产生，由此产生不同的物理化学性质改变，但不会对 BO_6 八面体框架的稳定性造成影响，并保持着与烧绿石结构相同的 BO_6 三维框架，这种独特的缺陷结构在某些领域具有应用价值[8]。

$A_2B_2O_7$ 烧绿石复杂开放的结构使其具有宽泛的化学组成，A、B 晶格位可容纳多种价态和半径的阳离子（A^{3+}、B^{4+}或 A^{2+}、B^{5+}），A 位通常由半径较大的三价或四价镧系和锕系元素离子占据，B 位为具有 3d、4d 和 5d 轨道的过渡金属元素，典型的有 Zr、Ti、Hf 和 Sn[6, 9]。A、B 位的阳离子半径分别为 0.087～0.151nm 和 0.040～0.078nm，阳离子半径比值 r_A/r_B 为 1.29～2.30[10]。根据 A、B 位阳离子半径比值 r_A/r_B 的大小，$A_2B_2O_7$ 烧绿石具有三种不同的结构类型[11, 12]，当 $1.46 < r_A/r_B < 1.78$ 时，为立方的有序烧绿石型结构[P 型，图 5-3（a）]；当 $r_A/r_B < 1.46$ 时，为无序的缺陷萤石型结构[F 型，图 5-3（b）]；若 $r_A/r_B > 1.78$ 时，为单斜结构。

有序 P 型和无序 F 型的晶体结构对比图如图 5-3 所示。有序 P 型结构中 A 和 B 位阳离子的排列是规律的，其 1/8 晶胞中 A、B 位阳离子分别从体对角线两端顶点开始沿面对角线分布[图 5-3（a）]；无序 F 型结构中 A^{3+}、B^{4+}位阳离子相互混合占位，O^{2-}和空位也相互混合占位[图 5-3（b）][11, 12]。有序 P 型结构的单位晶胞体积通常是无序 F 型结构单位晶胞体积的 8 倍，晶胞参数通常为无序 F 型结构晶胞参数的 2 倍。有序 P 型结构的空间群为 $Fd\bar{3}m$，单胞分子数 $Z = 8$，共有 56 个阴离子和 32 个阳离子；无序 F 型结构的空间群为 $Fm\bar{3}m$，单胞分子数 $Z = 1$，共有 7 个阴离子和 4 个阳离子[11, 12]。因此，有序 P 型结构实际上是无序 F 型结构的一种超结构，这种结构也可以描述为阴离子不足、空穴有序的萤石。有序 P 型结构在一定条件（温度、压力和离子辐照）下可以变成无序 F 型结构，$A_2B_2O_7$ 烧绿石化合物这种有序 P 型到无序 F 型的相转变一直是材料学界研究的热点。

近年来，稀土锆酸盐烧绿石 $Ln_2Zr_2O_7$（Ln = La～Lu）由于其优异的性能在多个领域受到广泛关注。$Ln_2Zr_2O_7$ 烧绿石的有序 P 型和无序 F 型结构主要取决于稀土阳离子和锆离子的半径之比 $r_{Ln^{3+}}/r_{Zr^{4+}}$ 以及温度。常温常压下，轻稀土元素锆酸盐烧绿石 $Ln_2Zr_2O_7$（Ln = La～Gd）的 $r_{Ln^{3+}}/r_{Zr^{4+}}$ 比值为 1.46～1.61，其结构为有序 P 型烧绿石结构；而重稀土元素锆酸盐烧绿石 $Ln_2Zr_2O_7$（Ln = Tb～Lu）的 $r_{Ln^{3+}}/r_{Zr^{4+}}$ 比值为 1.35～1.44，为无序 F 型缺陷型萤石结构[13]。其中，钆锆烧绿石 $Gd_2Zr_2O_7$ 中的 $r_{Gd^{3+}}/r_{Zr^{4+}} = 1.4625$，恰好处于 $A_2B_2O_7$ 有序 P 型结构和无序 F 型结构的临界处，大多数时候呈有序 P 型结构，有时也呈无序 F 型结构，这与合成和制备的条件有关[14]。$Ln_2Zr_2O_7$ 烧绿石的结构在高温条件下会发生有序 P 型到无序 F 型的结构转变，例如，$Gd_2Zr_2O_7$、$Sm_2Zr_2O_7$ 和 $Nd_2Zr_2O_7$ 的有序 P 型到无序 F 型结构的转变温度分别为 1530℃、2000℃和 2300℃，而 $La_2Zr_2O_7$ 则不发生这种有序 P 型到无序 F 型的结构转变，其结构从室温到熔点之间均为有序 P 型结构[13]。

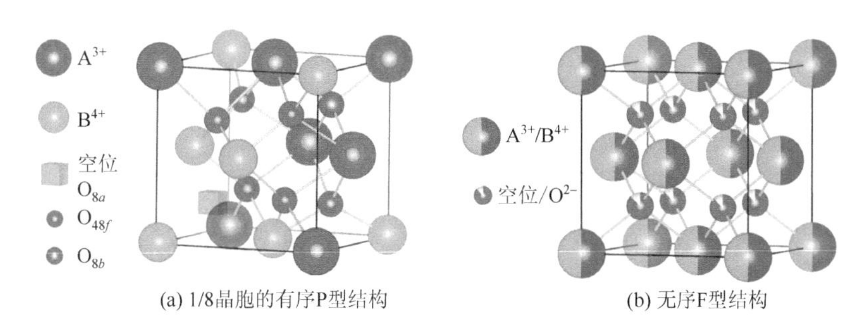

图 5-3　$A_2B_2O_7$ 有序 P 型结构和无序 F 型结构对比图

2. 烧绿石的性能

$A_2B_2O_7$ 烧绿石的开放式结构和宽泛的化学组成，使得其具有丰富的物理化学性质[6]。近年来，$Ln_2Zr_2O_7$ 烧绿石（Ln = La～Lu）由于具有优异的高温稳定性、较低的热导率、高温下较低的氧透过率，以及良好的抗烧结性能和抗腐蚀性能等优点，被认为是最有希望应用于未来新一代高性能航空发动机的热障涂层材料[15, 16]。$Ln_2Zr_2O_7$ 烧绿石陶瓷具有与氧化钇稳定的氧化锆（YSZ）陶瓷相当的热膨胀性能等一系列优点，可以替代目前正在服役的 YSZ 陶瓷，用作热障涂层材料[17-20]。使用 $Ln_2Zr_2O_7$ 陶瓷涂层材料，可以提高航空发动机燃气轮机的工作温度、减少冷却空气流量、提高发动机推力、降低耗油率、延长寿命、降低对基体材料的要求等。另外，$Ln_2Zr_2O_7$ 烧绿石由于具有较高的电导率，使其在固体电解质方面的研究受到广泛重视。许多 $Ln_2Zr_2O_7$ 烧绿石陶瓷在高温下将变成无序 F 型结构而显示出较好的离子传导性[21]。

天然烧绿石是放射性元素的天然宿主矿物之一，因此，$A_2B_2O_7$ 烧绿石这种结构也使其成为 HLW 固化领域研究的前沿和热点[4, 9-11]，尤其 $Gd_2Zr_2O_7$ 对锕系核素具有很好的包容量和抗辐照稳定性[4, 9, 14, 22-25]。除了核废物固化，$Nd_2Zr_2O_7$ 烧绿石还可以作为 Pu 和次锕系核素的嬗变惰性燃料基材[5, 26-28]。

除此之外，$A_2B_2O_7$烧绿石型化合物是近十年来广受关注的一类新型的无机非金属材料。$A_2B_2O_7$烧绿石的化学组成不同时，电子特性从绝缘性到半导体性[29]、金属性[30]及超导性变化[31]。而且此类化合物也具有电绝缘性、压电性及铁电性[32, 33]。如果其结构中 A 晶格位是稀土元素，而 B 晶格位是 3d 过渡金属元素，则化合物的磁行为在 77K 或 77K 以下温度从单顺磁性到铁磁性或抗铁磁性转变[34]。另外，一些包含 La 的 $A_2B_2O_7$烧绿石型化合物还展示出特殊的荧光和磷光行为，能作为激光主体材料[35]，还可以作氧化催化剂和光催化剂[36, 37]等。

5.1.2　烧绿石固化锕系核素的机理

天然烧绿石作为 Ln 和 An 的自然宿主矿物之一，在自然界中能够和放射性核素长期稳定共存。因此，烧绿石（$A_2B_2O_7$）被认为是 HLW 陶瓷固化的理想候选基材之一[38]。而且，由于 $A_2B_2O_7$陶瓷具有优异的地质稳定性、耐辐照性能、高热稳定性和化学稳定性等优点，近年来作为镧系和锕系 HLW 人造岩石固化体在国内外被广泛研究。20 世纪 90 年代，美国曾一度将 $Gd_2Ti_2O_7$烧绿石和 $Gd_2Zr_2O_7$烧绿石作为锕系核素的固化基材[39]。Lang 等研究发现，$Gd_2(Ti_xZr_{1-x})_2O_7$烧绿石的耐辐照性随着体系中 Zr 含量的增加而逐渐增加，其中 $Gd_2Zr_2O_7$烧绿石经过很强的离子辐照后仍没有发生蜕晶质化[40]。2000 年，Weber 和 Ewing[41]、Sickafus 等[22]先后研究认为 $Gd_2Zr_2O_7$烧绿石具有非常好的稳定性。自此之后，国内外众多研究者针对 Ln 和 An 的锆酸盐烧绿石陶瓷固化体的制备方法、晶体和分子结构、微观形貌、（模拟）核素的固化机理、化学稳定性和辐照稳定性等方面进行了详细而深入的研究。

$A_2B_2O_7$烧绿石陶瓷对 Ln 和 An 的固化机理，主要是利用矿物学的类质同象原理，将 Ln 和 An 固溶在烧绿石晶体结构 A、B 位的晶格中。因为放射性核素具有放射毒性，在实际研究过程中，按照形成类质同象的条件，根据价态相符、离子半径相近及核外电子轨道近似等原则，通常选取合理的非放射性 Ln^{3+}和 Ln^{4+}镧系元素作为放射性锕系元素 An^{3+}和 An^{4+}的模拟替代物。

大量研究结果证实，Ln 和 An 固溶在 $Gd_2Zr_2O_7$烧绿石结构中通常存在三种形式：①单一核素固溶（+3 价核素固溶在 Gd 晶格位或+4 价核素固溶在 Zr 晶格位），固化体的化学式为$(Gd_{1-x}An_x^{3+})_2Zr_2O_7$或$Gd_2(Zr_{1-y}An_y^{4+})_2O_7$；②双核素固溶（+3 价核素和+4 价核素分别固溶在 Gd 晶格位和 Zr 晶格位），固化体的化学式为$(Gd_{1-x}An_x^{3+})_2(Zr_{1-y}An_y^{4+})_2O_7$；③多核素固溶，多种价态的核素同时被固溶在 $Gd_2Zr_2O_7$晶体结构中，+2 价、+3 价的核素取代 Gd 晶格位，+4 价和+5 价核素取代 Zr 晶格位。若按化学计量比将+4 价核素固溶在 $Gd_2Zr_2O_7$ 烧绿石结构中的 Gd 位时，固化体的化学式为非化学计量比形式$(Gd_{1-x}An_x^{4+})_2Zr_2O_{7+x/2}$。

1. *单一核素固溶*

目前，国内外对于 $Gd_2Zr_2O_7$烧绿石固化 Ln 和 An 核素的研究，普遍认可采用 Nd^{3+}和 Ce^{4+}分别作为 An^{3+}和 An^{4+}的模拟核素。根据香农（Shannon）离子半径，因为 Nd^{3+}与 Ce^{4+}

不仅分别与锕系核素 Am^{3+}和 Pu^{4+}的价态相同，而且具有非常接近的离子配位半径（Nd^{3+}和 Am^{3+}的八配位半径分别为 1.109Å 和 1.09Å，而 Ce^{4+}和 Pu^{4+}的六配位半径分别为 0.87Å 和 0.86Å）。大量研究结果表明，Nd^{3+}和 Ce^{4+}可以以任意比例分别固溶在 $Gd_2Zr_2O_7$ 烧绿石的 Gd^{3+}和 Zr^{4+}晶格位，分别形成化学式为$(Gd_{1-x}Nd_x)_2Zr_2O_7$（$0 \leqslant x \leqslant 1$）和 $Gd_2(Zr_{1-y}Ce_y)_2O_7$（$0 \leqslant x$，$y \leqslant 1$）、物相组成为单一烧绿石晶相（有序 P 型/无序 F 型结构）的陶瓷固化体。例如，有学者分别以 Nd^{3+}和 Ce^{4+}作为 + 3 价和 + 4 价锕系核素的模拟替代物，按照化学计量比分别制备了$(Gd_{1-x}Nd_x)_2Zr_2O_7$[42, 43]和 $Gd_2(Zr_{1-y}Ce_y)_2O_7$[44]烧绿石固化体。XRD、拉曼光谱等分析结果表明，固化体样品中掺杂的模拟核素离子 Nd^{3+}和 Ce^{4+}分别只能进入 $Gd_2Zr_2O_7$ 烧绿石的 Gd^{3+}和 Zr^{4+}晶格位，物相结构只有单一的烧绿石物相，且烧绿石固化体“有序 P 型—无序 F 型”结构演化主要取决于其平均阳离子半径比值 r_A/r_B。

对于锆基烧绿石陶瓷固化体（$A_2Zr_2O_7$，A 为 Ln^{3+}）中锕系核素 An^{3+}的模拟替代物，除了大多数采用 Nd^{3+}之外，还有一些研究人员基于核外电子轨道相近的原则，采用比 Nd^{3+}半径更大的 La^{3+}（和锕系中的 Ac 处于同一族）与半径较小的 Sm^{3+}（和锕系中的 Pu 处于同一族）和 Eu^{3+}（和锕系中的 Am 处于同一族）作为 An^{3+}锕系核素的模拟核素。研究结果均说明这些三价的 Ln^{3+}在固化体中只占据 $A_2Zr_2O_7$ 烧绿石的 A 晶格位，并不会进入晶格间隙位中形成填隙型固溶体。通常 An^{4+}除了固溶在 $A_2Zr_2O_7$ 烧绿石的 Zr 晶格位外，还可以固溶在 A 晶格位，此时固溶了 An^{4+}核素的烧绿石固化体的化学式呈现为非化学计量比形式，如$(Ln_{1-x}Ce_x)_2Zr_2O_{7+x}$[45, 46]（Ln = Gd 或 Nd）。

2. *双核素固溶*

$Gd_2Zr_2O_7$ 烧绿石由于具有开阔的晶体结构，不仅其 Gd 或 Zr 晶格位可以分别固溶单一的 An^{3+}或 An^{4+}核素，而且其 Gd 和 Zr 晶格位可以同时分别固溶 An^{3+}和 An^{4+}放射性核素。为提高 + 3 价和 + 4 价两种价态放射性核素的固化率，研究人员利用 $Gd_2Zr_2O_7$ 烧绿石同时固化处理双核素 An^{3+}/An^{4+}。有学者以 Nd^{3+}/Ce^{4+}、Sm^{3+}/Ce^{4+}和 Eu^{3+}/Ce^{4+}作为双核素 An^{3+}/An^{4+}的模拟核素，设计分别将它们同时固溶在 $Gd_2Zr_2O_7$ 烧绿石的 Gd/Zr 晶格位[47-53]。研究结果表明，按照化学计量比，等量（注：对于摩尔含量相等或不相等，以下简称等量或不等量）或不等量的 Nd^{3+}/Ce^{4+}、Sm^{3+}/Ce^{4+}和 Eu^{3+}/Ce^{4+}可以按任意比例固溶在 $Gd_2Zr_2O_7$ 烧绿石结构中的 Gd/Zr 晶格位，形成化学式为$(Gd_{1-x}Nd_x)_2(Zr_{1-y}Ce_y)_2O_7$（$0 \leqslant x$，$y \leqslant 1$）、$(Gd_{1-x}Sm_x)_2(Zr_{1-y}Ce_y)_2O_7$（$0 \leqslant x$，$y \leqslant 1$）和 $GdEuZrCeO_7$ 的烧绿石固溶体。和单一核素固溶的情况相同，XRD 分析结果表明模拟双核素分别占据 $Gd_2Zr_2O_7$ 烧绿石的 Gd 位和 Zr 位，即 Nd^{3+}、Sm^{3+}和 Eu^{3+}只占据 Gd 晶格位，而 Ce^{4+}则只占据 Zr 晶格位；物相组成除了单一的烧绿石物相之外并没有其他杂相形成，且固化体的“有序 P 型—无序 F 型”结构演化完全取决于其结构中的平均阳离子半径比值 r_A/r_B，拉曼光谱分析结果进一步有力地证明了这一结论；当 $r_A/r_B > 1.46$ 时为有序 P 型结构，$r_A/r_B < 1.46$ 时为无序 F 型结构。

3. *多核素固溶*

在单一核素和双核素固溶的基础上，针对多种价态且组分复杂的 HLW，为了充分利

用 $A_2B_2O_7$ 烧绿石能够同时固溶 An^{3+}和 An^{4+}放射性核素的晶体结构特征，研究人员提出利用 $Gd_2Zr_2O_7$ 烧绿石同时固溶超过三种的 + 3 价和 + 4 价放射性核素。Zhou 等[54]以 Gd^{3+}和 Ce^{4+}分别作为 An^{3+}和 An^{4+}放射性核素的模拟核素，设计并制备了同时固溶 Eu、Gd、Zr、Ce、Ti、Hf 和 Nb，且名义化学式为$(Eu_{1-x}Gd_x)_2(Ti_{0.2}Zr_{0.2}Hf_{0.2}Nb_{0.2}Ce_{0.2})_2O_7$的烧绿石高熵陶瓷固化体。研究结果表明，根据化学计量比，当化学式中的 Gd 以任意含量掺杂形成烧绿石固化体时，XRD 及其精修结果显示固化体的物相组成中既有有序 P 型结构又有无序 F 型结构。固化机理上，与单一核素和双核素的固化机理相同，+3 价的 Gd^{3+}和 Eu^{3+}进入 $A_2B_2O_7$ 结构的 A 晶格位，而 + 4 价的 Zr^{4+}、Ti^{4+}、Ce^{4+}、Hf^{4+}和 Nb^{4+}进入 B 晶格位。此外，滕振等[55]设计将 Eu、Sm 和 Nd 同时固溶在 $Gd_2Zr_2O_7$ 烧绿石的 Gd 晶格位，制备了 A 位组分分别为二元、三元和四元的$(Gd_{1/2}Eu_{1/2})_2Zr_2O_7$、$(Gd_{1/3}Eu_{1/3}Sm_{1/3})_2Zr_2O_7$ 和$(Gd_{1/4}Eu_{1/4}Sm_{1/4}Nd_{1/4})_2Zr_2O_7$ 烧绿石陶瓷固化体。XRD 结果显示，根据化学计量比设计的化学式中，无论 Gd 晶格位的组分为二元、三元还是四元，多元组分的模拟核素均能同时固溶在 $Gd_2Zr_2O_7$ 烧绿石的 Gd 晶格位；固化体的物相组成也均为单一的有序 P 型结构，其“有序 P 型—无序 F 型”结构演化也完全取决于其结构中的平均阳离子半径比值 r_A/r_B。

5.2 钆锆烧绿石陶瓷固化体的制备

5.2.1 技术方案

目前，国内外对利用 $Gd_2Zr_2O_7$ 烧绿石陶瓷固化处理放射性核素的研究，主要包括固化体的制备工艺、微观结构、核素固化机理、化学稳定性及辐照稳定性等方面。在国内外研究的基础上，有学者从 $Gd_2Zr_2O_7$ 烧绿石陶瓷固化体的组成设计和制备工艺入手，以 Nd^{3+}、Sm^{3+}、Eu^{3+}和 Ce^{4+}作为 An^{3+}和 An^{4+}的模拟替代核素，以硝酸盐作为原材料，设计利用 $Gd_2Zr_2O_7$ 烧绿石同时对 + 3 价和 + 4 价的模拟双核素进行固化处理，并研究固化体的制备工艺、微观结构和化学稳定性[50-53]。

1. Nd 和 Ce 同时固化

因为 $Gd_2Zr_2O_7$ 烧绿石中 A、B 晶格位的阳离子半径比值 $r_{Gd^{3+}}/r_{Zr^{4+}} = 1.4625$，恰好处于其“有序 P 型—无序 F 型”结构形式的边界处，有时呈 P 型结构，有时也会呈 F 型结构，具体与制备条件等有关。$Gd_2Zr_2O_7$ 烧绿石陶瓷同时固化 Nd/Ce 时，当 Nd 进入 Gd 位、Ce 进入 Zr 位时，由于烧绿石固化体中 A 晶格位（Gd/Nd）的离子半径增量小于 B 晶格位（Ce/Zr 位）的离子半径增量，即$(r_{Nd^{3+}} - r_{Gd^{3+}}) < (r_{Ce^{4+}} - r_{Zr^{4+}})$或 $\Delta r_A < \Delta r_B$。根据平均阳离子半径比值 r_A/r_B，若等量的 Nd/Ce 固溶在 $Gd_2Zr_2O_7$ 烧绿石的晶格中，固化体的结构形式在理论上就会全部呈现 F 型结构。因此，在固化体的化学组成配方设计上，按等量和不等量 Nd/Ce 分别设计为$(Gd_{1-x}Nd_x)_2(Zr_{1-x}Ce_x)_2O_7$（$0 \leqslant x \leqslant 1$）和$(Gd_{1-x}Nd_x)_2(Zr_{1-y}Ce_y)_2O_7$（$0 \leqslant x, y \leqslant 1, x + y = 1$），以确保固化体在结构形式上随着成分的变化既有 P 型结构也有 F 型结构。

固化体的制备工艺方面，由于固相反应法的反应温度高且烧结时间长，溶胶-凝胶法和沉淀法工艺较为复杂，因此本书采用助熔剂法（加入 3%～5%的助熔剂）[50]和湿化学法（不加助熔剂）[51]在较低温度（800～1000℃）下先合成固溶体的前驱体，然后在高温（1400～1500℃）下烧结形成陶瓷固化体。采用两种方法制备固化体的简要工艺流程如图 5-4 和图 5-5 所示。对于等量 Nd/Ce 固溶的$(Gd_{1-x}Nd_x)_2(Zr_{1-x}Ce_x)_2O_7$固化体，主要采用助熔剂法合成固溶体前驱体，固化体的化学稳定性采用 PCT 粉末浸泡实验方法进行评价。为了进行对比，对不等量 Nd/Ce 固溶的$(Gd_{1-x}Nd_x)_2(Zr_{1-y}Ce_y)_2O_7$（$0 \leqslant x, y \leqslant 1$; $x + y = 1$）固化体，采用湿化学法（不加助熔剂）合成固溶体前驱体，采用 MCC-1 静态块体浸泡法评价典型 P 型和 F 型结构固化体样品的化学稳定性。采用 XRD、拉曼光谱研究二者的“有序 P 型—无序 F 型”物相结构演化，利用 SEM-EDS 研究固化体的微观形貌和化学组成。

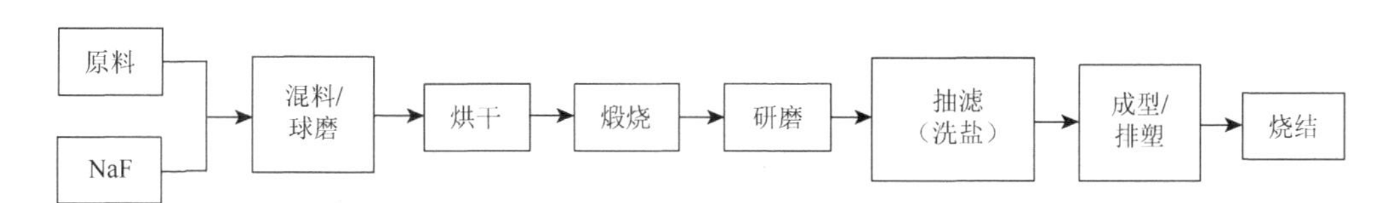

图 5-4　助熔剂法制备$(Gd_{1-x}Nd_x)_2(Zr_{1-x}Ce_x)_2O_7$烧绿石固化体的简要工艺流程

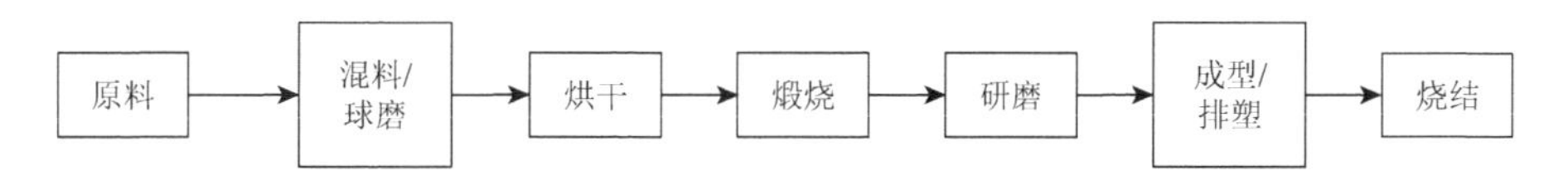

图 5-5　湿化学法制备$(Gd_{1-x}Nd_x)_2(Zr_{1-y}Ce_y)_2O_7$烧绿石固化体的简要工艺流程

2. Sm 和 Ce 同时固化

Sm 和 Ce 同时固化时，虽然 Sm 的离子半径比 Nd 的离子半径小，但仍然大于 Gd 的离子半径，因此，若等量 Sm/Ce 固溶在$Gd_2Zr_2O_7$烧绿石晶格中，根据平均阳离子半径比值 r_A/r_B，$\Delta r_A < \Delta r_B$，固化体的结构形式在理论上会全部呈现 F 型结构。所以，为了确保固化体的结构形式既有 P 型结构也有 F 型结构，在固化体的组成设计上，也采用不等量 Sm/Ce 固溶进行配方设计，将固化体的化学组成设计为$(Gd_{1-x}Sm_x)_2(Zr_{1-y}Ce_y)_2O_7$（$0 \leqslant x, y \leqslant 1$）[52]。固化体的制备工艺方面，在$(Gd_{1-x}Nd_x)_2(Zr_{1-x}Ce_x)_2O_7$固化体的制备工艺基础上，同样采用助熔剂法（加入 5%的助熔剂）先合成固溶体的前驱体，然后经 1550℃烧结成陶瓷固化体；采用 XRD、拉曼光谱研究固化体的“有序 P 型—无序 F 型”结构演化，采用 SEM-EDS 研究固化体的微观形貌和化学组成，采用 PCT 粉末浸泡实验方法评价典型 P 型和 F 型结构固化体样品的化学稳定性。

3. Eu 和 Ce 同时固化

同时固化 Nd/Ce 和 Sm/Ce 的结果发现，以硝酸盐为原料先合成烧绿石固溶体粉体然后烧结成陶瓷固化体时，固化体的致密性较差。因此，在进行 Eu/Ce 同时固化时，固化体的化学组成上不再按不等量 Eu/Ce 同时固溶进行配方设计，将固化体的化学组成仅设计为 $GdEuZrCeO_7$；采用湿化学法（不加助熔剂）先合成固溶体粉体，然后在高温下烧结成陶瓷固化体[53]。此外，为了提高固化体的致密性，烧结时在典型样品中添加了少量烧结助剂，研究烧结助剂对固化体致密性的影响。采用 XRD 研究固化体的物相组成，采用 SEM-EDS 研究固化体的微观形貌和化学组成，采用 PCT 粉末浸泡实验方法评价固化体样品的化学稳定性。

5.2.2 制备与表征

1. 固化体的制备

1）原材料

在本书研究中，制备固化体所用的原材料均为硝酸盐。其中，制备等量和不等量 Nd/Ce 固溶的$(Gd_{1-x}Nd_x)_2(Zr_{1-x}Ce_x)_2O_7$（$0\leqslant x\leqslant 1$）、$(Gd_{1-x}Nd_x)_2(Zr_{1-y}Ce_y)_2O_7$（$0\leqslant x, y\leqslant 1$）烧绿石陶瓷固化体所用的原料为 $Gd(NO_3)_3\cdot 6H_2O$、$Nd(NO_3)_3\cdot 6H_2O$、$Zr(NO_3)_4\cdot 5H_2O$ 和 $Ce(NO_3)_3\cdot 6H_2O$；等量 Nd/Ce 固溶时添加的助熔剂为 NaF 和 NaCl，不等量 Nd/Ce 固溶时不添加助熔剂。制备不等量 Sm/Ce 固溶的$(Gd_{1-x}Sm_x)_2(Zr_{1-y}Ce_y)_2O_7$（$0\leqslant x, y\leqslant 1$）烧绿石陶瓷固化体所用的原料为 $Gd(NO_3)_3\cdot 6H_2O$、$Sm(NO_3)_3\cdot 6H_2O$、$Zr(NO_3)_4\cdot 5H_2O$ 和 $Ce(NO_3)_3\cdot 6H_2O$；助熔剂为 NaF。制备 Eu/Ce 固溶的 $GdEuZrCeO_7$ 烧绿石陶瓷固化体所用的原料为 $Gd(NO_3)_3\cdot 6H_2O$、$Eu(NO_3)_3\cdot 6H_2O$、$ZrO(NO_3)_2$ 和 CeO_2；烧结助剂分别为 ZnO、NiO、CuO 和 TiO_2。以上所用硝酸盐原料除 $ZrO(NO_3)_2$ 来自上海麦克林生化科技股份有限公司外，其他均来自上海阿拉丁生化科技股份有限公司，纯度级别均为分析纯。NaF、NaCl、ZnO、NiO、CuO 和 TiO_2 均来自成都科隆化学品有限公司。

2）固化体的配方设计

为了充分利用 $Gd_2Zr_2O_7$ 烧绿石的 A 和 B 晶格位，本书研究中 Nd/Ce、Sm/Ce 同时固溶在 $Gd_2Zr_2O_7$ 烧绿石晶格中时，将其 A 和 B 晶格位的替代量分别按 0%～100%（摩尔分数）进行配方设计，具体的配方设计见表 5-1～表 5-3；Eu/Ce 同时固溶时化学组成设计为 $GdEuZrCeO_7$，具体的烧结工艺见表 5-4。

表 5-1 $(Gd_{1-x}Nd_x)_2(Zr_{1-x}Ce_x)_2O_7$（$0\leqslant x\leqslant 1$）烧绿石陶瓷固化体的配方设计

化学组成	x/mol				NaF/NaCl/wt%
	$Gd(NO_3)_3\cdot 6H_2O$	$Nd(NO_3)_3\cdot 6H_2O$	$Zr(NO_3)_4\cdot 5H_2O$	$Ce(NO_3)_3\cdot 6H_2O$	
$Gd_2Zr_2O_7$	1	0	1	0	0/3/5/8
$Gd_{1.5}Nd_{0.5}Zr_{1.5}Ce_{0.5}O_7$	0.75	0.25	0.75	0.25	5
$GdNdZrCeO_7$	0.5	0.5	0.5	0.5	5
$Gd_{0.5}Nd_{1.5}Zr_{0.5}Ce_{1.5}O_7$	0.25	0.75	0.25	0.75	5
$Nd_2Ce_2O_7$	0	1	0	1	5

表 5-2　$(Gd_{1-x}Nd_x)_2(Zr_{1-y}Ce_y)_2O_7$（$0\leqslant x, y\leqslant 1$）烧绿石陶瓷固化体的配方设计

编号	化学组成	x, y/mol；$x+y=1$			
		$Gd(NO_3)_3·6H_2O$	$Nd(NO_3)_3·6H_2O$	$Zr(NO_3)_4·5H_2O$	$Ce(NO_3)_3·6H_2O$
		$1-x$	x	$1-y$	y
F1	$Gd_2Ce_2O_7$	1	0	0	1
F2	$Gd_{1.8}Nd_{0.2}Zr_{0.2}Ce_{1.8}O_7$	0.9	0.1	0.1	0.9
F3	$Gd_{1.4}Nd_{0.6}Zr_{0.6}Ce_{1.4}O_7$	0.7	0.3	0.3	0.7
F4	$GdNdZrCeO_7$	0.5	0.5	0.5	0.5
F5	$Gd_{0.6}Nd_{1.4}Zr_{1.4}Ce_{0.6}O_7$	0.3	0.7	0.7	0.3
P6	$Gd_{0.2}Nd_{1.8}Zr_{1.8}Ce_{0.2}O_7$	0.1	0.9	0.9	0.1
P7	$Nd_2Zr_2O_7$	0	1	1	0

表 5-3　$(Gd_{1-x}Sm_x)_2(Zr_{1-y}Ce_y)_2O_7$（$0\leqslant x, y\leqslant 1$）烧绿石陶瓷固化体的配方设计

编号	化学组成	x, y/mol；$x+y=1$				NaF/%
		$Gd(NO_3)_3·6H_2O$	$Sm(NO_3)_3·6H_2O$	$Zr(NO_3)_4·5H_2O$	$Ce(NO_3)_3·6H_2O$	
		$1-x$	x	$1-y$	y	
G00	$Sm_2Zr_2O_7$	0	1	1	0	5
G10	$Gd_{0.1}Sm_{1.9}Zr_{1.9}Ce_{0.1}O_7$	0.05	0.95	0.95	0.05	5
G20	$Gd_{0.2}Sm_{1.8}Zr_{1.8}Ce_{0.2}O_7$	0.1	0.9	0.9	0.1	5
G25	$Gd_{0.25}Sm_{1.75}Zr_{1.75}Ce_{0.25}O_7$	0.125	0.875	0.875	0.125	5
G50	$Gd_{0.5}Sm_{1.5}Zr_{1.5}Ce_{0.5}O_7$	0.25	0.75	0.75	0.25	5
G75	$Gd_{0.75}Sm_{1.25}Zr_{1.25}Ce_{0.75}O_7$	0.375	0.625	0.625	0.375	5
G100	$GdSmZrCeO_7$	0.5	0.5	0.5	0.5	5
G150	$Gd_{1.5}Sm_{0.5}Zr_{0.5}Ce_{1.5}O_7$	0.75	0.25	0.25	0.75	5
G175	$Gd_{1.75}Sm_{0.25}Zr_{0.25}Ce_{1.75}O_7$	0.875	0.125	0.125	0.875	5
G200	$Gd_2Ce_2O_7$	1	0	0	1	5

表 5-4　$GdEuZrCeO_7$ 烧绿石陶瓷固化体的烧结工艺

编号	烧结助剂	烧结温度/℃	保温时间/h
A1	无	1500	24
A2	无	1550	24
A3	无	1600	24
A4	无	1650	24
B1	ZnO(1%)	1500	24
B2	NiO(1%)	1500	24
C1	$CuO-TiO_2$(2%)	1100	5
C2	$CuO-TiO_2$(2%)	1200	5
C3	$CuO-TiO_2$(2%)	1300	5

3）固溶体前驱体的合成

（1）助熔剂法。对于等量 Nd/Ce、不等量 Sm/Ce 同时固溶的$(Gd_{1-x}Nd_x)_2(Zr_{1-x}Ce_x)_2O_7$和$(Gd_{1-x}Sm_x)_2(Zr_{1-y}Ce_y)_2O_7$烧绿石固溶体前驱体，采用助熔剂法合成固溶体。根据固化体的配方设计，按照化学计量比准确称取原料、助熔剂，并将原料放进尼龙罐中，分别以无水乙醇和锆球为研磨介质和研磨体，在行星式球磨机上混合并研磨 6h。混合的原料料浆烘干后，研磨成粉料并预压成坯体；最后将预制坯体置于坩埚中在箱式马弗炉中经900～1000℃煅烧 10h，冷却后得到含有少许助熔剂的固溶体前驱体。用一定温度的去离子水反复冲洗掉助熔剂，烘干后得到$(Gd_{1-x}Nd_x)_2(Zr_{1-x}Ce_x)_2O_7$和$(Gd_{1-x}Sm_x)_2(Zr_{1-y}Ce_y)_2O_7$烧绿石固溶体前驱体粉体。

（2）湿化学法。对于不等量 Nd/Ce 和 Eu/Ce 同时固溶的$(Gd_{1-x}Nd_x)_2(Zr_{1-y}Ce_y)_2O_7$和$GdEuZrCeO_7$烧绿石固溶体前驱体，采用湿化学法合成固溶体。与助熔剂法相比，湿化学法不添加任何助熔剂，而是直接将硝酸盐混合。即根据固化体配方设计，按照化学计量比准确称取原料并将原料放进尼龙罐中，分别以无水乙醇和锆球为研磨介质和研磨体，在行星式球磨机上混合并研磨 6h。将烘干的料浆研磨成粉料后在 2.5MPa 压力下压制成预制坯。最后将预制坯置于坩埚中在箱式马弗炉中经 900～1100℃煅烧 10h，冷却后研磨得到$(Gd_{1-x}Nd_x)_2(Zr_{1-y}Ce_y)_2O_7$和$GdEuZrCeO_7$烧绿石固溶体前驱体粉体。

4）固化体的高温烧结

称取已合成的 Nd/Ce、Sm/Ce 和 Eu/Ce 同时固化的烧绿石固溶体前驱体粉体，Eu/Ce 固溶体中还需要加入少许 ZnO（1%）、NiO（1%）和 $CuO-TiO_2$（2%）烧结助剂，研磨至无颗粒感后，加入 6%的聚乙烯醇（polyvinyl alcohol，PVA）进行造粒，造粒好的粉体经陈腐后装入模具中，首先使用压片机在 2.5MPa 压力下先压制成 Φ12mm、厚度为 2～3mm 的生坯，然后利用冷等静压机在 200MPa 压力条件下保压 10min 以排除坯体中的气体，最后放入马弗炉中进行烧结，掺加烧结助剂样品的烧结温度为 1100～1500℃，不掺加烧结助剂样品的烧结温度为 1500～1650℃，冷却后得到烧绿石陶瓷固化体。

2. 固化体的表征

1）TG-DSC 分析

为了确定湿化学中各原料的反应温度，采用德国耐驰公司的 STA449C 型同步热分析仪，对 $Gd_2Zr_2O_7$、$Nd_2Zr_2O_7$烧绿石两个配方的原料混合物进行了 TG-DSC 分析测试，实验条件如下：室温约为 1200℃，升温速率为 20℃/min，空气气氛。

2）XRD 分析

烧绿石固溶体前驱体和陶瓷固化体的物相分析，采用 XRD 对所制的样品进行物相分析。样品测试前，需要将样品研磨成粒度超过 200 目的粉末，以保证样品的 X 射线衍射峰不会发生宽化。仪器工作条件为：Kα 射线、Cu 靶（$\lambda = 1.5418Å$），电压为 40kV，电流为 70mA；扫描方式：连续扫描；扫描范围为 5°～80°，扫描速度为 8(°)/min，步长为 0.02°。

晶胞参数计算：采用外标法对样品的 XRD 图谱进行全谱拟合，利用标准 Si 片的 XRD 图进行校正，通过 Jade 软件计算得到各个样品的晶胞参数。其中，P 型结构物相的空间群为 $Fd\overline{3}m$，晶胞中分子数 $Z = 8$；F 型结构物相的空间群为 $Fm\overline{3}m$，晶胞中分子数 $Z = 1$。

3）拉曼光谱分析

烧绿石固溶体前驱体和陶瓷固化体的分子结构、化学基团/分子键合官能团的变化规律，采用激光拉曼光谱仪进行拉曼光谱测试分析（根据 $A_2B_2O_7$ 结构拉曼振动谱的 $A_{1g}+E_g+4F_{2g}$ 六个振动模的强弱及谱带位置可区分其有序 P 型和无序 F 型结构），测试条件：分辨率为 1～2cm^{-1}，功率为 1.7mW，扫描重复性±0.2cm^{-1}，激发光波长为 514.5nm、785nm，波数扫描范围为 100～1000cm^{-1}。

4）SEM-EDS 分析

为了研究固化体的微观形貌和元素组成，采用扫描电子显微镜（SEM），利用背散射成像模式观察固化体样品的微观形貌和晶粒大小；使用能谱仪（EDS）对样品的微观元素组成进行定量和定性分析。样品测试选取光滑平整的新鲜断面，测试前利用超声波清洗干净后用导电胶带将样品固定并喷金处理。

5）化学稳定性测试

为了研究固化体的化学稳定性，按照国内外标准，分别采用 PCT 法和 MCC-1 法对典型固化体样品进行化学稳定性测试。浸泡固化体的浸泡剂为去离子水，浸泡温度为 90℃；粉末浸泡选取 100～200 目的粉体，浸泡时间为 7d；块体浸泡样品为圆柱体（直径 11mm、高 12mm），累积浸泡时间为 42d（第 1d，3d，7d，14d，21d，28d，35d 龄期更换浸泡剂）；浸泡容器选取普通小型水热釜（带聚四氟乙烯内衬），具体的浸泡实验在普通烘箱中进行。采用电感耦合等离子发射光谱仪（ICP-OES）和电感耦合等离子发射光谱-质谱仪（inductively coupled plasma mass spectrometry，ICP-MS），对 PCT 和 MCC-1 法浸泡液中的 Gd、Nd、Sm、Eu、Zr、Ce 元素的浓度进行定量分析。样品中各元素的归一化浸出率按（4-4）式计算。

对于 PCT 法中的粉体样品，采用式（5-1）计算粉体样品的比表面积 A。

$$A=\frac{6}{D\cdot d} \tag{5-1}$$

式中，A 表示粉体的比表面积，m^2/g；d 为粉体的平均直径，m；D 为粉体样品的密度，g/m^3。采用阿基米德排水法求出样品的密度 D；在假定浸出样品粉末为球形颗粒条件下，粉末样品的平均颗粒直径 d 为 112.5μm。

5.3 钆锆烧绿石固溶模拟锕系核素及其化学稳定性

5.3.1 钆锆烧绿石固溶模拟锕系核素钕和铈

本节针对 Nd/Ce 的同时固化，分别采用助熔剂法和湿化学法制备了等量与不等量 Nd/Ce 同时固溶的$(Gd_{1-x}Nd_x)_2(Zr_{1-x}Ce_x)_2O_7$[50]和$(Gd_{1-x}Nd_x)_2(Zr_{1-y}Ce_y)_2O_7$[51]烧绿石陶瓷固化体，两种固化体的具体配方设计分别见表 5-1 和表 5-2。以下分别对两种情况进行详述。

1. 助熔剂法制备$(Gd_{1-x}Nd_x)_2(Zr_{1-x}Ce_x)_2O_7$烧绿石陶瓷固化体

1）XRD 和拉曼光谱分析

图 5-6 是采用不同种类的助熔剂在 1000℃煅烧 10h 合成的 $Gd_2Zr_2O_7$ 烧绿石的 XRD 图。从图中可以看出，与不添加助熔剂的样品相比，无论是采用 NaF 还是 NaCl 作为助熔剂，合成的 $Gd_2Zr_2O_7$ 烧绿石都具有较好的结晶度，且结构形式均为无序缺陷萤石结构（F 型）。基于此结果，后续实验采用 NaF 作为助熔剂。

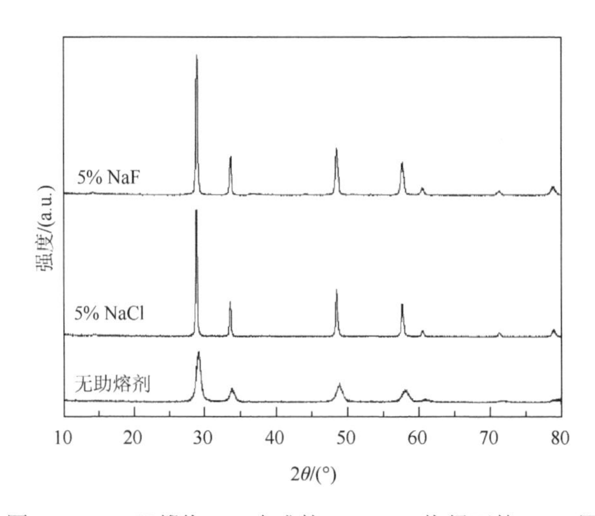

图 5-6　1000℃煅烧 10h 合成的 $Gd_2Zr_2O_7$ 烧绿石的 XRD 图

图 5-7 和图 5-8 分别是采用 5%的 NaF 作助熔剂在 900～1000℃煅烧 10h 和采用不同掺量的 NaF 作助熔剂在 950℃煅烧 10h 合成的 $Gd_2Zr_2O_7$ 烧绿石的 XRD 图。结果表明掺加少量的 NaF 作为助熔剂，在 950℃左右即可合成结晶度较高的无序 F 型结构的 $Gd_2Zr_2O_7$ 烧绿石。

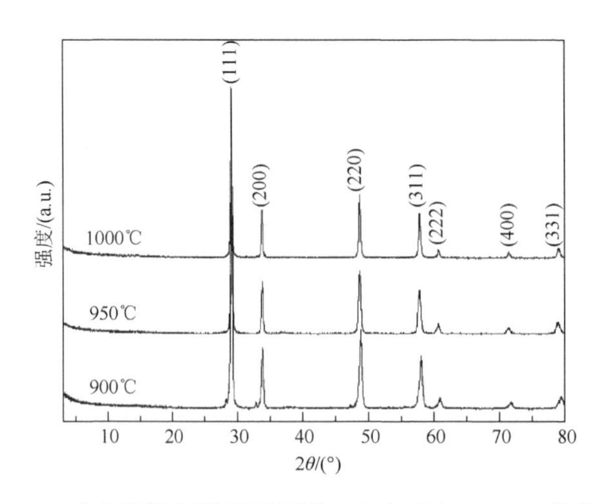

图 5-7　以 5%NaF 作助熔剂在不同温度煅烧 10h 合成的 $Gd_2Zr_2O_7$ 烧绿石的 XRD 图

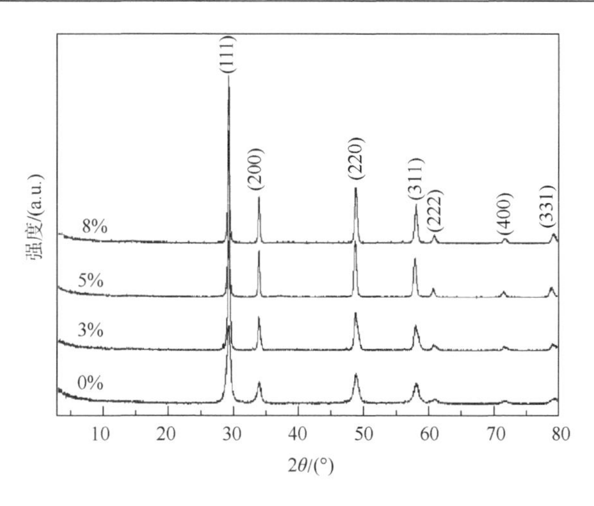

图 5-8　以不同掺量的 NaF 作助熔剂在 950℃煅烧 10h 合成的 $Gd_2Zr_2O_7$ 烧绿石的 XRD 图

图 5-9 和图 5-10 分别是以 5%的 NaF 为助熔剂合成和制备的$(Gd_{1-x}Nd_x)_2(Zr_{1-x}Ce_x)_2O_7$ 固溶体和陶瓷固化体的 XRD 图和拉曼光谱图。XRD 表征结果发现，利用等量的 Nd/Ce 共掺 $Gd_2Zr_2O_7$ 时，在 950℃合成的$(Gd_{1-x}Nd_x)_2(Zr_{1-x}Ce_x)_2O_7$ 固溶体粉体的物相组成为纯相的 F 型 $A_2B_2O_7$ 结构。因为在$(Gd_{1-x}Nd_x)_2(Zr_{1-x}Ce_x)_2O_7$ 固溶体配方中，除了配方中 $x = 0$ 时 $r_{A^{3+}} / r_{B^{4+}} > 1.4625$，其余配方随着 x 值的增大，$r_{A^{3+}} / r_{B^{4+}}$ 值均小于 1.4625，所以固溶体的物相均为无序 F 型结构。固溶体粉体经 1400℃烧结后的陶瓷固化体的结晶度进一步提高，但结构类型没有发生变化，同样均为无序 F 型结构。另外，XRD 和拉曼光谱分析结果表明 $Gd_2Zr_2O_7$ 的 Gd、Zr 晶格位置分别对 Nd^{3+}和 Ce^{4+}具有良好的固溶度；随着 Nd^{3+}/Ce^{4+}掺量的增加，$(Gd_{1-x}Nd_x)_2(Zr_{1-x}Ce_x)_2O_7$ 的 XRD 衍射峰、O—(Gd, Nd)—O'和 O—(Zr, Ce)—O'的拉曼振动光谱均有偏移，这是由于 Nd^{3+}和 Ce^{4+}进入 $Gd_2Zr_2O_7$ 晶格位置后引起的晶格常数变化所致，表明 Nd^{3+}和 Ce^{4+}已进入 $Gd_2Zr_2O_7$ 的晶格位置。

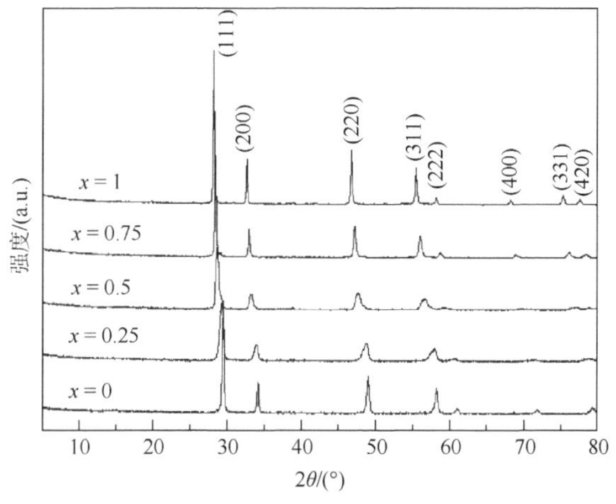

(a) 以5%的NaF为助熔剂在950℃煅烧10h合成的固溶体粉体

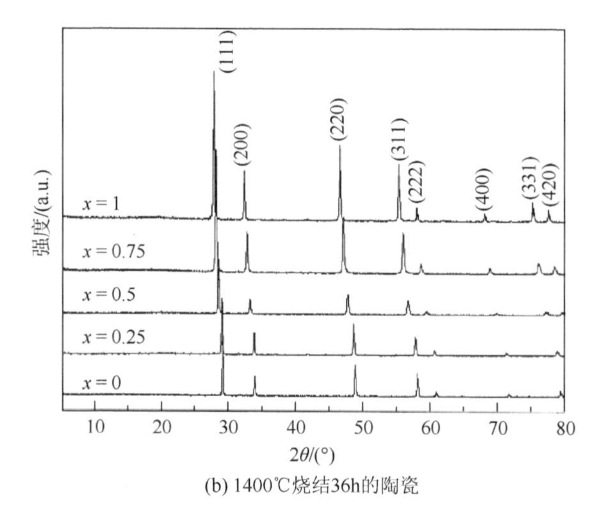

(b) 1400℃烧结36h的陶瓷

图 5-9　$(Gd_{1-x}Nd_x)_2(Zr_{1-x}Ce_x)_2O_7$ 烧绿石（$x = 0$、0.25、0.5、0.75、1）的 XRD 图

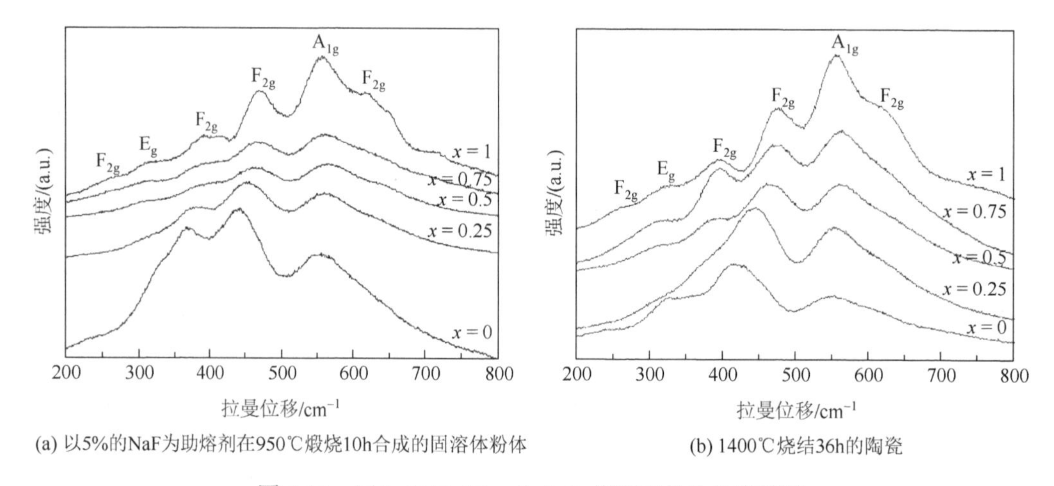

(a) 以5%的NaF为助熔剂在950℃煅烧10h合成的固溶体粉体　　(b) 1400℃烧结36h的陶瓷

图 5-10　$(Gd_{1-x}Nd_x)_2(Zr_{1-x}Ce_x)_2O_7$ 烧绿石的拉曼光谱图

2）SEM-EDS 分析

图 5-11～图 5-15 是$(Gd_{1-x}Nd_x)_2(Zr_{1-x}Ce_x)_2O_7$（$x = 0$、0.25、0.5、0.75、1）烧绿石陶瓷固化体的断面 SEM 图，图 5-16 是 $GdNdZrCeO_7$ 配方固化体样品的断面 SEM-EDS 分布图。从以上图中可以看出，采用助熔剂法先合成$(Gd_{1-x}Nd_x)_2(Zr_{1-x}Ce_x)_2O_7$ 固溶体粉体，然后烧结形成的烧绿石陶瓷固化体，微观结构较致密且均呈现出多孔特征形貌，但 EDS 结果显示 $GdNdZrCeO_7$ 固溶体中各元素的原子百分比与配方设计的理论比很接近且各元素的分布均匀，进一步说明 Nd、Ce 可以均匀地分别固溶在 $Gd_2Zr_2O_7$ 烧绿石的 Gd 和 Zr 晶格位。

3）化学稳定性

表 5-5 是典型$(Gd_{1-x}Nd_x)_2(Zr_{1-x}Ce_x)_2O_7$（$x = 0.25$、0.50、0.75）固化体样品 PCT 浸出实验的元素归一化浸出率。PCT 结果表明经 7d 静态浸泡后固化体样品具有优良的化学稳定性，Gd 和 Nd 的元素归一化浸出率均低于 $10^{-4}g/(m^2 \cdot d)$，而 Zr 和 Ce 的元素归一化浸出

率更是均低于 10^{-6}g/(m^2·d)，甚至有一个样品的 Ce 元素未检测到；Gd、Nd 的元素归一化浸出率高于 Zr、Ce 的元素归一化浸出率，说明固化体的晶格结构中 Zr/Ce—O 键具有比 Gd/Nd—O 键更强的化学键键能。

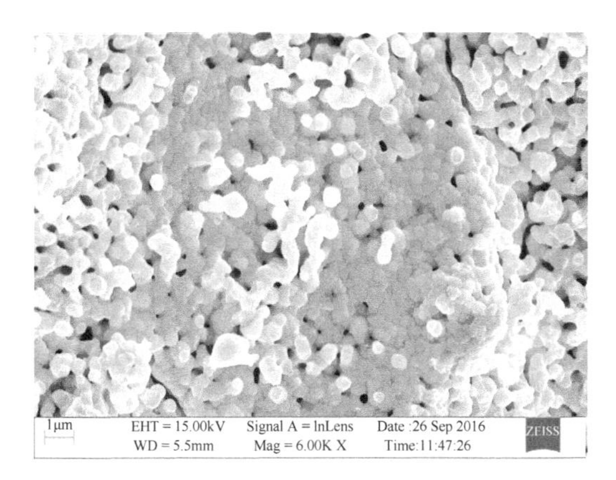

图 5-11　$Gd_2Zr_2O_7$ 样品的断面 SEM 图

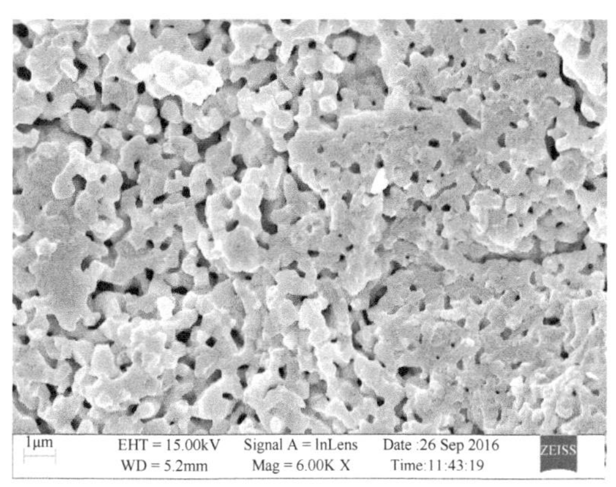

图 5-12　$Gd_{1.5}Nd_{0.5}Zr_{1.5}Ce_{0.5}O_7$ 样品的断面 SEM 图

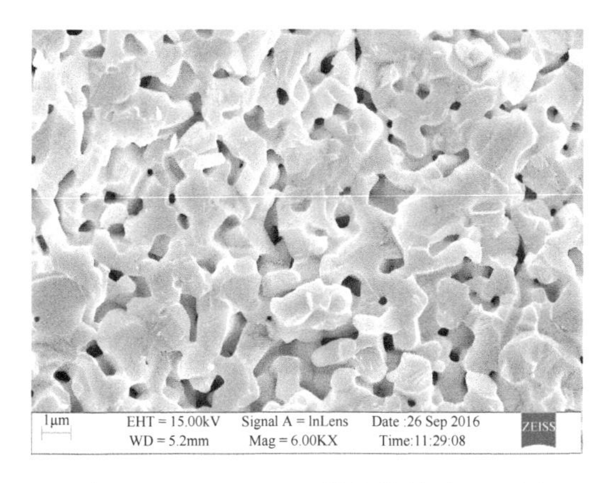

图 5-13　$GdNdZrCeO_7$ 样品的断面 SEM 图

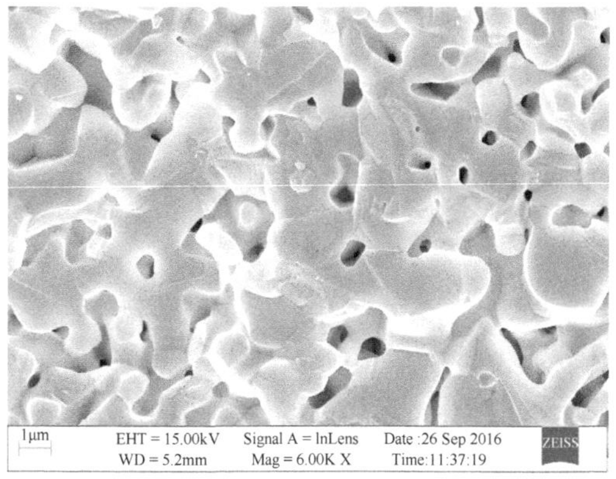

图 5-14　$Gd_{0.5}Nd_{1.5}Zr_{0.5}Ce_{1.5}O_7$ 样品的断面 SEM 图

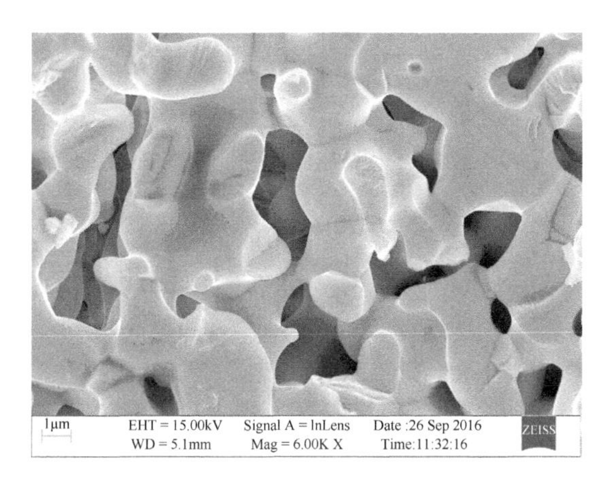

图 5-15　$Nd_2Ce_2O_7$ 样品的断面 SEM 图

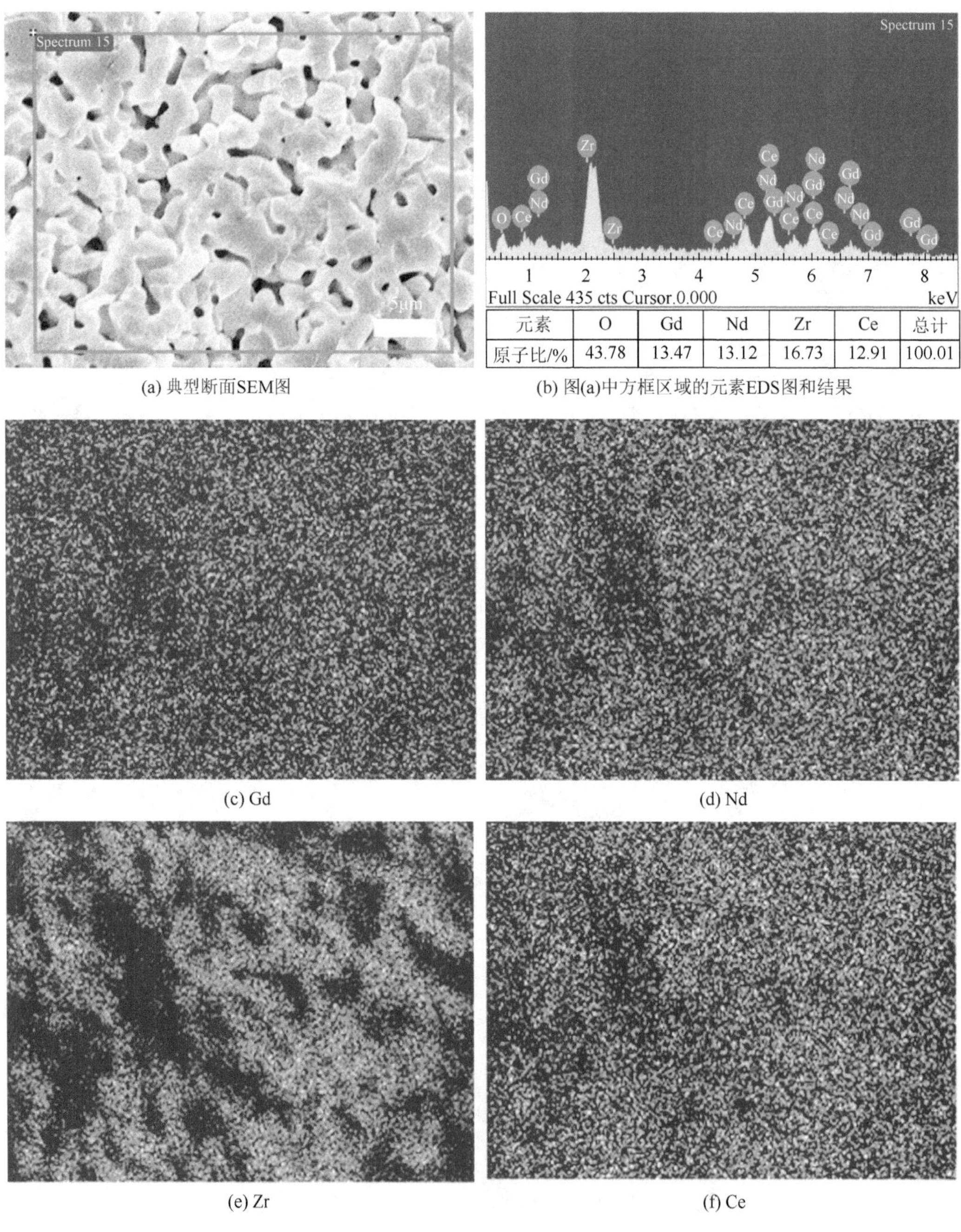

(a) 典型断面SEM图　　(b) 图(a)中方框区域的元素EDS图和结果

(c) Gd　　(d) Nd

(e) Zr　　(f) Ce

图 5-16　$GdNdZrCeO_7$配方固化体样品的断面 SEM-EDS 分布图

表 5-5　$(Gd_{1-x}Nd_x)_2(Zr_{1-x}Ce_x)_2O_7$（$x = 0.25$、0.50、0.75）烧绿石固化体的 PCT 元素归一化浸出率

［单位：$g/(m^2 \cdot d)$］

样品	Gd	Nd	Zr	Ce
$Gd_{1.5}Nd_{0.5}Zr_{1.5}Ce_{0.5}O_7$	3.69×10^{-4}	9.66×10^{-6}	1.87×10^{-7}	2.79×10^{-6}
$GdNdZrCeO_7$	1.06×10^{-5}	1.06×10^{-5}	1.83×10^{-7}	—
$Gd_{0.5}Nd_{1.5}Zr_{0.5}Ce_{1.5}O_7$	2.73×10^{-5}	1.24×10^{-4}	2.43×10^{-7}	4.46×10^{-7}

2. 湿化学法制备$(Gd_{1-x}Nd_x)_2(Zr_{1-y}Ce_y)_2O_7$烧绿石陶瓷固化体

由于采用助熔剂法制备的等量Nd/Ce固溶的$(Gd_{1-x}Nd_x)_2(Zr_{1-x}Ce_x)_2O_7$烧绿石陶瓷固化体晶格中Gd位的离子半径增量$\Delta r_A$小于Zr位的离子半径增量$\Delta r_B$，其结构形式均为无序F型结构，包括处于临界处的$Gd_2Zr_2O_7$烧绿石。虽然加入少量的NaF助熔剂有利于物相的形成，但合成$(Gd_{1-x}Nd_x)_2(Zr_{1-x}Ce_x)_2O_7$烧绿石固溶体的工艺中多了洗涤NaF助熔剂的工序，使得固化体的制备工艺较为复杂。因此，为了简化制备工艺及对比，本节采用更简单的湿化学工艺法制备Nd/Ce同时固溶的$(Gd_{1-x}Nd_x)_2(Zr_{1-y}Ce_y)_2O_7$体系烧绿石固化体[51]。同时，根据平均阳离子半径比值r_A/r_B，为了确保Nd/Ce同时固溶的固化体中既有有序P型结构又有无序F型结构，也保证配方设计和助熔剂法制备$(Gd_{1-x}Nd_x)_2(Zr_{1-x}Ce_x)_2O_7$体系时的配方不重复，多采取不等量Nd/Ce固溶（化学式中大多$x \neq y$，且$x+y=1$）进行配方设计（具体的配方见表5-2）。另外，为了系统研究该体系有序P型结构和无序F型结构的化学稳定性差异，采用MCC-1法研究典型有序P型和无序F型结构样品的化学稳定性。

1）TG-DSC分析

为了了解湿化学法中各硝酸盐原料混合物之间的反应温度，对$Gd_2Zr_2O_7$和$Nd_2Zr_2O_7$烧绿石配方所用的硝酸盐原料混合物进行了TG-DSC测试，结果如图5-17和图5-18所示。从图中可知$Gd_2Zr_2O_7$和$Nd_2Zr_2O_7$体系的TG拐点均出现在500℃左右，说明在该温度条件下硝酸盐原料中的结晶水已全部脱除，并且发生了分解。另外，两个配方的DSC曲线均在700℃左右出现了较宽的放热峰，说明在700℃左右原料分解后发生固相反应开始形成$Gd_2Zr_2O_7$和$Nd_2Zr_2O_7$物相。

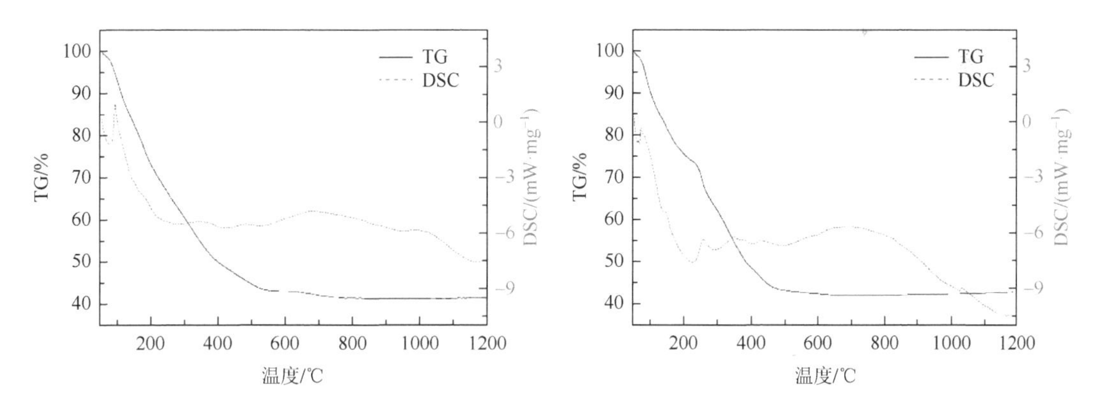

图5-17　$Gd_2Zr_2O_7$所用原料混合物的TG-DSC图　　图5-18　$Nd_2Zr_2O_7$所用原料混合物的TG-DSC图

2）XRD和拉曼光谱分析

根据TG-DSC的分析结果，选取典型的$GdNdZrCeO_7$配方，采用湿化学法分别在800～1100℃煅烧10h合成的固溶体XRD图如图5-19所示。从图中可知采用湿化学法合成的Nd/Ce同时固溶的$GdNdZrCeO_7$固溶体，在800～1100℃形成的物相衍射峰均为无序F型结构的特征衍射峰。根据以上实验结果，后续所有配方均采用1000℃煅烧10h的条件合成固溶体。

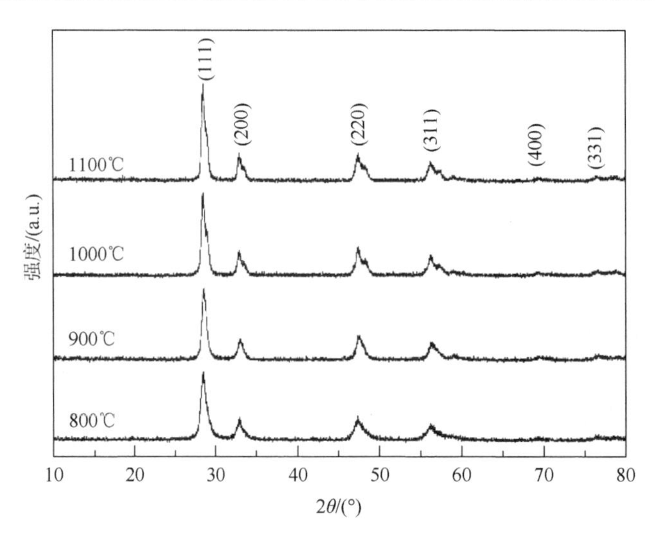

图 5-19　经 800～1100℃煅烧 10h 合成的 $GdNdZrCeO_7$ 烧绿石固溶体的 XRD 图

图 5-20（a）是采用湿化学法在 1000℃煅烧 10h 得到的各配方$(Gd_{1-x}Nd_x)_2(Zr_{1-y}Ce_y)_2O_7$烧绿石固溶体的 XRD 图。从图中可知，各配方经 1000℃煅烧 10h 后形成的物相，其 XRD 衍射峰均为典型的无序 F 型结构，说明采用湿化学法在此条件下能够成功合成$(Gd_{1-x}Nd_x)_2(Zr_{1-y}Ce_y)_2O_7$ 体系固溶体，且各种掺量的 Nd/Ce 均能同时分别进入 $Gd_2Zr_2O_7$ 的 Gd 和 Zr 晶格位。

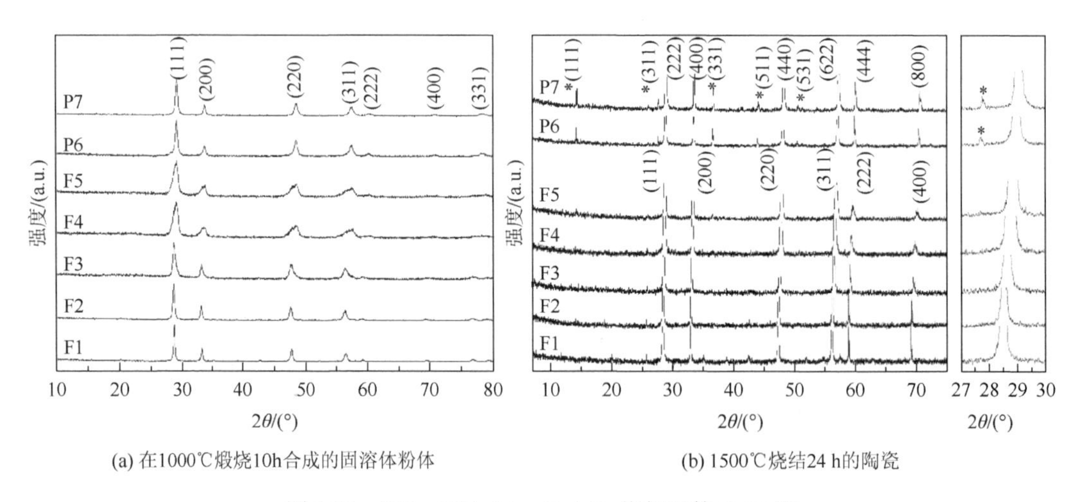

图 5-20　$(Gd_{1-x}Nd_x)_2(Zr_{1-y}Ce_y)_2O_7$ 烧绿石的 XRD 图

图 5-20（b）是经 1500℃烧结 24h 得到的$(Gd_{1-x}Nd_x)_2(Zr_{1-y}Ce_y)_2O_7$烧绿石陶瓷固化体的 XRD 图。从图中可知，随着$(Gd_{1-x}Nd_x)_2(Zr_{1-y}Ce_y)_2O_7$固化体体系的平均$r_{(Gd,Nd)^{3+}}/r_{(Zr,Ce)^{4+}}$比值（具体数值见表 5-6）的增加，样品的晶胞参数由 5.3～5.4Å 增加到 10.6Å，其物相结构形式也逐渐由无序 F 型结构（F1～F5）转变为有序 P 型结构（P6 和 P7）。而且该体系的有序 P 型与无序 F 型结构形式也完全取决于其平均$r_{(Gd,Nd)^{3+}}/r_{(Zr,Ce)^{4+}}$比值，大于临界值

1.4625 时为有序 P 型结构，小于临界值 1.4625 时为无序 F 型结构，其有序 P 型—无序 F 型结构物相演变规律与大多研究报道一致。与图 5-20（a）中 1000℃煅烧 10h 合成的固溶体粉体的 XRD 图相比，P6 和 P7 配方经 1500℃烧结后衍射峰中出现了有序 P 型结构中典型的（111）、（311）、（331）、（511）和（531）超晶衍射峰，固溶体粉体中没有出现这几个超晶衍射峰的原因，可能是 1000℃形成的固溶体结晶度低，衍射峰太小而没有显示出来。

表 5-6　$(Gd_{1-x}Nd_x)_2(Zr_{1-y}Ce_y)_2O_7$ 烧绿石固化体的平均 $r_{(Gd,Nd)^{3+}}/r_{(Zr,Ce)^{4+}}$ 比值和基于固化体 XRD 结果得到的晶胞参数、体积和结构类型

编号	化学组成	平均 $r_{(Gd,Nd)^{3+}}/r_{(Zr,Ce)^{4+}}$ 值	晶胞参数/Å	晶胞体积/Å^3	物相结构
F1	$Gd_2Ce_2O_7$	1.2103	5.4275	159.78	无序型
F2	$Gd_{1.8}Nd_{0.2}Zr_{0.2}Ce_{1.8}O_7$	1.2381	5.4202	159.24	无序型
F3	$Gd_{1.4}Nd_{0.6}Zr_{0.6}Ce_{1.4}O_7$	1.2967	5.3991	157.39	无序型
F4	$GdNdZrCeO_7$	1.3597	5.3845	156.11	无序型
F5	$Gd_{0.6}Nd_{1.4}Zr_{1.4}Ce_{0.6}O_7$	1.4277	5.3746	155.25	无序型
P6	$Gd_{0.2}Nd_{1.8}Zr_{1.8}Ce_{0.2}O_7$	1.5012	10.6782	1217.56	有序型
P7	$Nd_2Zr_2O_7$	1.5403	10.6566	1210.19	有序型

图 5-21 是 1500℃烧结 24h 得到的$(Gd_{1-x}Nd_x)_2(Zr_{1-y}Ce_y)_2O_7$烧绿石陶瓷固化体的拉曼光谱图。从图中可知，六个拉曼振动模中，可区分其有序 P 型/无序 F 型结构的 E_g 和 A_{1g} 振动模，随着平均阳离子半径比值 $r_{(Gd,Nd)^{3+}}/r_{(Zr,Ce)^{4+}}$ 的增加越来越模糊，结构的有序性越来越无序化，E_g 甚至逐渐消失，说明其结构形式逐渐由有序 P 型转变为无序 F 型，拉曼光谱分析结果和 XRD 分析结果完全一致，有力地说明了 XRD 分析结果的正确性。

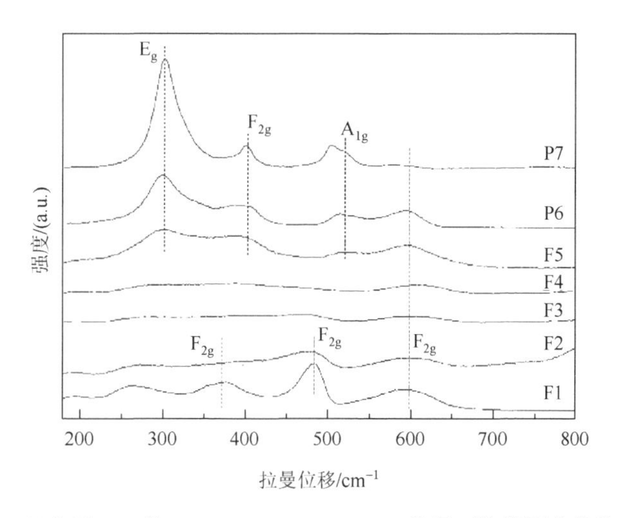

图 5-21　1500℃烧结 24h 的$(Gd_{1-x}Nd_x)_2(Zr_{1-y}Ce_y)_2O_7$烧绿石陶瓷固化体的拉曼光谱图

3）SEM-EDS 分析

图 5-22 是采用湿化学法制备的各配方$(Gd_{1-x}Nd_x)_2(Zr_{1-y}Ce_y)_2O_7$烧绿石固化体的断面 SEM 图。从图中可知，固化体样品均呈现穿晶断裂，晶粒和晶界较为清晰。与助熔剂法制备的$(Gd_{1-x}Nd_x)_2(Zr_{1-x}Ce_x)_2O_7$系列样品相比，采用湿化学法制备样品时烧结温度提高了 100℃，但微观形貌与助熔剂法制备样品的较为相似，样品的孔隙较多，呈多孔特征。说明采用硝酸盐作为原料时，无论是采用助熔剂法还是湿化学法，Nd/Ce 同时固溶在$Gd_2Zr_2O_7$晶格中所制备的烧绿石固化体都会出现多孔的微观形貌，样品难以致密化，可能烧结温度还不够。

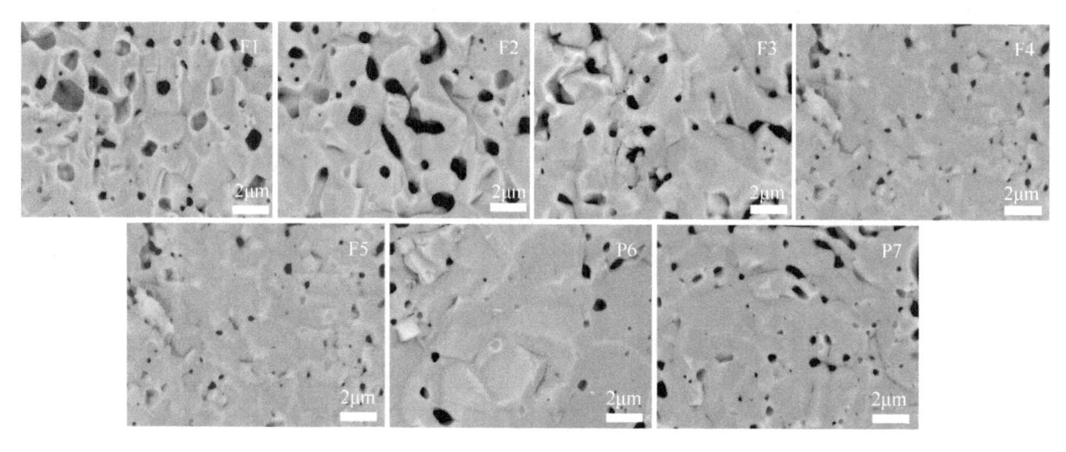

图 5-22　$(Gd_{1-x}Nd_x)_2(Zr_{1-y}Ce_y)_2O_7$烧绿石陶瓷固化体的断面 SEM 图

为了进一步分析烧结后样品的微观化学组成，选取代表性的 F5（F 型）和 P6（P 型）两个样品进行了 SEM-EDS 分析，结果如图 5-23 所示。从图中可知，两个样品中选取点的 EDS 测试数据表明固化体中 Gd、Nd、Zr、Ce 元素的平均原子百分比与配方设计的化学组成接近，且样品中各元素分布均匀，说明采用湿化学法合成和制备$(Gd_{1-x}Nd_x)_2(Zr_{1-y}Ce_y)_2O_7$烧绿石固化体时 Nd/Ce 能够同时均匀地分别固溶进入$Gd_2Zr_2O_7$烧绿石的 Gd、Zr 晶格位。

4）化学稳定性

为了深入理解$(Gd_{1-x}Nd_x)_2(Zr_{1-y}Ce_y)_2O_7$固化体中有序 P 型和无序 F 型结构样品的化学稳定性差异，选取典型的无序 F 型（F5）和有序 P 型（P6）样品，采用 MCC-1 法系统地研究了两个样品中各元素的归一化浸出率，具体结果如图 5-24 所示。从图中可知，固化体中各元素的归一化浸出率都比较低，总体上随着浸出时间的延长而不断降低，为 10^{-6}～10^{-4}g/(m^2·d)。其中 Gd 的浸出率最高，约为 10^{-3}g/(m^2·d)，Nd 的次之，约为 10^{-4}g/(m^2·d)，Ce 第三，为 10^{-6}～10^{-5}g/(m^2·d)，Zr 最低，为 10^{-7}～10^{-6}g/(m^2·d)，甚至有序 P 型样品（P6）各个浸泡龄期 Zr 的数据未检测到。另外，因有序 P 型样品中未检测到 Zr，所以无法比较；而 Gd、Nd 和 Ce 三种元素，经过前几个浸泡龄期（第 1d、3d、7d、14d、21d）的测试，其无序 F 型结构的元素归一化浸出率明显低于有序 P 型结构的元素归一化浸出率，而后三个龄期（第 28d、35d 和 42d）的元素归一化浸出率相差不大，基本上相当。说明

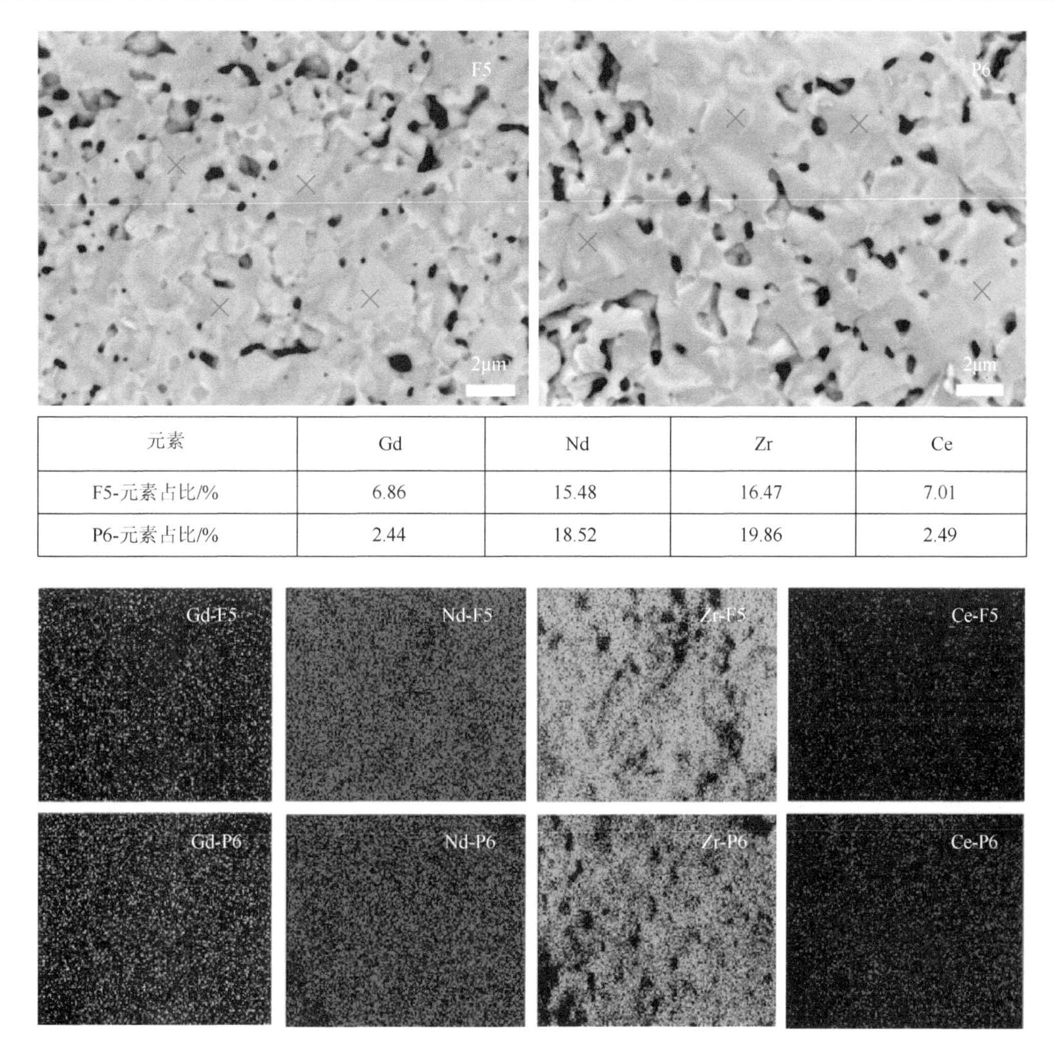

元素	Gd	Nd	Zr	Ce
F5-元素占比/%	6.86	15.48	16.47	7.01
P6-元素占比/%	2.44	18.52	19.86	2.49

图 5-23　1500℃烧结 24h 得到的 F5 和 P6 固化体样品的 SEM-EDS 分布图

注：上半部的微观形貌图和内嵌表分别为 F5 和 P6 样品的典型断面 SEM 图、EDS 点测位及各元素的平均原子百分比，下半部为上半部 SEM 断面图中 Gd、Nd、Zr、Ce 的 EDS 元素分布图。

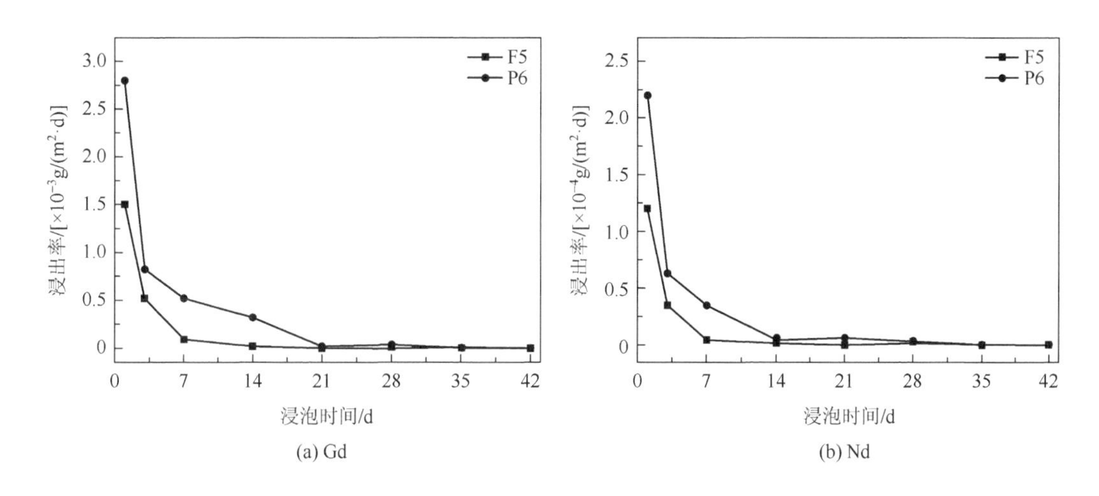

(a) Gd　　(b) Nd

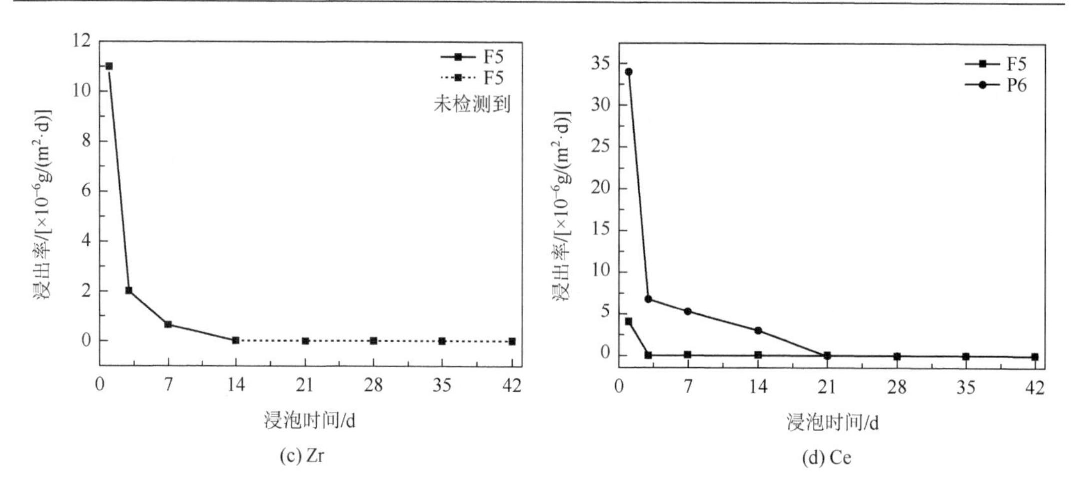

图 5-24　F5 和 P6 固化体样品经 MCC-1 法浸泡后的元素归一化浸出率

Nd/Ce 同时固溶的$(Gd_{1-x}Nd_x)_2(Zr_{1-y}Ce_y)_2O_7$体系烧绿石样品中，无序 F 型结构的化学稳定性比有序 P 型结构的化学稳定性更好。这种无序 F 型与有序 P 型结构化学稳定性上的差异，主要是由于结构中(Gd, Nd)—O 键和(Zr, Ce)—O 键的力常量，与其配位多面体的空间有序性有关，当$(Gd_{1-x}Nd_x)_2(Zr_{1-y}Ce_y)_2O_7$体系的结构形式从有序 P 型—无序 F 型结构演变时，会造成它们的空间配位发生变化，同时力常量也会随之而改变，最终会影响到它们的化学稳定性。

5.3.2　钆锆烧绿石固溶模拟锕系核素钐和铈

根据上述研究结果可知，等量和不等量的 Nd/Ce 同时固溶在$Gd_2Zr_2O_7$晶格中时，除了$Gd_2Zr_2O_7$体系外，其余配方体系固化体的有序 P 型和无序 F 型结构形式完全取决于其平均阳离子半径比值$r_{A^{3+}}/r_{B^{4+}}$。对于等量 Sm/Ce 同时固溶的体系，理论上$r_{(Gd,Sm)^{3+}}/r_{(Zr,Ce)^{4+}}$平均值均小于临界值 1.4625，即其结构形式可能均呈现无序 F 型结构。因此，对于 Sm/Ce 同时固溶的体系，多采取不等量 Sm/Ce 固溶（化学式中大多$x \neq y$，且$x+y=1$）的方式进行配方设计，化学组成为$(Gd_{1-x}Sm_x)_2(Zr_{1-y}Ce_y)_2O_7$（$0 \leqslant x, y \leqslant 1$），这样可以保证配方中平均$r_{(Gd,Sm)^{3+}}/r_{(Zr,Ce)^{4+}}$比值既有大于临界值的，也有小于临界值的，具体的配方见表 5-3。由于采用助熔剂法更加利于物相的形成，本节同样采用助熔剂法制备$(Gd_{1-x}Sm_x)_2(Zr_{1-y}Ce_y)_2O_7$烧绿石固化体；此外，为了提高固化体的致密性，将固化体的烧结温度提高至 1550℃[52]。

1. XRD 和拉曼光谱分析

图 5-25（a）和图 5-25（b）分别是经 1000℃煅烧 10h 合成的$(Gd_{1-x}Sm_x)_2(Zr_{1-y}Ce_y)_2O_7$烧绿石固溶体和 1550℃烧结 24h 得到的陶瓷固化体的 XRD 图。从图中可知，经 1000℃煅烧后，各配方都形成了单相无序 F 型结构固溶体，由于结晶度较低，理论上呈有序 P 型结构的几个组分（G00、G10 和 G20）中并没有出现（111）、（311）、（331）、（511）

和（531）几个面网的超晶衍射峰[图 5-25（a）]；但随着烧结后陶瓷固化体结晶度的增加，有序 P 型结构中均出现了以上几个面网的超晶衍射峰[图 5-25（b）]。$(Gd_{1-x}Sm_x)_2(Zr_{1-y}Ce_y)_2O_7$ 体系中随着其平均 $r_{(Gd,Sm)^{3+}}/r_{(Zr,Ce)^{4+}}$ 比值（具体数值见表 5-7）的减小，$(Gd_{1-x}Sm_x)_2(Zr_{1-y}Ce_y)_2O_7$ 烧绿石陶瓷样品的晶胞参数由 10.5Å 减小到 5.3Å，其物相结构逐渐由有序 P 型结构转变为无序 F 型结构。当体系的平均 $r_{(Gd,Sm)^{3+}}/r_{(Zr,Ce)^{4+}}$ 比值大于 1.4625 时为有序 P 型结构，小于 1.4625 时为无序 F 型结构，这与众多 $A_2B_2O_7$ 结构形式的 P—F 型结构物相演化规律相一致。

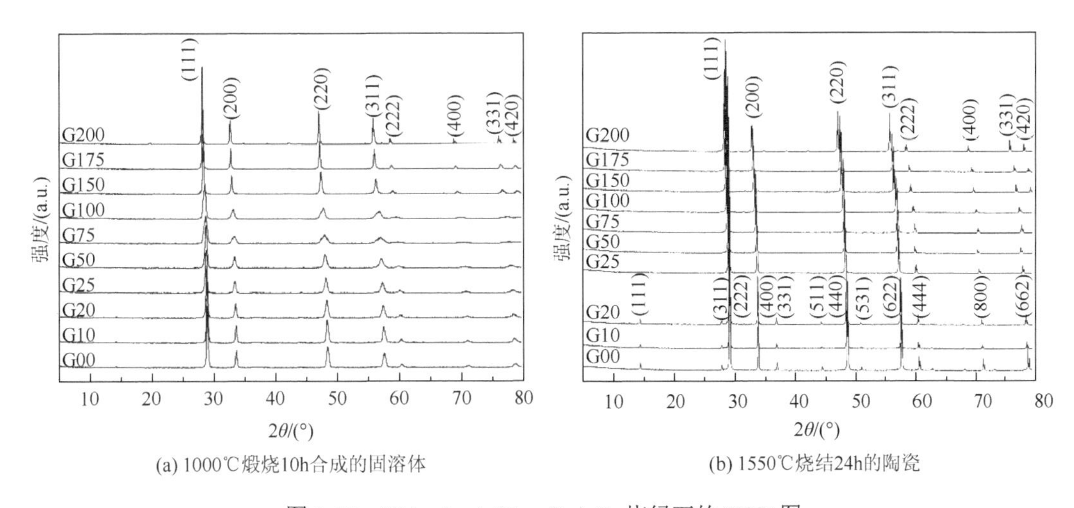

(a) 1000℃煅烧10h合成的固溶体　　(b) 1550℃烧结24h的陶瓷

图 5-25　$(Gd_{1-x}Sm_x)_2(Zr_{1-y}Ce_y)_2O_7$ 烧绿石的 XRD 图

表 5-7　$(Gd_{1-x}Sm_x)_2(Zr_{1-y}Ce_y)_2O_7$ 烧绿石固化体的平均阳离子半径比值 $r_{(Gd,Sm)^{3+}}/r_{(Zr,Ce)^{4+}}$ 和基于固化体 XRD 结果的晶胞参数、体积和结构类型

编号	化学组成	平均 $r(Gd, Sm)^{3+}/r(Zr, Ce)^{4+}$ 值	晶胞参数/Å	晶胞体积/Å^3	物相结构
G00	$Sm_2Zr_2O_7$	1.4986	10.5521	1174.95	有序型
G10	$Gd_{0.1}Sm_{1.9}Zr_{1.9}Ce_{0.1}O_7$	1.4814	10.6021	1191.71	有序型
G20	$Gd_{0.2}Sm_{1.8}Zr_{1.8}Ce_{0.2}O_7$	1.4645	10.5881	1187.02	有序型
G25	$Gd_{0.25}Sm_{1.75}Zr_{1.75}Ce_{0.25}O_7$	1.4562	5.2889	147.94	无序型
G50	$Gd_{0.5}Sm_{1.5}Zr_{1.5}Ce_{0.5}O_7$	1.4158	5.3139	150.05	无序型
G75	$Gd_{0.75}Sm_{1.25}Zr_{1.25}Ce_{0.75}O_7$	1.3775	5.3349	151.83	无序型
G100	$GdSmZrCeO_7$	1.3409	5.3478	152.94	无序型
G150	$Gd_{1.5}Sm_{0.5}Zr_{0.5}Ce_{1.5}O_7$	1.2727	5.3907	156.65	无序型
G175	$Gd_{1.75}Sm_{0.25}Zr_{0.25}Ce_{1.75}O_7$	1.2408	5.4028	157.71	无序型
G200	$Gd_2Ce_2O_7$	1.2103	5.4199	159.21	无序型

图 5-26 是作为图 5-25（b）中 XRD 分析结果的补充，进一步说明了$(Gd_{1-x}Sm_x)_2(Zr_{1-y}Ce_y)_2O_7$ 烧绿石体系随着平均阳离子半径 $r_{(Gd,Sm)^{3+}}/r_{(Zr,Ce)^{4+}}$ 比值的减小，其物相由有序 P 型—无序 F 型的结构演化。具体来说，在 $A_2B_2O_7$ 型结构形式中，其拉曼光谱共有六

种振动模式，其中的 E_g 和 A_{1g} 振动模与其有序 P 型和无序 F 型结构密切相关。对于此处制备的$(Gd_{1-x}Sm_x)_2(Zr_{1-y}Ce_y)_2O_7$烧绿石体系，$E_g$ 和 A_{1g} 振动模分别代表(Gd, Sm)—O 和(Zr, Ce)—O 键的弯曲振动，当这两个振动模越明显，就说明$(Gd_{1-x}Sm_x)_2(Zr_{1-y}Ce_y)_2O_7$烧绿石体系的结构越有序；相反，若这两个振动模越来越不明显，则其结构的有序性越无序。图 5-26 的拉曼光谱分析结果与图 5-25（b）的 XRD 分析结果完全一致。

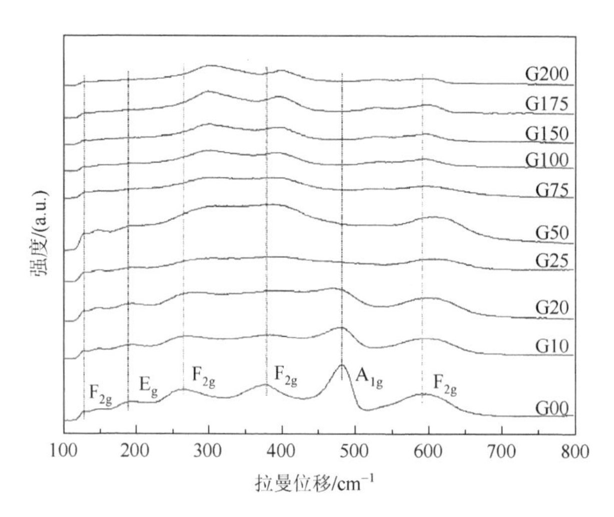

图 5-26　1550℃烧结 24h 得到的$(Gd_{1-x}Sm_x)_2(Zr_{1-y}Ce_y)_2O_7$烧绿石陶瓷固化体的拉曼光谱图

2. SEM-EDX 分析

图 5-27 和图 5-28 分别是经 1550℃烧结 24h 得到的五个代表性$(Gd_{1-x}Sm_x)_2(Zr_{1-y}Ce_y)_2O_7$烧绿石陶瓷固化体的 SEM 图和典型 $GdSmZrCeO_7$ 陶瓷固化体样品的断面 SEM-EDS 分布图。从图 5-27 中可以看出，当烧结温度为 1550℃并烧结 24h 后，$(Gd_{1-x}Sm_x)_2(Zr_{1-y}Ce_y)_2O_7$体系陶瓷固化体的微观形貌，相较 1400℃烧结 36h 的$(Gd_{1-x}Nd_x)_2(Zr_{1-x}Ce_x)_2O_7$体系陶瓷和 1500℃烧结 24h 的$(Gd_{1-x}Nd_x)_2(Zr_{1-y}Ce_y)_2O_7$体系陶瓷的致密性都高；而且图 5-28 所示的 EDS 结果显示 $GdSmZrCeO_7$ 陶瓷固化体样品中各元素所占的原子百分比均为 10%～12%，几乎与理论比（9.09%）相一致，EDS 元素分布图也说明固化体中的各元素分布均匀，说明 Sm 和 Ce 可以均匀地分别固溶在 $Gd_2Zr_2O_7$ 烧绿石的 Gd 和 Zr 晶格位。

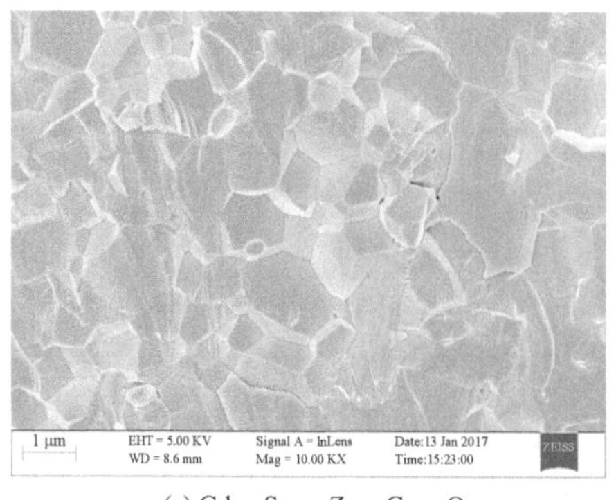

(a) $Gd_{0.25}Sm_{1.75}Zr_{1.75}Ce_{0.25}O_7$

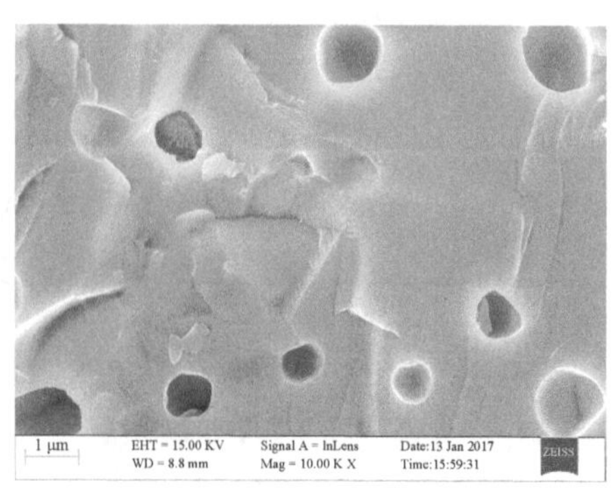

(b) $Gd_{0.5}Sm_{1.5}Zr_{1.5}Ce_{0.5}O_7$

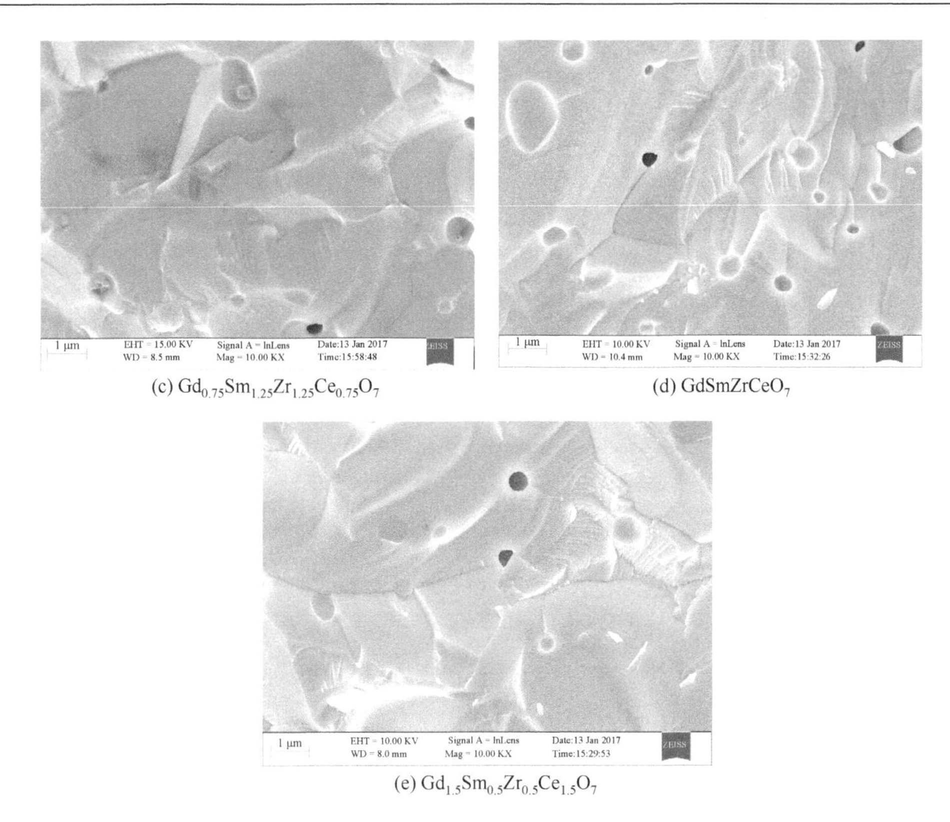

(c) $Gd_{0.75}Sm_{1.25}Zr_{1.25}Ce_{0.75}O_7$　　(d) $GdSmZrCeO_7$

(e) $Gd_{1.5}Sm_{0.5}Zr_{0.5}Ce_{1.5}O_7$

图 5-27　$(Gd_{1-x}Sm_x)_2(Zr_{1-y}Ce_y)_2O_7$ 烧绿石陶瓷固化体的 SEM 图

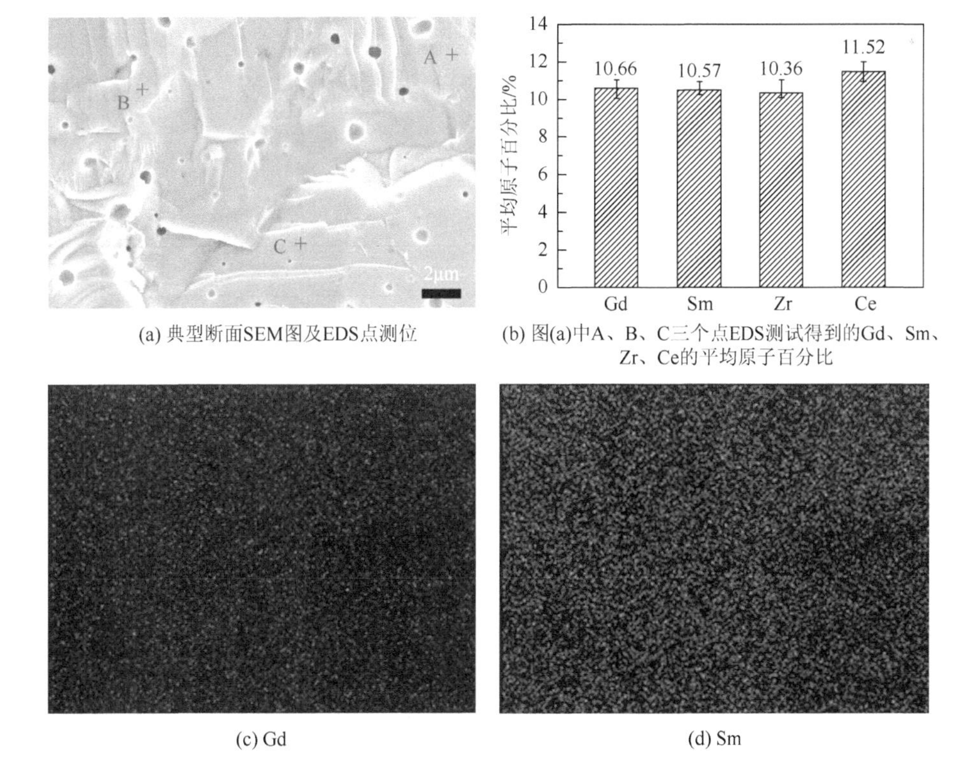

(a) 典型断面SEM图及EDS点测位　　(b) 图(a)中A、B、C三个点EDS测试得到的Gd、Sm、Zr、Ce的平均原子百分比

(c) Gd　　(d) Sm

(e) Zr (f) Ce

图 5-28 $GdSmZrCeO_7$烧绿石陶瓷固化体的断面 SEM-EDS 分布图

3. 化学稳定性测试（PCT 法）

表 5-8 列出了$(Gd_{1-x}Sm_x)_2(Zr_{1-y}Ce_y)_2O_7$体系烧绿石陶瓷固化体中几个典型样品（G50、G75 和 G100）的 PCT 元素归一化浸出率。从表中可知，三个固化体粉体样品经过 7d 的静态浸泡后，固化体中 Gd、Sm、Zr 和 Ce 四种元素的归一化浸出率均很低，基本上都处于 10^{-7}～10^{-6}g/(m^2·d)，说明$(Gd_{1-x}Sm_x)_2(Zr_{1-y}Ce_y)_2O_7$体系烧绿石陶瓷固化体均有优异的化学稳定性。相比而言，固化体样品中 Gd、Sm 的浸出率比$(Gd_{1-x}Nd_x)_2(Zr_{1-x}Ce_x)_2O_7$和$(Gd_{1-x}Nd_x)_2(Zr_{1-y}Ce_y)_2O_7$体系烧绿石陶瓷中[50, 51]Gd、Nd 的浸出率低 1～2 个数量级，主要是因为$(Gd_{1-x}Sm_x)_2(Zr_{1-y}Ce_y)_2O_7$体系烧绿石陶瓷固化体具有比$(Gd_{1-x}Nd_x)_2(Zr_{1-x}Ce_x)_2O_7$和$(Gd_{1-x}Nd_x)_2(Zr_{1-y}Ce_y)_2O_7$体系烧绿石陶瓷固化体更高的致密性。以上 PCT 的测试结果与图 5-27 的 SEM 微观形貌的测试结果相一致，也说明 1550℃烧结 24h 的工艺能够制备出致密的$(Gd_{1-x}Sm_x)_2(Zr_{1-y}Ce_y)_2O_7$体系烧绿石陶瓷固化体。

表 5-8 $(Gd_{1-x}Sm_x)_2(Zr_{1-y}Ce_y)_2O_7$（G50、G75 和 G100）烧绿石固化体的 PCT 元素归一化浸出率

编号	化学组成	元素归一化浸出率/g/(m^2·d)			
		Gd	Sm	Zr	Ce
G50	$Gd_{0.5}Sm_{1.5}Zr_{1.5}Ce_{0.5}O_7$	1.07×10^{-5}	7.02×10^{-6}	2.97×10^{-6}	1.13×10^{-6}
G75	$Gd_{0.75}Sm_{1.25}Zr_{1.25}Ce_{0.75}O_7$	2.23×10^{-6}	1.43×10^{-6}	1.21×10^{-7}	3.29×10^{-7}
G100	$GdSmZrCeO_7$	1.87×10^{-7}	2.72×10^{-6}	2.64×10^{-7}	1.53×10^{-7}

为了检验 PCT 实验后 G50、G75 和 G100 3 个粉末样品的物相结构是否发生变化，对这 3 个浸泡后的粉末样品进行了 XRD 测试，结果如图 5-29 所示。从图中可以看出，经 PCT 实验浸泡后，G50、G75 和 G100 3 个样品的 XRD 衍射峰并没有发生任何改变，仍然保持了无序 F 型结构，也没有其他新物相的特征衍射峰出现，进一步说明$(Gd_{1-x}Sm_x)_2(Zr_{1-y}Ce_y)_2O_7$体系烧绿石陶瓷固化体具有优异的物相结构稳定性。

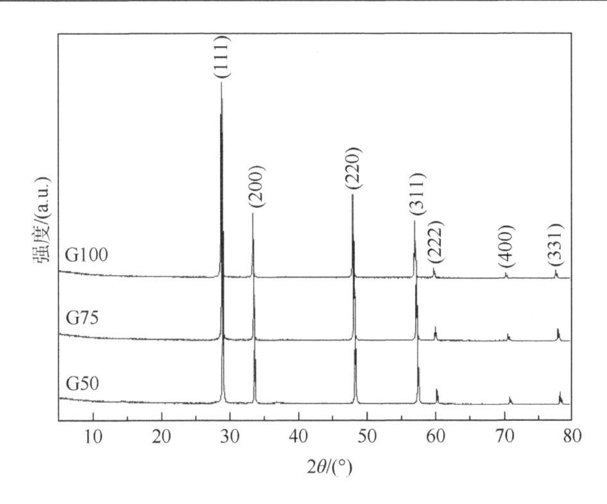

图 5-29　$(Gd_{1-x}Sm_x)_2(Zr_{1-y}Ce_y)_2O_7$（G50、G75 和 G100）烧绿石固化体 PCT 浸出实验后的 XRD 图

5.3.3　钆锆烧绿石固溶模拟锕系核素铕和铈

根据前面两节以 Nd/Ce 及 Sm/Ce 在 $Gd_2Zr_2O_7$ 烧绿石晶格中同时固化的研究结果可知，Nd/Ce 和 Sm/Ce 同时固溶后，$Gd_2Zr_2O_7$ 烧绿石陶瓷固化体的有序 P 型与无序 F 型结构形式完全取决于其平均阳离子半径比值 $r_{A^{3+}}/r_{B^{4+}}$；且固化体的致密性有待提高。因此，在研究 Nd/Ce 及 Sm/Ce 同时固化的基础上，对于 Eu/Ce 在 $Gd_2Zr_2O_7$ 烧绿石晶格中的同时固化，本节只选取典型的 $GdEuZrCeO_7$ 配方进行研究[53]，原料体系中将具有燃爆性的 $Ce(NO_3)_3·6H_2O$ 换成了 CeO_2。此外，针对 Nd/Ce 同时固溶时固化体致密性较差的问题，在制备 $GdEuZrCeO_7$ 固化体时掺加了少量的烧结助剂。首先采用湿化学法合成了 $GdEuZrCeO_7$ 烧绿石固溶体，重点研究了烧结助剂和烧结工艺对固化体致密性的影响（烧结工艺见表 5-4），并评估不同烧结助剂和工艺条件下制备的 $GdEuZrCeO_7$ 固化体的化学稳定性。

1. XRD 分析

图 5-30 为 1000℃煅烧 10h 合成的 $GdEuZrCeO_7$ 烧绿石固溶体的 XRD 图。XRD 分析结果表明，经 1000℃煅烧 10h 后，样品的 XRD 图中大多为无序 F 型结构的特征衍射峰，说明在此温度条件下所用原材料可发生反应形成 $GdEuZrCeO_7$ 烧绿石。与 Nd/Ce 和 Sm/Ce 同时固溶的体系相比，$GdEuZrCeO_7$ 烧绿石固溶体的 XRD 衍射峰较宽，主要是因为 $GdEuZrCeO_7$ 体系中原材料由 $Ce(NO_3)_3·6H_2O$ 换成 CeO_2 所致；相较而言，CeO_2 的活性没有 $Ce(NO_3)_3·6H_2O$ 分解后形成的 Ce 的氧化物活性高，结果使得合成固溶体的结晶度较差。

图 5-31 是采用普通烧结法在不同烧结温度条件下得到的不加烧结助剂的 A 组 $GdEuZrCeO_7$ 烧绿石固化体样品（A1～A4，烧结工艺见表 5-4）的 XRD 图。从图中可知，四个样品分别经 1500℃、1550℃、1600℃和 1650℃烧结 24h 后的 XRD 衍射峰均为烧绿石无序 F 型结构的特征峰。与 $Gd_2Zr_2O_7$ 烧绿石无序 F 型结构的衍射峰相比，$GdEuZrCeO_7$ 烧绿

石的各个衍射峰均向左偏移，说明模拟核素 Eu、Ce 已同时分别固溶进入 $Gd_2Zr_2O_7$ 烧绿石的 Gd 和 Zr 晶格。本节所制备的 $GdEuZrCeO_7$ 烧绿石平均阳离子半径 $r(Gd, Eu)^{3+}/r(Zr, Ce)^{4+}$ 比值为 1.3327，小于临界值 1.4625，属于烧绿石无序 F 型结构范围。

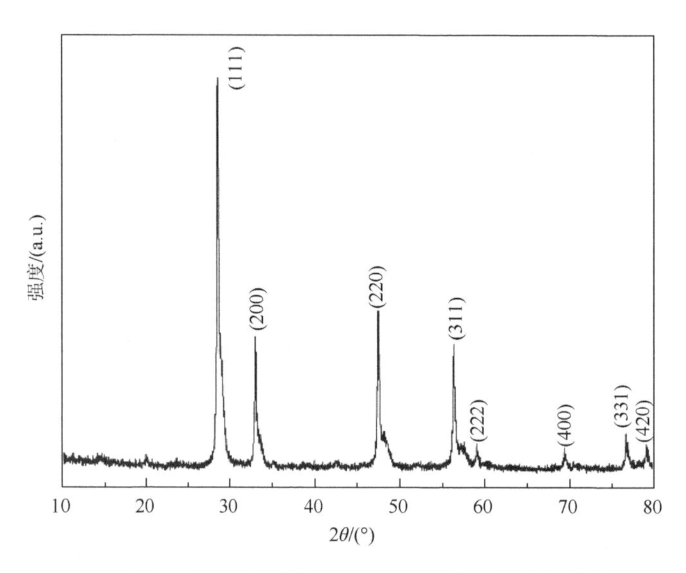

图 5-30　1000℃煅烧 10h 合成的 $GdEuZrCeO_7$ 烧绿石固溶体的 XRD 图

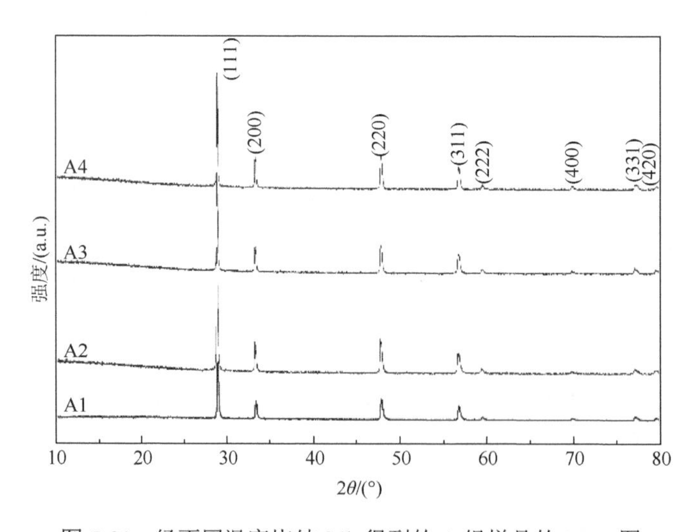

图 5-31　经不同温度烧结 24h 得到的 A 组样品的 XRD 图

图 5-32 是经 1500℃烧结 24h 得到的添加了 ZnO 和 NiO 烧结助剂的 B 组（B1 和 B2）固化体样品以及 A1 固化体样品的 XRD 图。由图可知，添加 1%ZnO 的 B1 样品和添加 1%NiO 的 B2 样品经 1500℃烧结 24h 后，它们的 XRD 衍射峰与 A1 样品（不添加烧结助剂）的 XRD 衍射峰完全一致，说明 B1 和 B2 样品的物相组成也是 $GdEuZrCeO_7$ 烧绿石的无序 F 型结构，没有出现烧结助剂物相的特征衍射峰。相较于 A1 样品，添加烧结助剂后样品的 XRD 衍射峰强度有所增强，说明添加烧结助剂有利于提高样品的结晶度。

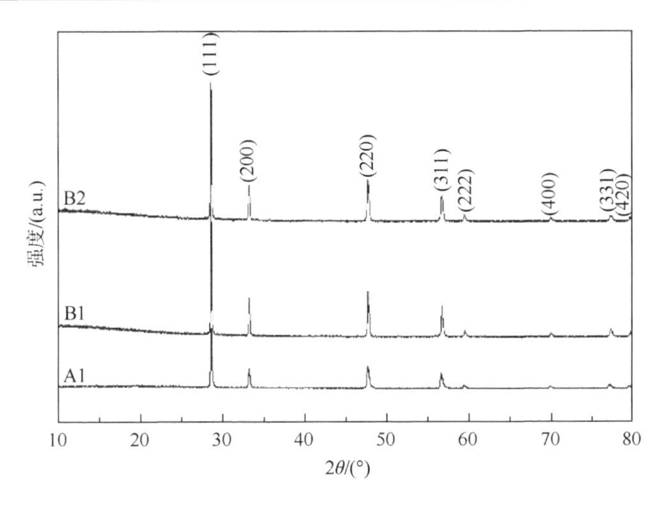

图 5-32　经 1500℃烧结 24h 得到的 B 组样品和 A1 样品的 XRD 图

图 5-33 是采用液相烧结法在 1100～1300℃烧结 5h 得到的 C 组（添加 2%的 $CuO-TiO_2$ 混合粉体形成液相）固化体样品的 XRD 图。从图中可知，当烧结温度分别为 1100℃和 1200℃时，C1 和 C2 样品主物相的衍射峰仍然是烧绿石无序 F 型结构的特征峰，说明在此温度条件下采用液相烧结法在较低烧结温度下可以得到 $GdEuZrCeO_7$ 烧绿石陶瓷固化体，但结晶度不够好。除了无序 F 型结构外，C1、C2 样品的 XRD 图中还出现了 Gd_2O_3 的特征峰，说明原料中的 $Gd(NO_3)_3·6H_2O$ 分解后在 1100℃温度条件下有少量的 Gd_2O_3 没有发生反应。由此可见，当烧结机制从固相烧结转变为液相烧结时，体系的烧结温度降低、时间大大缩短，从而导致少部分的原料无法完全发生反应全部形成 $GdEuZrCeO_7$ 烧绿石物相，且在 $2\theta=17°$附近还出现了未知物相的特征衍射峰。当烧结温度为 1300℃时，C3 样品的 XRD 衍射峰均为无序 F 型结构的特征衍射峰，说明此温度条件下各原料已全部反应形成 $GdEuZrCeO_7$ 烧绿石。

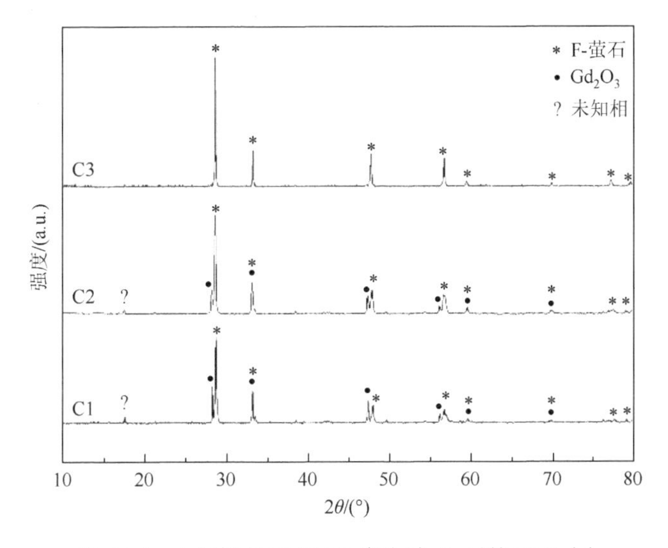

图 5-33　C 组样品经不同温度烧结 5h 后的 XRD 图

2. SEM-EDS 分析

图 5-34～图 5-36 分别为 A、B 和 C 组样品的 SEM 图。从图 5-34 和图 5-36 中可以看出，随着烧结温度的升高，样品的晶粒逐渐长大。图 5-35 显示，添加 ZnO 和 NiO 烧结助剂后，烧结后样品中仍存在较多孔隙。此外，从以上 SEM 图中还可看出，对于 $GdEuZrCeO_7$ 烧绿石体系，无论是提高烧结温度、通过添加烧结助剂还是采用液相烧结法，都不会实质性提高固化体的致密性。

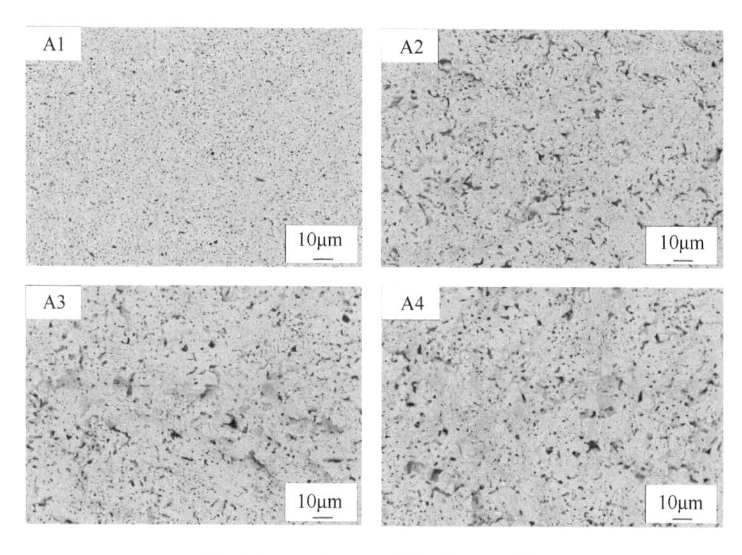

图 5-34　A1～A4 样品的 SEM 图

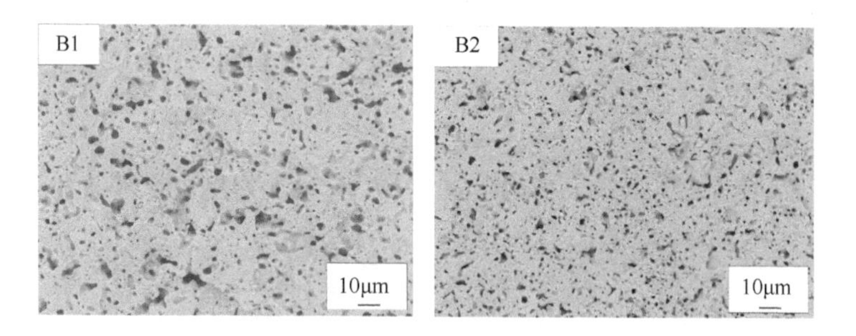

图 5-35　B1 和 B2 样品的 SEM 图

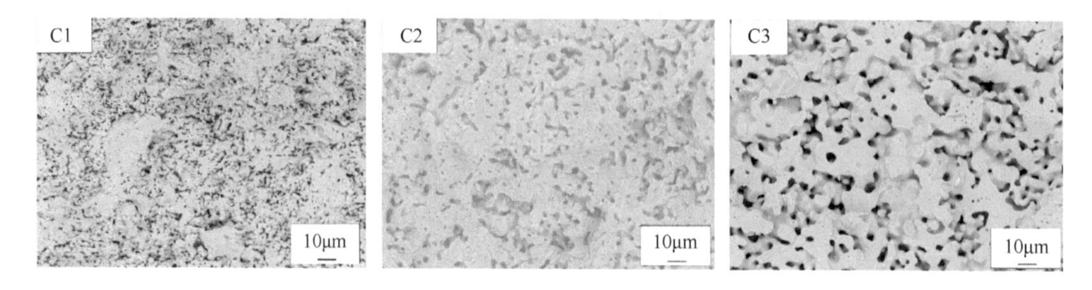

图 5-36　C1～C3 样品的 SEM 图

为了进一步分析 GdEuZrCeO$_7$ 烧绿石固化体的元素组成，选择 A1 样品进行了 SEM-EDS 分析，其中点和面的 EDS 测试结果如图 5-37 所示。从图 5-37（a）内嵌表中的 EDS 结果可知，A1 样品所选三个点的化学成分均为 Gd、Eu、Zr、Ce 和 O，其中除了 Ce 的原子百分比稍高外，Gd、Eu 和 Zr 的原子比均接近 1∶1∶1，与 GdEuZrCeO$_7$ 配方的理论原子百分比几乎相一致，进一步说明 Eu、Ce 能够很好地同时分别固溶进入 $Gd_2Zr_2O_7$ 烧绿石的 Gd、Zr 晶格位。图 5-37（b）～图 5-37（e）为图 5-37（a）中 A1 样品整个区域中 EDS 测试的各元素分布图，其中彩色点分别代表 Gd、Eu、Zr、Ce 四种元素

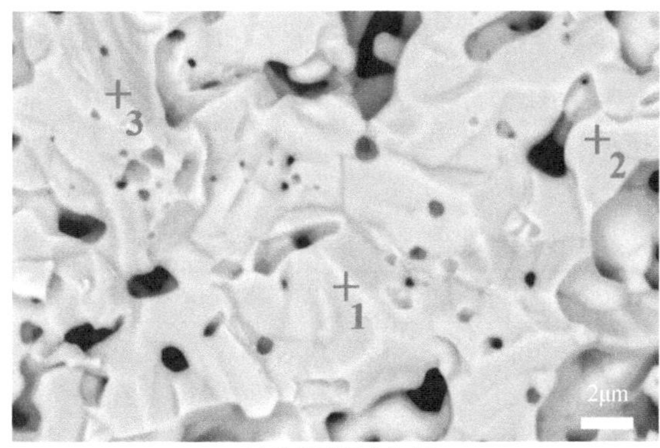

元素原子百分比/%

测试点	Gd	Eu	Zr	Ce	O
1	14.89	13.50	15.23	18.59	37.79
2	16.95	17.89	16.28	21.29	27.59
3	17.74	21.02	16.26	22.93	22.05

(a) 典型的断面SEM图及选取点的EDS测试结果

(b) Gd　(c) Eu

(d) Zr　(e) Ce

图 5-37　A1 样品的断面 SEM-EDS 分布图

的分布区域，黑色为孔隙或 EDS 未测到的坑洼区域。从图中各元素的分布情况可以看出，固化体样品中 Gd、Eu、Zr、Ce 四种元素分布均匀，没有出现明显的元素富集现象，这说明 $GdEuZrCeO_7$ 烧绿石陶瓷固化体的化学组成均一性好，Eu、Ce 能够均匀地同时分别固溶在 $Gd_2Zr_2O_7$ 烧绿石的 Gd 和 Zr 晶格中。

3. 化学稳定性分析

为了评价 $GdEuZrCeO_7$ 烧绿石陶瓷固化体的化学稳定性，采用 PCT 法对三个典型样品（A1、B2、C2，分别采用普通烧结、掺加助剂烧结和液相烧结）中 Gd、Eu、Zr、Ce 元素的抗浸出性能进行测试。从 5-9 表中可以看出，几个样品中各元素的归一化浸出率都很低，总体处于 10^{-7}～10^{-4}g/(m^2·d)，说明固化体具有良好的化学稳定性；尤其是 C2 样品的元素归一化浸出率较 A1 和 B2 样品都低，说明液相烧结样品的抗浸出性更好。

表 5-9 $GdEuZrCeO_7$ 烧绿石陶瓷固化体 A1、B2 和 C2 样品的元素归一化浸出率[单位：g/(m^2·d)]

编号	Gd	Eu	Zr	Ce
A1	1.61×10^{-4}	1.63×10^{-4}	9.09×10^{-6}	3.21×10^{-5}
B2	1.58×10^{-4}	1.45×10^{-4}	2.03×10^{-5}	4.29×10^{-5}
C2	9.34×10^{-7}	8.19×10^{-7}	2.92×10^{-6}	2.15×10^{-6}

参 考 文 献

[1] 《矿产资源综合利用手册》编辑委员会. 矿产资源综合利用手册[M]. 北京：科学出版社，2000.

[2] 李磊，王明燕，肖仪武. 某铌矿中黄绿石的分布特征：矿山地质创新[C]//全国生产矿山提高资源保障与利用及深部找矿成果交流会论文集. 北京：冶金工业出版社，2013：323-328.

[3] 蔺慧杰，熊文良，张丽军，等. 烧绿石矿物特征及选矿技术分析[J]. 有色金属（选矿部分），2021（6）：134-138，160.

[4] Ewing R C，Weber W J，Lian J. Nuclear waste disposal—pyrochlore（$A_2B_2O_7$）：Nuclear waste form for the immobilization of plutonium and “minor” actinides[J]. Journal of Applied Physics，2004，95（11）：5949-5971.

[5] Subramanian M A，Aravamudan G，Subba Rao G V. Oxide pyrochlore：A review[J]. Progress in Solid State Chemistry，1983，15（2）：55-143.

[6] Moriga T，Yoshiasa A，Kanamaru F，et al. Crystal structure analyses of the pyrochlore and fluorite-type $Zr_2Gd_2O_7$ and anti-phase domain structure[J]. Solid State Ionics，1989，31（4）：319-328.

[7] Nelson A T，Giachino M M，Nino J C，et al. Effect of composition on thermal conductivity of MgO-$Nd_2Zr_2O_7$ composites for inert matrix materials[J]. Journal of Nuclear Materials，2014，444（1/3）：385-392.

[8] 曾旭. 缺陷萤石结构氧化物的合成及性质研究[D]. 长春：吉林大学，2018.

[9] Yang K，Bryce K，Zhu W，et al. Multicomponent pyrochlore solid solid solutions with uranium incorporation：a new perspective of materials design for nuclear applications[J]. Journal of the European Ceramic Society，2021，41（4）：2870-2882.

[10] Chakoumakos B C，Ewing R C. Crystal chemical constraints on the formation of actinide pyrochlores[J]. MRS Online Proceedings Library，1984，44（1）：641-646.

[11] Lian J，Helean K B，Kennedy B J，et al. Effect of structure and thermodynamic stability on the response of lanthanide stannate pyrochlores to ion beam irradiation[J]. The Journal of Physical Chemistry B，2006，110（5）：2343-2350.

[12] Wuensch B J，Eberman K W，Heremans C，et al. Connection between oxygen-ion conductivity of pyrochlore fuel-cell materials and structural change with composition and temperature[J]. Solid State Ionics，2000，129（1-4）：111-133.

[13] Harvey E J，Whittle K R，Lumpkin G R，et al. Solid solubilities of$(La, Nd)_2(Zr, Ti)_2O_7$ phases deduced by neutron

diffraction[J]. Journal of Solid-State Chemistry，2005，178（3）：800-810.

[14] Lian J，Wang L，Chen J，et al. The order-disorder transition in ion-irradiated pyrochlore[J]. Acta Materialia，2003，51（5）：1493-1502.

[15] Clarke D R，Phillpot S R. Thermal barrier coating materials[J]. Materials Today，2005，8（6）：22-29.

[16] 曹学强. 热障涂层材料[M]. 北京：科学出版社，2007.

[17] Saruhan B，Fritscher K，Schulz U. Y-doped $La_2Zr_2O_7$ pyrochlore EB-PVD thermal barrier coatings[J]. Ceramic Engineering and Science Proceedings，2003，24（3）：491-498.

[18] Cao X Q，Vassen R，Tietz F，et al. New double-ceramic-layer thermal barrier coatings based on zirconia-rare earth composite oxides[J]. Journal of the European Ceramic Society，2006，26（3）：247-251.

[19] Cao X Q，Vassen R，Jungen W，et al. Thermal stability of lanthanum zirconate plasma-sprayed coating[J]. Journal of the American Ceramic Society，2001，84（9）：2086-2090.

[20] Saruhan B，Francois P，Fritscher K，et al. EB-PVD processing of pyrochlore-structured $La_2Zr_2O_7$-based TBCs[J]. Surface and Coatings Technology，2004，182（2-3）：175-183.

[21] Xia X L，Liu Z G，Ouyang J H，Order–disorder transformation and enhanced oxide-ionic conductivity of $(Sm_{1-x}Dy_x)_2Zr_2O_7$ ceramics[J]. Journal of Power Sources，2011，196（4）：1840-1846.

[22] Sickafus K E，Minervini L，Grimes R W，et al. Radiation tolerance of complex oxides[J]. Science，2000，289（5480）：748-751.

[23] Sickafus K E，Grimes R W，Valdez J A，et al. Radiation-induced amorphization resistance and radiation tolerance instructurally related oxides[J]. Nature Materials，2007，6：217-223.

[24] Geisler T，Seydoux-Guillaume A M，Poeml P，et al. Experimental hydrothermal alteration of crystalline and radiation-damaged pyrochlore[J]. Journal of Nuclear Materials，2005，344（1/3）：17-23.

[25] Hayun S，Tran T B，Lian J，et al. Energetics of stepwise disordering transformation in pyrochlores，$RE_2Ti_2O_7$（RE = Y，Gd and Dy）[J]. Acta Materialia，2012，60（10）：4303-4310.

[26] Lutique S，Konings R J M，Rondinella V V，et al. The thermal conductivity of $Nd_2Zr_2O_7$ pyrochlore and the thermal behaviour of pyrochlore-based inert matrix fuel[J]. Journal of Alloys and Compounds，2003，352（1-2）：1-5.

[27] Lutique S，Javorský P，Konings R J M，et al. Low temperature heat capacity of $Nd_2Zr_2O_7$ pyrochlore[J]. The Journal of Chemical Thermodynamics，2003，35（6）：955-965.

[28] Imaura A，Touran N，Ewing R C. MgO-pyrochlore composite as an inert matrix fuel：Neutronic and thermal characteristics[J]. Journal of Nuclear Materials，2009，389（3）：341-350.

[29] Kim N，Grey C P. Solid-state NMR study of the anionic conductor Ca-doped $Y_2Ti_2O_7$[J]. Dalton Transactions，2004，23（19）：3048-3052.

[30] Wilde P J，Catlow C R A. Defects and diffusion in pyrochlore structured oxides[J]. Solid State Ionics，1998，112（3-4）：173-183.

[31] Hanawa M，Muraoka Y，Tayama T，et al. Superconductivity at 1 K in $Cd_2Re_2O_7$[J]. Physical Review Letters，2001，87：187001.

[32] Cann D P，Randall C A，Shrout T R. Investigation of the dielectric properties of bismuth pyrochlores[J]. Solid State Communications，1996，100（7）：529-534.

[33] Koshibae W，Murata H，Maekawa S.Theoretical study of the electronic structure in β-pyrochlore oxides[J]. Journal of Magnetism and Magnetic Materials，2007，310（2）：1005-1007.

[34] Shimakawa Y，Kubo Y，Manako T. Giant magnetoresistance in $Ti_2Mn_2O_7$ with the pyrochlore structure[J]. Nature，1996，379（6560）：53-55.

[35] Wang S M，Xiu Z L，Lü M K，et al. Combustion synthesis and luminescent properties of Dy^{3+}-doped $La_2Sn_2O_7$ nanocrystals[J]. Materials Science and Engineering B，2007，143（1-3）：90-93.

[36] Korf S J，Koopmans H J A，Lippens B C，et al. Electrical and catalytic properties of some oxides with the fluorite or

pyrochlore structure. CO oxidation on some compounds derived from $Gd_2Zr_2O_7$[J]. Journal of the Chemical Society，Faraday Transactions 1：Physical Chemistry in Condensed Phases，1987，83（5）：1485-1491.

[37] Higashi M，Abe R，Sayama K，et al. Improvement of photocatalytic activity of titanate pyrochlore $Y_2Ti_2O_7$ by addition of excess Y[J]. Chemistry Letters，2005，34（8）：1122-1123.

[38] Wang S X，Begg B D，Wang L M，et al. Radiation stability of gadolinium zirconate：A waste form for plutonium disposition[J]. Journal of Materials Research，1999，14（12）：4470-4473.

[39] Lian J，Zu X T，Kutty K V G，et al. Ion-irradiation-induced amorphization of $La_2Zr_2O_7$ pyrochlore[J]. Physical Review B，2002，66（5）：054108.

[40] Lang M，Zhang F X，Zhang J M，et al. Review of $A_2B_2O_7$ pyrochlore response to irradiation and pressure[J]. Nuclear Instrument Methods Physical Research，Second B，2010，268（19）：2951-2959.

[41] Weber W J，Ewing R C. Plutonium immobilization and radiation effects[J]. Science，2000，289（5487）：2051-2062.

[42] Mandal B P，Tyagi A K. Preparation and high temperature-XRD studies on a pyrochlore series with the general composition $Gd_{2-x}Nd_xZr_2O_7$[J]. Journal of Alloys and Compounds，2007，437（1-2）：260-263.

[43] Mandal B P，Sathe Banerji V，Deb S K，et al. Order-disorder transition in $Nd_{2-y}Gd_yZr_2O_7$ pyrochlore solid solution：an X-ray diffraction and Raman spectroscopic study[J]. Journal of Solid-State Chemistry，2007，180（10）：2643-2648.

[44] Patwe S J，Ambekar B R，Tyagi A K. Synthesis，characterization and lattice thermal expansion of some compounds in the system $Gd_2Ce_xZr_{2-x}O_7$[J]. Journal of Alloys and Compounds，2005，389（1-2）：243-246.

[45] 赵培柱，李林艳，徐盛明，等. Ce^{4+}替代 Pu^{4+}的模拟固化体$(Gd_{1-x}Ce_x)_2Zr_2O_{7+x}$的合成及结构演变[J]. 物理化学学报，2013，29（6）：1168-1172.

[46] Wang X，Jiang K，Zhou L. Characterization and phase stability of pyrochlore$(Nd_{1-x}Ce_x)_2Zr_2O_{7+y}$(x = 0-1)[J]. Journal of Nuclear Materials，2015，458：156-161.

[47] Lu X R，Fan L，Shu X Y，et al. Phase evolution and chemical durability of Co-doped $Gd_2Zr_2O_7$ ceramics for nuclear waste forms[J]. Ceramics International，2015，41（5）：6344-6349.

[48] Shu X Y，Fan L，Lu X R，et al. Structure and performance evolution of the system$(Gd_{1-x}Nd_x)_2(Zr_{1-y}Ce_y)_2O_7$（$0\leqslant x，y\leqslant 1.0$）[J]. Journal of the European Ceramic Society，2015，35（11）：3095-3102.

[49] Su S J，Ding Y，Shu X Y，et al. Nd and Ce simultaneous substitution driven structure modifications in $Gd_{2-x}Nd_xZr_{2-y}Ce_yO_7$[J]. Journal of the European Ceramic Society，2015，35（6）：1847-1853.

[50] Wang J，Wang J X，Zhang Y B，et al. Flux synthesis and chemical stability of Nd and Ce Co-doped$(Gd_{1-x}Nd_x)_2(Zr_{1-x}Ce_x)_2O_7$（$0\leqslant x\leqslant 1$）pyrochlore ceramics for nuclear waste forms[J]. Ceramics International，2017，43（18）：17064-17070.

[51] Wang Y，Wang J，Zhang X，et al. Order-disorder structural tailoring and its effects on the chemical stability of$(Gd, Nd)_2(Zr, Ce)_2O_7$ pyrochlore ceramic for nuclear waste forms[J]. Nuclear Engineering and Technology，2022，54（7）：2427-2434.

[52] Wang J，Wang J X，Zhang Y B，et al. Order-disorder phase structure，microstructure and aqueous durability of $(Gd, Sm)_2(Zr, Ce)_2O_7$ ceramics for immobilizing actinides[J]. Ceramics International，2019，45（14）：17898-17904.

[53] 蒋兴星，杨焰萍，李旭昇，等. $GdEuZrCeO_7$烧绿石陶瓷核废物固化体的制备及化学稳定性[J]. 中国陶瓷，2021，57（9）：32-38.

[54] Zhou L，Li F，Liu J X，et al. High-entropy $A_2B_2O_7$-type oxide ceramics：A potential immobilising matrix for high-level radioactive waste[J]. Journal of Hazardous Materials，2021，415（5）：125596.

[55] 滕振，冯万林，曾思藩，等. 多组元烧绿石陶瓷固化体的制备及其抗浸出性能[J]. 核化学与放射化学，2022，44（2）：150-158.

第 6 章　钙钛锆石-硼硅酸盐玻璃陶瓷固化材料

6.1　概　　述

6.1.1　玻璃陶瓷的结构与性能

玻璃固化是当前国际上唯一实现工程化应用的高放废液处理方法。硼硅酸盐玻璃因具有良好的工艺性能、抗辐照性能和化学稳定性等，是包括中国在内的很多国家固化高放废液的首选基材[1]。然而，锕系核素在硼硅酸盐玻璃中的溶解度较低，如 Np、Am、Pu 氧化物包容量仅有 2%左右[2]，这将极大地限制废物包容量。尤其是核电站乏燃料后处理过程中产生的动力堆高放废液，通常浓缩 10 倍储存，比生产堆高放废液的锕系核素含量更高、发热量更大，若采用硼硅酸盐玻璃固化其废物包容量影响更为显著。此外，玻璃属于介稳相，其热力学稳定性较差，容易出现反玻璃化或析晶[3]。陶瓷固化体稳定性优异，放射性核素包容量高，但陶瓷固化对废物源项及其成分波动的适应性较差，其工艺技术尚不成熟[3, 4]。

玻璃陶瓷（也称微晶玻璃）固化体是利用熔融态玻璃的退火析晶制得的由玻璃相和结晶相复合的固化体，放射性核素或呈类质同象形式被固定在结晶相中，或分散于玻璃相的网络结构中。玻璃陶瓷固化体的机械强度、热稳定性和化学稳定性等均优于玻璃固化体，更重要的是核素进入稳定晶相后可提高废物包容量[1]。相对于陶瓷固化工艺而言，玻璃陶瓷固化体的制备工艺较简单，可利用玻璃固化设备生产[5]，特别是对高放废液成分波动的适应性较强[4]，更容易实现工程化应用。因此，玻璃陶瓷固化是玻璃固化高放废液的重要发展方向[4-8]。

6.1.2　玻璃陶瓷固化锕系核素的机制

目前国内外报道固化锕系核素的玻璃陶瓷材料，结晶相主要有钙钛锆石、榍石、烧绿石、磷灰石、独居石等，玻璃基质主要集中在硼硅酸盐体系和磷酸盐体系。钙钛锆石是地球上最稳定的矿相之一，也是锕系核素的主要寄生相，是锕系高放废物理想的固化介质材料。Vance[9]等报道了钙钛锆石的 Ca 位和 Zr 位固溶三价和四价锕系元素可达 0.3 个结构单位。

在钙钛锆石基玻璃陶瓷中，玻璃基质以钙铝硅酸盐体系（SiO_2-Al_2O_3-CaO-ZrO_2-TiO_2）被研究得较多[6, 7, 10-13]。该体系玻璃陶瓷的熔制温度（＞1450℃）和热处理温度（1050～1200℃）较高，模拟锕系核素分布在钙钛锆石相中的含量较低，如分布在钙钛锆石相中的 Nd 和 Th 元素的摩尔分数分别仅为 23%和 19%[10]，这与玻璃陶瓷中钙钛锆石晶相的含量较低（体积分数为 9%～11%）有关[13]。当晶化温度为 1050℃或 1200℃时，玻璃陶瓷体内（bulk）只有钙钛锆石相，但长时间的高温热处理会降低玻璃陶瓷体内的钙钛锆石相，并在玻璃陶瓷表面形成其他晶相，如钙长石、榍石、斜锆石等，对玻璃陶瓷的结构和物化性能都有显著影响[6]。

由于锕系核素在硼硅酸盐玻璃中的溶解度较低，本章设计并制备了钙钛锆石-硼硅酸盐玻璃陶瓷固化材料。以广泛应用于核废料固化的硼硅酸盐玻璃为基质，通过组成设计，引入适量 CaO、TiO_2 和 ZrO_2 等，再进行控制晶化热处理，在玻璃基体中析出稳定的钙钛锆石晶体，制备含钙钛锆石晶相的硼硅酸盐玻璃陶瓷。锕系核素主要被固定在钙钛锆石晶体中，少量锕系核素及废物中的裂变产物、常量组分可被包容在硼硅酸盐玻璃网络中，形成双屏障包容结构。钙钛锆石-硼硅酸盐玻璃陶瓷固化锕系核素的机理示意图如图 6-1 所示。

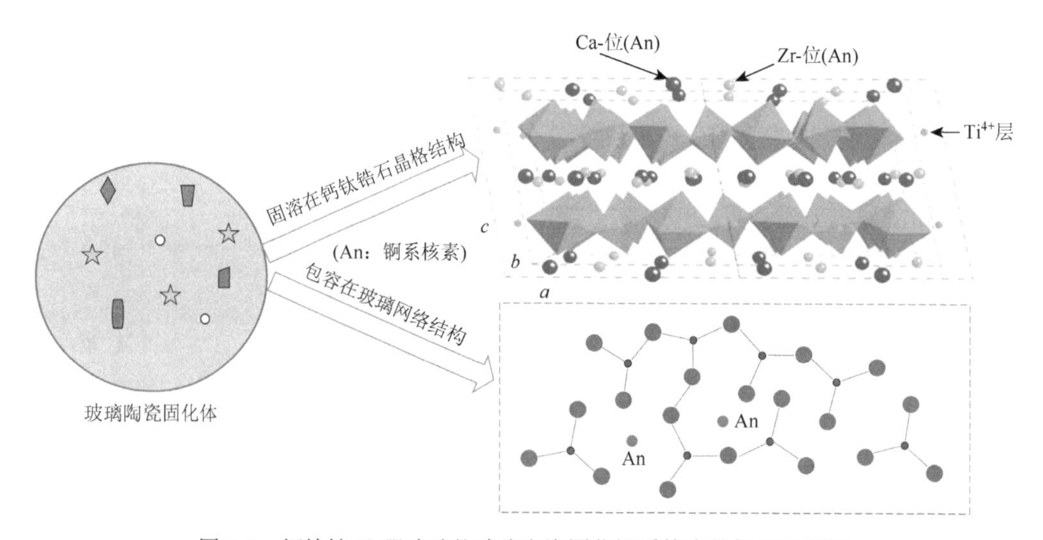

图 6-1 钙钛锆石-硼硅酸盐玻璃陶瓷固化锕系核素的机理示意图

6.2 钙钛锆石-硼硅酸盐玻璃陶瓷的制备

6.2.1 技术方案

1. 钙钛锆石-硼硅酸盐玻璃陶瓷固化体的制备工艺研究方案

根据 Mishra 等[14]和 Kaushik[15]的报道，在硼硅酸盐玻璃体系（SiO_2-B_2O_3-Na_2O）中添加适量 BaO 可以提高锕系核素的包容量，其中 ThO_2 的包容量可达 15.86%，同时还可包容 7.5%的 UO_3。因此，本章研究选择含 BaO 的硼硅酸盐玻璃（即 SiO_2-B_2O_3-Na_2O-BaO）作为基础玻璃，其中 SiO_2 含量为 50.00%、B_2O_3 含量为 20.00%、Na_2O 含量为 10.00%、BaO 含量为 20.00%[16]。

通过研究玻璃陶瓷组成（如 CaO、TiO_2、ZrO_2 的含量及比例[17, 18]，Si/Ba 比[19]，Si/B 比[20]，Al_2O_3 含量[21]等）、热处理工艺参数[22, 23]（核化温度、晶体生长温度、升降温速率、保温时间等）对玻璃陶瓷固化体晶相组成、显微结构、化学稳定性的影响，优化钙钛锆石-硼硅酸盐玻璃陶瓷固化体的制备工艺技术。

2. 钙钛锆石-硼硅酸盐玻璃陶瓷固化体的析晶机制研究方案

参照国内外研究玻璃析晶动力学的相关经验，利用不同升温速率（5℃/min、10℃/min、15℃/min、20℃/min）下的差热分析（differential thermal analysits，DTA）结果，根据 Kissinger 法即式（6-1）、Ozawa 法即式（6-2）和 Augis-Bennett 法即式（6-3）计算玻璃陶瓷的晶体生长活化能 E 以及晶体生长因子 n，研究硼硅酸盐玻璃的析晶特性，并利用不同玻璃颗粒尺寸（<20μm、125～250μm、400～800μm）的 DTA 分析结果，结合 XRD 和 SEM 对钡硼硅酸盐玻璃陶瓷固化体的相组成和显微结构的分析，探讨钙钛锆石、榍石晶相在硼硅酸盐玻璃中的析晶机制[24]。

$$\ln(T_{\mathrm{p}}^2 / \alpha) = E / RT_{\mathrm{p}} + C \tag{6-1}$$

$$\ln\alpha = -E / RT_{\mathrm{p}} + C_1 \tag{6-2}$$

$$n = \frac{2.5}{\Delta T} \times \frac{RT_{\mathrm{p}}^2}{E} \tag{6-3}$$

式中，α 为升温速率，ΔT 为 DTA 曲线中析晶峰的半高宽，T_{p} 为析晶峰温度，R 为气体常数，C 和 C_1 为常数。

3. 模拟锕系核素在钙钛锆石-硼硅酸盐玻璃陶瓷固化体中的赋存状态研究方案

利用结晶学、矿物学和地球化学相关原理，以及鲍林规则、键价-键长理论等相关知识，借助傅里叶变换红外线光谱仪（FTIR）、拉曼（Raman）光谱、核磁共振（nuclear magnetic resonance，NMR）谱、背散射电子像（BSE）、能谱仪（EDS）、X 射线衍射（XRD）等分析手段，分析玻璃陶瓷固化体中晶相和玻璃相的成分及分布规律，研究模拟锕系核素（Nd、Ce）掺量与玻璃陶瓷固化体的晶相组成、显微结构、性能的关系，阐明模拟锕系核素在钙钛锆石-硼硅酸盐玻璃陶瓷固化体中的赋存状态及固化机制[25]。

4. 钙钛锆石-硼硅酸盐玻璃陶瓷固化体的化学稳定性研究方案

利用水热反应釜、恒温设备等作为浸出实验装置，借助电感耦合等离子体发射光谱（ICP-OES）、电感耦合等离子体光谱-质谱（ICP-MS）等分析手段，采用 PCT 法（粉末样，S/V 为 $2000\mathrm{m}^{-1}$）研究玻璃陶瓷固化体在 90℃、pH 为 5～9 的去离子水溶液中 B、Na、Ba、Si、Nd、Ce 等元素在 1～42d 龄期的浸出率，评价钙钛锆石-硼硅酸盐玻璃陶瓷固化体的化学稳定性。

6.2.2　制备与表征

1. 样品的制备

以碳酸钡、硼酸、二氧化硅、碳酸钠、碳酸钙、二氧化锆、天然锆英石、二氧化钛、草酸铈、氧化钕等为原料，根据实验配方在电子天平上称取各组分原料，在玛瑙研钵中充分研磨混合均匀，之后将混合料放入刚玉坩埚中，置于马弗炉中加热到 850℃焙烧 2h 使混合料中的碳酸盐分解，再升温到 1150～1250℃熔融 3h（升温速率为 5℃/min），得到均匀、澄清的玻璃液。将玻璃液迅速倒入冷水中得到玻璃样品，或将玻璃液迅速转移到另一预先加热至核化温度 T_n 的马弗炉中，核化一定时间后再升温至晶化温度 T_c 保温一段时间进行热处理，最后随炉冷却得到玻璃陶瓷样品。

由于二氧化锆（ZrO_2）在高温下难以熔融，且在硼硅酸盐玻璃中的溶解度非常低。而天然锆石（$ZrSiO_4$）在高温下可分解为 ZrO_2 和 SiO_2，可利用天然锆石在高温下的分解活性作为锆源，再引入适量 CaO 和 TiO_2，期望在 SiO_2-B_2O_3-Na_2O-BaO 体系玻璃中析出钙钛锆石晶体，形成钙钛锆石-硼硅酸盐玻璃陶瓷。图 6-2 是采用 ZrO_2 和天然 $ZrSiO_4$ 作为锆源在 1250℃熔制 3h 经水淬制得的玻璃的 XRD 图。从该图可知，采用 ZrO_2 作为锆源时，所得样品（Z）中含有较多的 ZrO_2 晶相，表明 ZrO_2 在该温度下没有完全熔融。而采用 $ZrSiO_4$ 作为锆源制得的样品（ZS）为非晶相玻璃。因此，本章研究采用 $ZrSiO_4$ 作为锆源制备钙钛锆石-硼硅酸盐玻璃陶瓷。

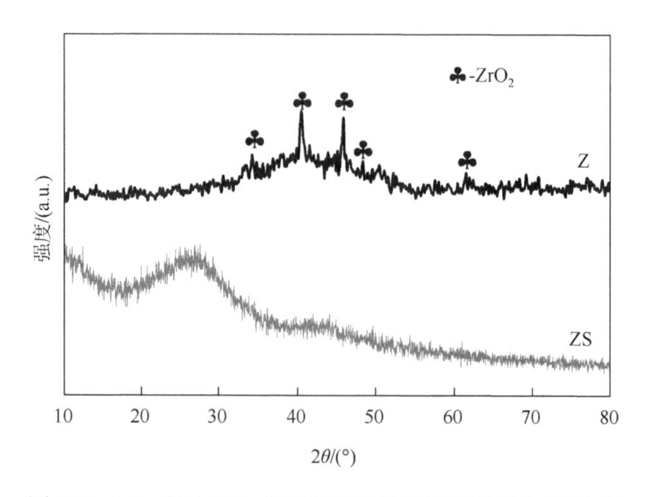

图 6-2　ZrO_2 和 $ZrSiO_4$ 作为锆源制得的基础玻璃的 XRD 图

利用综合热分析（TG-DTA/DSC）确定玻璃粉末样品的特征温度（玻璃转变温度、析晶峰温度、液相温度等），利用 X 射线衍射（XRD）、扫描电镜（SEM）、背散射电子像（BSE）、红外光谱（IR）、拉曼（Raman）光谱等分析手段，研究钙钛锆石-硼硅酸盐玻璃陶瓷固化体的晶相组成、显微结构（晶粒大小、分布）和基本物理性能（密度、耐水性、热稳定性）等。

2. 样品的结构与性能表征

1）差热分析

本实验所制得的玻璃样品均经 100～200 目分样筛过筛（粒径为 75～150μm）后，采用 SDT Q600 型同步热分析仪（美国，TA 公司）升温到 1200℃（升温速率 20℃/min，空气气氛）对样品的特征温度（玻璃转变温度、玻璃析晶温度）进行差热分析，确定玻璃的热处理温度。

2）物相分析

采用 X'Pert PRO 型 X 射线衍射仪（荷兰帕纳科公司）对样品进行射线衍射图谱检测。条件：电压为 40kV；电流为 30mA；陶瓷 Cu 靶，步长为 0.033，扫描范围（2θ）为 10°～80°。

3）红外分析

采用 Nicolet-5700 傅里叶变换红外光谱仪进行红外光谱测试，用 KBr 压片法对玻璃陶瓷粉末试样在 400～4000cm^{-1} 作 FTIR 测试。条件：扫描速率为 0.1581～3.1648$cm \cdot s^{-1}$，波数精度为 0.01cm^{-1}，最高分辨率为 0.4cm^{-1}。

4）微观形貌分析

利用 Ultra55 型场发射扫描电子显微镜（field emission scanning electron microscope，FESEM）（德国蔡司公司）及 Oxford IE450X-Max80 能谱仪对样品微观形貌和成分进行分析。玻璃陶瓷中晶相往往镶嵌在玻璃基体中，为了更加容易观察到晶体的形状结构，用 10%的 HF 水溶液腐蚀玻璃陶瓷样品 10～15s，用超声波超声 20min，烘干、喷金后做 SEM/EDS 分析。另外，为了更加深入地观察玻璃陶瓷内部的显微结构，将一部分样品抛光打磨后做光学显微镜分析，所用仪器为 4XC-PC 倒置金相显微镜。

5）化学稳定性分析

根据美国材料与试验协会标准 ASTM C1285-14，采用 PCT 法评价玻璃陶瓷固化体的化学稳定性。实验过程如下：将所制备的固化体研磨过筛（100～200 目筛，粒径为 75～150μm），经去离子水和无水乙醇超声清洗多遍后，放入烘箱内烘干，将烘干后的样品精确称取 3g 放入聚四氟乙烯容器中，在聚四氟乙烯中加入 30mL 去离子水，密封后放入反应釜装置中，之后将密封好的反应釜放到 90℃下的烘箱中，分别于第 1d、3d、7d、14d、28d 和 42d 取出反应釜中的浸泡液，并用新鲜去离子水重新加入 30mL，所得到的浸泡液经离心机离心后用等离子发射光谱仪（ICP-OES，iCAP 6500）和等离子发射光谱-质谱仪（ICP-MS，Agilent 7700x）检测其中 B、Na、Si、Ba、Ca、Nd、Ce 等元素的质量浓度。各元素的浓度经过公式换算为元素归一化浸出率来表征样品的抗浸出性能，用公式（4-4）进行计算。

6.3　玻璃陶瓷的结构与化学稳定性

6.3.1　玻璃陶瓷组成对其结构和化学稳定性的影响

1. CaO-TiO_2-ZrO_2 比例对玻璃陶瓷物相组成和显微结构的影响

采用熔融热处理工艺制备 SiO_2-Na_2O-B_2O_3-BaO-CaO-TiO_2-ZrO_2 体系玻璃陶瓷，利用差热分析（DTA）、傅里叶变换红外线光谱仪（FTIR）、X 射线衍射（XRD）、扫描电子显微镜（SEM）等技术手段研究了晶核剂（CaO、TiO_2 和 ZrO_2）为 45%时，不同钙含量

（即 CaO∶TiO_2∶ZrO_2 = x∶2∶1，x = 0.5～10）对样品中玻璃结构、晶相和微观形貌的影响[17]。对应样品的编号分别为 C-0.5、C-1、C-2、C-4、C-6、C-10。实验所用配方组成见表 6-1。

表 6-1　不同钙含量的玻璃陶瓷配方　（单位：mol%）

样品	SiO_2	B_2O_3	Na_2O	BaO	CaO	TiO_2	ZrO_2
C-0.5	30.05	15.03	9.02	6.01	5.70	22.80	11.39
C-1	29.49	14.74	8.85	5.90	10.25	20.51	10.26
C-2	28.64	14.32	8.59	5.73	17.08	17.09	8.55
C-4	27.57	13.78	8.27	5.51	25.64	12.82	6.41
C-6	26.93	13.46	8.08	5.39	30.76	10.25	5.13
C-10	26.20	13.10	7.86	5.24	36.62	7.32	3.66

图 6-3 为水淬后所得玻璃样品的 DTA 曲线，从图中可以看出，样品 C-2、C-4、C-6 的玻璃转变温度（glass transition temperature，T_g）为 640～690℃，且随着 Ca 含量的增加而增加。玻璃陶瓷的核化温度（nucleation temperature，T_n）一般高于玻璃转变温度 30～60℃。温度升高后，样品 C-2、C-4、C-6 分别在 886℃、865℃、853℃左右出现放热峰，说明在此温度下有较显著的热效应发生，一般而言，此放热峰是由玻璃晶化引起的热效应，即玻璃的晶化温度（crystallization temperature，T_c）。然而随着 Ca 含量的增加，放热峰温度逐渐降低但其强度增强。因此，本节选取的核化温度为 680～750℃、晶化温度为 850～900℃。

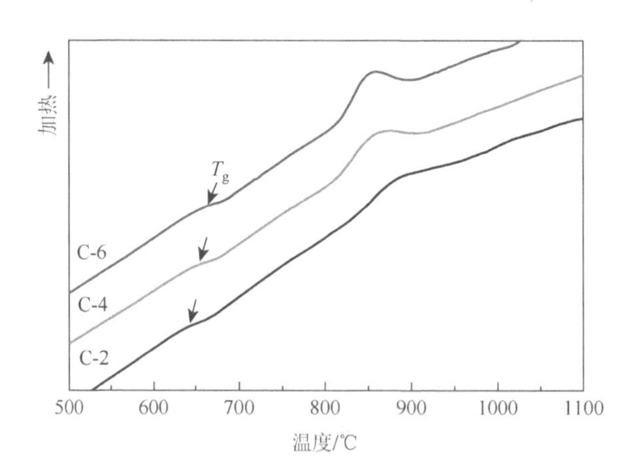

图 6-3　不同钙含量的玻璃样品 C-2、C-4 和 C-6 的 DTA 曲线

图 6-4 为不同 Ca 含量的玻璃陶瓷样品的红外吸收光谱图，从图中可知，波数 400～1500cm^{-1} 的峰型比较宽泛，由此可以推断出样品为无序结构。样品最强的吸收谱带位于 900～1100cm^{-1}，由硼硅酸盐玻璃常见的红外吸收光谱特征振动可知，这个区间的振动谱带为 Si—O—Si 反对称伸缩振动峰和[BO_4]反对称伸缩振动峰的合峰。随着 Ca 含量的增

加，这个区间内振动峰位稍微地向长波段偏移，主要是由于玻璃相中的 Ca^{2+}提供了更多的游离氧，使得更多的 B 以[BO_4]的形式存在，与[SiO_4]相互作用后，加强了 Si—O—B 键的伸缩振动，引起吸收带 Si—O—Si 伸缩振动向长波段偏移。另一个较强的振动谱带位于 1400cm^{-1} 左右，为[BO_3]的反对称伸缩振动，说明样品中同时存在[BO_3]。在 650～700cm^{-1} 为[BO_3]的 B—O—B 弯曲伸缩振动峰，进一步说明存在[BO_3]。随着 Ca 含量的增加，位于 430～530cm^{-1} 的 Si—O—Si 弯曲伸缩振动峰逐渐增强且有轻微的偏移和宽化，其偏移量和宽度依赖于阳离子的种类，因为阳离子的加入对网络具有解聚作用；位于 1265cm^{-1} 的 B—O 键伸缩振动逐渐增强，表明 CaO 有助于形成 B—O 键。此外，在 1628cm^{-1} 左右为[BO_3]三角体中的 B—O 键的振动。

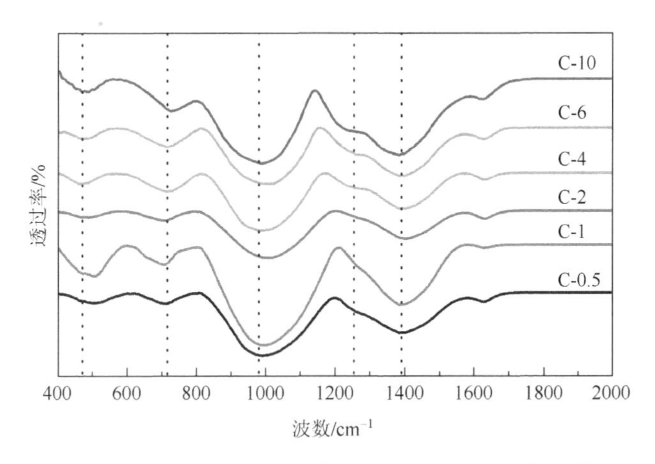

图 6-4　不同钙含量的玻璃陶瓷样品的红外吸收光谱

图 6-5 为所制得不同钙含量玻璃样品的 XRD 图。从图中可以看出，所制备的玻璃样品均在 2θ 为 20°～35°有个较明显的非晶峰，而且没有出现任何晶相的衍射峰，说明经过 1250℃熔制 3h 后，所有的氧化物都完全形成了玻璃体，而不存在任何的晶相。

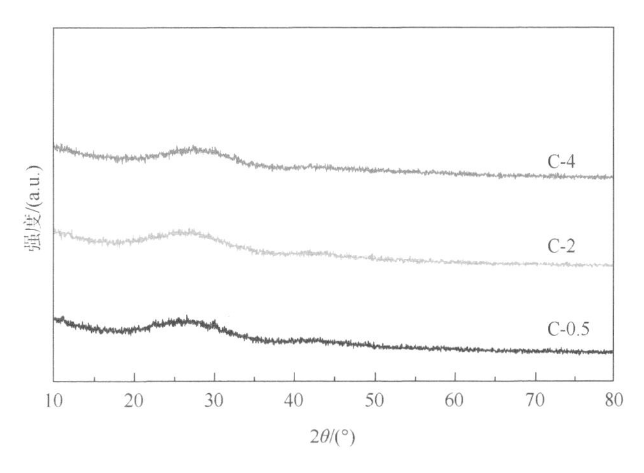

图 6-5　不同钙含量玻璃样品的 XRD 图

图 6-6 为不同钙含量玻璃样品经热处理后所得的玻璃陶瓷样品的 XRD 图。由图可知，钙钛锆石峰的强度随着 Ca 含量的增加而增加，且在 $x=4$ 时达到最大值。当 Ca 的含量较低即 $CaO:TiO_2:ZrO_2=0.5:2:1$（样品 C-0.5）时，玻璃陶瓷样品体内含有 TiO_2、$CaZrTi_2O_7$ 和 ZrO_2 三种晶相，TiO_2 和 ZrO_2 在 1250℃保温 3h 后已经完全融进玻璃相中，因此，它们是在热处理过程中从玻璃基体中产生的。显然，由于钙含量过低，形成的钙钛锆石少，而 TiO_2 和 ZrO_2 在基础玻璃中有剩余；当 $CaO:TiO_2:ZrO_2$ 的物质的量比升到 1∶2∶1 时，样品 C-1 中有 $CaZrTi_2O_7$ 和 TiO_2 两种晶相，且钙钛锆石的峰强有所增加，这说明在热处理时，析出的 ZrO_2 完全参与了钙钛锆石的合成，钙钛锆石含量增加，而 TiO_2 还有剩余。因此，继续增加 Ca 含量时（即样品 C-2），XRD 图表明只有钙钛锆石一种晶相，表明剩余的 TiO_2 与 ZrO_2 和 CaO 完全反应生成了钙钛锆石。当 $CaO:TiO_2:ZrO_2$ 为 4∶2∶1 时（C-4），样品中只有单一的钙钛锆石晶相，且其含量达到最大值，说明 CaO 进一步与玻璃相中的 TiO_2 和 ZrO_2 形成钙钛锆石。当 $CaO:TiO_2:ZrO_2=6:2:1$ 时，不仅出现了钙钛锆石晶相还出现了 $CaTiO_3$ 晶相，这可能是由于钙含量相对较多时，部分 CaO 和 TiO_2 形成 $CaTiO_3$ 晶相；随着 CaO 的比例逐渐增大，在 $CaO:TiO_2:ZrO_2=10:2:1$ 时，所得到的完全是透明的玻璃样品（C-10），没有任何的晶相形成，CaO 含量过高，使得 TiO_2 和 ZrO_2 含量过低，都熔进了玻璃相中且在热处理时不能相互作用。

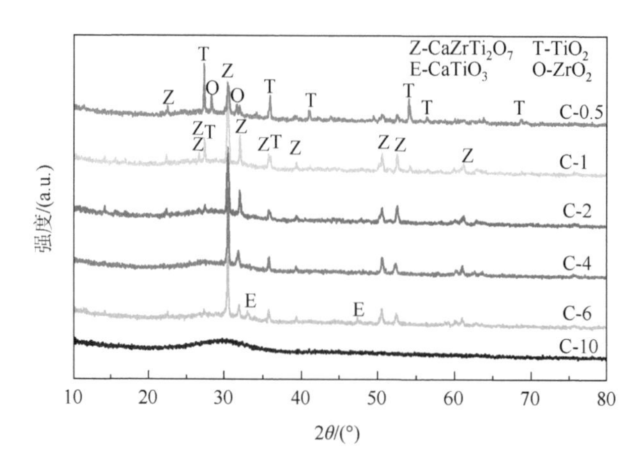

图 6-6　不同钙含量的玻璃陶瓷样品 XRD 图

图 6-7 是采用熔融热处理工艺制备的不同 Ca 含量的硼硅酸盐玻璃陶瓷样品断面的 SEM 图。从图 6-7（a）（C-0.5）可以看出，样品的断面上有三种形状的晶体存在，结合 XRD 分析（图 6-6），其分别是长条状的 $CaZrTi_2O_7$，片状的 TiO_2 和柱状的 ZrO_2 晶相；图 6-7（b）（C-1）中有两种形状的晶体存在，和 C-0.5 相比，长条状结构的 $CaZrTi_2O_7$ 增多，片状结构的 TiO_2 数量减少，柱状结构的 ZrO_2 消失，这一结果和 XRD 一致；图 6-7（c）（C-2）中只有长条状结构的晶相均匀分布在样品的断面处，由图 6-6 可知该晶相为 $CaZrTi_2O_7$ 晶体，且晶相相比 Ca 含量低的样品，其尺寸更大；图 6-7（d）中（C-4），$CaZrTi_2O_7$ 晶粒尺寸变小，且分布更加密集；而在图 6-7（e）（C-6）中可以明显地发现大小不一的星状结构和圆柱状的结构，分别对应着 $CaZrTi_2O_7$ 和 $CaTiO_3$ 晶相；在图 6-7（f）（C-10）

中可以明显地发现样品为均匀透明玻璃相，其中没有任何的晶相和杂质产生，这和 XRD 分析结果一致。

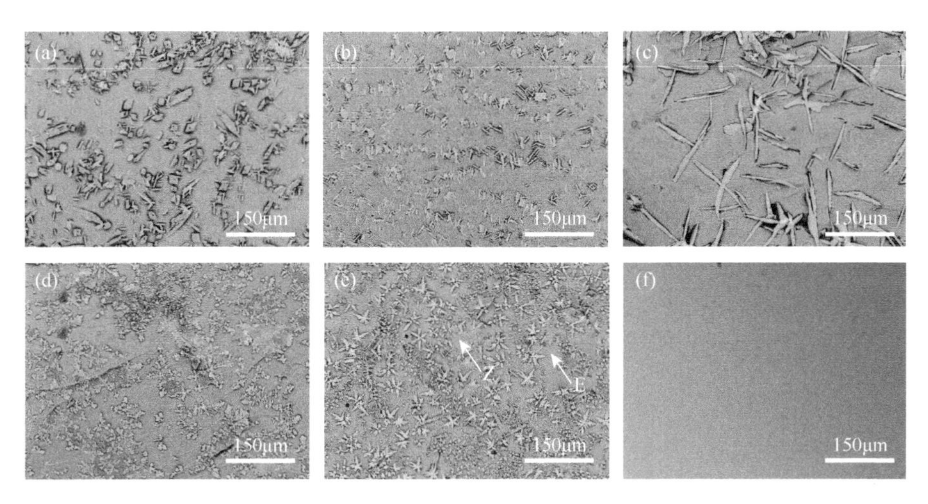

图 6-7　不同钙含量玻璃陶瓷样品断面的 SEM 图

（a）C-0.5；（b）C-1；（c）C-2；（d）C-4；（e）C-6；（f）C-10

综上所述，玻璃网络结构主要由[SiO_4]、[BO_3]和[BO_4]构成，随着 Ca 含量的增加，更多的 B 以[BO_4]的形式加入玻璃网络中，T_g 逐渐升高，放热峰温度逐渐降低但峰强逐渐增强；$x<2$ 时，样品体内除了 $CaZrTi_2O_7$ 晶相外还有其他晶相出现（如 TiO_2 和 ZrO_2）；当 $x=2$、4 时，样品体内只有单一的 $CaZrTi_2O_7$ 晶相；$x=6$ 时，有星状的 $CaZrTi_2O_7$ 和柱状的 $CaTiO_3$ 晶相生成；$x=10$ 时，所得到的样品为透明的玻璃。

2. $CaO-TiO_2-ZrO_2$ 含量对玻璃陶瓷结构和化学稳定性影响

表 6-2 是 $SiO_2-B_2O_3-Na_2O-BaO-CaO-TiO_2-ZrO_2-Nd_2O_3$ 体系玻璃中改变 CaO、TiO_2 和 ZrO_2 含量的配方组成，其中 CaO∶TiO_2∶ZrO_2 物质的量比固定为 2∶2∶1，其含量取 0%、20%、40%、45%、50%、55%，分别记为 CTZ-0、CTZ-20、CTZ-40、CTZ-45、CTZ-50、CTZ-55。掺入 4% Nd_2O_3 用 Nd^{3+}来模拟三价锕系核素。研究 CaO、TiO_2 和 ZrO_2 的含量变化对玻璃陶瓷晶相、显微结构和化学稳定性的影响[18]。

表 6-2　不同 CTZ 含量的玻璃陶瓷配方组成（%）

样品	SiO_2	B_2O_3	Na_2O	BaO	CaO	TiO_2	ZrO_2	Nd_2O_3
CTZ-0	48.00	19.20	9.60	19.20	—	—	—	4
CTZ-20	38.00	15.20	7.60	15.20	5.68	8.08	6.24	4
CTZ-40	28.00	11.20	5.60	11.20	11.35	16.18	12.47	4
CTZ-45	25.50	10.20	5.10	10.20	12.77	18.20	14.03	4
CTZ-50	23.00	9.20	4.60	9.20	14.19	20.20	15.59	4
CTZ-55	20.50	8.20	4.10	8.20	15.61	22.24	17.15	4

图 6-8 为不同 CTZ 含量玻璃样品的 DTA 曲线。由图可知，样品 CTZ-0 和 CTZ-20 的 DTA 曲线相似；另外，可以看出在 750℃有个微弱的吸热峰，且随着晶核剂（CaO、TiO_2 和 ZrO_2）的增加其强度逐渐地减弱；这可能是由于玻璃表面吸热过程中，这个吸热峰的强度、宽度及所对应的温度均与玻璃表面吸热反应程度有关。样品 CTZ-40，在 905℃和 970℃有两个比较明显的放热峰和在 1030℃左右有个比较弱的放热峰。当晶核剂含量增加到 50%时（即样品 CTZ-50），三个放热峰分别在 895℃、935℃和 1035℃位置处。放热峰位置通常对应着基体玻璃的析晶温度，通过图 6-8 分析，基体玻璃中晶体析晶温度为 895～1035℃。此外，玻璃转变温度 T_g 为 580～660℃，且随着晶核剂含量的增加而增加，这主要是由于 Ti^{4+}、Zr^{4+}和 Ca^{2+}的电场强度大，与自由氧结合的能力比较强，Ba^{2+}和 Na^+ 的电场强度较弱，与自由氧结合的能力比较弱。晶核剂含量增多，Ti^{4+}、Zr^{4+}和 Ca^{2+}也相应增多，促使玻璃转变温度升高。

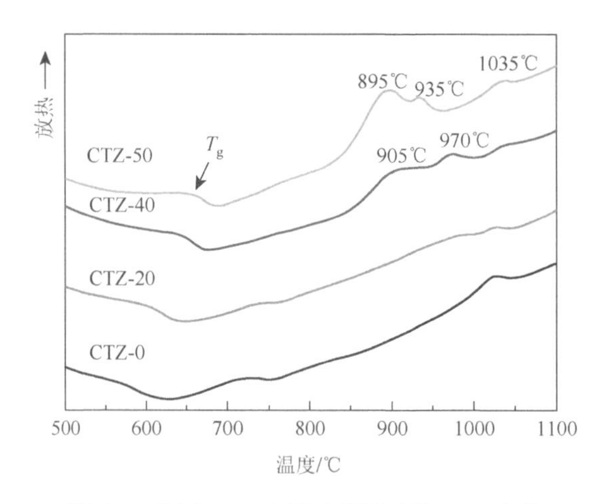

图 6-8　不同 CTZ 含量玻璃样品的 DTA 曲线

图 6-9 为不同 CTZ 含量样品的 XRD 图，可以看出在 CTZ 含量为 0%和 20%时无任何的晶相衍射峰出现，为透明的玻璃样品；当 CTZ 含量增加到 40%时（CTZ-40），只有

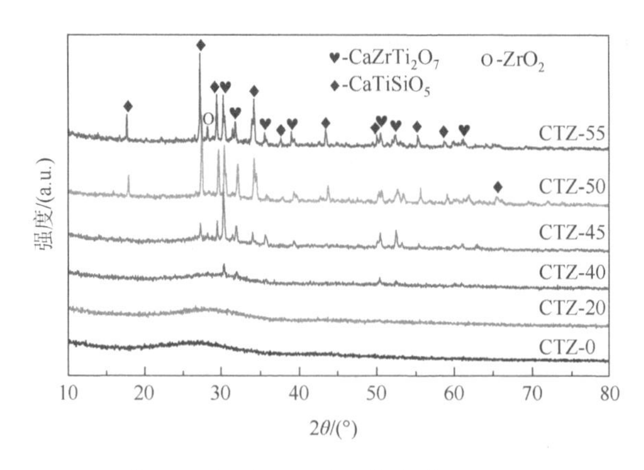

图 6-9　不同 CTZ 含量样品的 XRD 图

很少的钙钛锆石晶相衍射主峰出现；在 CTZ-45 中可以看到大量的钙钛锆石晶相衍射峰，另外还有微量的榍石晶相衍射峰；当 CTZ 的含量增加到 50%～55%时，随着晶核剂的增加，榍石晶相衍射峰越来越强，但是在 CTZ-55 中还有微量的氧化锆出现，这主要是由于 CTZ 含量过高，CaO、TiO_2 和 ZrO_2 参与合成钙钛锆石和榍石后，剩余的 CaO 和 TiO_2 溶解在玻璃中，然而由于 ZrO_2 在玻璃中的溶解速率和反应速率过慢，因此有部分 ZrO_2 在样品热处理的过程中析出。

图 6-10 为不同 CTZ 含量样品断面的 SEM 图及 EDS 图谱，从图中可以看出除了 CTZ-0[图 6-10（a）]和 CTZ-20[图 6-10（b）]为均质透明的玻璃外，其他样品均出现了条状结构的晶体；在图 6-10（c）中可以看到有分布不均的条状晶体出现，晶粒尺寸为 40～50μm。从图 6-10（d）中可以明显地看出，条状结构的晶体分布比较均匀，大小相差不大，晶粒尺寸为 60～80μm。图 6-10（e）中除了有宽度变粗的条状晶体外，还有少量的圆形颗粒出现，但是条状的晶体相对图 6-10（d）中的晶体明显减少；在图 6-10（f）中除有明显的条状晶体和球状晶体外，还有大量的裂缝存在，主要是由于随着晶核剂含量的增加，玻璃网络形成体（例如 SiO_2、B_2O_3 等）减少所引起的。结合图 6-10（g）

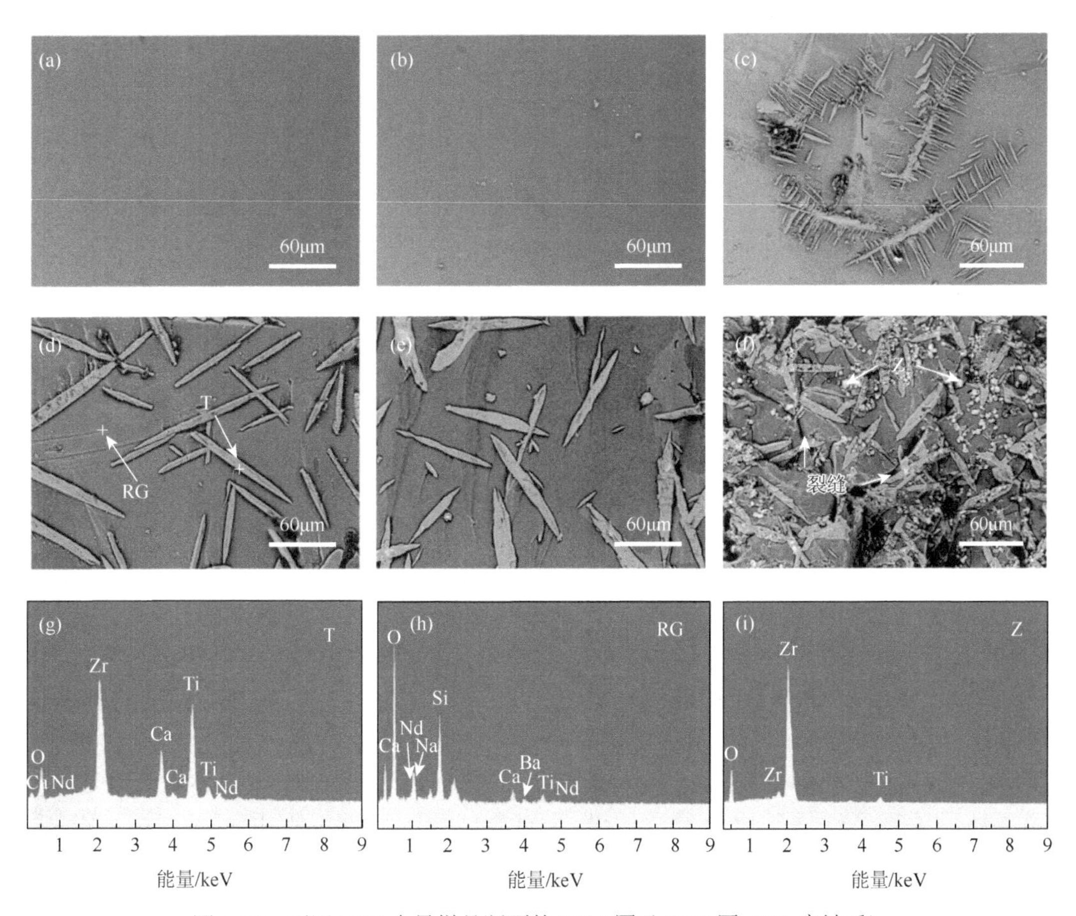

图 6-10　不同 CTZ 含量样品断面的 SEM 图及 EDS 图（HF 腐蚀后）

（a）CTZ-0、（b）CTZ-20、（c）CTZ-40、（d）CTZ-45、（e）CTZ-50、（f）CTZ-55、（g）T：钙钛锆石、（h）RG：基体玻璃、（i）Z：氧化锆

和图 6-10（i）可知此条状的晶体为钙钛锆石晶体，球形颗粒为氧化锆晶体。这和其他文献报道的研究成果有些区别，如 Loiseau 等[6, 10]发现在 SiO_2-Al_2O_3-CaO-ZrO_2-TiO_2 体系中，当 CaO-ZrO_2-TiO_2 的含量为 40.54%时，在晶化温度 1050℃热处理后，$CaZrTi_2O_7$ 晶粒呈树枝状；在 1200℃处理后 $CaZrTi_2O_7$ 晶粒呈柱状。在 SiO_2-Al_2O_3-B_2O_3-CaO-TiO_2-ZrO_2 体系中，李鹏等通过研究获得了六边形结构的钙钛锆石晶体[11]。

图 6-11 为未经 HF 腐蚀的玻璃陶瓷样品 CTZ-45 体内金相显微镜照片和能谱图，从图 6-11（a）中可以看出有一些条状和砖块状的晶体分布在样品 CTZ-45 体内，结合图 6-10（g）和图 6-11（b）分析可得，条状的晶体为钙钛锆石，砖块状的晶体为榍石。另外，经 HF 腐蚀过的样品中 SEM 观察不到榍石晶体的存在，没有经 HF 腐蚀过的样品的金相显微镜中可以明显地看到砖块状的榍石存在。这是由于榍石晶体可以和 HF 发生反应，经腐蚀后的玻璃陶瓷样品在做 SEM 时观察不到榍石晶体的存在。

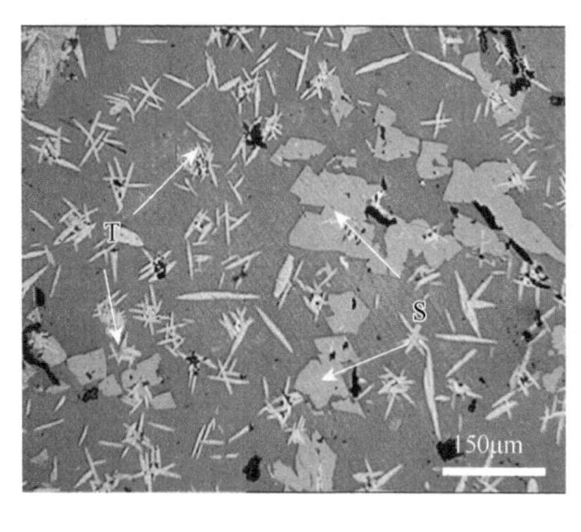

(a) 显微镜照片

Si
Ca
Ti
Ca
O
Nd
Ca
Ti
Nd
S
1 2 3 4 5 6 7 8 9
能量/keV

(b) EDS能谱

图 6-11　未经 HF 腐蚀的玻璃陶瓷样品 CTZ-45 体内金相显微镜照片和 EDS 能谱

S：榍石；T：钙钛锆石

图 6-12 为采用 PCT 法评价样品 CTZ-0、CTZ-45 和 CTZ-55 中 B、Na、Nd 元素的归一化浸出率。从图中可以看出，B、Na、Nd 元素的归一化浸出率（LR_B、LR_{Na} 和 LR_{Nd}）随着浸出时间的推移而降低，并在前 7d 降低幅度较大，在 28d 后基本趋于稳定，这可能是由于在样品和去离子水反应表面形成了一种无定型结构的凝胶层，阻碍了样品体内离子的扩散。从图 6-12（a）和图 6-12（b）中可以看出 LR_B 和 LR_{Na} 的变化趋势非常相似。对比 B、Na、Nd 元素，可以看出 LR_{Nd} 在样品中的浸出率最低，这可能是由于 Nd 元素的含量较低(4%)，同时部分 Nd 元素分布在稳定的钙钛锆石和榍石晶体中。比较样品 CTZ-0、CTZ-45 和 CTZ-55，可以看出 LR_B、LR_{Na} 和 LR_{Nd} 在样品 CTZ-45 中最低，28d 时分别为 8.8×10^{-3}g/(m^2·d)、7.7×10^{-3}g/(m^2·d)、7.5×10^{-6}g/(m^2·d)，比样品 CTZ-0 和 CTZ-55 中的 LR_B、LR_{Na} 和 LR_{Nd} 均低一个数量级。样品 CTZ-0 没有元素 Ti、Zr 和 Ca 的参与，是无定型的玻璃体，其稳定性不好；样品 CTZ-45 中，元素 Ti 和 Ca 参与基体玻璃的形成，另外还有较稳定的晶体存在，比 CTZ-0 的稳定性好；样品 CTZ-55 中，由于晶体的含量较高，

导致了网络结构形成体的降低，裂缝的出现，其稳定性比 CTZ-45 差。综合分析 PCT 浸出实验结果表明所得到的 CTZ-45 样品具有较好的化学稳定性。

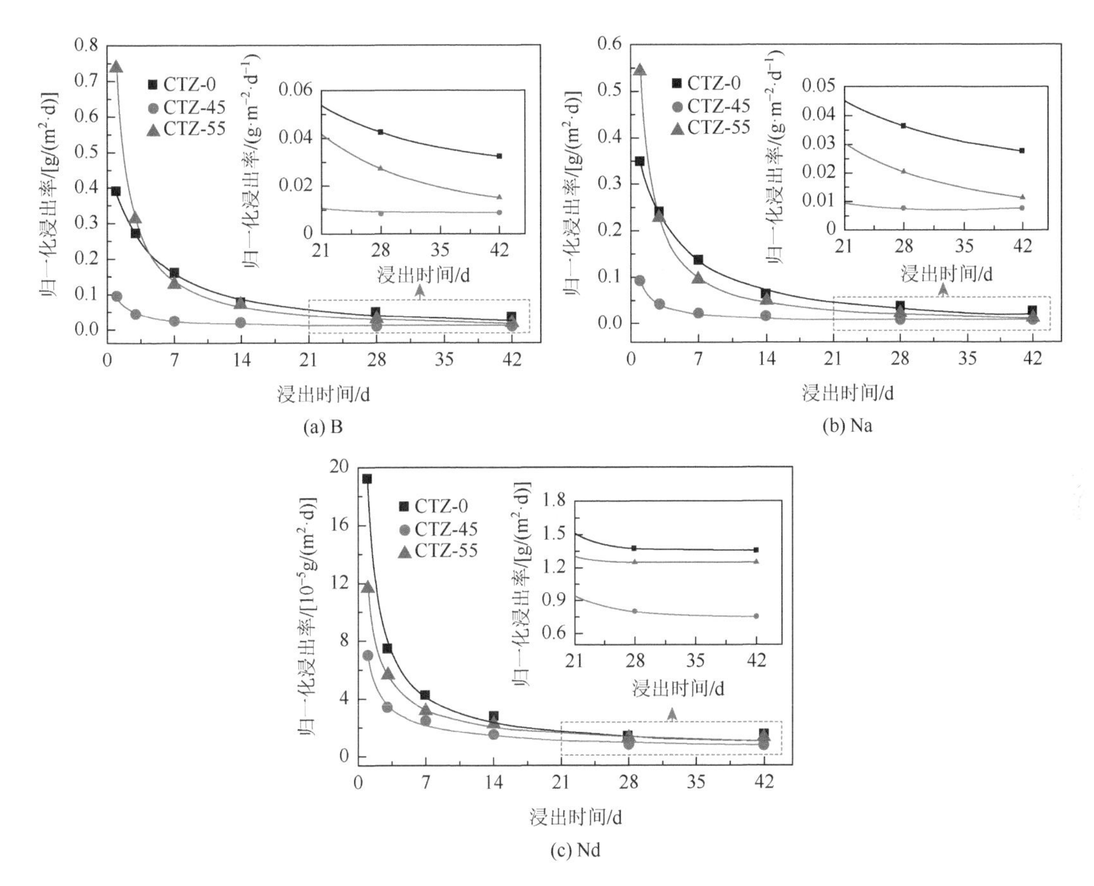

图 6-12　样品 CTZ-0、CTZ-45 和 CTZ-55 中（a）B、（b）Na、（c）Nd 元素的归一化浸出率

综上所述，当 CTZ 含量低于 40%时，样品为均质的、透明的玻璃，当 CTZ 含量为 40%时玻璃开始析出钙钛锆石，当 CTZ 含量增加到 45%～55%，玻璃陶瓷中析出条状的 $CaZrTi_2O_7$ 和块状的 $CaTiSiO_5$ 晶体，在样品 CTZ-55 中，除了 $CaZrTi_2O_7$ 和 $CaTiSiO_5$ 晶相外，还有氧化锆和裂缝的存在，样品致密性较差。PCT 浸出实验结果表明，B、Na、Nd 元素的归一化浸出率随着浸出时间的推移而降低，并在前 7d 降低幅度较大，在 28d 后基本趋于稳定，样品 CTZ-45 中 LR_B、LR_{Na} 和 LR_{Nd} 较低。

3. SiO_2/BaO 比对玻璃陶瓷物相组成和显微结构的影响

采用熔融-热处理法制备 SiO_2-B_2O_3-BaO-Na_2O-CaO-ZrO_2-TiO_2 体系钙钛锆石玻璃陶瓷，利用差热分析、傅里叶变换红外光谱、X 射线衍射、扫描电子显微镜等技术手段研究了不同 SiO_2/BaO 物质的量比（1、2、4、6、8 和 10，样品依次标记为 S1、S2、S4、S6、S8 和 S10）对 SiO_2-B_2O_3-BaO-Na_2O-CaO-ZrO_2-TiO_2 玻璃陶瓷晶相和显微结构的影响[19]。实验所用配方组成见表 6-3。

表 6-3　不同 SiO_2/BaO 比玻璃陶瓷的配方组成

样品	摩尔分数/%						
	SiO_2	BaO	B_2O_3	Na_2O	CaO	TiO_2	ZrO_2
S1	13.75	13.75	22.30	6.43	17.51	17.51	8.75
S2	18.33	9.17	22.30	6.43	17.51	17.51	8.75
S4	22.00	5.50	22.30	6.43	17.51	17.51	8.75
S6	23.57	3.93	22.30	6.43	17.51	17.51	8.75
S8	24.45	3.05	22.30	6.43	17.51	17.51	8.75
S10	25.00	2.50	22.30	6.43	17.51	17.51	8.75

图 6-13 为水淬后得到的基础玻璃样品的 DTA 曲线。从图中可以看出，样品的 T_g 为 580～650℃，且样品 S4 和 S8 的 T_g 比样品 S1 的 T_g 有所升高。研究表明，玻璃陶瓷的晶核形成温度 T_n 通常比 T_g 高 30～60℃。另外，样品 S1 的析晶放热峰不明显，在 850～950℃出现了 1 个宽化的放热峰。样品 S4 分别在 831℃和 919℃附近出现了较显著的放热峰。样品 S8 同样分别在 802℃和 918℃附近出现放热峰。这 2 个放热峰可能对应于不同种类晶体的生长温度。

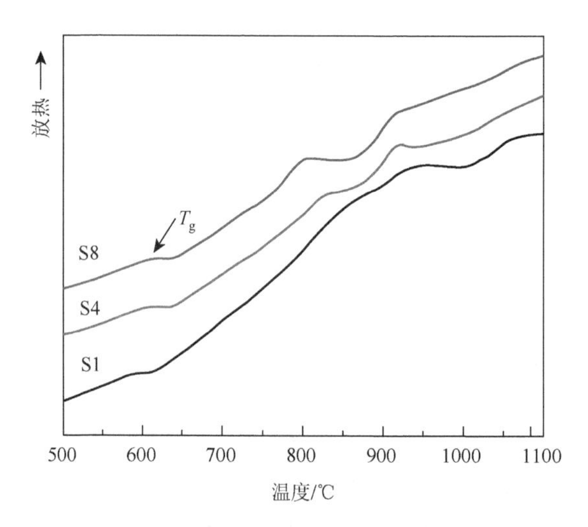

图 6-13　样品 S1、S4 和 S8 的 DTA 曲线

图 6-14 为不同 SiO_2/BaO 比的样品热处理后的 XRD 图。从图中可以看出，样品 S1 的主晶相为 $Ba_2TiSi_2O_8$ 和 $CaZrTi_2O_7$。随着 SiO_2/BaO 比的增大，$Ba_2TiSi_2O_8$ 晶相基本消失，$CaZrTi_2O_7$ 晶相逐渐增多。当 SiO_2/BaO 比增加到 6 时，除了 $CaZrTi_2O_7$ 晶相外，还有 $CaTiSiO_5$ 晶相生成。结合 DTA 分析可知，两个放热峰可能分别对应 $CaZrTi_2O_7$ 和 $CaTiSiO_5$ 的析晶峰。随着 SiO_2/BaO 比的继续增加，$CaZrTi_2O_7$ 晶相含量有所减少，$CaTiSiO_5$ 晶相增多。

一般来说，材料的缺陷处（如晶界、杂质、气孔、微表面及宏观表面）存在较高的能量，与材料其他位置相比，更容易成核析晶。Loiseau 等[10]报道了钙铝硅酸盐系玻璃陶瓷（SiO_2-Al_2O_3-CaO-ZrO_2-TiO_2）中，$CaZrTi_2O_7$ 是一种亚稳相，在高温长时间热处理时会

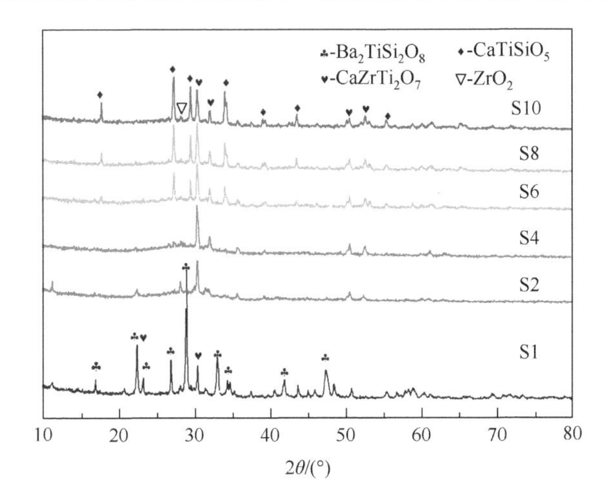

图 6-14　不同 Si/Ba 比样品热处理后的 XRD 图

与 SiO_2 发生反应，转变成 $CaTiSiO_5$ 和 ZrO_2 等晶相。本章研究中，随着 SiO_2/BaO 比的增加出现了 $CaTiSiO_5$ 相，可能是由于 SiO_2 含量增加，在高温下亚稳态的 $CaZrTi_2O_7$ 与过量的 SiO_2 反应，在晶相-玻璃相的界面、气孔等缺陷处成核析晶，生成 $CaTiSiO_5$。

图 6-15 为 HF 酸腐蚀后不同 SiO_2/BaO 比样品断面的 SEM 图。图 6-16 为图 6-15 中 B 点、T 点、S 点的 EDS 谱。由图 6-15 可见，当 $SiO_2/BaO = 1$ 时[图 6-16（a）]，有条状和颗粒状的晶体出现，结合图 6-16（a）和图 6-16（b）可知，颗粒状晶体为 $Ba_2TiSi_2O_8$，条状晶体为 $CaZrTi_2O_7$。另外，样品中存在大量的孔洞，说明其致密性较差。这可能是因为

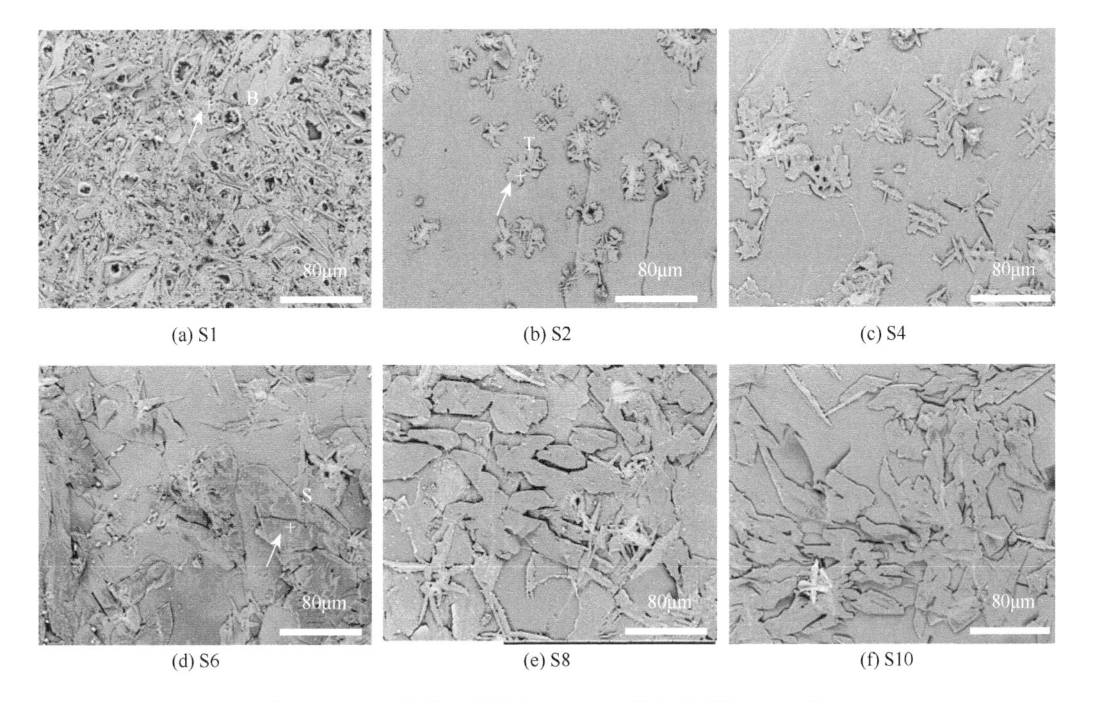

(a) S1　(b) S2　(c) S4

(d) S6　(e) S8　(f) S10

图 6-15　HF 酸腐蚀后不同 Si/Ba 比样品断面的 SEM 图

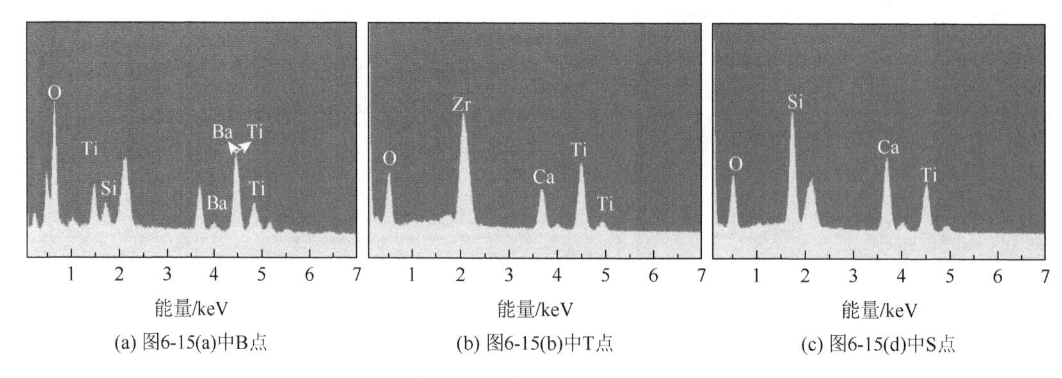

(a) 图6-15(a)中B点　(b) 图6-15(b)中T点　(c) 图6-15(d)中S点

图 6-16　玻璃陶瓷样品不同位置处的 EDS 谱

B：$Ba_2TiSi_2O_8$　T：$CaZrTi_2O_7$　S：$CaTiSiO_5$

SiO_2是构成玻璃网状结构的基础，而 BaO 是网络外体，BaO 加入过多，对网络结构的解聚作用增强。此外，由图 6-15 可见，样品 S2 致密性优于样品 S1，且只有长度为 10～20μm 的条状 $CaZrTi_2O_7$晶体出现。图 6-15（c）和图 6-15（b）中晶体结构基本相同，但晶粒尺寸有所增加（40～60μm）。当 Si/Ba = 6 时[图 6-15（d）]，除了条状的 $CaZrTi_2O_7$晶体外，还有一些块状晶体出现，由图 6-16（c）可知其组成为 $CaTiSiO_5$，且随着 Si/Ba 比的增加，块状的 $CaTiSiO_5$晶体有所增多，如图 6-15（e）和（f）所示。

图 6-17 为部分玻璃陶瓷样品的 FTIR 图谱。其中 430～530cm^{-1}处的是[SiO_4]中 Si—O—Si 的弯曲振动峰；600cm^{-1}左右出现的是[BO_4]的振动吸收峰和 Si—O—B 的弯曲振动峰；700cm^{-1}处的是[BO_3]中 B—O—B 的弯曲振动峰；样品最强的吸收谱带位于 900～1100cm^{-1}，为 Si—O—Si 反对称伸缩振动峰和[BO_4]反对称伸缩振动峰的合峰；1400cm^{-1}左右对应[BO_3]中 B—O—B 的反对称伸缩振动峰。由图 6-17 可见，随着 Si/Ba 比的增加，位于 430～530cm^{-1}处的[SiO_4]中 Si—O—Si 弯曲伸缩振动峰逐渐增强且有微弱的偏移和宽化。通常阳离子的加入对网络具有解聚作用，红外光谱峰位的变化在一定程度上依赖于网络修饰阳离子的种类和含量。当 SiO_2/BaO 比变化时，钡离子的含量发生变化，使得

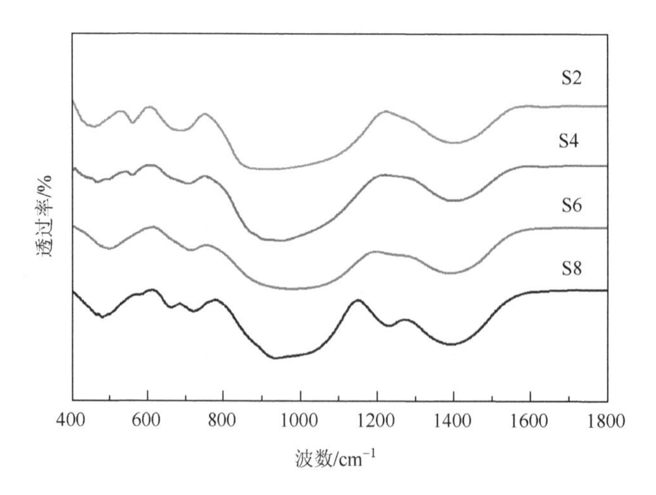

图 6-17　不同 SiO_2/BaO 比的玻璃陶瓷样品的 FTIR 图谱

Si—O—Si 弯曲伸缩振动峰的偏移量和宽度有所差异。700cm^{-1} 处的[BO_3]三角体中 B—O—B 的弯曲振动峰，随着 SiO_2/BaO 比的增加而减弱且有偏移。由此可以得出随着 Si/Ba 比的增加，玻璃[SiO_4]四面体增多，[BO_3]三角体减少。

综上所述，随着 SiO_2/BaO 比的增加，玻璃[SiO_4]四面体增多，[BO_3]三角体减少，玻璃转变温度略微升高，晶体生长温度为 800～950℃；当 SiO_2/BaO = 1 时，晶相为 $Ba_2TiSi_2O_8$ 和 $CaZrTi_2O_7$；当 SiO_2/BaO = 2～4 时，只有条状的 $CaZrTi_2O_7$ 晶相；当 SiO_2/BaO 比增加到 6 时，除了 $CaZrTi_2O_7$ 晶相外，还有 $CaTiSiO_5$ 晶相生成，且随着 SiO_2/BaO 比的增加，块状的 $CaTiSiO_5$ 增多。

4. SiO_2/B_2O_3 比对玻璃陶瓷结构和化学稳定性的影响

采用熔融-热处理法制备 BaO-B_2O_3-SiO_2-Na_2O-CaO-ZrO_2-TiO_2 体系玻璃陶瓷，采用差热分析、傅里叶变换红外光谱、X 射线衍射、扫描电子显微镜、能谱分析研究了不同 SiO_2/B_2O_3 物质的量比（0.5～7）对玻璃陶瓷晶相和显微结构的影响，并采用 PCT 法评价了玻璃陶瓷的抗浸出性能[20]。实验所用配方组成见表 6-4。

表 6-4　不同 SiO_2/B_2O_3 比玻璃陶瓷的配方组成

SiO_2/B_2O_3 物质的量比值	摩尔分数/%						
	SiO_2	BaO	B_2O_3	Na_2O	CaO	TiO_2	ZrO_2
0.5	14.86	5.20	29.74	6.43	17.51	17.51	8.75
1	22.30	5.20	22.30	6.43	17.51	17.51	8.75
2	29.73	5.20	14.87	6.43	17.51	17.51	8.75
3	33.45	5.20	11.15	6.43	17.51	17.51	8.75
4	35.68	5.20	8.92	6.43	17.51	17.51	8.75
5	37.17	5.20	7.43	6.43	17.51	17.51	8.75
7	39.02	5.20	5.58	6.43	17.51	17.51	8.75

图 6-18 为 SiO_2/B_2O_3 比为 1、4、7 的基础玻璃样品的 DTA 曲线。从图中可以看出，SiO_2/B_2O_3 比为 1 的样品的 T_g 在 600℃左右，随着 SiO_2/B_2O_3 比增大 T_g 有所升高，当 SiO_2/B_2O_3 比为 7 时 T_g 升高到了 670℃左右。通常玻璃陶瓷的晶核形成温度 T_n 比 T_g 约高 50℃。SiO_2/B_2O_3 比为 1 样品的析晶放热峰不明显，在 800～950℃出现了一个宽化的放热峰。SiO_2/B_2O_3 比为 4 样品分别在 900℃和 930℃附近出现了相对较显著的放热峰，SiO_2/B_2O_3 比为 7 分别在 950℃和 990℃附近出现放热峰，两个放热峰可能对应不同种类晶体的生长温度。

图 6-19 是不同 SiO_2/B_2O_3 比玻璃陶瓷样品的 XRD 图。从图中可以看出，当 SiO_2/B_2O_3 比为 0.5、1、2 时，样品主要含钙钛锆石（$CaZrTi_2O_7$）晶相，还含有少量 ZrO_2 相。当 SiO_2/B_2O_3 比为 3 时，出现了显著的榍石（$CaTiSiO_5$）晶相，且随着 SiO_2/B_2O_3 比增大，$CaZrTi_2O_7$ 衍射峰强度减弱，$CaTiSiO_5$ 衍射峰强度增强。结合 DTA 分析可知，SiO_2/B_2O_3 比为 4 和 7

样品的两个放热峰可能分别对应 $CaZrTi_2O_7$ 和 $CaTiSiO_5$ 的析晶峰。随着 SiO_2/B_2O_3 比增加出现 $CaTiSiO_5$ 相，可能是由于 SiO_2 含量增加，在高温下亚稳态的 $CaZrTi_2O_7$ 与过量的 SiO_2 生成 $CaTiSiO_5$，这与肖继宗等[19]报道 SiO_2/B_2O_3 比增加使钙钛锆石-钡硼硅酸盐玻璃陶瓷中 $CaZrTi_2O_7$ 晶相含量减少，$CaTiSiO_5$ 晶相增多的结果类似。

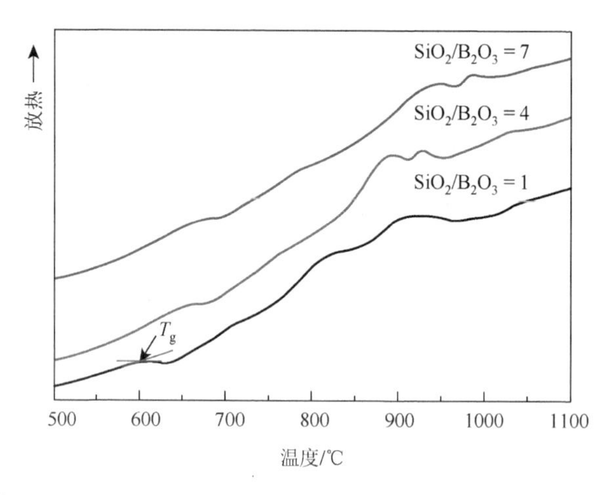

图 6-18　SiO_2/B_2O_3 比为 1、4、7 的基础玻璃样品的 DTA 曲线

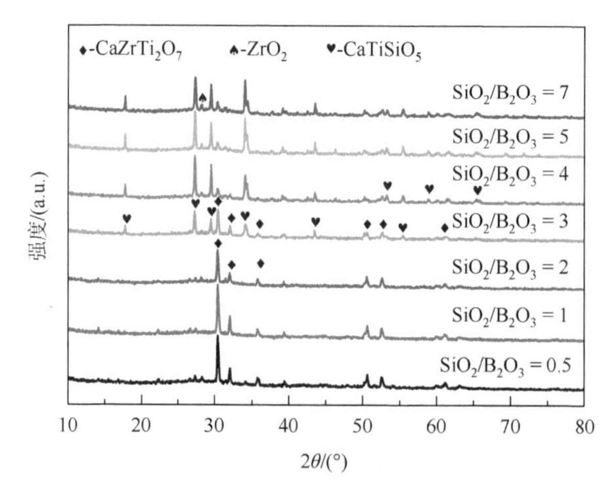

图 6-19　不同 SiO_2/B_2O_3 比玻璃陶瓷样品的 XRD 图

图 6-20 为不同 SiO_2/B_2O_3 比（1、3、7）玻璃陶瓷样品断面的 SEM 图和晶体的 EDS 图谱。当 SiO_2/B_2O_3 比为 1 时[图 6-20（a）]，玻璃陶瓷中主要有长条状晶体，结合 A 点的 EDS 分析[图 6-20（d）]可知，长条状的晶体为钙钛锆石。当 SiO_2/B_2O_3 比为 3 时[图 6-20（b）]，玻璃陶瓷中除了含有长条状钙钛锆石晶体外，还存在较大的块状晶体，从对 B 点的 EDS 分析[图 6-20（e）]可知，块状晶体为榍石。当 SiO_2/B_2O_3 比为 7 时[图 6-20（c）]，主要晶体为块状榍石晶体，长条状的钙钛锆石晶体较少，且样品中含有少量白色颗粒状的斜锆石（ZrO_2）。上述结果与 XRD 分析结果一致。

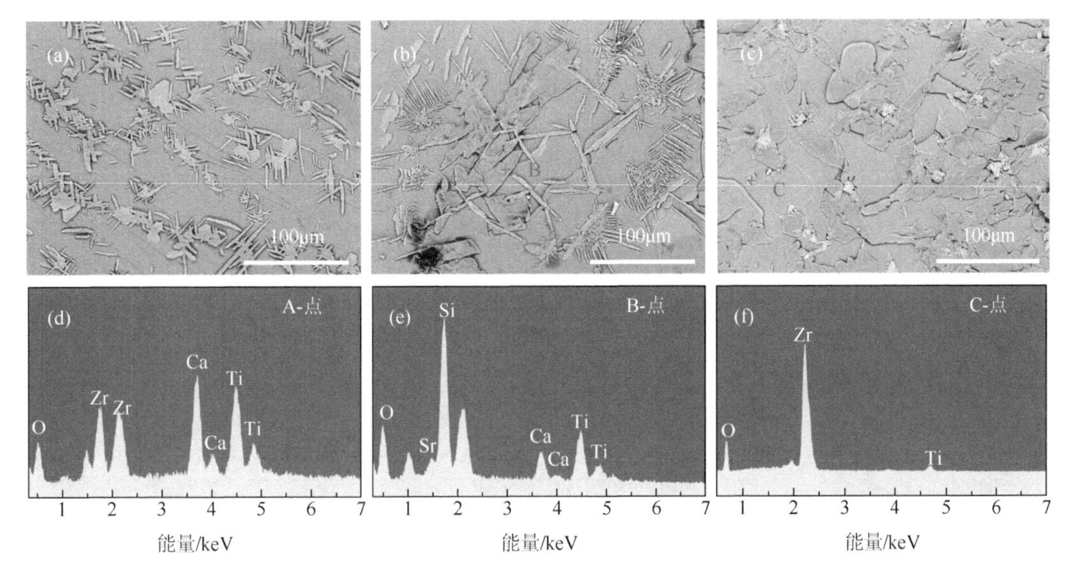

图 6-20　不同 SiO_2/B_2O_3 玻璃陶瓷样品的 SEM 图和晶体的 EDS 图

（a）$SiO_2/B_2O_3 = 1$；（b）$SiO_2/B_2O_3 = 3$；（c）$SiO_2/B_2O_3 = 7$；（d）A 点：钙钛锆石；（e）B 点：榍石；（f）C 点：斜锆石

图 6-21 为不同 SiO_2/B_2O_3 比玻璃陶瓷样品的红外吸收光谱。从图中可看出，600cm^{-1} 左右出现的是[BO_4]的振动吸收峰和 Si—O—B 的弯曲振动峰，700cm^{-1} 处是[BO_3]中 B—O—B 的弯曲振动峰，样品最强的吸收谱带位于 850～1100cm^{-1}，此区间的振动谱带为 Si—O—Si 反对称伸缩振动峰和[BO_4]反对称伸缩振动峰的合峰，1400cm^{-1} 左右对应[BO_3]中 B—O—B 的反对称伸缩振动峰。随着 SiO_2/B_2O_3 比增加，即 B_2O_3 含量减少，600cm^{-1} 的[BO_4]振动吸收峰和 Si—O—B 的弯曲振动峰逐渐增强，700cm^{-1} 的[BO_3]三角体中 B—O—B 的振动峰逐渐减弱，Si—O—Si 和[BO_4]的振动峰向低波数偏移。上述结果表明，随着 SiO_2/B_2O_3 比增加，[BO_3]三角体减少，[BO_4]四面体增多。

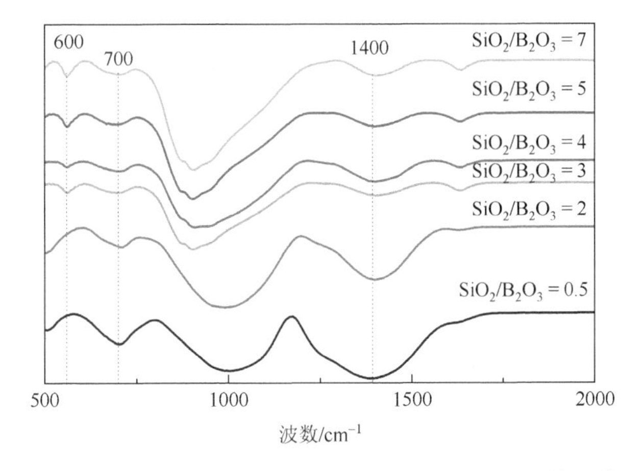

图 6-21　不同 SiO_2/B_2O_3 比玻璃陶瓷样品的红外吸收光谱

图 6-22 为 SiO_2/B_2O_3 比为 1 和 4 的玻璃陶瓷样品 B、Ca、Si 元素的归一化浸出率（LR_i）

随浸泡时间变化的曲线。由图可以看出，SiO_2/B_2O_3 比为 1 和 4 的样品中 B、Ca、Si 元素归一化浸出率随时间延长而降低，且在 28d 后趋于平稳。对于 SiO_2/B_2O_3 比为 1 和 4 的样品，28d 后，B 元素的归一化浸出率分别为 $4.23\times10^{-2}g/(m^2·d)$和 $2.96\times10^{-3}g/(m^2·d)$，Ca 元素的归一化浸出率分别为 $9.50\times10^{-3}g/(m^2·d)$和 $8.81\times10^{-4}g/(m^2·d)$，Si 元素的归一化浸出率在同一数量级，分别为 $9.63\times10^{-4}g/(m^2·d)$和 $4.47\times10^{-4}g/(m^2·d)$。由于本章研究获得的玻璃陶瓷样品中含有的钙钛锆石和榍石晶体均具有优良的化学稳定性，元素从晶体中浸出十分有限，玻璃基体对元素的浸出影响较大。相较于 SiO_2/B_2O_3 比为 4 的样品，SiO_2/B_2O_3 比为 1 的样品中 SiO_2 含量较低，B_2O_3 含量较高，而 B 元素更容易浸出，因此其玻璃基体的抗浸出性能相对较差。

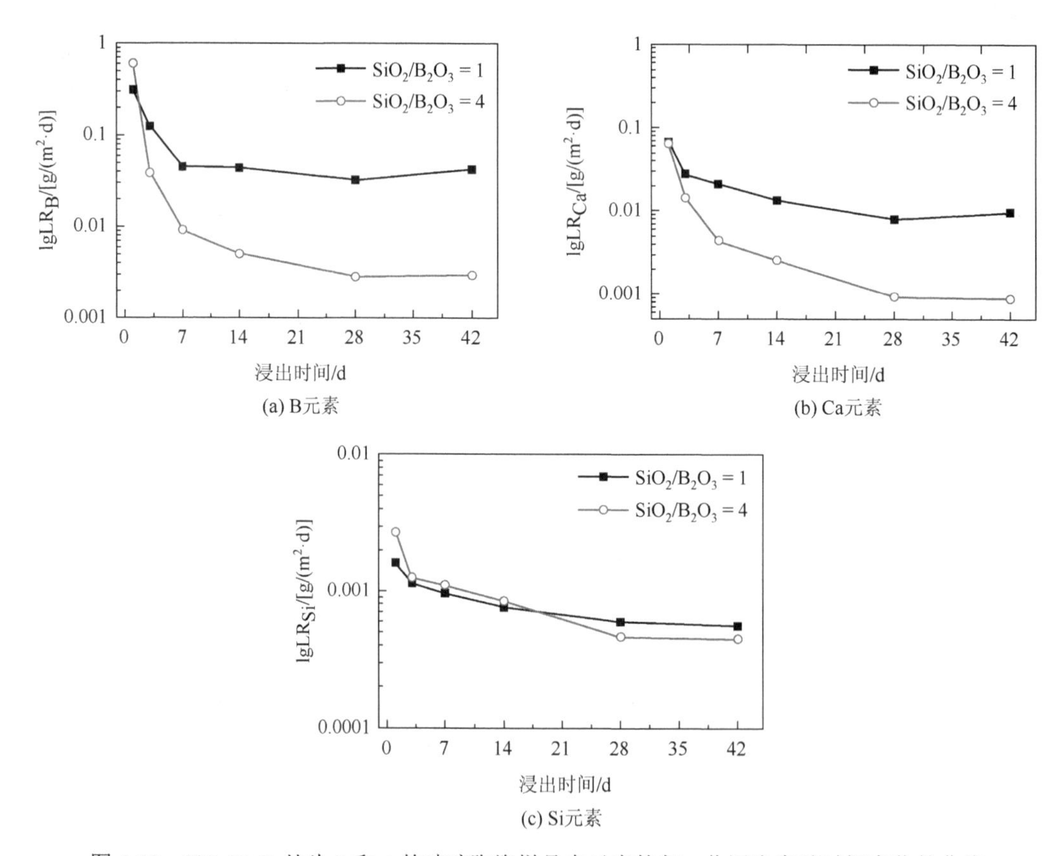

图 6-22　SiO_2/B_2O_3 比为 1 和 4 的玻璃陶瓷样品中元素的归一化浸出率随时间变化的曲线

综上所述，当 SiO_2/B_2O_3 比为 0.5～2 时，主晶相为钙钛锆石；当 SiO_2/B_2O_3 比为 3 时，出现了榍石相，且随 SiO_2/B_2O_3 比增加，长条状钙钛锆石晶体减少，块状榍石晶体增多。相较于 SiO_2/B_2O_3 比为 1 的样品，SiO_2/B_2O_3 比为 4 的样品抗浸出性能较好，28d 后 B、Ca、Si 元素归一化浸出率分别为 $2.96\times10^{-3}g/(m^2·d)$、$8.81\times10^{-4}g/(m^2·d)$、$4.47\times10^{-4}g/(m^2·d)$。

5. 掺 Al_2O_3 对玻璃陶瓷结构和化学稳定性的影响

采用熔融-热处理工艺制备钙钛锆石-钡硼硅酸盐玻璃陶瓷固化体，研究了不同

Al_2O_3 含量（0%、2%、4%、6%、8%）对玻璃陶瓷中玻璃网络体、晶相和显微结构的影响，用 PCT 法对玻璃陶瓷固化体的抗浸出性能进行评价[21]。实验所用玻璃陶瓷配方组成见表 6-5。

表 6-5　不同 Al_2O_3 含量玻璃陶瓷的配方组成

样品	质量分数/%								
	SiO_2	B_2O_3	Na_2O	BaO	CaO	TiO_2	ZrO_2	Nd_2O_3	Al_2O_3
Al-0	25.50	10.20	5.10	10.20	12.77	18.20	14.03	4	0
Al-2	24.50	9.80	4.90	9.80	12.77	18.20	14.03	4	2
Al-4	23.50	9.40	4.70	9.40	12.77	18.20	14.03	4	4
Al-6	22.50	9.00	4.50	9.00	12.77	18.20	14.03	4	6
Al-8	21.50	8.60	4.30	8.60	12.77	18.20	14.03	4	8

图 6-23 为经水淬后制得的玻璃样品 Al-0、Al-4 和 Al-8 的 XRD 图。由图可见，除了样品 Al-8 存在极少量 ZrO_2 相之外，样品 Al-0 和 Al-4 在 2θ 为 20°～35°均呈现典型的非晶峰，说明经 1250℃保温 3h 后，混合原料中可形成均质玻璃。

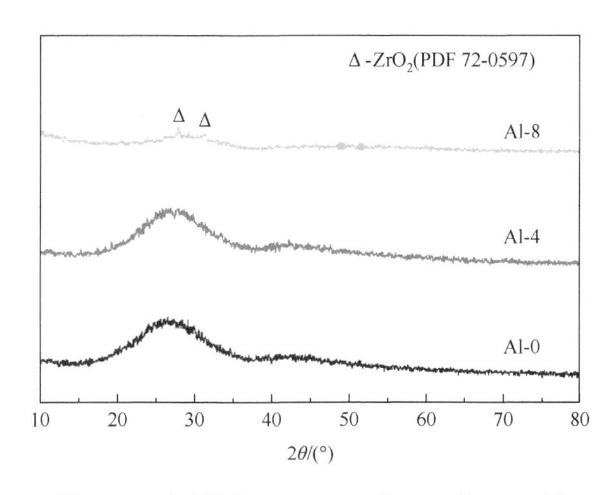

图 6-23　玻璃样品 Al-0、Al-4 和 Al-8 的 XRD 图

图 6-24 为不同 Al_2O_3 含量玻璃陶瓷样品的 XRD 图。由图可知，所有样品的主晶相均为 $CaZrTi_2O_7$。样品 Al-0 中，除了 $CaZrTi_2O_7$ 晶相外，还存在微量的 $CaTiSiO_5$ 晶相。当 Al_2O_3 含量增加到 2%时（Al-2），除了 $CaZrTi_2O_7$ 和 $CaTiSiO_5$ 外，还发现微弱的 $CaTiO_3$ 相衍射峰出现。随着 Al_2O_3 含量的增加，$CaTiO_3$ 相衍射峰逐渐增强，说明样品体内的 $CaTiO_3$ 晶体逐渐增多。当 Al_2O_3 的含量增加到 6%时（Al-6），$CaTiSiO_5$ 相衍射峰基本消失，只有 $CaZrTi_2O_7$ 和 $CaTiO_3$ 两种晶相。当 Al_2O_3 含量增加到 8%时（Al-8），除了 $CaZrTi_2O_7$ 和 $CaTiO_3$ 晶体外，还有微弱的 ZrO_2 相衍射峰出现。这可能是 Al_2O_3 作为玻璃网络修饰体，能减少在硼硅酸盐玻璃中非桥氧的个数，并且以[AlO_4]的形式存在于玻璃的网络结构中，对 $CaTiSiO_5$ 的结晶倾向有降低作用，能促进 $CaTiO_3$ 晶相的生成。

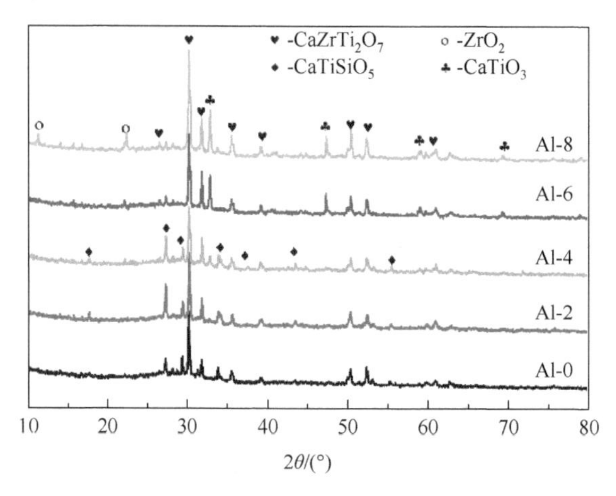

图 6-24　不同 Al_2O_3 含量玻璃陶瓷样品的 XRD 图

图 6-25 为不同 Al_2O_3 含量玻璃陶瓷样品经 HF 腐蚀后的 SEM 图和样品 Al-6 中晶相和基体玻璃的 EDS 图谱。从图 6-25（a）可以发现，有大量的条状结构晶相生成，结合图 6-24 的 XRD 分析可知，该条状结构的晶体为钙钛锆石。这与 Loiseau 和 Caurant[6]在

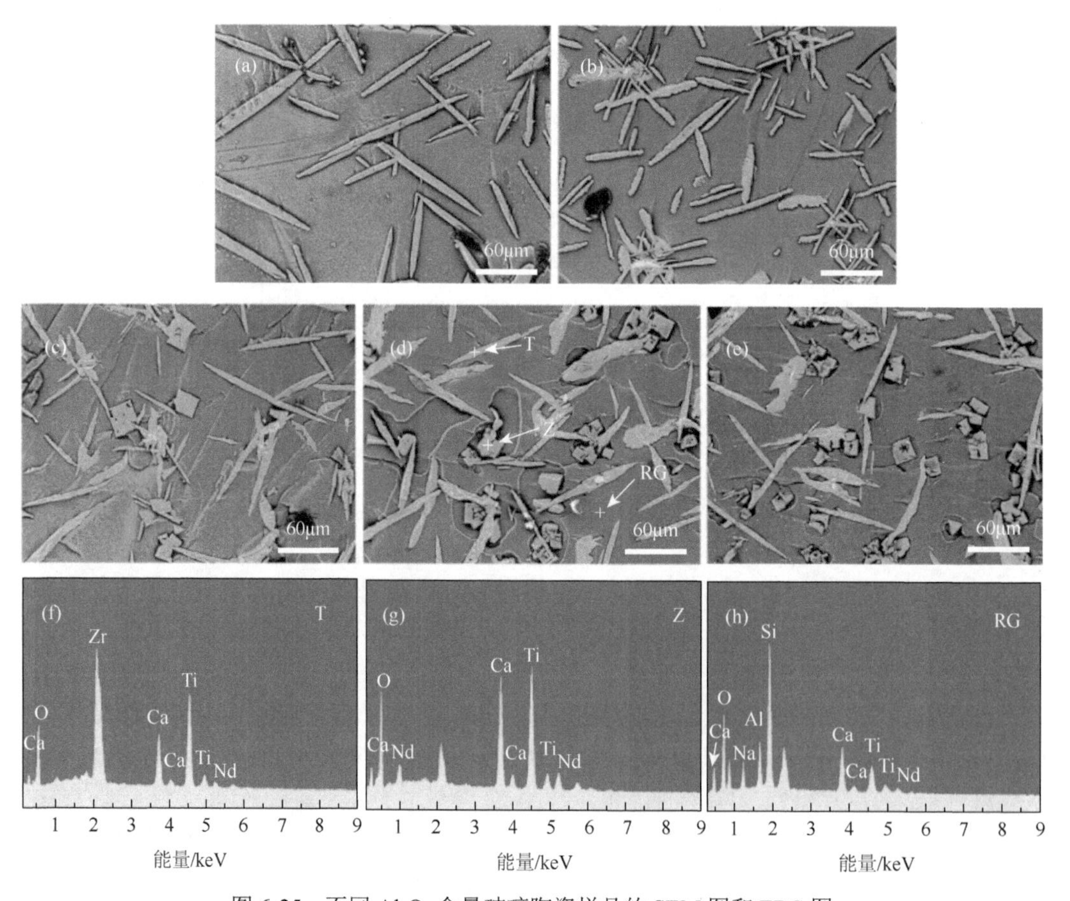

图 6-25　不同 Al_2O_3 含量玻璃陶瓷样品的 SEM 图和 EDS 图

（a）Al-0；（b）Al-2；（c）Al-4；（d）Al-6；（e）Al-8；（f）T 点：钙钛锆石；（g）Z 点：钛酸钙；（h）RG 点：玻璃相

SiO_2-Al_2O_3-CaO-ZrO_2-TiO_2 体系中发现的钙钛锆石晶体形状一样。李鹏等[11]在 SiO_2-Al_2O_3-B_2O_3-CaO-TiO_2-ZrO_2 体系中发现钙钛锆石晶相的形状则呈六边形。当加入 2%的 Al_2O_3 时，同样是条状的晶体结构[图 6-25（b）]，与图 6-25（a）相比，其晶粒较多且晶粒尺寸变短；当加入 4%的 Al_2O_3 时[图 6-25（c）]，出现条状钙钛锆石晶体和方形钛酸钙晶体。随着 Al_2O_3 含量的增加，方形钛酸钙晶体逐渐增多，与图 6-24 的 XRD 分析结果一致。

图 6-26 为样品 Al-6 的元素分布图。由图可以看出，Zr 元素主要分布在钙钛锆石晶相中，Ti 元素主要分布在钙钛锆石和钛酸钙中，Si、Al 和 Na 元素主要分布在基体玻璃中，Ca 和 Nd 元素在基体玻璃、钙钛锆石和钛酸钙中均有分布，在钛酸钙晶相中分布较多。说明钙离子一部分参与晶体的形成，一部分存在于玻璃网络结构中。

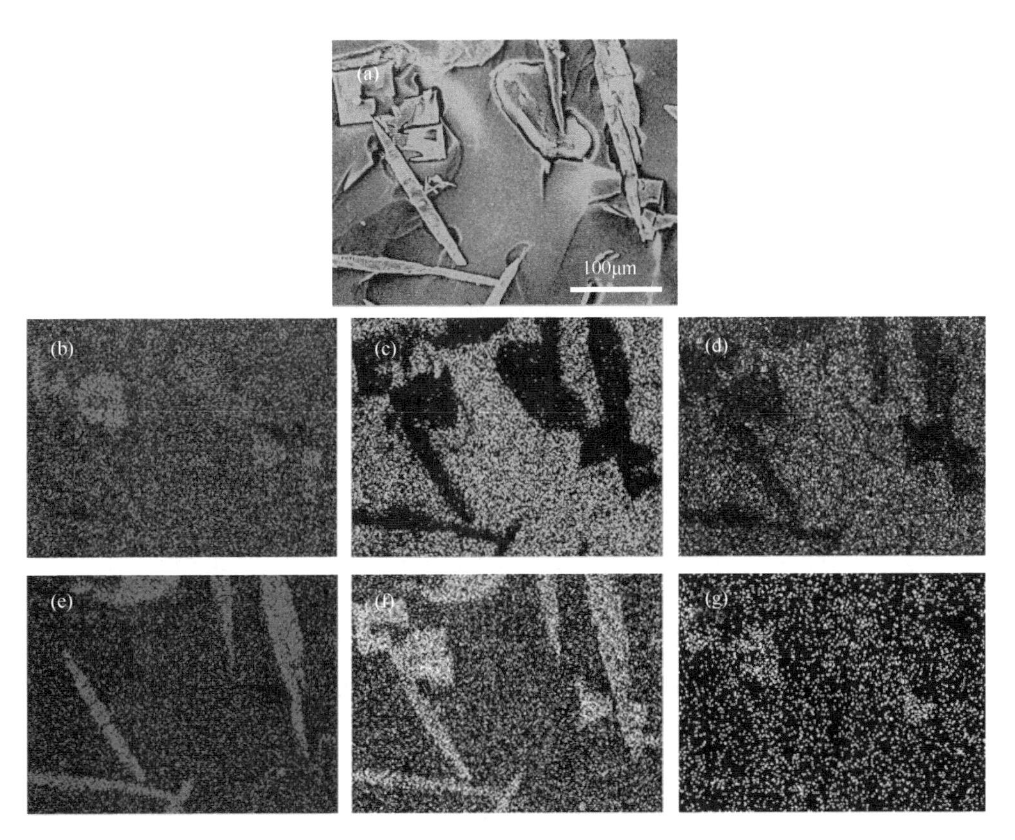

图 6-26　样品 Al-6 的元素分布图

（a）Al-6 玻璃陶瓷 SEM 照片；（b）元素 Ca；（c）元素 Si；（d）元素 Al；（e）元素 Zr；（f）元素 Ti；（g）元素 Nd

图 6-27 为样品 Al-0、Al-2、Al-6 的红外吸收光谱。从图中可以看出，在 $460cm^{-1}$ 左右为[SiO_4]中 Si—O—Si 弯曲振动和[AlO_4]中 Al—O 的特征峰，$713cm^{-1}$ 左右为[BO_3]的 B—O—B 弯曲振动峰，最强的吸收谱带位于 850～$1200cm^{-1}$，其为 Si—O—Si 反对称伸缩振动峰和[BO_4]中 B—O—B 反对称伸缩振动峰的合峰，其峰较为明显，表明玻璃中存在大量的[SiO_4]和[BO_4]四面体基团；$1400cm^{-1}$ 左右的吸收峰为[BO_3]的反对称伸缩振动峰。由图 6-27 还可以看出，随着 Al_2O_3 含量的增加，位于 $460cm^{-1}$ 左右和 850～$1200cm^{-1}$ 的吸

收峰强度均逐渐变弱，713cm^{-1}左右的吸收峰强度增强。随着Al_2O_3含量的增加，460cm^{-1}左右的吸收峰向短波段方向偏移，而850～1200cm^{-1}的吸收峰位置向长波段方向偏移。这可能是由于Al离子的电场强度较大，Al离子优先和自由氧形成[AlO_4]，而固化体中没有足够多的自由氧和B形成的[BO_4]，因此形成的[BO_3]相对较多。

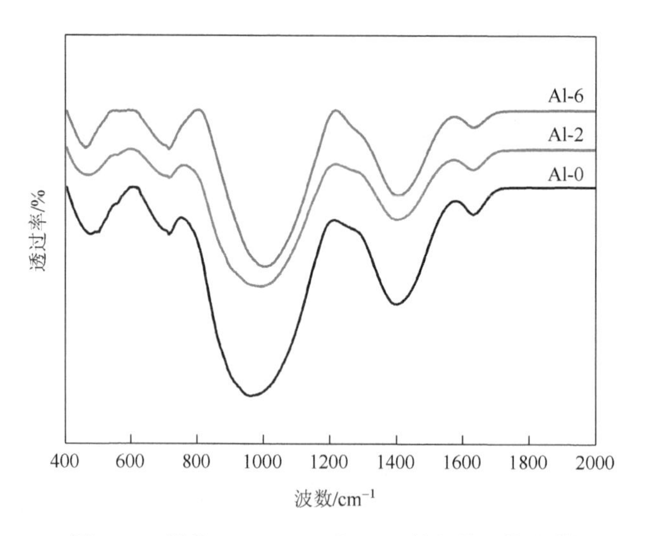

图6-27　样品Al-0、Al-2和Al-6的红外吸收光谱

图6-28为样品Al-0和Al-6中B、Ca、Nd元素的归一化浸出率随浸泡时间的变化曲线。由图可见，LR_B、LR_{Ca}、LR_{Nd}随浸泡时间的延长而降低，并在28d后基本保持不变。其中，样品Al-0玻璃陶瓷固化体中LR_B、LR_{Ca}、LR_{Nd}分别为8.4×10^{-3}g/(m^2·d)、2.2×10^{-3}g/(m^2·d)、8.0×10^{-6}g/(m^2·d)；样品Al-6玻璃陶瓷固化体中LR_B、LR_{Ca}、LR_{Nd}分别为6.6×10^{-3}g/(m^2·d)、1.8×10^{-3}g/(m^2·d)、7.5×10^{-6}g/(m^2·d)。上述结果表明，Al_2O_3的添加对钙钛锆石-钡硼硅酸盐玻璃陶瓷固化体的化学稳定性无显著影响。另外，玻璃陶瓷固化体中LR_B和LR_{Ca}与文献[18]报道的硼硅酸盐玻璃固化体处于同一数量级，LR_{Nd}比硼硅酸盐玻璃固化体低1个数量级。

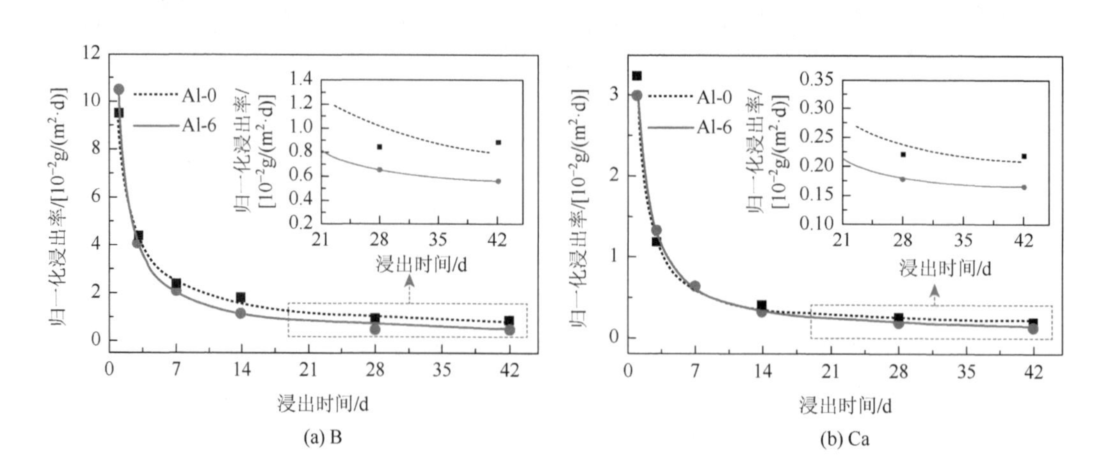

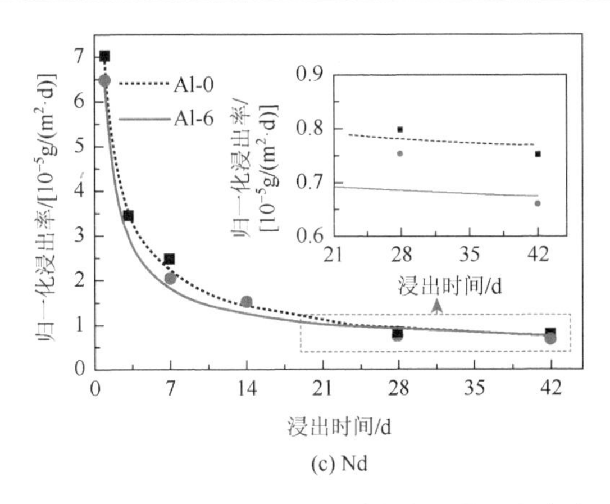

(c) Nd

图 6-28　样品 Al-0 和样品 Al-6 中 B、Ca、Nd 元素的归一化浸出率随浸泡时间的变化曲线

在硼硅酸盐玻璃中，随着浸泡时间的延长，会在固化体和浸泡液反应界面形成一种无定形凝胶，阻碍固化体中元素的浸出，从而降低元素的浸出速率。对于钙钛锆石基玻璃陶瓷固化体，Martin 等[26]认为在浸出过程中会形成一种富锆的凝胶，钙和锆的协同作用有助于降低元素的浸出速率。LR_B、LR_{Ca}、LR_{Nd} 随浸泡时间的延长而降低，也可能与固化体表面形成无定形凝胶有关。关于玻璃陶瓷与浸泡液形成的反应界面的成分、显微结构的变化情况，以及各元素在玻璃陶瓷固化体中的浸出机制还有待进一步研究。

6.3.2　玻璃陶瓷的热处理工艺

1. 核化温度和晶化温度对玻璃陶瓷结构的影响

热处理是使玻璃陶瓷获得预定结晶相的关键工序。本节主要研究热处理工艺参数（核化温度、晶化温度）对钙钛锆石-硼硅酸盐玻璃陶瓷（SiO_2-B_2O_3-Na_2O-BaO-CaO-TiO_2-ZrO_2-Nd_2O_3）晶体类型及微观结构的影响[23]。热处理工艺如下：①一步法，只有核化温度的条件下热处理，研究核化温度的影响；②两步法，核化＋晶化条件下热处理，即在一步法研究的基础上，选择合适的核化温度，研究晶化温度的影响，其工艺流程图如图 6-29 所示。

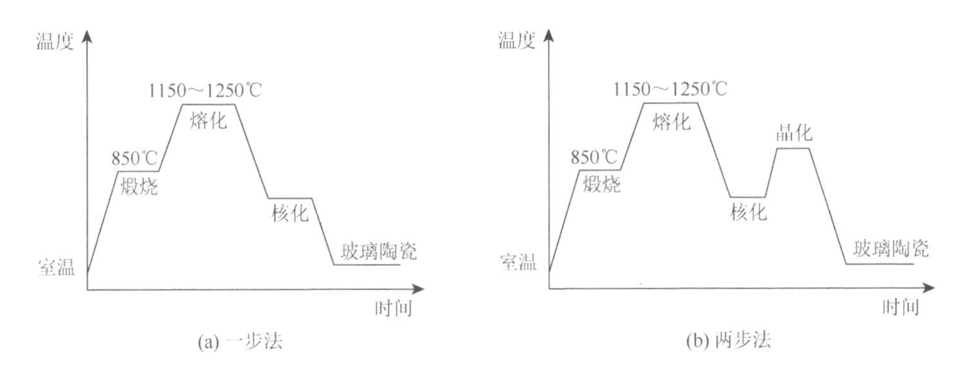

(a) 一步法　(b) 两步法

图 6-29　热处理工艺示意图

根据差热分析结果，玻璃转变温度 T_g 在 650℃左右，通常核化温度比 T_g 高 30～60℃，因此选取的核化温度分别为 680℃、700℃、720℃、740℃。图 6-30 和图 6-31 分别为不同核化温度处理下玻璃陶瓷样品的 XRD 图和 SEM 图，从图中可以看出在这几个温度处理下，玻璃陶瓷中的晶相基本一致，均为条状的钙钛锆石晶相，表明核化温度的变化对玻璃陶瓷的晶体类型及数量基本没有太大的影响。对比图 6-30 XRD 图中钙钛锆石晶相衍射峰强和图 6-31 SEM 图中钙钛锆石晶体数量，可以得出在核化温度 700℃处理下，钙钛锆石晶相衍射峰强和钙钛锆石晶体数量相对其他温度处理下更强、更多。

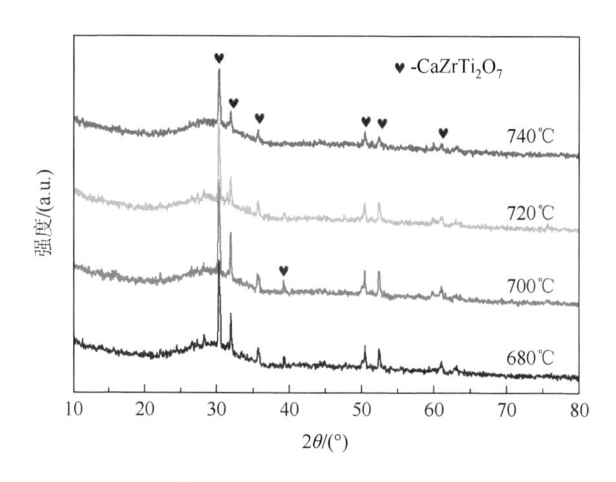

图 6-30　不同核化温度处理下玻璃陶瓷样品的 XRD 图

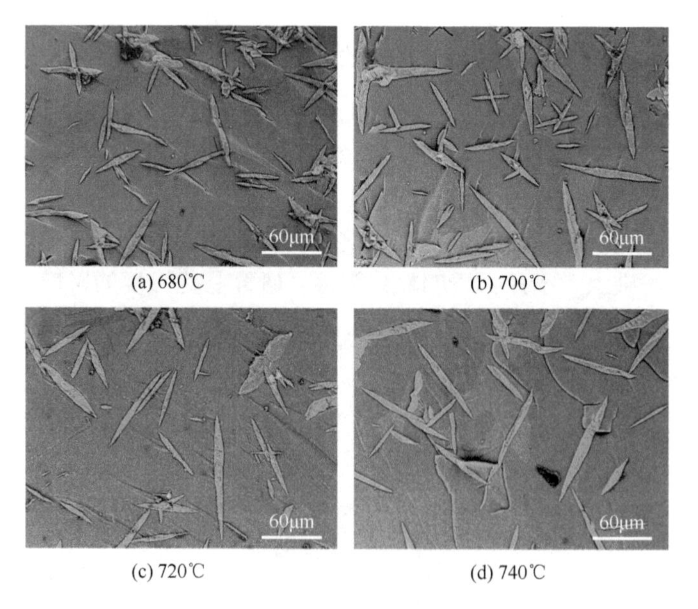

图 6-31　不同核化温度处理下玻璃陶瓷样品的 SEM 图

以 700℃为核化温度，选取 750℃、800℃、850℃、900℃、950℃、1000℃、1050℃作为晶化温度。图 6-32 为不同晶化温度下玻璃陶瓷样品的 XRD 图，从图中可以明显发现，当晶化温度为 750～850℃时，只有 $CaZrTi_2O_7$ 晶相出现，当晶化温度升高到 900℃时，除了发现 $CaZrTi_2O_7$ 晶相外，$CaTiSiO_5$ 晶体开始从玻璃基体中析出；且在晶化温度为 900～1050℃时，随着温度的升高，$CaTiSiO_5$ 晶相衍射峰逐渐地增强，$CaZrTi_2O_7$ 晶相衍射峰强先增强后减弱，在 950℃时达到最强，表明 $CaZrTi_2O_7$ 数量在晶化温度为 950℃时达到最大。

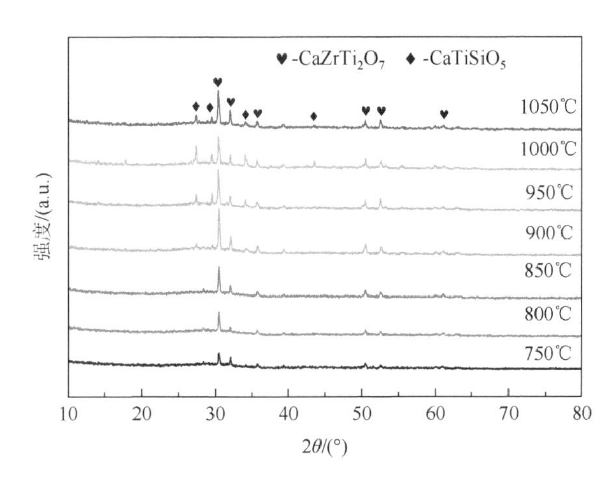

图 6-32　不同晶化温度下玻璃陶瓷样品的 XRD 图谱

图 6-33 为不同晶化温度下玻璃陶瓷样品的 SEM 图和 EDS 图，从图 6-33（a）～图 6-33（g）中可以看出，玻璃陶瓷体内均有条状的晶体出现，且条状的钙钛锆石晶体随着温度的增加先增多后减少，在图 6-33（e）中数量达到最多。表明热处理温度的变化（750～1000℃）基本没有改变钙钛锆石晶体的形状结构。在图 6-33（g）中可以看出条状的钙钛锆石晶体尺寸长度增大，为 100～120μm，且在条状钙钛锆石晶体附近还有砖块状的榍石晶体存在，从图 6-33（g）中的放大图可以清楚地看到条状钙钛锆石晶体好像被砖块状的榍石晶体破坏了。出现这种现象的原因主要是热处理温度过高（≥1050℃），使钙钛锆石晶相和玻璃基体中的 SiO_2 反应生成榍石晶相。这和 Loiseau 等[10]研究发现当热处理温度过高或者处理保温时间（20～300h）过久，稳定的钙钛锆石逐渐地向榍石晶相转变结果一致。图 6-33（h）为在 1000℃热处理下玻璃陶瓷样品表面和体内的 SEM 图，可以看到其表面和体内的晶体形状不一样，结合图 6-33（i）和图 6-33（l）可知两种不同形状的晶体均为钙钛锆石，之所以看到两种不同的形状主要是观察的角度不同导致的，样品体内的钙钛锆石晶体呈条状主要是玻璃陶瓷断面的晶体经适合浓度的 HF 腐蚀合适的时间（15～20s）后显露出条状的。图 6-34 为 HF 腐蚀 60s 后的样品 CTZ-45 体内的 SEM 图，可以看到镶嵌在玻璃基体内的钙钛锆石晶体全部显露出来，为片状的晶体。因此，在本节研究所得到的结果显示玻璃陶瓷体内的钙钛锆石为条状的晶体，表面的为片状的晶体。

将样品 CTZ-45 从玻璃熔融温度分别随炉冷却至室温和取出样品空冷至室温，两个不同的处理方法均没有经过任何的热处理阶段，所得到的 XRD 图和 SEM 图如图 6-35 所示。从图 6-35（a）和图 6-35（b）中可以看出，炉冷过程中已经有条状的钙钛锆石晶体析出，除此之外还有球状颗粒的氧化锆晶体析出。从图 6-35（c）和图 6-35（d）可以看出，空冷过程中没有任何的晶体析出，为均质透明的玻璃。这主要是炉冷过程中，降温速率较慢，钙钛锆石晶体克服能量势垒从玻璃中析出，氧化锆由于在玻璃熔融过程中具有较慢的反应和溶解速率，在熔融的玻璃溶液降温的过程中，氧化锆容易从玻璃体内析出。在空冷的过程中，由于冷却速率过快，黏度随温度的降低而增加较大，质点在这种情况下来不及进行有规则的组合排列，晶核的形成较为困难，因此在空冷的条件下得到的为玻璃样品。

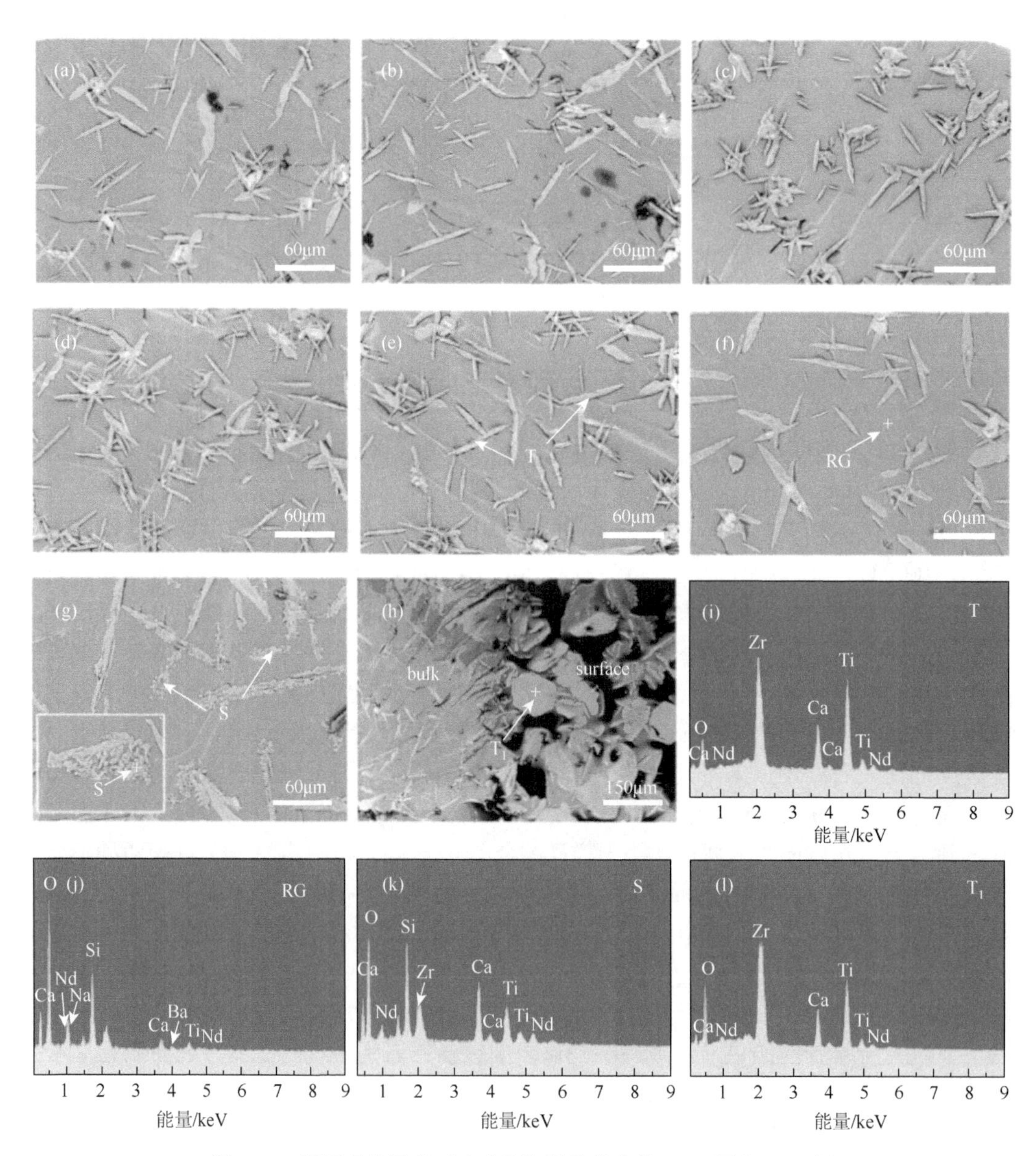

图 6-33　不同晶化温度下玻璃陶瓷样品体内的 SEM 图和 EDS 图

（a）750℃；（b）800℃；（c）850℃；（d）900℃；（e）950℃；（f）1000℃；（g）1050℃；（h）1000℃；（i）T：钙钛锆石；（j）RG：玻璃基体；（k）S：榍石；（l）T_1：钙钛锆石

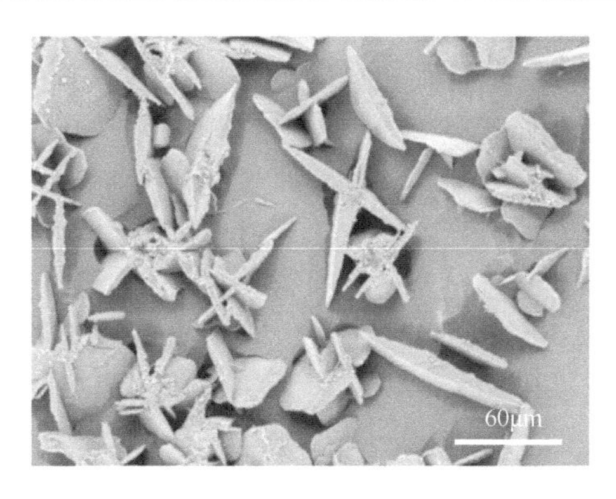

图 6-34　HF 腐蚀 60s 后的样品 CTZ-45 体内的 SEM 图

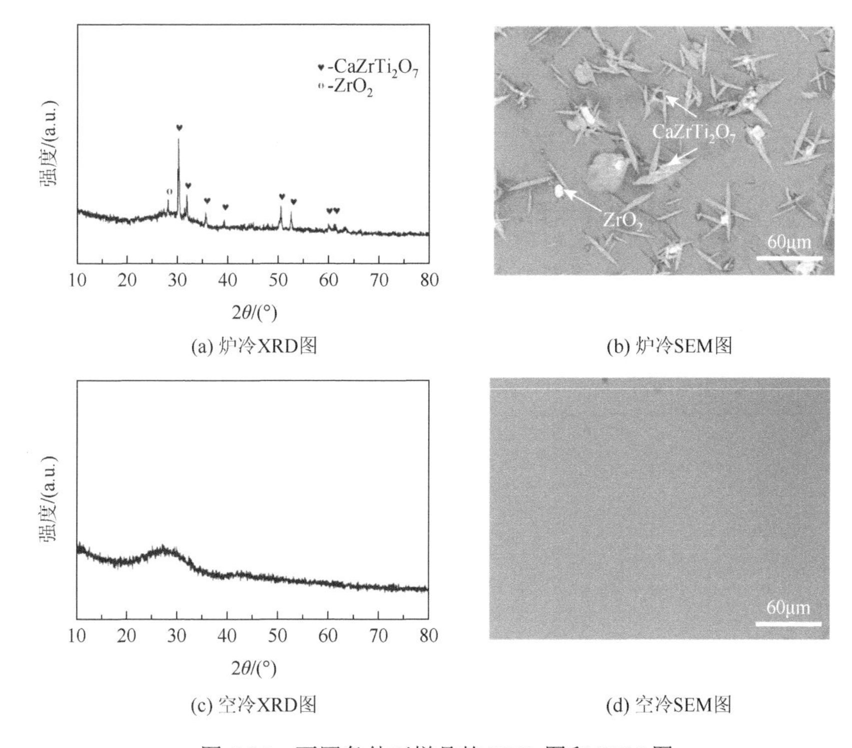

图 6-35　不同条件下样品的 XRD 图和 SEM 图

综上所述，核化温度的变化对玻璃陶瓷的晶体类型及数量基本没有太大的影响；晶化温度为 750～850℃，均为单一的条状钙钛锆石晶相，当晶化温度为 900℃时，开始析出榍石晶相，且在 900～1050℃，随着温度的升高，榍石晶相逐渐增多，钙钛锆石晶相先增多后减少，在 950℃时达到最多。在高温热处理下，钙钛锆石晶体和玻璃基体中的 SiO_2 发生反应，向榍石晶体转变。

2. 基于正交试验的玻璃陶瓷热处理制度

利用正交试验法研究热处理制度的主要因素（核化温度、核化时间、晶化温度、晶化时间）对钙钛锆石-硼硅酸盐玻璃陶瓷晶相结构和显微结构的影响，并比较了一步法（核化、晶化同时进行）和二步法（核化、晶化分开进行）热处理工艺对玻璃陶瓷结构的影响[24]。玻璃陶瓷的组成为（质量分数）：BaO（14.5%），Na_2O（5.5%），B_2O_3（8.0%），SiO_2（27.0%），CaO（12.8%），ZrO_2（14.0%），TiO_2（18.2%）。

上述配方的基础玻璃样品的 DTA 曲线如图 6-36 所示。从图中可看出，样品的玻璃转变温度（T_g）约为 650℃，随着温度进一步升高，在 910℃附近出现了一个显著的放热峰，对应玻璃陶瓷的晶体生长温度（T_c）。玻璃陶瓷的核化温度通常比 T_g 约高 50℃。采用正交试验法，研究二步法的热处理工艺参数对玻璃陶瓷析晶行为的影响，选取的核化温度为 680℃、700℃、720℃，晶化温度为 850℃、900℃、950℃，核化时间和晶化时间均为 1h、2h 和 3h。正交试验水平和因素见表 6-6，选用 $L_9(3^4)$ 正交试验表，其具体参数及其样品编号见表 6-7。对于一步法，选取热处理温度为 700℃、750℃、800℃、850℃、900℃和 950℃，保温时间均为 2h。

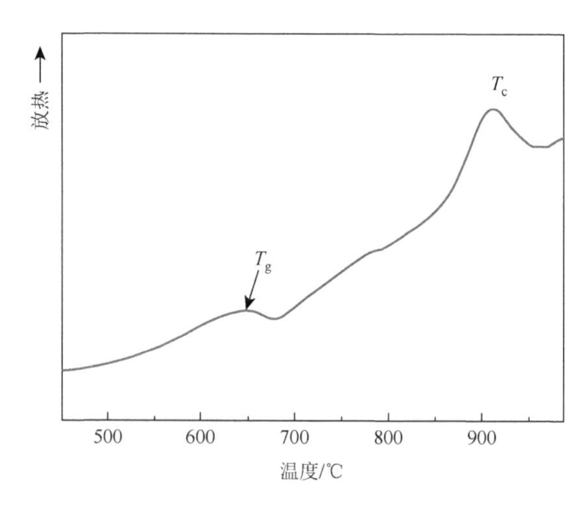

图 6-36　钡硼硅酸盐基础玻璃样品的 DTA 曲线

表 6-6　二步法正交试验水平和因素

水平	核化温度/℃	核化时间/h	晶化温度/℃	晶化时间/h
1	680	1	850	1
2	700	2	900	2
3	720	3	950	3

表 6-7　二步法热处理方案

样品	核化温度/℃	核化时间/h	晶化温度/℃	晶化时间/h
a	680	1	850	1
b	680	2	900	2
c	680	3	950	3
d	700	1	900	3
e	700	2	950	1

续表

样品	核化温度/℃	核化时间/h	晶化温度/℃	晶化时间/h
f	700	3	850	2
g	720	1	950	2
h	720	2	850	3
i	720	3	900	1

根据正交试验的设计，采用二步法制得的玻璃陶瓷样品的 XRD 图如图 6-37 所示。从图中可以看出，样品 *a*、*f*、*h* 和 *i* 主要晶相均为单斜钙钛锆石[$CaZrTi_2O_7$-2M(PDF 34-0167)]，同时还存在少量 ZrO_2 相（PDF 65-1025）。而样品 *b*、*c*、*d*、*e* 和 *g* 除了含有 $CaZrTi_2O_7$-2M 和 ZrO_2 相外，还含有 $CaTiSiO_5$ 晶相（PDF 73-2066），其中样品 *c* 的 $CaTiSiO_5$ 相衍射峰强度最强，表明其含量较高。从样品 *b* 和样品 *c* 的 XRD 图还可看出，当晶化温度从 900℃升高到 950℃，保温时间从 2h 增加到 3h，玻璃陶瓷中 $CaTiSiO_5$ 相的衍射峰显著增强，而 $CaZrTi_2O_7$-2M 相衍射峰有所减弱。Loiseau 等[10]研究了钙铝硅酸盐体系玻璃陶瓷（SiO_2-Al_2O_3-CaO-ZrO_2-TiO_2）在不同晶化温度和保温时间下的析晶行为，结果表明，当晶化温度为 1050～1250℃或保温时间高于 3h 时，均会出现 $CaTiSiO_5$、$CaAl_2Si_2O_8$ 和 ZrO_2 等晶相。他们认为在钙铝硅酸盐玻璃中，$CaZrTi_2O_7$ 是一种亚稳相，在高温长时间热处理条件下会转变成 $CaTiSiO_5$ 和 ZrO_2 等晶相。而在本节研究中也出现了类似的现象，当样品的晶化温度较高（900～950℃）或晶化时间较长（2～3h）时，都出现了 $CaTiSiO_5$ 晶相。考虑到 $CaTiSiO_5$ 本身是一种化学稳定性非常优良的矿物，玻璃陶瓷固化体的长期化学稳定性将不会受到显著影响。通过利用 Jade 软件计算得到 $CaZrTi_2O_7$-2M 和 $CaTiSiO_5$ 晶相的结晶度见表 6-8。当在 720℃保温 2h 之后升温至 850℃晶化处理 3h 时，$CaZrTi_2O_7$-2M 的结晶度达到最大值，约为 42.7%。

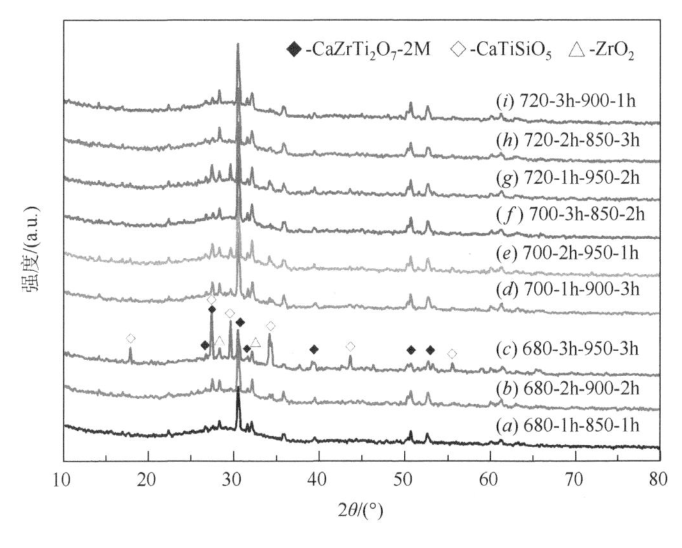

图 6-37　二步法制得的玻璃陶瓷样品的 XRD 图

表 6-8　$CaZrTi_2O_7$-2M 和 $CaTiSiO_5$ 的结晶度（%）

矿物	*a*	*b*	*c*	*d*	*e*	*f*	*g*	*h*	*i*
$CaZrTi_2O_7$-2M	32.7	32.2	19.8	30.8	27.9	28.9	28.90	42.7	40.3
$CaTiSiO_5$	—	13.4	28.3	17.9	15.2	—	13.5	—	—

为了研究各因素对玻璃陶瓷中钙钛锆石晶相数量的影响，根据正交试验，相应的计算结果见表 6-9。在表 6-9 中，K_{ij} 表示第 j 列中对应水平 i 的试验指标数据之和，$i=1$，2，3；$K_{1j}/3$ 表示 K_{ij} 第 j 列中对应水平 i 的试验指标数据之和的平均值，同一因素下，不同水平的平均值不一样，其值的大小反映了对实验结果的贡献；R_j 为极差，表示第 j 列因素各水平下指标值的最大值与最小值之差：$R_j = \max（K_{1j}/3，K_{2j}/3，K_{3j}/3）-\min（K_{1j}/3，K_{2j}/3，K_{3j}/3）$。极差 R_j 反映了第 j 列因素对指标影响的重要程度，根据极差 R_j 的大小，就可以判断因素的主次。从表 6-9 中可以看出，核化温度和晶化温度的极差较大，分别为 8.78 和 9.54；而核化时间和晶化时间的极差相对较小，分别为 4.56 和 3.99。因此，核化温度和晶化温度对玻璃体内钙钛锆石含量的影响较大，核化时间和晶化时间的影响相对较小。

表 6-9　实验结果直观分析表

指标	核化温度/℃	核化时间/h	晶化温度/℃	晶化时间/h
K_{1j}	84.60	91.42	104.26	100.94
K_{2j}	87.56	102.68	103.19	88.98
K_{3j}	110.93	88.99	75.64	93.17
$K_{1j}/3$	28.20	30.47	34.75	33.65
$K_{2j}/3$	29.19	34.23	34.40	29.66
$K_{3j}/3$	36.98	29.66	25.21	31.06
R_j	8.78	4.56	9.54	3.99

图 6-38 为采用二步法热处理制得玻璃陶瓷断面的 SEM 图。从图中可以看出，所有样品都非常致密，晶体分布较为均匀。样品 *b*、*c*、*d*、*e* 和 *g* 中存在两种形状不同的晶体，结合图 6-38 可知，$CaZrTi_2O_7$-2M 晶体为长条状，其长度为 20～30μm，$CaTiSiO_5$ 晶体为块状。

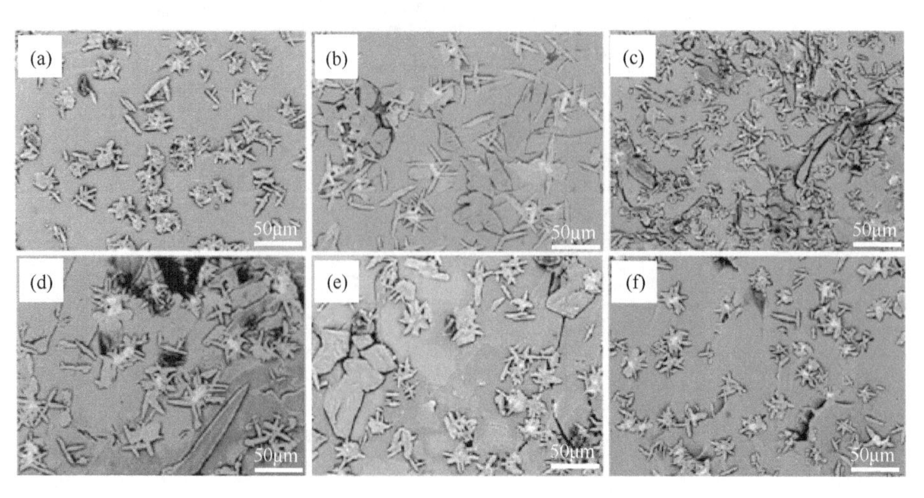

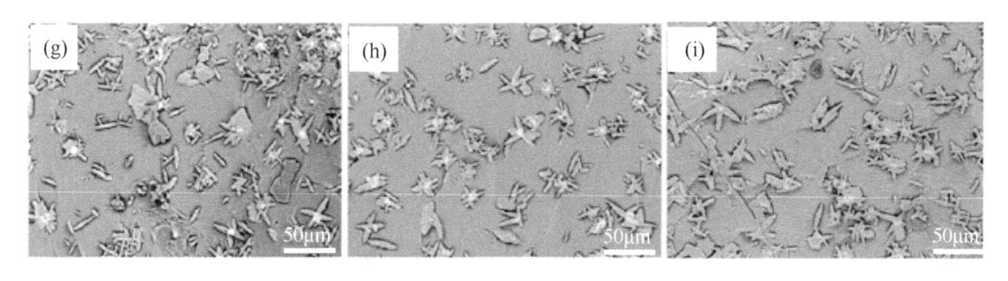

图 6-38　二步法热处理制得玻璃陶瓷断面的 SEM 图

图（a）～（i）分别对应样品 *a*～*i*

图 6-39 是采用一步法热处理制得玻璃陶瓷的 XRD 图。从图中可以看出，在所研究温度范围内（700～950℃），所有样品的主晶相均为 $CaZrTi_2O_7$-2M，同时还含有少量 ZrO_2。随着热处理温度升高，XRD 衍射峰的强度和位置均无显著改变，通过 Jade 软件计算得到钙钛锆石相的结晶度为 27%～31%，其中 900℃热处理时样品结晶度相对较高。

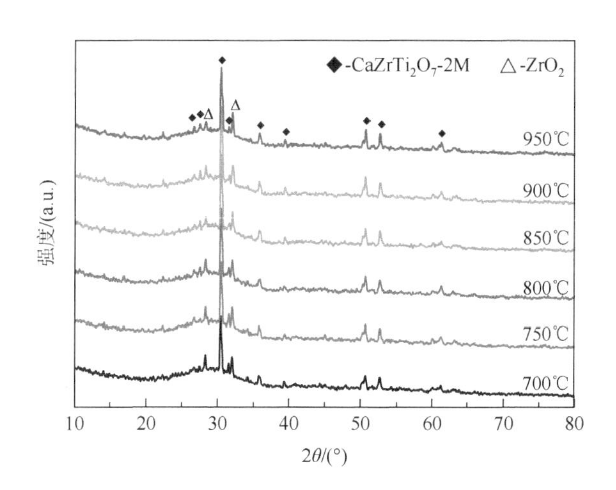

图 6-39　一步法热处理制得玻璃陶瓷的 XRD 图

一步法热处理制得玻璃陶瓷断面的 SEM 图如图 6-40 所示。从图中可以看出，所有样品结构致密，晶粒分布均匀，900℃热处理时晶体数量相对较多，如图 6-40（e）所示，这与结晶度计算结果一致。综合 XRD 和 SEM 分析结果，一步法热处理温度对钡硼硅酸盐玻璃陶瓷的晶相结构和显微结构影响较小。

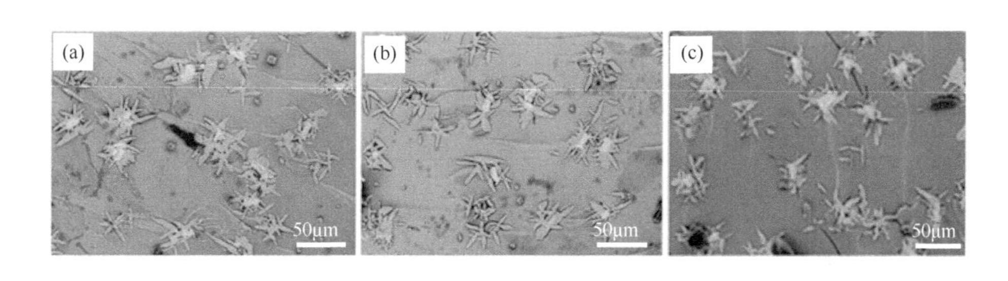

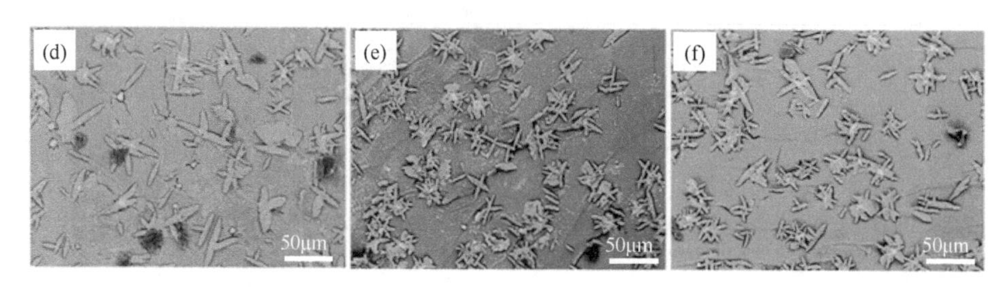

图 6-40　一步法热处理制得玻璃陶瓷断面的 SEM 图

（a）700℃；（b）750℃；（c）800℃；（d）850℃；（e）900℃；（f）950℃

6.3.3　玻璃陶瓷的析晶机制

通过热分析仪对含量为 45%晶核剂和 4%Nd_2O_3 的玻璃样品（颗粒大小＜150μm）进行 DTA 分析[25]，升温速率分别为 5℃/min、10℃/min、20℃/min、30℃/min、40℃/min 和 50℃/min，测试结果如图 6-41 所示。从图中可以看出，玻璃转变温度基本没有太大的变化（T_g 约为 650℃）。玻璃样品在不同的升温速率下均有两个放热峰出现，且均随着升温速率的加快，放热峰位置向温度高的方向偏移，这是由于当以较缓慢的升温速率加热时，亚稳态的玻璃相向晶相转变所需的时间相对充裕，使得瞬间转化率变小，玻璃的析晶放热峰 T_p 低且平坦；当以较快的升温速率加热时，玻璃相向晶相转化所需时间比较短，使得瞬间转化率变大，析晶放热峰 T_p 向温度高的方向偏移，并且会导致析晶放热峰相对突出、尖锐。图 6-41 中不同升温速率下玻璃样品的转变温度和放热峰的具体参数见表 6-10。

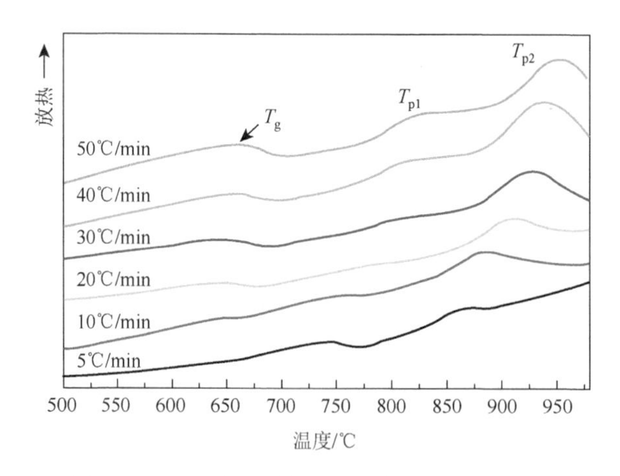

图 6-41　不同升温速率下玻璃样品的 DTA 曲线

表 6-10　不同升温速率下玻璃样品的各个温度值

升温速率/(℃/min)	T_g/℃	T_{p1}/℃	T_{p2}/℃
5	628	742	861
10	637	751	884
20	645	774	907

续表

升温速率/(℃/min)	T_g/℃	T_{p1}/℃	T_{p2}/℃
30	649	799	926
40	654	811	937
50	656	818	947

注：T_{p1} 和 T_{p2} 为放热峰值温度。

将 CTZ-45 水淬后的玻璃样品研磨过筛后，分别获得五种不同颗粒大小的玻璃样品：<75μm、75～150μm、150～380μm、380～830μm、830～1400μm。然后将五种不同颗粒大小的玻璃样品通过热分析仪进行 DTA 分析，条件为升温速率 20℃·min^{-1}，空气气氛。所得到的玻璃样品的 DTA 曲线如图 6-42 所示。从图中可以看出，玻璃转变温度同样基本没有变化。和图 6-41 相比，只有一个放热峰 T_{p2} 出现，这个放热峰 T_{p2} 所对应的温度随着玻璃颗粒的增大而逐渐向温度高的方向偏移，且放热峰强（δT_p）逐渐降低变得平坦。众所周知，峰强是与玻璃中的晶核数量（内部及表面晶核）和结晶速率成比例。因此，峰强（δT_p）的降低主要是由于随着玻璃颗粒的增大，表面晶核数量的降低导致的。结合放热峰 T_p 的变化可知，T_{p1} 对应着钙钛锆石晶相的析晶峰，T_{p2} 对应着榍石晶相的析晶峰。

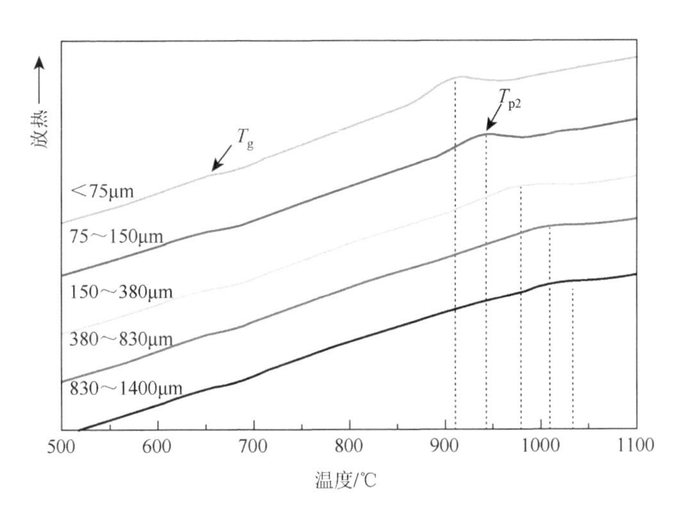

图 6-42 不同颗粒大小的玻璃样品的 DTA 曲线

利用 Kissinger 法和 Ozawa 法算出的 $\ln(T_p^2/\alpha)$-$1/T_p$ 关系图和 $\ln\alpha$-$1/T_p$ 关系图（其中，α 表示升温速率）如图 6-43 所示，通过关系图分别计算出玻璃的放热峰 T_{p1} 和 T_{p2} 析晶活化能。Kissinger 方法所计算出的 T_{p1} 和 T_{p2} 的析晶活化能 E_1 和 E_2 分别为 124.38kJ/mol 和 166.13kJ/mol。Ozawa 方法所计算出的 T_{p1} 和 T_{p2} 的析晶活化能 E_1 和 E_2 分别为 137.40kJ/mol 和 181.15kJ/mol。这两个方法所算出的析晶活化能 E_1 和 E_2 基本一样，这是由于在较小的 T_p 变化范围内，两个方法的计算结果基本相同。通常来说，活化能的大小和析晶能力成反比，换言之，析晶活化能越大，玻璃态越难以向晶态转变；析晶活化能越小，玻璃的稳定性就越差，越容易向晶态转变。因此，在本实验中，析晶活化能 E_1 的数值比析晶活

化能 E_2 的低，说明 T_{p1} 所对应的晶体比 T_{p2} 所对应的晶体更加容易析晶。利用所得到的析晶活化能 E_1 和 E_2，根据 Augis-Bennett 方程可以求出 T_{p1} 所对应的平均晶化指数 n 约为 3.4，表明 T_{p1} 所对应的钙钛锆石晶体为三维析晶机制；T_{p2} 所对应的平均晶化指数 n 约为 2.2，表明 T_{p2} 所对应的榍石晶体为二维析晶机制。

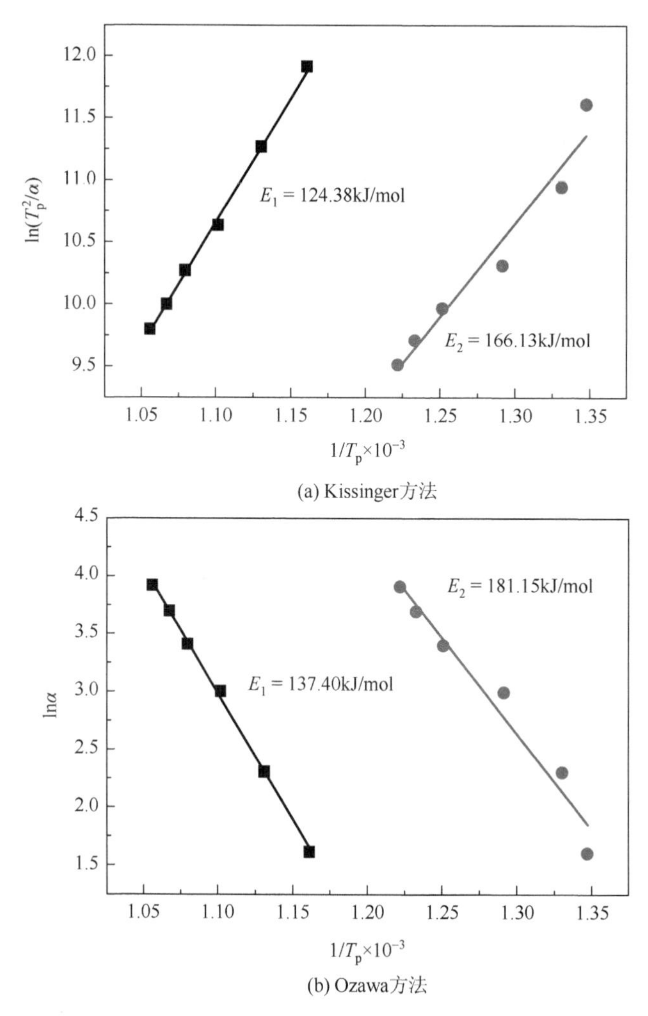

图 6-43 玻璃样品的 $\ln(T_p^2/\alpha)$-$1/T_p$ 关系图和 $\ln\alpha$-$1/T_p$ 关系图

综上所述，采用二步法（核化、晶化同时进行）和一步法（核化、晶化分开进行）热处理时，样品的主晶相均为 $CaZrTi_2O_7$-2M，还含有少量 ZrO_2 相。对于二步法，在 720℃核化 2h，850℃晶化 3h 的条件下，钙钛锆石的晶相含量较高，晶粒为长条状，长 20～30μm。当晶化温度较高（900～950℃）或晶化时间较长（2～3h）时，都会出现 $CaTiSiO_5$ 晶相。各参数对玻璃陶瓷中晶相含量的影响顺序为晶化温度＞核化温度＞晶化时间＞核化时间。一步法热处理温度变化对样品的晶相组成和显微结构影响较小。玻璃颗粒和升温速率对玻璃转变温度基本没有影响，随着玻璃颗粒的增大和升温速率的加快，玻璃放热峰向温度高的方向偏移。通过计算得出钙钛锆石晶体为三维晶体析晶机制；榍石晶体为二维晶体析晶机制。

6.4　玻璃陶瓷固化模拟锕系核素

6.4.1　玻璃陶瓷固化模拟锕系核素钕

利用 Nd^{3+}模拟三价锕系核素 Am^{3+}和 Cm^{3+}，主要是由于它们离子半径、电价及性能等相似，例如，在六配位状态下 $r_{Cm^{3+}} = 0.097nm$、$r_{Am^{3+}} = 0.0975nm$、$r_{Nd^{3+}} = 0.0983nm$。根据前述优化的玻璃陶瓷组成和热处理工艺制度，研究钙钛锆石-硼硅酸盐玻璃陶瓷（SiO_2-B_2O_3-Na_2O-BaO-CaO-TiO_2-ZrO_2-Nd_2O_3）对模拟锕系核素 Nd 的包容量及其在玻璃基体、各晶相中的分布情况[25]，Nd_2O_3 的含量分别为 0%、2%、4%、6%、8%、10%、12%，其对应编号分别为 Nd-0、Nd-2、Nd-4、Nd-6、Nd-8、Nd-10、Nd-12，具体的实验配方见表 6-11。

表 6-11　不同 Nd_2O_3 含量玻璃陶瓷的配方组成（%）

样品	SiO_2	B_2O_3	Na_2O	BaO	CaO	TiO_2	ZrO_2	Nd_2O_3
Nd-0	27.50	11.00	5.50	11.00	12.77	18.20	14.03	0
Nd-2	26.50	10.60	5.30	10.60	12.77	18.20	14.03	2
Nd-4	25.50	10.20	5.10	10.20	12.77	18.20	14.03	4
Nd-6	24.50	9.80	4.90	9.80	12.77	18.20	14.03	6
Nd-8	23.50	9.40	4.70	9.40	12.77	18.20	14.03	8
Nd-10	22.50	9.00	4.50	9.00	12.77	18.20	14.03	10
Nd-12	21.50	8.60	4.30	8.60	12.77	18.20	14.03	12

图 6-44 为 Nd-0、Nd-4、Nd-8 玻璃陶瓷样品在 550～1100℃的 DTA 曲线，从图中可以看出，玻璃转变温度为 640～670℃，且随着 Nd_2O_3 含量的增加，玻璃转变温度 T_g 略有增加。三个样品分别在 920℃、925℃和 931℃附近有个较为明显的放热峰，此外均在 1050℃附近有个不明显的放热峰。根据 6.3.3 节析晶机制的研究，930℃附近的放热峰对应钙钛锆石晶相的析晶位置，1050℃附近的放热峰对应榍石晶相的析晶位置。

图 6-45 为不同 Nd_2O_3 含量玻璃陶瓷样品的 XRD 图，当 Nd_2O_3 的含量为 0%时，只有单一的 $CaZrTi_2O_7$ 晶体出现，当 Nd_2O_3 的含量为 2%～6%时，主晶相为 $CaZrTi_2O_7$，副晶相为 $CaTiSiO_5$ 晶相，当 Nd_2O_3 的含量增加到 8%时，$CaTiO_3$ 晶相开始从 SiO_2-B_2O_3-Na_2O-BaO-CaO-TiO_2-ZrO_2-Nd_2O_3 体系玻璃基体内析出，Nd_2O_3 含量在 8%～12%时，$CaTiO_3$ 晶相衍射峰强度逐渐地升高，表明在玻璃基体中 $CaTiO_3$ 晶体含量增加；当 Nd_2O_3 含量为 12%时，$CaTiO_3$ 的晶体衍射峰强要明显强于 $CaTiSiO_5$，这表明在 Nd_2O_3 含量较高时，$CaTiO_3$ 从玻璃基体析出的能力要大于 $CaTiSiO_5$ 晶体。另外，仔细观察可以发现，样品 Nd-2～Nd-12 样品（即 Nd_2O_3 含量为 2%～12%）在 2θ 为 28°～29°有极其微弱的 ZrO_2 晶相衍射峰存在，

且在 Nd_2O_3 含量较高时，ZrO_2 晶相衍射峰有所增强。Loiseau 等[10]和 Hayward[27]等报道在制备包含钙钛锆石和榍石晶相的玻璃陶瓷时，均可以析出 $CaTiO_3$ 晶相。根据先前的报道，加入氧化锆可以避免钙钛矿的产生，但是在本实验中有钛酸钙析出时，已经有少量的氧化锆存在于玻璃基体中，另外由于氧化锆在玻璃中的溶解速率和反应速率过慢，氧化锆将会以晶相的形式从玻璃基体中析出。

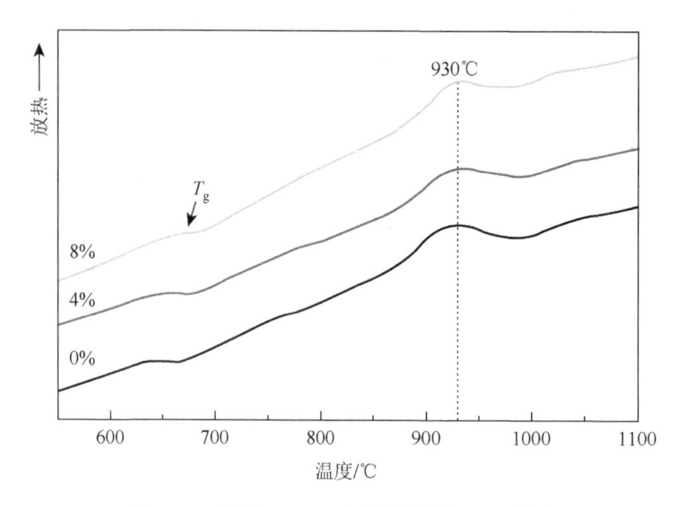

图 6-44　不同 Nd_2O_3 含量样品的 DTA 曲线

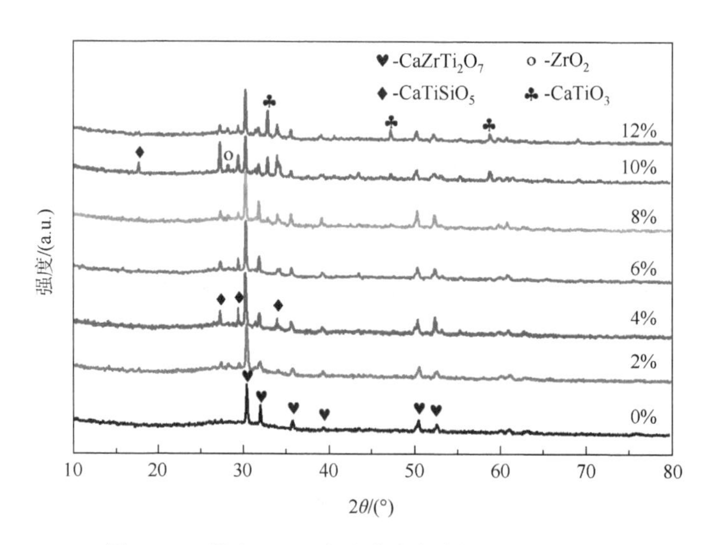

图 6-45　不同 Nd_2O_3 含量玻璃陶瓷样品的 XRD 图

图 6-46 为不同 Nd_2O_3 含量玻璃陶瓷样品的 SEM 图和 EDS 图。在图 6-46（a）中，树枝状的晶体分布在玻璃基体中，结合 XRD 分析可知，树枝状的晶体为钙钛锆石晶体；从图 6-46（a）～图 6-46（d）可以看出，只有条状的钙钛锆石分布在玻璃基体中；在图 6-46（e）～图 6-46（g）中，除了有条状的钙钛锆石晶体外，还发现有方块状的晶体分布在玻璃基体中，且随着 Nd_2O_3 含量的增加，方块状的晶体逐渐增多，钙钛锆石晶体

尺寸逐渐变小，约为 20μm。结合 EDS 分析，方块状的晶体为钙钛矿，这和 XRD 分析结果一致。另外，有研究报道称钙钛矿的稳定性要低于钙钛锆石和榍石的化学稳定性，钙钛矿的存在势必影响到玻璃陶瓷固化体的抗浸出性能[9]。因此在制备玻璃陶瓷的过程中，希望有较多稳定的钙钛锆石和榍石的晶相出现，而尽量避免钙钛矿晶体的出现。当 Nd_2O_3 的含量为 8%时，开始出现钙钛矿晶相。

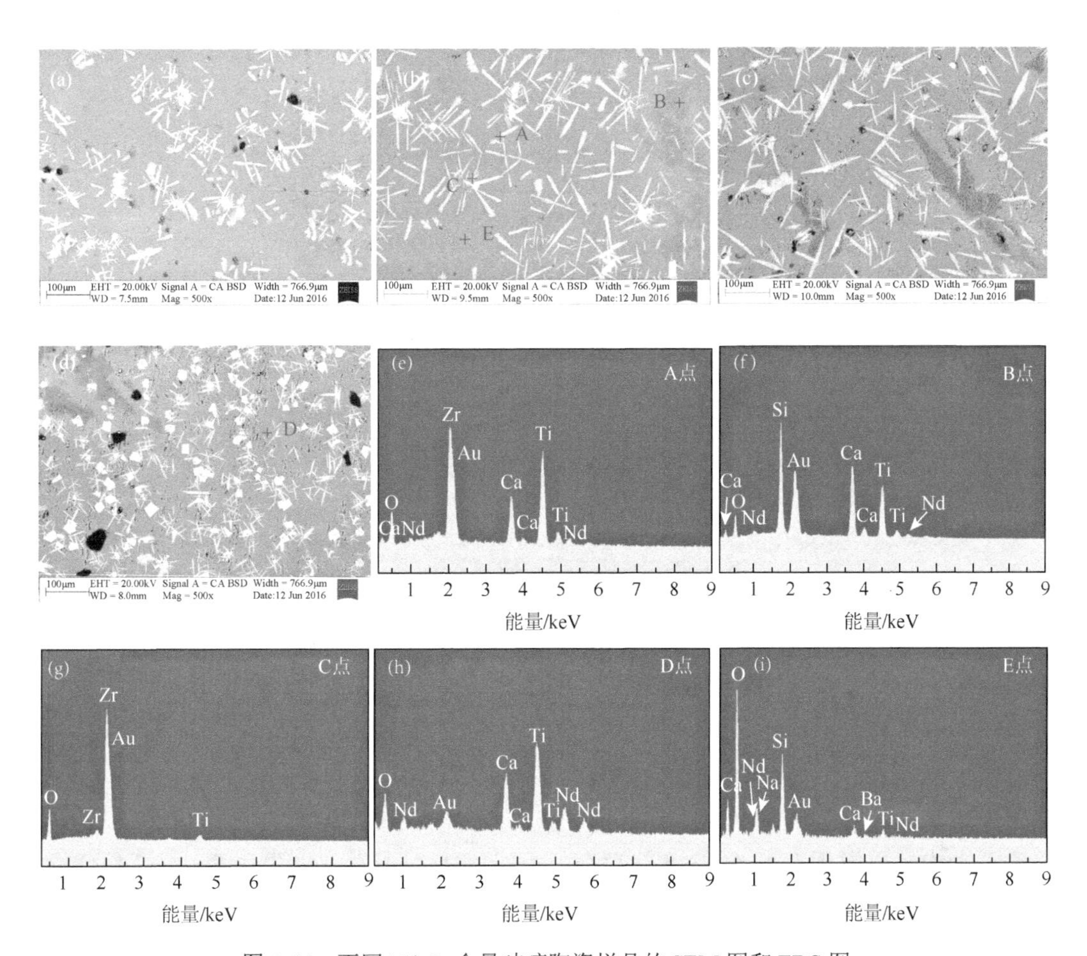

图 6-46　不同 Nd_2O_3 含量玻璃陶瓷样品的 SEM 图和 EDS 图

（a）Nd-0；（b）Nd-2；（c）Nd-4；（d）Nd-6；（e）Nd-8；（f）Nd-10；（g）Nd-12；（e）A 点：钙钛锆石；（f）B 点：榍石；（g）C 点：斜锆石；（h）D 点：钙钛矿；（i）E 点：玻璃

不同 Nd_2O_3 含量玻璃陶瓷样品的体积密度如图 6-47 所示。随着 Nd_2O_3 含量的增加玻璃陶瓷的体积密度先增大后降低，在 Nd_2O_3 含量为 6%时达到最大值 3.34g/cm^3。体积密度降低可能是因为 Nd_2O_3 含量较高（≥8%）时，玻璃陶瓷中晶体（如 $CaTiO_3$ 等）含量较高，导致结构较为疏松。图 6-48 为玻璃陶瓷样品 Nd-6 和 Nd-10 的外观图，由图可以明显地看到两个样品均呈紫色，这主要是添加稀土元素 Nd 的效果，另外样品 Nd-10 的致密性较差，明显感到其结构较为疏松易碎，这将严重导致玻璃陶瓷的浸出率升高，影响其在地质处置过程中的化学稳定性。

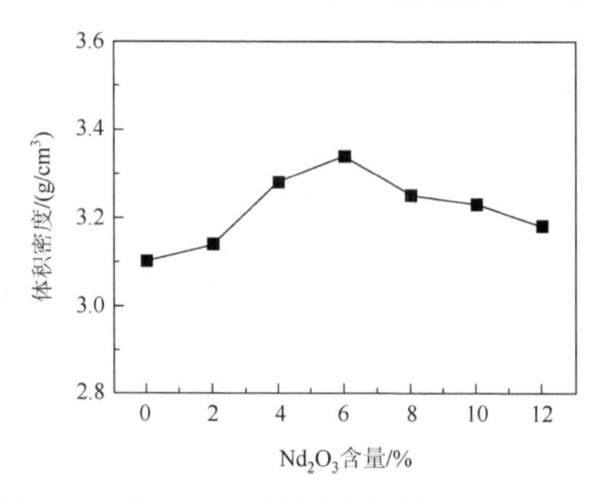

图 6-47　不同 Nd_2O_3 含量玻璃陶瓷样品的体积密度

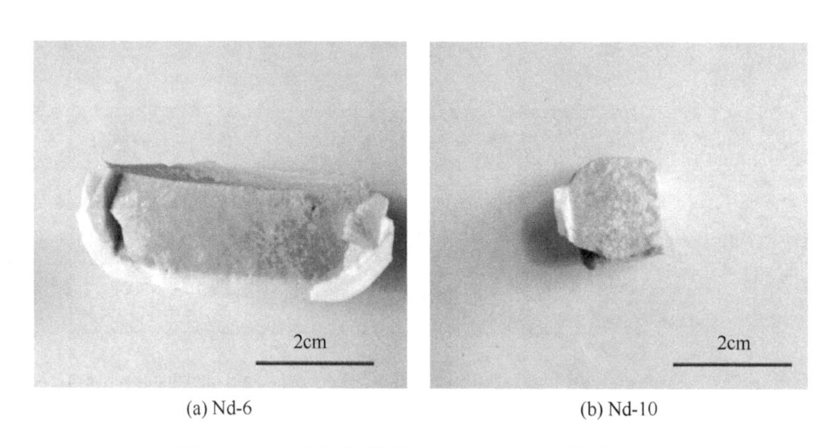

(a) Nd-6　　(b) Nd-10

图 6-48　玻璃陶瓷样品 Nd-6 和 Nd-10 的外观图

图 6-49 为样品 Nd-6 的元素分布图，从图中可以清晰地看到，元素 Ti 和 Zr 主要存在于条状的钙钛锆石晶体内；元素 Si 主要存在于玻璃基体中；在玻璃基体和条状钙钛锆石中均可以发现有 Ca 和 Nd 的存在，且分布差别不大。这说明 Ca 不仅是合成钙钛锆石晶体的必需元素，而且还参与玻璃网络结构的形成；Nd 离子一部分固溶在玻璃基体中，一部分固化在钙钛锆石的晶格位置。表 6-12 为样品 Nd-6 原料中各组分的配方成分和玻璃陶瓷中玻璃基体及晶相 EDS 成分分析。从表中可以看出有 3.2%（摩尔分数为 0.7%）Nd_2O_3 存在于玻璃基体中，低于 Loiseau 和 Caurant[6]报道的钙铝硅酸盐（SiO_2-Al_2O_3-CaO-ZrO_2-TiO_2）残余玻璃基体中 Nd_2O_3 的含量（摩尔分数为 0.98%）。上述结果表明，与文献[6]报道的钙铝硅酸盐玻璃陶瓷相比，本节研究制备的 Nd-6 玻璃陶瓷固化体中可能有更多的 Nd 元素分布在晶体中。通过计算分析得 Nd-6 玻璃陶瓷中，钙钛锆石的化学式为 $Ca_{0.81}Nd_{0.12}Zr_{1.05}Ti_{1.95}O_7$，榍石的化学式为 $Ca_{0.90}Nd_{0.04}Ti_{0.82}Zr_{0.18}Si_{1.02}O_5$，斜锆石的化学式为 $Zr_{0.92}Ti_{0.08}O_2$。对于 Nd-10 玻璃陶瓷样品，其元素分布图如图 6-50 所示。根据 EDS 分析结果得到钙钛锆石、榍石和钛酸钙的化学式分别为 $Ca_{0.73}Nd_{0.19}Zr_{1.19}Ti_{1.80}O_7$、$Ca_{0.89}Nd_{0.05}Ti_{0.82}Si_{1.18}O_5$ 和 $Ca_{0.51}Nd_{0.30}Ti_{1.02}O_3$，表明 Nd 元素易在钛酸钙晶体中富集。

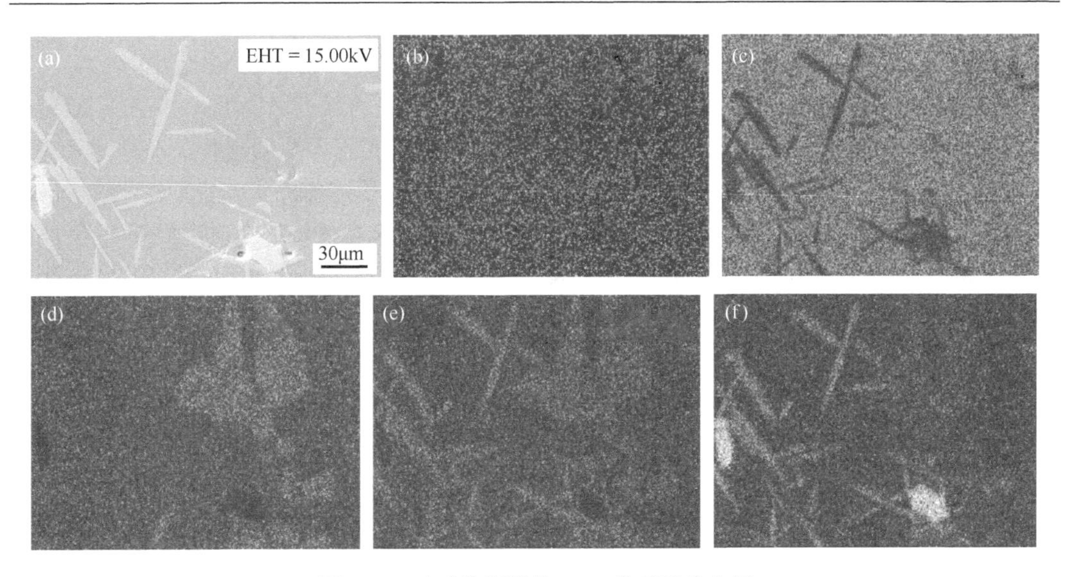

图 6-49 玻璃陶瓷样品 Nd-6 的元素分布图

（a）Nd-6 玻璃陶瓷 SEM 图；（b）Nd 元素；（c）Si 元素；（d）Ca 元素；（e）Ti 元素；（f）Zr 元素

表 6-12 玻璃陶瓷样品 Nd-6 中玻璃基体及晶相 EDS 成分分析

组成/%	SiO_2	B_2O_3	Na_2O	BaO	CaO	TiO_2	ZrO_2	Nd_2O_3
玻璃陶瓷配方	24.50	9.80	4.90	9.80	12.77	18.20	14.03	6
残余玻璃相	32.33	14.00	5.42	13.91	12.68	12.03	6.43	3.20
钙钛锆石	–	–	–	–	12.95	44.34	36.88	5.83
榍石	29.64	–	–	–	24.52	31.71	10.92	3.21
斜锆石	–	–	–	–	–	3.83	96.17	–

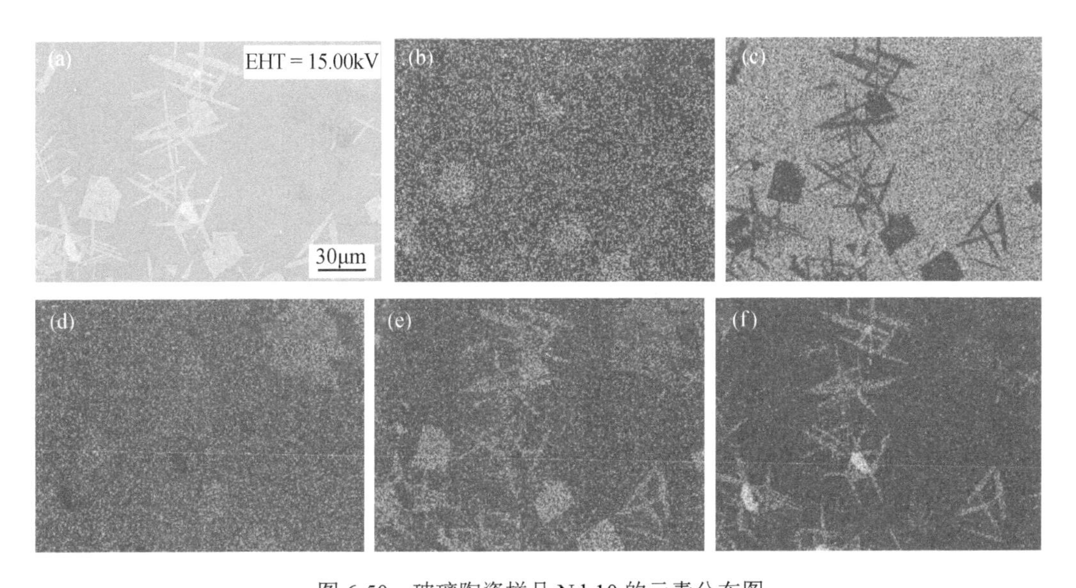

图 6-50 玻璃陶瓷样品 Nd-10 的元素分布图

（a）Nd-10 玻璃陶瓷 SEM 图；（b）Nd 元素；（c）Si 元素；（d）Ca 元素；（e）Ti 元素；（f）Zr 元素

图 6-51 为采用 PCT 浸泡（90℃）法得到的样品 Nd-2、Nd-6 和 Nd-8 中元素 B、Ca 和 Nd 的归一化浸出率。LR_B、LR_{Ca}、LR_{Nd}随着实验天数的延长而降低，并在前 7d 降低幅度较大，在 28d 后基本趋于稳定。这主要是由于随着实验天数的延长，在样品和去离子水反应表面形成了一种无定形结构的凝胶层，阻碍了样品体内离子的扩散[22]。样品 Nd-8 中的 LR_B、LR_{Ca}、LR_{Nd} 比样品 Nd-2 和 Nd-6 中的 LR_B、LR_{Ca}、LR_{Nd} 高，样品 Nd-2 和 Nd-6 中的 LR_B、LR_{Ca}、LR_{Nd} 基本一样，没有太大的变化。主要是由于榍石（$CaTiSiO_5$）能与锕系核素及很多裂变产物结合形成固溶体，常作为副矿物存在于不同类型的花岗岩中，具有优良的稳定性。样品 Nd-6 中 LR_B、LR_{Ca}、LR_{Nd} 均是最低的，42d 时其归一化浸出率分别为 6.79×10^{-3}g/(m^2·d)、1.61×10^{-3}g/(m^2·d)和 4.8×10^{-6}g/(m^2·d)。样品 Nd-8 中 B、Ca、Nd 元素的归一化浸出率比样品 Nd-2 和 Nd-6 中各元素的归一化浸出率大的原因主要是 Nd-8 样品中除了有钙钛锆石和榍石晶体外，还有钙钛矿和少量的氧化锆晶体存在，钛酸钙晶相的出现以及过多的晶体使玻璃陶瓷固化体致密度下降，结构疏松，化学稳定性降低。

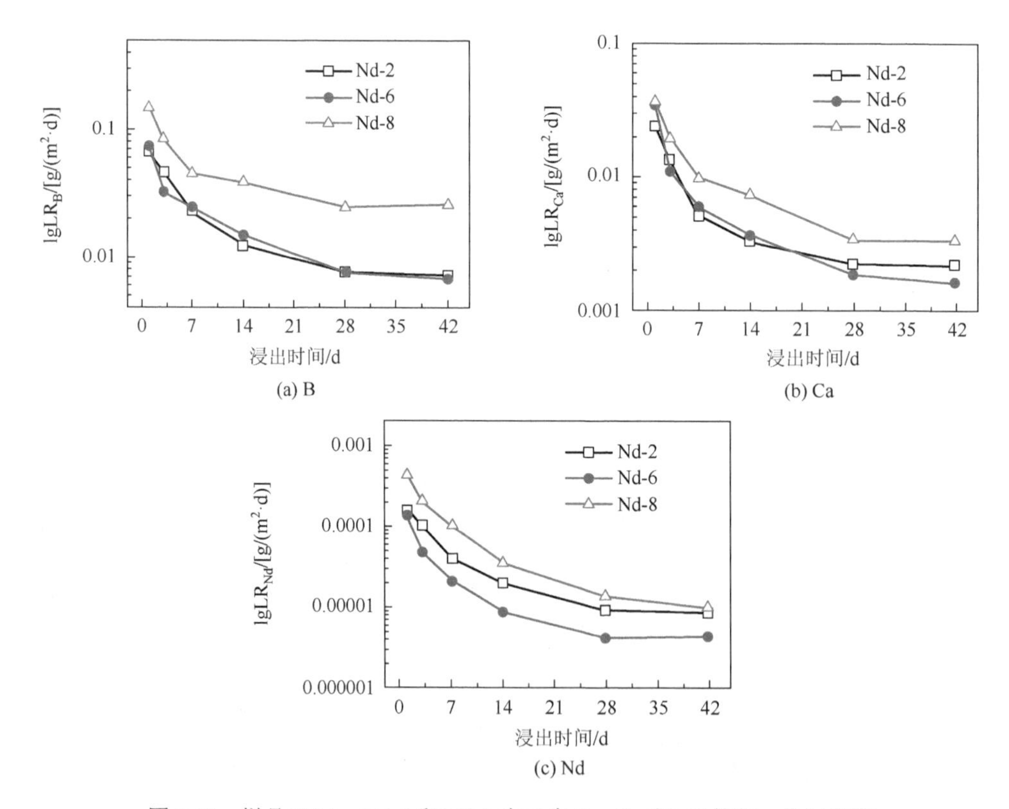

图 6-51 样品 Nd-2、Nd-6 和 Nd-8 中元素 B、Ca 和 Nd 的归一化浸出率

综上所述，在样品 Nd-0 中，只有树枝状的钙钛锆石晶体；当 Nd_2O_3 的含量为 2%～6%时，为条状的钙钛锆石晶体和块状的榍石晶体；当 Nd_2O_3 的含量增加到 8%时，开始出现方形的钛酸钙晶相，且随着 Nd_2O_3 含量（8%～12%）的增加，方形的钛酸钙晶相逐渐增多。在含有 6% Nd_2O_3 的钙钛锆石-硼硅酸盐玻璃陶瓷中，约有 47%的 Nd 元素分布在

钙钛锆石和榍石晶体内，且具有较好的化学稳定性，在 42d 时 LR_B、LR_{Ca}、LR_{Nd} 分别为 $6.79\times10^{-3}g/(m^2\cdot d)$、$1.61\times10^{-3}g/(m^2\cdot d)$和 $4.8\times10^{-6}g/(m^2\cdot d)$。

6.4.2　玻璃陶瓷固化模拟锕系核素钚

利用 Ce^{4+}模拟四价锕系核素 Np^{4+}和 Pu^{4+}，主要是由于它们离子半径、电价及性能等相似，例如，在 6 配位状态下 $r_{Np^{4+}}=0.098nm$、$r_{Pu^{4+}}=0.096nm$、$r_{Ce^{4+}}=0.097nm$；在 8 配位状态下 $r_{Np^{4+}}=0.087nm$、$r_{Pu^{4+}}=0.086nm$、$r_{Ce^{4+}}=0.087nm$。根据前述研究结果，在硼硅酸盐体系（SiO_2-B_2O_3-Na_2O-BaO）玻璃中加入含量为 45%～50%的 CaO、TiO_2和 $ZrSiO_4$（记为 CTZ，其物质的量比为 2∶2∶1）时，出现了大量均匀分布的条状钙钛锆石晶体，当 CTZ 含量为 45%时，获得了致密的玻璃陶瓷材料，且具有较好的化学稳定性。

本节研究选取 CTZ 含量为 45%的玻璃陶瓷组成，系统研究 CeO_2含量变化对钡硼硅酸盐玻璃陶瓷固化体的晶相结构、显微结构和抗浸出性能的影响，CeO_2的含量分别为 0%、2%、4%、6%、8%，其对应编号分别为 Ce-0、Ce-2、Ce-4、Ce-6、Ce-8，具体的实验配方见表 6-13。

表 6-13　不同 Ce 含量玻璃陶瓷固化体的配方（%）

样品	SiO_2	B_2O_3	Na_2O	BaO	CaO	TiO_2	ZrO_2	CeO_2
Ce-0	27.50	11.00	5.50	11.00	12.77	18.20	14.03	0
Ce-2	26.50	10.60	5.30	10.60	12.77	18.20	14.03	2
Ce-4	25.50	10.20	5.10	10.20	12.77	18.20	14.03	4
Ce-6	24.50	9.80	4.90	9.80	12.77	18.20	14.03	6
Ce-8	23.50	9.40	4.70	9.40	12.77	18.20	14.03	8

为了获得玻璃陶瓷的热处理制度，把称量好的混合不同 CeO_2含量的原料经 850℃煅烧 2h 再升温至 1250℃熔化 3h，水淬制得玻璃并磨细，过 100～200 目筛（75～150μm）对其进行 DTA 分析。DTA 曲线如图 6-52 所示。由图可知，不同 CeO_2掺量的样品玻璃转变温度 T_g在 650℃左右。微晶玻璃的核化温度 T_n通常比 T_g约高 50℃，故本节研究选取的核化温度约为 700℃。当温度继续升高后，在 900℃左右观察到一个放热峰，对应于玻璃的晶化温度 T_c，所形成的晶核在此温度附近长大。随着 CeO_2掺量增加，晶化温度位置基本不变，但强度略有下降，表明热效应减弱，晶化变难。因此，研究选取的晶化温度为 900℃。根据以上分析并结合前述研究结果，本节研究选取的热处理制度如下：$T_n=700$℃保温 2h，再以 5℃·min^{-1}升温至 $T_c=900$℃保温 2h，之后随炉冷却。

图 6-53 为不同 CeO_2含量玻璃陶瓷样品的 XRD 图。由图可知，玻璃陶瓷的主晶相为 $CaZrTi_2O_7$-2M（PDF 34-0167），还有少量的 $CaZrTi_2O_7$-3T 和 ZrO_2晶相，其衍射峰强度随着 CeO_2含量的增加而有所减弱。总的来说，在钙钛锆石-钡硼硅酸盐玻璃陶瓷中引入 CeO_2，在所研究组成范围（0～8%）内对其晶相结构影响不大。

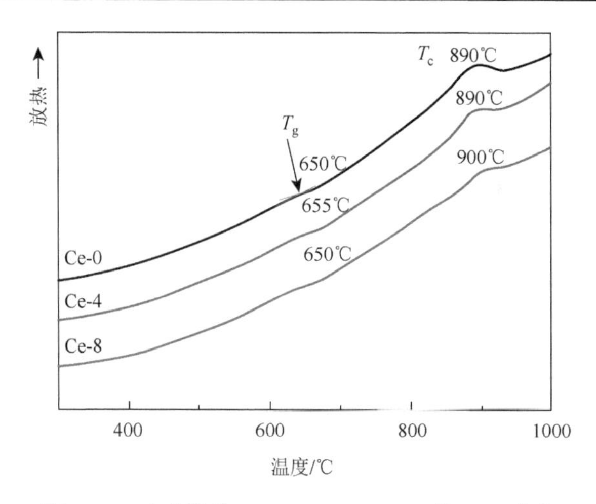

图 6-52　玻璃样品 Ce-0、Ce-4、Ce-8 的 DTA 曲线

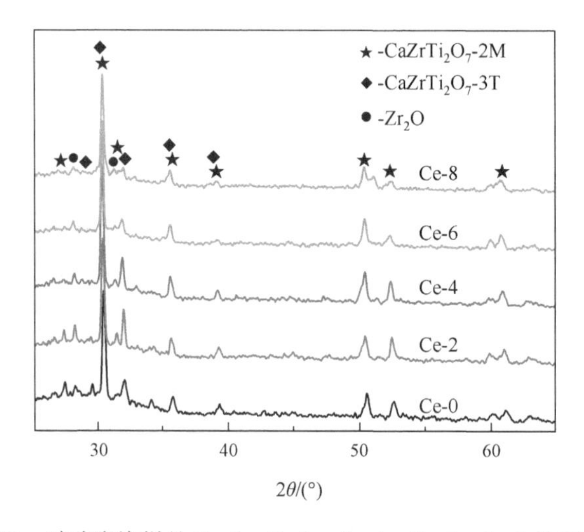

图 6-53　玻璃陶瓷样品 Ce-0、Ce-2、Ce-4、Ce-6、Ce-8 的 XRD 图

图 6-54 为放大 500 倍的不同 CeO_2 含量的玻璃陶瓷样品断面的 SEM 图。由图可知，玻璃陶瓷中主要含有长条状和星形片状两种形状的晶体，由前期实验结果及 EDX 分析可知，其分别对应 $CaZrTi_2O_7$-2M 和 $CaZrTi_2O_7$-3T 晶体。$CaZrTi_2O_7$-2M 晶体长度为 40～60μm，$CaZrTi_2O_7$-3T 晶体长度为 10～30μm。此外，在钙钛锆石晶体上还存在少量白色颗粒状的 ZrO_2 晶体。当 CeO_2 含量为 8%时，$CaZrTi_2O_7$-3T 晶体含量较多，如图 6-54（f）所示。陈晓谋等[28]在制备掺铈的铝硼硅酸盐玻璃陶瓷固化体时也获得了单斜相（$CaZrTi_2O_7$-2M）和六方相（$CaZrTi_2O_7$-3T）的钙钛锆石，当 CeO_2 掺量为 3%～11%时，单斜相（$CaZrTi_2O_7$-2M）钙钛锆石消失，形成了单一的六方相（$CaZrTi_2O_7$-3T）的钙钛锆石。

值得注意的是，在本节研究中，当 CeO_2 含量大于或等于 4%时，样品都出现了不同程度的分层现象，CeO_2 含量越高，样品分层越严重。图 6-55 显示了不同 CeO_2 含量的玻璃陶瓷外观照片。从图中可以看出，样品 Ce-0 为乳白色，而添加了 CeO_2 的玻璃陶瓷固化体呈褐色。样品 Ce-4、Ce-6、Ce-8 上下两层颜色不相同，上层呈深褐色、下层呈浅褐色。对样品 Ce-6 上下层做 XRD 分析和 SEM 分析，结果分别如图 6-56 和图 6-57 所示。由该 XRD 图和 SEM 图可知，样品上下层均有 $CaZrTi_2O_7$ 晶相生成，其中上层 $CaZrTi_2O_7$-3T 晶体较多，下层 $CaZrTi_2O_7$-2M 晶体较多，且下层的 ZrO_2 晶体明显比上层多。

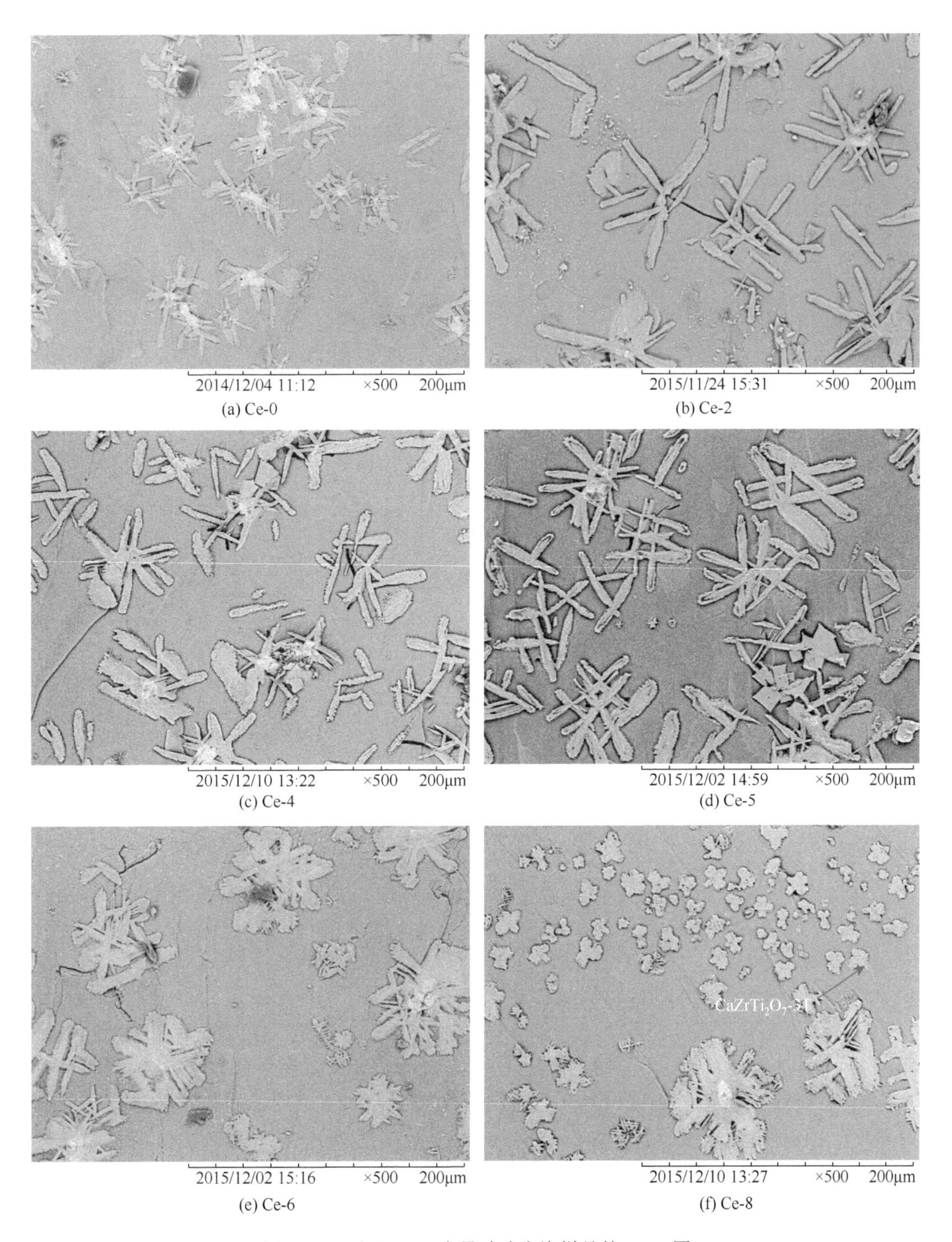

(a) Ce-0　(b) Ce-2

(c) Ce-4　(d) Ce-5

(e) Ce-6　(f) Ce-8

图 6-54　不同 CeO_2 含量玻璃陶瓷样品的 SEM 图

图 6-55　样品 Ce-0（a）、Ce-2（b）、Ce-4（c）、Ce-6（d）、Ce-8（e）外观照片

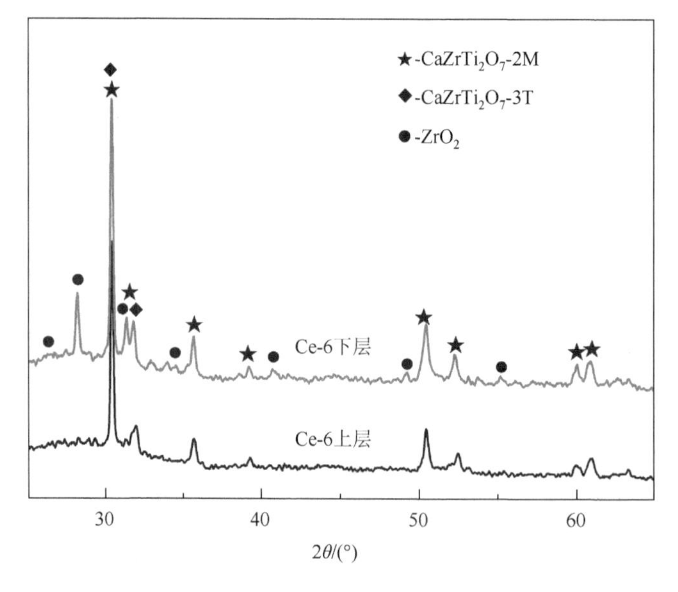

图 6-56　样品 Ce-6 上层与下层的 XRD 图

保持相同核化温度（700℃，2h），分别在 850℃、900℃、950℃、1000℃和 1050℃保温 2h 进行热处理，样品所得的 XRD 图如图 6-58 所示。由图可知，玻璃陶瓷样品中主晶相均为钙钛锆石（$CaZrTi_2O_7$-2M、$CaZrTi_2O_7$-3T）晶体，还有少量 ZrO_2 晶体。由该图可看出，在所研究晶化温度范围（850～1050℃）内，温度对晶相结构影响不显著。这可能是由于钙钛锆石的析晶活化能较低，从熔制温度（1250℃）降低到核化温度（700℃）的过程中采用随炉冷却的方式，即发生了晶体的成核和长大[17]，因而本节研究的晶化温度（850～1050℃）对晶体结构影响不大。

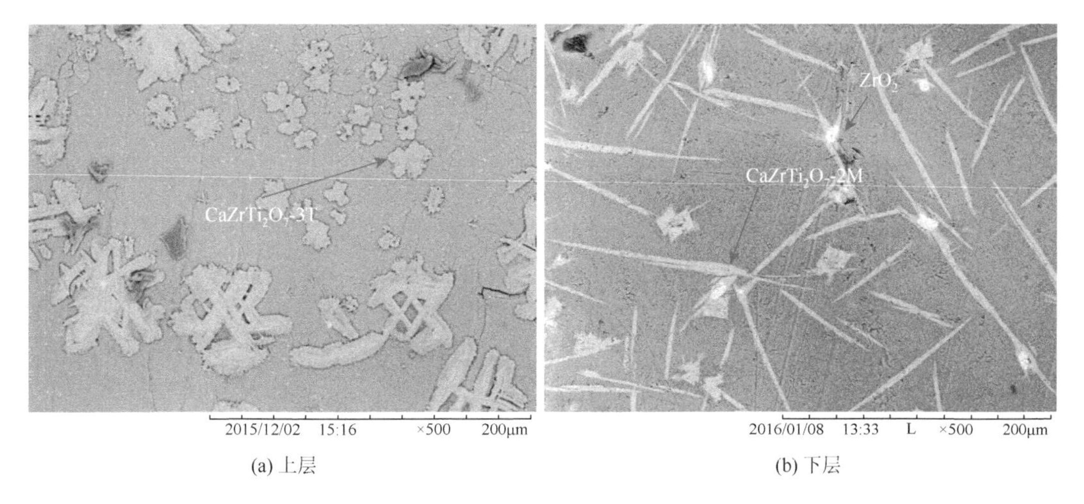

(a) 上层　(b) 下层

图 6-57　样品 Ce-6 的 SEM 图

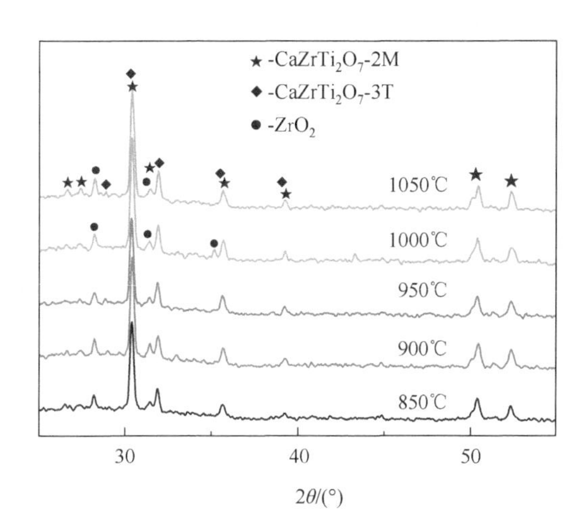

图 6-58　晶化温度为 850℃、900℃、950℃、1000℃和 1050℃样品的 XRD 图

不同晶化温度（850～1050℃）热处理后所得样品的 SEM 图如图 6-59 所示。所研究温度范围样品主要含条状的钙钛锆石晶体。从图 6-59（a）和图 6-59（b）可看出，晶化温度从 850℃增加到 900℃时，样品晶粒尺寸有所增大；当晶化温度大于等于 950℃时，条状钙钛锆石晶体尺寸有所减小，其晶体周围出现了少量细小的颗粒，有转变为其他晶相的趋势。关于该细小晶粒的组成以及晶相的转变还有待进一步深入研究。

图 6-60 为玻璃陶瓷样品 Ce-0、Ce-4 和 Ce-8 的 B、Si、Ca、Ce 元素归一化浸出率（记为 LR_B、LR_{Si}、LR_{Ca}、LR_{Ce}）随浸泡时间的变化曲线。从图中可以看出样品 Ce-0、Ce-4 和 Ce-8 中的 B、Si、Ca、Ce 元素浸出率均随着浸出时间延长逐渐降低，且均在 28d 后趋于平稳。样品 Ce-0、Ce-4 和 Ce-8 中 LR_B 在 28d 后分别为 $4.3\times10^{-3}g/(m^2\cdot d)$、$3.9\times10^{-3}g/(m^2\cdot d)$、$4.3\times10^{-3}g/(m^2\cdot d)$；$LR_{Si}$ 在 28d 后分别为 $1.1\times10^{-2}g/(m^2\cdot d)$、$2.8\times10^{-3}g/(m^2\cdot d)$、$3.6\times10^{-3}g/(m^2\cdot d)$；$LR_{Ca}$ 在 28d 后分别为 $6.5\times10^{-3}g/(m^2\cdot d)$、$3.8\times10^{-3}g/(m^2\cdot d)$、$4.8\times10^{-3}g/(m^2\cdot d)$；Ce-4 和 Ce-8 中 LR_{Ce} 在 28d 后分别为 $3.2\times10^{-6}g/(m^2\cdot d)$、

6.5×10^{-6}g/(m^2·d)。Ce 元素的归一化浸出率与李鹏等[29]报道的铝硼硅酸盐玻璃陶瓷固化体在一个数量级。

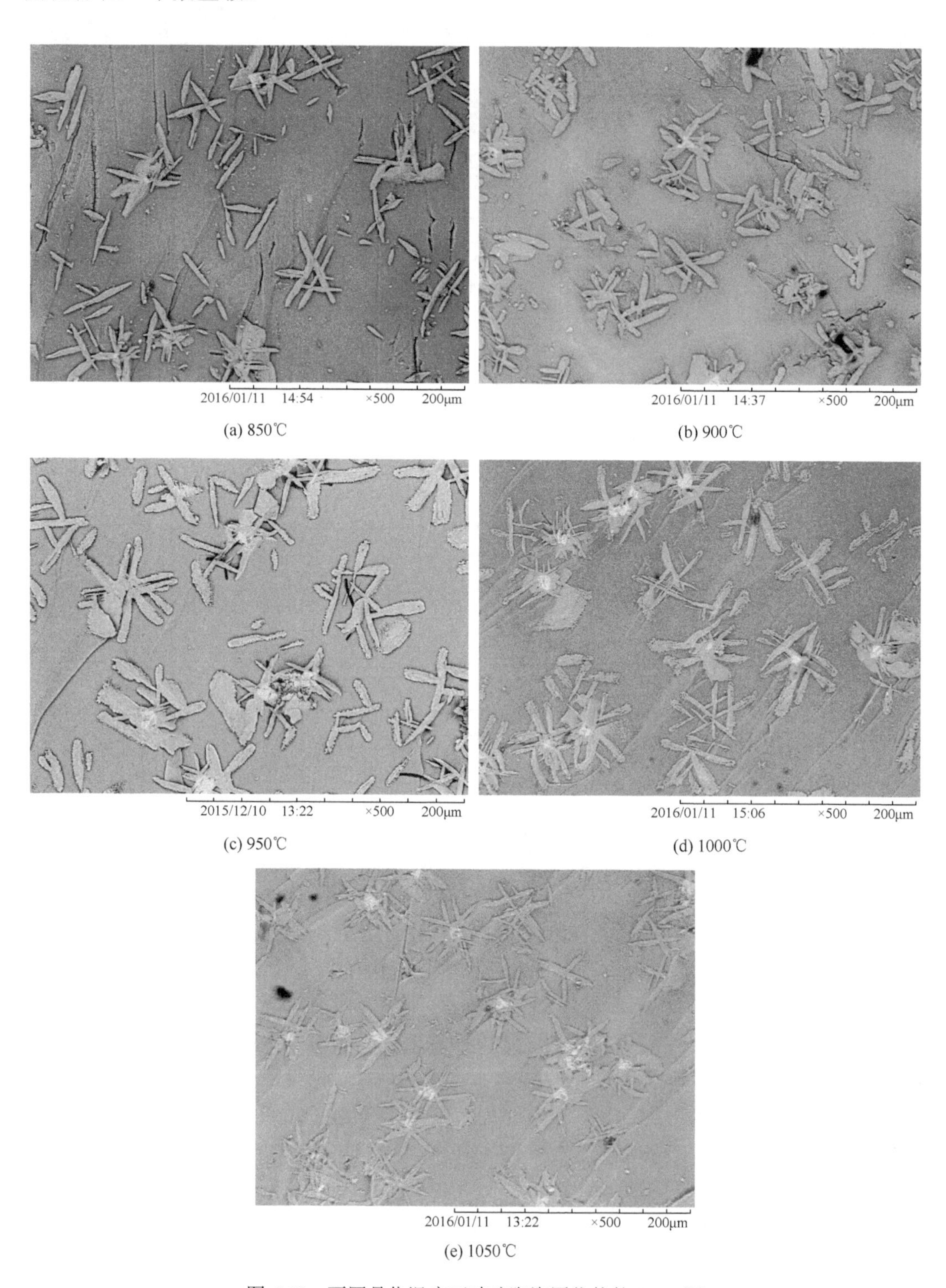

(a) 850℃　(b) 900℃　(c) 950℃　(d) 1000℃　(e) 1050℃

图 6-59　不同晶化温度下玻璃陶瓷固化体的 SEM 图

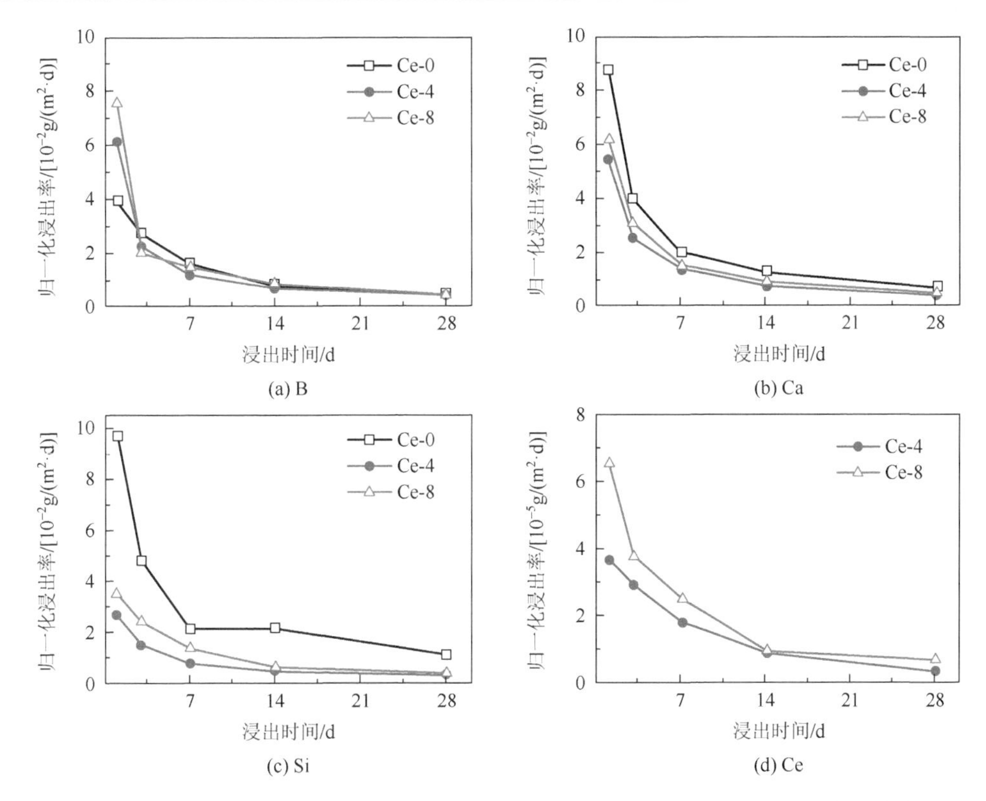

图 6-60　玻璃陶瓷样品 Ce-0、Ce-4 和 Ce-8 中元素归一化浸出率随时间的变化曲线

综上所述，在不同 CeO_2 含量的玻璃陶瓷固化体中，玻璃陶瓷的主晶相为 $CaZrTi_2O_7$-2M，还有少量的 $CaZrTi_2O_7$-3T 和 ZrO_2 晶相，在所研究组成范围（0%～8%），CeO_2 的掺入对其晶相结构影响不大。其中 $CaZrTi_2O_7$-2M 晶体为长条状，$CaZrTi_2O_7$-3T 晶体为星形片状，呈白色颗粒状的 ZrO_2 晶体主要存在于钙钛锆石晶体上。当 CeO_2 含量大于或等于 4%时，样品都出现了不同程度的分层现象，CeO_2 含量越高，样品分层越严重。对于 Ce-6 样品而言，其中上层 $CaZrTi_2O_7$-3T 晶体较多，下层 $CaZrTi_2O_7$-2M 晶体较多，且下层 ZrO_2 晶体明显比上层多。当 CeO_2 含量为 8%时，$CaZrTi_2O_7$-3T 晶体含量较多。PCT 浸出结果表明，B、Si、Ca 元素归一化浸出率均随着浸出时间延长逐渐降低，样品 Ce-0、Ce-4 和 Ce-8 中 B、Si、Ca 元素在 28d 后归一化浸出率为 10^{-3}g/(m^2·d)，Ce 元素 28d 后归一化浸出率为 10^{-6}g/(m^2·d)。

参 考 文 献

[1]　徐凯. 核废料玻璃固化国际研究进展[J]. 中国材料进展，2016，35（7）：481-488，517.

[2]　Eller P G，Jarvinen G D，Purson J D，et al. Actinide valences in borosilicate glass[J]. Radiochim Acta，1985，39（1）：17-22.

[3]　何涌. 高放废液玻璃固化体和矿物固化体性质的比较[J]. 辐射防护，2001，21（1）：43-47.

[4]　顾忠茂. 核废物处理技术[M]. 北京：原子能出版社，2009.

[5]　Crum J，Maio V，McCloy J，et al. Cold crucible induction melter studies for making glass ceramic waste forms：A feasibility assessment[J]. Journal of Nuclear Materials，2014，444（1-3）：481-492.

[6]　Loiseau P，Caurant D. Glass-ceramic nuclear waste forms obtained by crystallization of SiO_2-Al_2O_3-CaO-ZrO_2-TiO_2 glasses

containing lanthanides (Ce, Nd, Eu, Gd, Yb) and actinides (Th)：Study of the crystallization from the surface[J]. Journal of Nuclear Materials，2010，402（1）：38-54.

[7] 潘社奇，苏伟，赵玉杰，等. 模拟锕系高放废液铁磷酸盐玻璃陶瓷固化[J]. 环境科学与技术，2014，37（6）：64-67.

[8] 袁晓宁，张振涛，蔡溪南，等. 含 Pu 废物的玻璃和玻璃陶瓷固化基材研究进展[J]. 原子能科学技术，2015，49（2）：240-249.

[9] Vance E R. Synroc：A Suitable waste form for actinides[J]. MRS Bulletin，1994，19（12）：28-32.

[10] Loiseau P，Caurant D，Baffier N，et al. Glass-ceramic nuclear waste forms obtained from SiO_2-Al_2O_3-CaO-ZrO_2-TiO_2 glasses containing lanthanides (Ce, Nd, Eu, Gd, Yb) and actinides (Th)：Study of internal crystallization[J]. Journal of Nuclear Materials，2004，335（1）：14-32.

[11] 李鹏，丁新更，杨辉，等. 钙钛锆石玻璃陶瓷体的晶化和抗浸出性能[J]. 硅酸盐学报，2012，40（2）：324-328.

[12] 张振涛，王雷，甘学英，等. 钕在玻璃-陶瓷各相中的分布研究[J]. 中国原子能科学研究院年报，2009（1）：281-282.

[13] Caurant D，Majerus O，Loiseau P，et al. Crystallization of neodymium-rich phases in silicate glasses developed for nuclear waste immobilization[J]. Journal of Nuclear Materials，2006，354（1-3）：143-162.

[14] Mishra R K，Sudarsan V，Kaushik，C P，et al. Structural aspects of barium borosilicate glasses containing thorium and uranium oxides[J]. Journal of Nuclear Materials，2006，359（1-2）：132-138.

[15] Kaushik C P，Mishra R K，Sengupta P，et al. Barium borosilicate glass-a potential matrix for immobilization of sulfate bearing high-level radioactive liquid waste[J]. Journal of Nuclear Materials，2006，358（2-3）：129-138.

[16] 徐东，吴浪，李会东，等. 钙钛锆石-钡硼硅酸盐玻璃陶瓷的制备及表征[J]. 硅酸盐学报，2015，43（1）：127-132.

[17] 李会东，吴浪，徐东，等. 钙含量对钙钛锆石-钡硼硅酸盐玻璃陶瓷结构的影响[J]. 原子能科学技术，2016，50（4）：597-603.

[18] Li H D，Wu L，Xu D，et al. Structure and chemical durability of barium borosilicate glass-ceramics containing zirconolite and titanite crystalline phases[J]. Journal of Nuclear Materials，2015，466（1）：484-490.

[19] 肖继宗，吴浪，王欣，等. Si/Ba 比对钙钛锆石-钡硼硅酸盐玻璃陶瓷结构的影响[J]. 中国陶瓷，2017，53（6）：30-34.

[20] 杨峰，吴浪. 硅硼比对钡硼硅酸盐玻璃陶瓷结构和抗浸出性能的影响[J]. 中国陶瓷，2019，55（5）：25-29.

[21] 吴浪，李会东，王欣，等. 掺铝钙钛锆石基玻璃陶瓷的结构和抗浸出性能[J]. 硅酸盐学报，2016，44（3）：444-449.

[22] 李巍，徐东，吴浪，等. 热处理工艺对钡硼硅酸盐玻璃陶瓷结构的影响[J]. 中国陶瓷，2015，51（4）：50-54.

[23] 宁海霞，杨峰，刘成，等. 基于正交试验的钡硼硅酸盐玻璃陶瓷的热处理制度研究[J]. 硅酸盐通报，2015，34（11）：3327-3332.

[24] Li H D，Wu L，Wang X，et al. Crystallization behavior and microstructure of Barium borosilicate glass-ceramics[J]. Ceramics International，2015，41（10）：15202-15207.

[25] Wu L，Li H D，Wang X，et al. Effects of Nd content on structure and chemical durability of zirconolite-barium borosilicate glass-ceramics[J]. Journal of the American Ceramic Society，2016，99（12）：4093-4099.

[26] Martin C，Ribet I，Frugier P，et al. Alteration kinetics of the glass-ceramic zirconolite and role of the alteration film-Comparison with the SON68 glass[J]. Journal of Nuclear Materials，2007，366（1-2）：277-287.

[27] Hayward P J. The use of glass ceramics for immobilising high level wastes from nuclear fuel recycling[J]. Glass Technology，1988，29（4）：122-136.

[28] 陈晓谋，孟成，张峰，等. CeO_2 掺量对硼硅酸盐玻璃陶瓷固化体结构的影响[J]. 稀有金属材料与工程，2016，45（S1）：194-197.

[29] 李鹏，丁新更，杨辉，等. CeO_2 掺量对铝硼硅酸盐玻璃固化体抗浸出性能的影响[J]. 无机化学学报，2013，29（4）：709-714.